Sicherheitshandbuch Schweißarbeiten

Von

Dr.-Ing. **Fritz Weikert**

ERICH SCHMIDT VERLAG

Bibliografische Information der Deutschen Nationalbibliothek
Die Deutsche Nationalbibliothek verzeichnet diese Publikation in der Deutschen Nationalbibliografie; detaillierte bibliografische Daten sind im Internet über http://dnb.d-nb.de abrufbar.

Weitere Informationen zu diesem Titel finden Sie im Internet unter
ESV.info/978 3 503 12620 0

ISBN 978 3 503 12620 0

Alle Rechte vorbehalten
© Erich Schmidt Verlag GmbH & Co. KG, Berlin 2010
www.ESV.info

Dieses Papier erfüllt die Frankfurter Forderungen
der Deutschen Nationalbibliothek und der Gesellschaft für das Buch
bezüglich der Alterungsbeständigkeit und entspricht sowohl den
strengen Bestimmungen der US Norm Ansi/Niso Z 39.48-1992
als auch der ISO Norm 9706.

Satz: Peter Wust, Berlin
Druck und Bindung: Danuvia, Neuburg an der Donau

Geleitwort

Die Bezeichnung des Fachverbandes DVS e.V. sagt viel aus über die dynamische Fortentwicklung der Fügetechnik: DVS – Deutscher Verband für Schweißen und verwandte Verfahren e.V. Längst geht es nicht mehr allein um die klassischen Verfahren der Schweiß-, Schneid- und Löt- sowie der thermischen Spritztechnik. Das Schweißen von Kunststoffen, die Klebtechnik und die mechanische Fügetechnik haben sich, in ihren Ursprüngen teilweise auch schon weit zurückreichend, im 20. Jahrhundert dazu gesellt. Angefangen vom Gasschweißen über das Lichtbogenschweißen bis hin zu Elektronen- und Laserstrahlschweißen gibt es laut DVS heute mehr als 150 Verfahren und Verfahrensvarianten, mit denen Metalle, Nichtmetalle, Kunststoffe sowie Verbundwerkstoffe und Werkstoffverbunde gefügt, getrennt und beschichtet werden können (einen interessanten Einblick erhält man im virtuellen Museum des DVS: www.dvs-aft.de/M).

Das vorliegende Handbuch befasst sich mit den Gefahren für Beschäftigte und Schutzgüter, die von Schweißarbeiten als einer potenziell besonders gefährlichen Ausprägung der Fügetechnik ausgehen. In umfassender Form werden sicherheitstechnische Grundlagen, empirische Daten zu Schadensfällen, Rechtsgrundlagen und Schutzmaßnahmen dargestellt und vermittelt. Das Handbuch erweist sich somit als unverzichtbarer Ratgeber für die Gewährleistung sicherer und somit qualifiziert ausgeführter Schweißarbeiten. Es spiegelt hierin auch den Stand der Technik angesichts der Fortentwicklung von Schweißverfahren wieder.

apl. Prof. Dr. Ralf Pieper
Bergische Universität Wuppertal
Fachbereich D Abt. Sicherheitstechnik
Fachgebiet Sicherheits- und Qualitätsrecht
Schriftleiter von „sicher ist sicher – Arbeitsschutz aktuell"
www.suqr.uni-wuppertal.de
www.SISdigital.de

Vorwort

Die im „Sicherheitshandbuch" aufgeführten Grundlagen sowie die Vielzahl der nachfolgend ausgewerteten Brände, Explosionen und Unfälle, oftmals mit tödlichem Ausgang, soll sowohl Praktikern, Lehrenden und Lernenden, als auch Leitern von Unternehmungen mit aller Deutlichkeit vor Augen führen, dass es unabwendbar wichtig ist, Sicherheitsvorschriften uneingeschränkt gewissenhaft zu befolgen.

Noch immer gibt es Unternehmer, die irrige und menschenverachtende Meinungen vertreten wie z.B. „Für den Arbeits- und Brandschutz haben wir im Unternehmen keine Zeit" oder „Für den Arbeits- und Gesundheitsschutz ist die Berufsgenossenschaft zuständig, für den Brandschutz haben wir die Feuerwehr und die Feuerversicherung und dafür bezahlen wir ja auch genügend." Mit diesen Meinungen muss endgültig Schluss sein!

In der neuen „Gemeinschaftsstrategie für Gesundheit und Sicherheit am Arbeitsplatz 2007–2012" hat sich die Europäische Union ein sehr ehrgeiziges Ziel gesetzt:
Bis 2012 soll in der EU die Zahl der Arbeitsunfälle durch Verbesserung des Schutzes der Gesundheit und der Sicherheit der Arbeitnehmer um 25 % verringert werden. Auf diese Weise wird ein wesentlicher Beitrag zum Erfolg der Strategie für Wachstum und Beschäftigung geleistet.
Dazu soll auch dieses Buch beitragen.

Arbeiten nach Vorschrift mag in unseren Lebens- und Arbeitsbereichen nicht immer bequem sein und schon gar nicht Begeisterung hervorrufen, vor allem dann nicht, wenn bürokratischer Aufwand scheinbar ein effektives Arbeiten behindert. Wer jedoch Sicherheitsvorschriften als bürokratischen Ballast ansieht, spielt hochgradig mit dem Feuer. Für Schweißer und Brennschneider ist das absolut wörtlich zu nehmen.
Die Effektivität der Arbeit ist nicht mehr gegeben, wenn unbeachtete und unterlassene Sicherheitsmaßnahmen Großbrände mit Verlusten in Millionenhöhe, monatelange Arbeitsunfähigkeit Unfallbetroffener oder noch Schlimmeres nach sich ziehen.

Die aufgeführten Beispiele von Bränden, Explosionen und Unfällen sind aus einer Sammlung von mehreren tausend Fällen ausgewählt worden. Sie wurden aus der Literatur, zu einem großen Teil aber aus Berichten der Unternehmen entnommen. Sie sollen aufzeigen durch welche Unterlassungen (Ursachen) welche Folgen (Schäden) entstanden sind und welche Schutz- und Sicherheitsmaßnahmen missachtet wurden.
Hierdurch soll bei allen am Schweißprozess Beteiligten
- eine höhere Bereitschaft und gewissenhafte Vorbereitung und Durchführung von Schweißarbeiten,
- eine kritische Beurteilung eigenen Handelns geweckt werden.

Vorwort

Anliegen dieses Handbuches ist es, die Aus- und Weiterbildung zur Brand- und Unfallverhütung sowie die fachspezifische Unterweisung der Schweißer, Brennschneider und Mitarbeiter, die ähnliche Verfahren anwenden, fundamentiert zu unterstützen.
Mögen die ausgewerteten Brände, Explosionen und Unfälle, so traurig sie auch immer für die unmittelbar Geschädigten und so belastend sie auch für die juristisch belangten Personen waren, nachhaltig dazu beitragen, derartige Schäden künftig zu vermeiden.

Herrn Dr.-Ing. Schmidt, Rolf — Kapitel 2
Herrn Jun. Prof. Dr.-Ing. Marx, Marcus und
Herrn B. Eng. M. Sc. Pöschko, Pascal — Kapitel 7
Herrn Prof. Dr. Günther, Dirk-Carsten — Kapitel 8
Herrn Dr.-Ing. Pieschel, Jörg für die Fotos aus der Schweißwerkstatt

und den in der Literatur genannten Studenten der Sicherheit und Gefahrenabwehr der Otto-von-Guericke-Universität und der Hochschule Magdeburg-Stendal danke ich für die Mitarbeit.

Magdeburg, März 2010   Doz. Dr.-Ing. Fritz Weikert

Inhaltsverzeichnis

Geleitwort		5
Vorwort		7
Einführung		13
1.	**Grundwissen zum Arbeits- und Brandschutz**	15
1.1	Gesetz über die Durchführung von Maßnahmen des Arbeitsschutzes zur Verbesserung der Sicherheit und des Gesundheitsschutzes der Beschäftigten bei der Arbeit	15
1.2	Weitere staatliche Vorschriften und Regeln	16
1.3	Berufsgenossenschaftliche Vorschriften und Regelwerke	17
1.4	Brand- und Explosionsschutz	38
1.4.1	Entstehung und Ausbreitung von Bränden	38
1.4.2	Brand- und Explosionsgefährdungen	40
1.4.3	Weitere Gefährdungen bei Schweißarbeiten	41
1.5	Entwicklungen	47
2.	**Technische Ausrüstungen der Schweiß- und Schneidtechnik Charakteristik, Gefährdungen und Sicherheiten**	73
2.1	Gasschweißen und Brennschneiden	73
2.1.1	Grundlagen der Autogentechnik	73
2.1.2	Ausrüstungen der Autogentechnik – Handhabung – Sicherheiten	80
2.2	Lichtbogenhandschweißen	86
2.3	MIG/MAG-Schweißen	88
2.4	WIG-Schweißen	91
2.5	Plasmaschweißen und -schneiden	93
2.6	Laserschweißen und -schneiden	97
2.7	Widerstandspunkt – und Abbrennstumpfschweißen	100
2.8	Gefährdungen durch elektrischen Strom	103
2.8.1	Wirkung des elektrischen Stroms auf den menschlichen Körper	103
2.8.2	Ursachen für Unfälle und Brände durch falsche Schweißstromrückleitung	104
2.8.3	Sicherheitsmaßnahmen zur Vermeidung von Gefährdungen durch elektrischen Strom	106
2.8.4	Beispiele für Unfälle, Brände und Explosionen durch subjektives Fehlverhalten und technische Mängel	107
3.	**Darstellung von Bränden und Unfällen durch genannte Verfahren in der Industrie, im Handwerk und im Privatsektor**	111
3.1	Großbrände und spektakuläre Schadensfälle im In- und Ausland	111

3.2	Materialspezifische Gefährdungen	122
3.2.1	Metallstaub und -späne	122
3.2.2	Kohle, Teer, Bitumen, Torf	127
3.2.3	Holz, Holzwolle und -späne sowie Holzwolle-Leichtbauplatten	130
3.2.4	Kunststoffe, Dämmstoffe, Elektroisolationsmaterial	138
3.2.5	Papier, Pappe und Kartonagen	144
3.2.6	Stroh, Heu, Pflanzen, Futter- und Lebensmittel	149
3.2.7	Textilien, Garn, Wolle, Felle, Haare, Leder	156
3.2.8	Brennbare Flüssigkeiten und Dämpfe	161
3.2.9	Brennbare Gase	167
3.2.10	Entzündung mehrerer Stoffe gleichzeitig	172
3.2.11	Sauerstoffüberschuss und -mangel	176
3.2.12	Bitumenschweißbahnen	184
3.3	Industriezweigspezifische Gefährdungen	192
3.3.1	Bauwesen	193
3.3.2	Land- und Forstwirtschaft	198
3.3.3	Bergbau und Metallurgie	204
3.3.4	Energiewirtschaft	209
3.3.5	Chemische Industrie	212
3.3.6	Maschinen-, Anlagen- und Apparatebau	218
3.3.7	Schiffbau	222
3.3.8	Sonstige Industriezweige	227
3.3.9	Handwerks- und Kfz-Betriebe	234
3.3.10	Transport- und Nachrichtenwesen	239
3.3.11	Handel, Verwaltung, Kunst, Gesundheits- und Bildungswesen	244
3.3.12	Hobby- und Freizeitbereich	252
4.	**Ursachen von Unfällen und Bränden infolge von Schweiß- und Schneidarbeiten – typische Gefährdungen und Brandverläufe**	259
4.1	Ursachen von Unfällen – typische Gefährdungen	259
4.2	Unfälle in Verbindung mit Bränden	261
4.3	Berufskrankheiten	262
4.4	Ursachen von Bränden und Explosionen	266
4.5	Fehleinschätzungen der Brandgefahren durch Schweißer-Psychologie	268
5.	**Verantwortlichkeiten und Sorgfaltpflichten der Schweißaufsicht – Sicherheit durch Unterweisung**	271
5.1	Schweißaufsicht und Arbeitssicherheit	272
5.2	Pflichten des Arbeitgebers	272
5.3	Sicherheit durch Unterweisung	274
6.	**Technische, organisatorische, persönliche Arbeitsschutzmaßnahmen für Schweißer – Wirksamkeit, Bewertung, Erkenntnisse**	289

Inhaltsverzeichnis

7.	**Verhaltensweisen bei Arbeitsunfällen und im Brandfall**	295
7.1	Verhalten im Brandfall	295
7.2	Verhalten bei Arbeitsunfällen	298
7.2.1	Verletzungen der Haut durch Werkstoffsplitter	299
7.2.2	Verbrennungen der Haut	300
7.2.3	Verhalten bei brennenden Personen	300
7.2.4	Verletzungen der Augen	301
7.2.5	Erkrankungen durch Schadgase	302
7.2.6	Weitere Sofortmaßnahmen	302
8.	**Rechtsvorschriften, Versicherung, Haftung, Regress**	303
8.1	Anspruchsübergang auf den Versicherer	303
8.2	Insolvenz des Schädigers	303
8.3	Direktanspruch gegen Haftpflichtversicherer bei Bestehen einer Pflichtversicherung	304
8.4	Handwerkerregress bei Durchführung feuergefährlicher Arbeiten	304
8.5	Haftung des Brandschutzbeauftragten bei Schweißarbeiten	317
8.6	Haftung bei Schweißarbeiten „aus Gefälligkeit"	319

Literaturverzeichnis ... 321

Tabellenverzeichnis ... 325

Abbildungsverzeichnis ... 329

Stichwortverzeichnis ... 335

Einführung

Durch Schaden wird man klug!

Glücklicherweise gilt das nicht für eigene, sondern auch für Schäden Anderer, wenn man sich mit ihnen beschäftigt und sie gründlich auswertet.
Bränden, Explosionen und Unfällen liegen in der Regel nicht nur eine Ursache, sondern das gleichzeitige Wirken mehrer Ursachen zugrunde. Bereits das Herauslösen einer Ursache, beispielsweise durch technische Maßnahmen oder arbeits- und brandschutzgerechtes Verhalten, kann Gefährdungen weitestgehend vermindern.
Obwohl genügend Vorschriften auf dem Gebiet des Arbeits- und Brandschutzes für Schweißen, Schneiden und verwandte Verfahren vorliegen und auch Unterweisungen darüber durchgeführt werden, kommt es immer wieder zu Bränden und Unfällen. Diese sind meist auf die Nichtbeachtung elementarer Sicherheitsgrundsätze und -bestimmungen zurückzuführen. Dabei haben subjektive Faktoren beim gegenwärtigen Entwicklungsstand der Schweiß- und Schneidtechnik einen wesentlichen Einfluss.
Sowohl die Leiter als auch die Schweißer und Brennschneider sind für die Einhaltung der Vorschriften des Arbeits- und Brandschutzes im Betrieb und auf den Baustellen verantwortlich.
Die Unternehmer und Führungskräfte müssen vor allem grundlegende technische, organisatorische und personelle Voraussetzungen für ein sicheres Arbeiten schaffen. Sie sind für die Anleitung, Einweisung und fachliche Unterweisung des Produktionspersonals und für die Verfügbarkeit notwendiger Arbeitsschutzmittel und -einrichtungen verantwortlich.
Die Schweißer und Brennschneider, die grundsätzlich über eine entsprechende Berechtigung verfügen müssen, haben ihre Fachkenntnisse umfassend und verantwortungsbewusst anzuwenden.
Für alle Beteiligten gilt es, mit Wissen, Können und Verantwortung Unfälle, Brände und andere Schäden zu verhüten.
Schweißen, Schneiden und verwandte Verfahren, bei denen mit offenen Flammen und Lichtbögen gearbeitet wird und bei deren Anwendung es zu starker Funken- und Schweißspritzerbildung sowie zu hoch erhitzten Werkstoffen kommt, sind als Zündquellen für Brände und Explosionen sehr ernst zu nehmen.
An den Großbränden in der Industrie haben sie einen beträchtlichen Anteil.
Die stets vorhandene Brandgefahr bei den genannten Verfahren ist hinlänglich bekannt.
Trotzdem gehören zu den Hauptursachen, die immer wieder Brände und Unfälle begünstigen, folgende Tatsachen:

Einführung

- mangelnde Fachkenntnisse und Fertigkeiten infolge ungenügender Qualifikation,
- falsche Bewertung der Sicherheitsrisiken durch Unkenntnis, Leichtsinn und Verantwortungslosigkeit,
- sich ändernde Umgebungsbedingungen bei mobilen Schweißarbeitsplätzen (z. B. Bau-, Reparatur- und Demontagearbeiten).

Das vorliegende „Sicherheitshandbuch Schweißarbeiten" beweist, dass trotz rasanter Entwicklung der Schweiß- und Schneidtechnik, das Sicherheitsbewusstsein der Leiter, Schweißverantwortlichen und Schweißer nachhaltig mit dieser Entwicklung nicht Schritt gehalten hat.

Es werden Unzulänglichkeiten und Fehlverhalten an Beispielen dargestellt und Möglichkeiten zu ihrer Vermeidung aufgezeigt.

1. Grundwissen zum Arbeits- und Brandschutz

1.1 Gesetz über die Durchführung von Maßnahmen des Arbeitsschutzes zur Verbesserung der Sicherheit und des Gesundheitsschutzes der Beschäftigten bei der Arbeit [1]

Ausgewählte Paragraphen:

§ 3 Grundpflichten des Arbeitsgebers
(1) Der Arbeitgeber ist verpflichtet, die erforderlichen Maßnahmen des Arbeitsschutzes unter Berücksichtigung der Umstände zu treffen, die die Sicherheit und Gesundheit der Beschäftigten bei der Arbeit beeinflussen.
Er hat die Maßnahmen auf ihre Wirksamkeit zu überprüfen und erforderlichenfalls sich ändernden Gegebenheiten anzupassen. Dabei hat er eine Verbesserung von Sicherheit und Gesundheitsschutz der Beschäftigten anzustreben.
(2) Zur Planung und Durchführung der Maßnahmen nach Absatz 1 hat der Arbeitgeber unter Berücksichtigung der Art der Tätigkeiten und der Zahl der Beschäftigten
1. für eine geeignete Organisation zu sorgen (welche) und die geeigneten Mittel bereitzustellen sowie
2. Vorkehrungen so zu treffen, dass die Maßnahmen erforderlichenfalls bei allen Tätigkeiten, eingebunden in die betrieblichen Führungsstrukturen, uneingeschränkt beachtet werden und die Beschäftigten ihren Mitwirkungspflichten nachkommen können.
(3) Kosten für Maßnahmen nach diesem Gesetz darf der Arbeitgeber nicht den Beschäftigten auferlegen.

§ 7 Übertragung von Aufgaben
Bei der Übertragung von Aufgaben auf Beschäftigte hat der Arbeitgeber, je nach Art der Tätigkeiten, zu berücksichtigen, dass die Beschäftigten befähigt sind, die für die Sicherheit und den Gesundheitsschutz bei der Aufgabenerfüllung zu beachtenden Bestimmungen einzuhalten und die Maßnahmen zu erfüllen.

§ 12 Unterweisung
(1) Der Arbeitgeber hat die Beschäftigten über Sicherheit und Gesundheitsschutz für die Arbeit während ihrer Arbeitszeit ausreichend und angemessen zu unterweisen. Die Unterweisung umfasst Anweisungen und Erläuterungen, die eigens auf den Arbeitsplatz oder den Aufgabenbereich der Beschäftigten ausgerichtet sind.
Die Unterweisung muss bei der Einstellung, bei Veränderungen im Aufgabenbereich, der Einführung neuer Arbeitsmittel oder einer neuen Technologie vor Aufnahme der Tätigkeit der Beschäftigten erfolgen.
Die Unterweisung muss an die Gefährdungsentwicklung angepasst sein und erforderlichenfalls regelmäßig wiederholt werden.

(2) Bei einer Arbeitnehmerüberlassung trifft die Pflicht zur Unterweisung nach Absatz 1 den Entleiher. Er hat die Unterweisung unter Berücksichtigung der Qualifikation und der Erfahrung der Personen, die ihm zur Arbeitsleistung überlassen werden, uneingeschränkt vorzunehmen. Die sonstigen Arbeitsschutzpflichten des Verleihers bleiben unberührt.

§ 15 Pflichten der Beschäftigten
(1) Die Beschäftigten sind verpflichtet, nach ihren Möglichkeiten (?) sowie gemäß der Unterweisung und Weisung des Arbeitgebers, für ihre Sicherheit und Gesundheit bei der Arbeit Sorge zu tragen. Entsprechend dieser Verpflichtung haben die Beschäftigten auch für die Sicherheit und Gesundheit der Personen zu sorgen, die von Ihren Handlungen oder Unterlassungen betroffen sind.
(2) In Erfüllung des Absatzes 1 haben die Beschäftigten Maschinen, Geräte, Werkzeuge, Arbeitsstoffe, Transportmittel und alle sonstigen Arbeitsmittel sowie Schutzvorrichtungen und die ihnen zur Verfügung gestellten Schutzausrüstungen bestimmungsgemäß zu verwenden.

§ 25 Bußgeldvorschriften
(1) Ordnungswidrig handelt, wer vorsätzlich oder fahrlässig
1. einer Rechtsverordnung nach § 18 Abs. 1 oder § 19 zuwiderhandelt (welche Rechtsverordnung?), soweit sie für einen bestimmten Tatbestand auf diese Bußgeldvorschrift verweist, oder
2. a) als Arbeitgeber oder als verantwortliche Person einer vollziehbaren Anordnung nach § 22 Abs. 3 oder
   b) als Beschäftigter einer vollziehbaren Anordnung nach § 22 Abs. 3 Satz 1 Nr. 1 zuwiderhandelt.
(2) Die Ordnungswidrigkeit kann in den Fällen des Absatzes 1 Nr. 1 und 2 Buchstabe b mit einer Geldbuße bis zu fünftausend EURO, in den Fällen des Absatzes 1 Nr. 2 Buchstabe a mit einer Geldbuße bis zu fünfundzwanzigtausend EURO geahndet werden.

1.2 Weitere staatliche Vorschriften und Regeln

Weitere staatliche Arbeitsvorschriften, in denen vom Unternehmer zur Verhütung von Arbeitsunfällen, Berufskrankheiten und arbeitsbedingten Gesundheitsgefahren zu treffende Maßnahmen näher bestimmt werden, sind – in ihrer jeweils gültigen Fassung – insbesondere:
- Arbeitsschutzgesetz
- Arbeitsstättenverordnung
- Betriebssicherheitsverordnung
- PSA-Benutzungsverordnung
- Lastenhandhabungsverordnung
- Bildschirmarbeitsverordnung
- Baustellenverordnung
- Biostoffverordnung
- Gefahrstoffverordnung
- Sozialgesetzbuch (SGB VII)

1.3 Berufsgenossenschaftliche Vorschriften und Regelwerke

- Die „Berufsgenossenschaftlichen Vorschriften" (BGV) für Sicherheit und Gesundheit bei der Arbeit benennen Schutzziele sowie branchen – und verfahrensspezifische Forderungen an die Sicherheit und den Gesundheitsschutz. BG-Vorschriften sind Unfallverhütungsvorschriften im Sinne des SGB VII und sind rechtsverbindlich.
- Die Berufsgenossenschaftlichen Regeln (BGR) sind anerkannte Regeln für Sicherheit und Gesundheit. Sie beschreiben den Stand des Arbeitsschutzes und dienen der praktischen Umsetzung der Forderungen aus den BG-Vorschriften. Die BG-Regeln richten sich in erster Linie an den Unternehmer und sollen ihm Hilfestellung bei der Umsetzung seiner Pflichten aus den staatlichen Arbeitsschutzvorschriften oder Unfallverhütungsvorschriften geben. Gleichzeitig werden Wege aufgezeigt, wie Arbeitsunfälle, Berufskrankheiten und arbeitsbedingte Gesundheitsgefahren vermieden werden können.
- BGR 500 – Betreiben von Arbeitsmitteln

Kapitel 2.26: Schweißen, Schneiden und verwandte Verfahren [2]
(auszugsweise)

1. Anwendungsbereich
Dieses Kapitel findet Anwendung auf Schweißen, Schneiden und verwandte Verfahren zum Bearbeiten metallischer Werkstoffe sowie für zugehörige Einrichtungen.

2. Begriffsbestimmungen
2.1 Schweißen ist ein Verfahren zum Vereinigen metallischer Werkstoffe unter Anwendung von Wärme oder Kraft oder von beiden mit oder ohne Schweißzusatz.
2.2 Schneiden ist ein thermisches Trennen metallischer Werkstoffe.
2.3 Verwandte Verfahren sind insbesondere Löten (Weich- oder Hartlöten), thermisches Spritzen, Flammwärmen, Flammhärten und Widerstandswärmen.
2.4 Schweißtechnische Arbeiten im Sinne dieses Kapitels sind Arbeiten nach den Verfahren der Nummern 2.1 bis 2.3.
2.5 Schweißtechnische Arbeiten in Bereichen mit besonderen Gefahren sind
    a) Arbeiten in engen Räumen nach Abschnitt 3.7.
    b) Arbeiten in Bereichen mit Brand- und Explosionsgefahr nach Abschnitt 3.8.
    c) Arbeiten an Behältern mit gefährlichem Inhalt nach Abschnitt 3.9.
    d) Arbeiten unter erhöhter elektrischer Gefährdung nach Abschnitt 3.23.
    e) Unterwasserschweiß und -schneidarbeiten nach Abschnitt 3.25 und
    f) Arbeiten in Druckluft nach Abschnitt 3.26.

2.6 Einrichtungen sind alle Anlagen, Maschinen, Betriebsmittel, Geräte und deren Teile zum Schweißen, Schneiden und für verwandte Verfahren.

3 Maßnahmen zur Verhütung von Gefahren für Leben und Gesundheit bei der Arbeit

3.1 Betriebsanweisungen

3.1.1 Der Unternehmer hat eine Betriebsanweisung für schweißtechnische Arbeiten in Bereichen mit besonderen Gefahren nach Abschnitt 2 Nr. 2.5 Buchstaben a), c) bis f) und für Anlagen mit zusätzlichen Gefahren zu erstellen. Die Betriebsanweisung ist in verständlicher Form und Sprache den Versicherten bekannt zu machen.

Ein Beispiel einer Betriebsanweisung für schweißtechnische Arbeiten in Bereichen mit Brandgefahr ist in Abbildung 30 a dargestellt.

3.1.2 Die Versicherten haben die Betriebsanweisung zu beachten.

3.2 Beschäftigungsbeschränkungen

3.2.1 Der Unternehmer darf mit schweißtechnischen Arbeiten nur Versicherte beschäftigen, die das 18. Lebensjahr vollendet haben und mit den Einrichtungen und Verfahren vertraut sind.

3.2.2 Abweichend von Abschnitt 3.2.1 dürfen Jugendliche beschäftigt werden, soweit
1. dies zur Erreichung ihres Ausbildungszieles erforderlich ist,
2. ihr Schutz durch einen Aufsichtsführenden gewährleistet ist und
3. der Luftgrenzwert bei gesundheitsgefährlichen Stoffen unterschritten ist.

Aufsichtsführender ist, wer die Durchführung von Arbeiten zu überwachen und für die arbeitssichere Ausführung zu sorgen hat. Er muss hierfür ausreichende Kenntnisse und Erfahrungen besitzen sowie weisungsbefugt sein.

3.2.3 Abweichend von Abschnitt 3.2.2 darf der Unternehmer Jugendliche mit folgenden Arbeiten nicht beschäftigen:
– Arbeiten in engen Räumen nach Abschnitt 3.7,
– Arbeiten in Bereichen mit Brand- und Explosionsgefahr nach Abschnitt 3.8,
– Arbeiten an Behältern mit gefährlichem Inhalt nach Abschnitt 3.9.

3.3 Schutzeinrichtungen gegen optische Strahlung

Der Unternehmer hat dafür zu sorgen, dass
– Arbeitsplätze zum Lichtbogenschweißen so eingerichtet sind, dass unbeteiligte Versicherte gegen schädliche Einwirkung optischer Strahlung auf Augen und Haut geschützt sind,
– Raumbegrenzungen und Abschirmungen so beschaffen sind, dass Reflexion und Durchlässigkeit optischer Strahlung weitgehend vermieden werden.

- zur Beobachtung des Lichtbogens oder der Brennerflamme dienende Sichtfenster mit Schweißerschutzfiltern geeigneter Schutzstufe ausgerüstet sind
- zum Schutze der Versicherten je nach Verfahren und Arbeitsbedingungen geeignete persönliche Schutzausrüstungen zur Verfügung stellen.

3.4 Arbeitskleidung

3.4.1 Die Versicherten haben bei schweißtechnischen Arbeiten Kleidung zu tragen, die
1. den Körper ausreichend bedeckt,
2. nicht mit entzündlichen oder leicht entzündlichen Stoffen verunreinigt ist und
3. keine Gegenstände enthält, die zu Gefahren führen können.

3.4.2 Die Versicherten dürfen Kleidung nicht mit Sauerstoff abblasen.

Abblasen der Kleidung und Kühlung des Körpers mit Sauerstoff sind lebensgefährlich, da dies zu schweren Verbrennungsunfällen führen kann.

3.5 Auswahl von Verfahren und Arbeitspositionen

3.5.1 Der Unternehmer hat diejenigen Schweiß-, Schneid- und verwandten Verfahren auszuwählen, bei denen die Freisetzung gesundheitsgefährlicher Stoffe gering ist.

Verfahren, bei denen die Freisetzung von Schadstoffen geringer ist, sind z. B.
- Wolfram-Inertgasschweißen (WIG-Schweißen) mit thoriumoxidfreien Wolframelektroden,
- Unterpulverschweißen (UP-Schweißen)
- Plasmaschneiden mit Wasserabdeckung

Lufttechnische Maßnahmen, wie z. B.:
- Absaugung,
- technische Lüftung,
- natürliche (freie) Lüftung,
- andere geeignete Einrichtungen oder
- eine Kombination aus vorgenannten Einrichtungen.

Absaugung (örtliche Lüftung) ist die Erfassung von Schadstoffen an ihrer Entstehungs- oder Austrittsstelle.

Hinweise zur Auswahl und Gestaltung der Absaugung enthalten z. B.:
- BG-Regel „Arbeitsplatzlüftung – Lufttechnische Maßnahmen" (BGR 121),
- VDI/DVS 6005 „Lüftungstechnik beim Schweißen und bei verwandten Verfahren",
- Arbeitsstätten-Richtlinien ASR 5 „Lüftung"

Die Forderung nach geeigneten lufttechnischen Maßnahmen ist in der Regel erfüllt durch die in nachfolgenden Tabellen erfolg-

te Zuordnung der lufttechnischen Maßnahmen zu Verfahren und Werkstoffen der Schweißtechnik:
- Tabelle 1: Lüftung in Räumen bei Verfahren mit Zusatzwerkstoff
- Tabelle 2: Lüftung in Räumen bei Verfahren ohne Zusatzwerkstoff

Bei den in Tabelle 1 aufgeführten Verfahren sind Menge und Zusammensetzung an Schadstoffen wesentlich abhängig vom Zusatzwerkstoff bzw. von der Beschichtung.

Bei den in Tabelle 2 aufgeführten Verfahren sind Menge und Zusammensetzung an Schadstoffen wesentlich abhängig vom Grundwerkstoff bzw. von der Beschichtung.

Erklärungen und Hinweise zu den Tabellen 1 und 2:
Hochlegierter Stahl enthält üblicherweise als Legierungsbestandteile Chrom oder Nickel. Als hochlegierter Stahl im Sinne dieser Unfallverhütungsvorschrift gilt solcher mit mindestens fünf Gew.-% Chrom oder Nickel.

Beim Schweißen, Schneiden oder bei verwandten Verfahren können sich dadurch Rauche oder Stäube mit krebserzeugenden Anteilen bilden.

Als kurzzeitig gilt, wenn die Brenndauer der Flamme oder des Lichtbogens täglich nicht mehr als eine halbe Stunde oder wöchentlich nicht mehr als zwei Stunden beträgt. Als längerdauernd gilt, wenn die Brenndauer die vorgenannten Werte überschreitet.

Die Anwendung eines Verfahrens gilt als ortsgebunden, wenn es wiederholt am gleichen, dafür eingerichteten Platz durchgeführt wird, z.B. Schweißkabine, Schweißtisch, Werkstückaufnahme bis etwa 10 Quadratmeter.

Bei Anwendung der Laserverfahren siehe auch §§ 6 und 10 Abs. 2 der Unfallverhütungsvorschrift „Laserstrahlung" (BGV B 2).

Abweichend von den Angaben in den Tabellen 1 und 2 kann z.B. intensivere Lüftung erforderlich oder – bei messtechnischem Nachweis – geringere Lüftung ausreichend sein.

Tabelle 1: Lüftung in Räumen bei Verfahren mit Zusatzwerkstoff

Verfahren	Zusatzwerkstoff				Schweißen an beschichtetem Stahl	
	Unlegierter und niedriglegierter Stahl, Aluminium-Werkstoffe		Hochlegierter Stahl, NE-Werkstoffe (außer Aluminium-Werkstoffe)			
	k	l	k	l	k	l
Gasschweißen						
ortsgebunden	F	T	T	A	T	A
nicht ortsgebunden	F	T	F	A	F	A
Lichtbogenhandschweißen						
ortsgebunden	T	A	A	A	A	A
nicht ortsgebunden	F	T	T	A	T	A
MIG-, MAG-Schweißen						
ortsgebunden	T	A	A	A	A	A
nicht ortsgebunden	F	T	T	A	T	A
WIG-Schweißen						
mit thoriumoxidfreien Wolframelektroden						
ortsgebunden	F	F	F	T	F	T
nicht ortsgebunden	F	F	F	T	F	T
mit thoriumoxidhaltigen Wolframelektroden						
ortsgebunden	A	A	A	A	A	A
nicht ortsgebunden	T	A	F	T	F	T
Unterpulverschweißen						
ortsgebunden	F	T	T	T	T	T
nicht ortsgebunden	F	F	F	T	F	T
Laserstrahlauftrag-schweißen	T	A	A	A	–	–
Thermisches Spritzen	A	A	A	A	–	–

k = kurzzeitig
l = länger dauernd
F = freie (natürliche) Lüftung
T = technische (maschinelle) Raumlüftung
A = Absaugung im Entstehungsbereich der Schadstoffe

Tabelle 2: Lüftung in Räumen bei Verfahren ohne Zusatzwerkstoff

Verfahren	Grundwerkstoff					
	Untegierter und niedriglegierter Stahl, Aluminium-Werkstoffe		Hochlegierter Stahl, NE-Werkstoffe (außer Aluminium-Werkstoffe)		Beschichteter Stahl	
	k	l	k	l	k	l
Flammwärmen, Flammrichten	F	T	F	T	F	T
Flammhärten	F	T	–	–	–	–
Flammstrahlen	F	T	–	–	T	A
Brennschneiden						
ortsgebunden	F	T	A	A	T	T
nicht ortsgebunden	F	T	T	A	T	T
Brennfugen	F	T	–	–	T	T
Flämmen						
ortsgebunden	A	A	A	A	–	–
nicht ortsgebunden	F	T	A	A	–	–
WIG-Schweißen						
mit thoriumoxidfreien Wolframelektroden						
ortsgebunden	F	T	F	T	F	T
nicht ortsgebunden	F	F	F	T	F	T
mit thoriumoxidhaltigen Wolframelektroden						
ortsgebunden	A	A	A	A	A	A
nicht ortsgebunden	T	A	F	T	F	T
Laserstrahlschweißen	T	A	A	A	A	A
Laserstrahlschneiden	A	A	A	A	A	A
Plasmaschneiden (ohne Wasserabdeckung)						
ortsgebunden	A	A	A	A	A	A
nicht ortsgebunden	T	A	A	A	A	A
Lichtbogen-Sauerstoffschneiden Lichtbogen-Druckluftfugen						
ortsgebunden	T	A	A	A	T	A
nicht ortsgebunden	F	T	T	A	F	T
Abbrennstumpfschweißen	T	A	A	A	T	A
Andere Widerstandsschweißverfahren	F	F	F	T	F	T

k = kurzzeitig
l = länger dauernd
F = freie (natürliche) Lüftung
T = technische (maschinelle) Raumlüftung
A = Absaugung im Entstehungsbereich der Schadstoffe

3.5.2 Der Unternehmer hat dafür zu sorgen, dass Arbeitspositionen eingenommen werden können, bei denen die Einwirkung gesundheitsgefährlicher Stoffe auf die Versicherten gering ist.

3.5.3 Von den Abschnitten 3.5.1 und 3.5.2 darf aus zwingenden technischen Gründen abgewichen werden.

Zwingende technische Gründe sind z. B.:
- *Anforderungen an die Güte der Schweißverbindung,*
- *zur Verfügung stehende Schweiß-, Schneid- und verwandte Verfahren,*
- *Handhabbarkeit des Werkstücks,*
- *Art der Schweißaufgabe, z. B. Serienfertigung, Reparaturschweißung.*

In jedem Fall sind geeignete lufttechnische Maßnahmen zu ergreifen und gegebenenfalls zusätzlich Atemschutzgeräte zu verwenden.

Hinsichtlich möglicher Gefährdungen und Schutzmaßnahmen beim Einsatz thoriumoxidhaltiger Wolframelektroden beim WIG-Schweißen siehe BG-Information „Umgang mit thoriumoxidhaltigen Wolframelektroden beim Wolfram-Inertgasschweißen (WIG)" (BGI 746).

3.6 Arbeiten in Bereichen mit besonderen Gefahren

3.6.1 Der Unternehmer hat vor Beginn schweißtechnischer Arbeiten festzustellen, ob es sich in dem Arbeitsbereich um Arbeiten in Bereichen mit besonderen Gefahren nach Abschnitt 2 Nr. 5 handelt.

Das Feststellen beinhaltet die Verpflichtung, sich erforderlichenfalls vor Ort davon zu überzeugen, ob im Arbeitsbereich besondere Gefahren vorliegen.

Schweißtechnische Arbeiten in Bereichen mit besonderen Gefahren verlangen eine entsprechende Sachkenntnis. Der Unternehmer soll sich daher, z. B. durch Auftraggeber, Bauleiter, Sachkundige, Sachverständige, sachkundig beraten lassen. Fehlende Sachkenntnis kann z. B. wie folgt bedingt sein:
- *unzureichende Erfahrung über die Eigenschaften und das Verhalten von Gegenständen, Stoffen und ähnlichem,*
- *verdeckte Gefahren,*
- *fehlende Kenntnis über arbeitsspezifische Gefahren.*

Besondere Sachkenntnis ist vor allem bei schweißtechnischen Arbeiten in Bereichen mit Brand- und Explosionsgefahr sowie bei Arbeiten in engen Räumen erforderlich.

Bei einer Arbeitsvergabe haben die Unternehmer als Auftraggeber bzw. als Auftragnehmer nach § 8 Arbeitsschutzgesetz die Pflicht, die entsprechenden Voraussetzungen zum sicheren Durchführen schweißtechnischer Arbeiten zu schaffen (siehe hierzu auch § 2 und 5 der Unfallverhütungsvorschrift „Grundsätze der Prävention" [BGV A 1]). Diese Verpflichtung schließt ein, dass der Auftraggeber

– den die schweißtechnischen Arbeiten ausführenden Auftragnehmer über unternehmens- und arbeitsbereichsbezogene Gefährdungen informiert, soweit sie zum sicheren Durchführen der schweißtechnischen Arbeiten bedeutsam sind und

– sich vergewissert, dass der Auftragnehmer seine Mitarbeiter für die schweißtechnischen Arbeiten entsprechend angewiesen hat.

Ist zum Vermeiden einer möglichen gegenseitigen Gefährdung eine Koordinierung der Arbeiten erforderlich, ergeben sich aus § 6 der Unfallverhütungsvorschrift „Grundsätze der Prävention" (BGV A 1) für Auftraggeber und Auftragnehmer ergänzende Pflichten.

3.6.2 Der Unternehmer hat schweißtechnische Arbeiten in Bereichen nach Abschnitt 2 Nr. 5 nur auf Personen zu übertragen,
 – denen die mit diesen Arbeiten verbundenen Gefahren bekannt sind und
 – die mit den durchzuführenden Schutzmaßnahmen vertraut sind.

Hinsichtlich Anforderungen an Personen beim Unterwasserschweißen und -schneiden siehe Abschnitt 3.25.

3.7 Enge Räume

3.7.1 Der Unternehmer hat bei schweißtechnischen Arbeiten in engen Räumen dafür zu sorgen, dass
1. eine Absaugung oder technische Lüftung
 – ein Vorhandensein gesundheitsgefährlicher Stoffe,
 – eine Anreicherung mit Brenngas,
 – eine Anreicherung mit Sauerstoff und
 – eine Verarmung an Sauerstoff
verhindert oder geeignete Atemschutzgeräte benutzt werden, soweit im Einzelfall eine Absaugung oder technische Lüftung ein Vorhandensein von gesundheitsgefährlichen Stoffen oder eine Verarmung an Sauerstoff nicht verhindern kann!
2. schwer entflammbare Schutzanzüge zur Verfügung stehen und
3. Druckgasflaschen und Einrichtungen zur Gaserzeugung in den Räumen nicht vorhanden sind.

Als enger Raum gilt ein Raum ohne natürlichen Luftabzug und zugleich mit
– einem Luftvolumen unter 100 m^3
oder
– einer Abmessung (Länge, Breite, Höhe, Durchmesser) unter 2 m. Enge Räume sind z. B. fensterlose Kellerräum, Stollen, Rohrleitungen, Schächte,
Tanks, Kessel, Behälter, chemische Apparate, Kofferdämme und Doppelbodenzellen in Schiffen.

3.7.2 Die Versicherten haben bei schweißtechnischen Arbeiten in engen Räumen bei längerer Arbeitsunterbrechung Schläuche für brennbare Gase, Sauerstoff, Schutz- und Plasmagase einschließlich deren Verbrauchseinrichtungen aus dem engen Raum zu entfernen oder von den Entnahmestellen zu trennen.
Längere Arbeitsunterbrechungen sind z.B. Frühstückspausen, Mittagspausen, Schichtwechsel.
Verbrauchseinrichtungen sind z.B. Autogenbrenner, Lichtbogenbrenner, Formiergaseinrichtungen.
Bei längeren unter Druck stehenden Schlauchleitungen beinhaltet das Trennen von der Entnahmestelle zusätzlich das Drucklosmachen der Leitungen und das ungefährliche Ableiten der Gase.

3.7.3 Die Versicherten dürfen enge Räume nicht mit Sauerstoff belüften.
Belüften mit Sauerstoff, aber auch Kühlen des Körpers mit Sauerstoff oder Abblasen der Kleidung mit Sauerstoff sind lebensgefährlich, da dies zu schweren Verbrennungsunfällen führen kann.

3.8 Bereiche mit Brand- und Explosionsgefahr
Bei schweißtechnischen Arbeiten außerhalb dafür eingerichteter Werkstätten muss mit dem Vorhandensein von Bereichen mit Brand- und Explosionsgefahr gerechnet werden.
Bereiche mit Brandgefahr sind Bereiche, in denen Stoffe oder Gegenstände vorhanden sind, die sich bei Arbeiten in Brand setzen lassen. Solche Stoffe oder Gegenstände sind z.B. Staubablagerungen, Papier, Pappe, Packmaterial, Textilien, Faserstoffe, Isolierstoffe, Kunststoffe, Holzwolle, Spanplatten, Holzteile, bei längerer Wärmeeinwirkung auch Holzbalken – auch wenn sie Bestandteil eines Gebäudes (Wände, Fußböden, Decken) sind.
Bereiche mit Explosionsgefahr sind Bereiche, in denen eine gefährliche explosionsfähige Atmosphäre auftreten kann, z.B. durch brennbare Gase, Flüssigkeiten oder Stäube.
Eine explosionsfähige Atmosphäre kann auch durch Anlagen- und Ausrüstungsteile sowie Rohrleitungsverbindungen entstehen, wenn deren technische Dichtheit nicht auf Dauer gewährleistet ist. Eine explosionsfähige Atmosphäre kann ebenso aus benachbarten Bereichen herrühren.
Bereiche mit Brand- und Explosionsgefahr sind nicht mehr als solche anzusehen, wenn durch Entfernen brennbarer Stoffe und Gegenstände die Brand- und Explosionsgefahr vollständig beseitigt worden ist.

3.8.1 Der Unternehmer hat dafür zu sorgen, dass in Bereichen mit Brand- oder Explosionsgefahr schweißtechnische Arbeiten nur durchgeführt werden, wenn
1. eine Brandentstehung verhindert
   und
2. eine explosionsfähige Atmosphäre ausgeschlossen ist.

Brände oder Explosionen können durch Zündquellen entstehen, die bei schweißtechnischen Arbeiten auftreten z. B. offene Flammen, Lichtbogen, heiße Gase, Wärmeleitung, Funken (heiße Metall- oder Schlacketeilchen), Widerstandserwärmung (bei Fehlern im Schweißstromkreis).
Funken als Zündquellen können auch weit entfernt von der Arbeitsstelle wirksam werden. Die Ausdehnung gefährdeter Bereiche in horizontaler und vertikaler Richtung wird durch die Flugweite und die anschließenden Bewegungen der von der Arbeitsstelle wegfliegenden oder abtropfenden, heißen Metall- oder Schlacketeilchen bestimmt.
Je nach Arbeitsverfahren, Arbeitsweise und den örtlichen Gegebenheiten (z. B. Raumgeometrie, brennbare Materialien) kann der durch Funkenflug gefährdete Bereich außer dem unmittelbaren Arbeitsumfeld auch seine weitere Umgebung umfassen. Sofern unverschlossene Öffnungen in den Raumbegrenzungen (z. B. Wände, Decken, Fußböden) vorhanden sind, ist damit zu rechnen, dass auch benachbarte Bereiche von Partikeln mit ausreichender Zündenergie erreicht werden können; siehe Abb. 1.

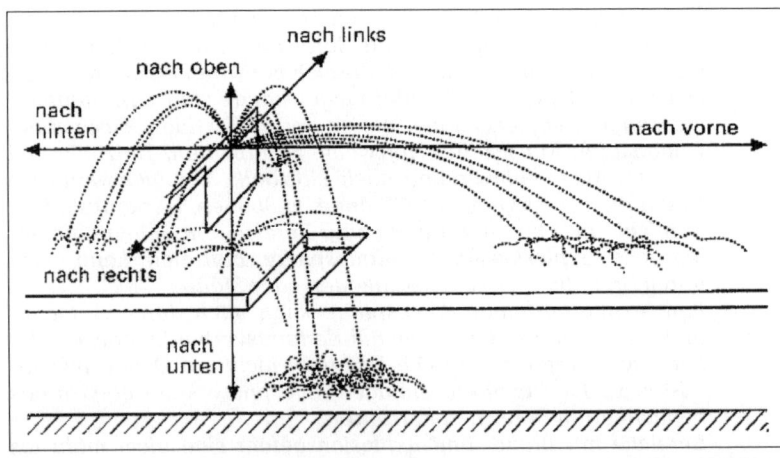

Abb. 1: Ausbreitungsverhalten heißer Partikel bei schweißtechnischen Arbeiten

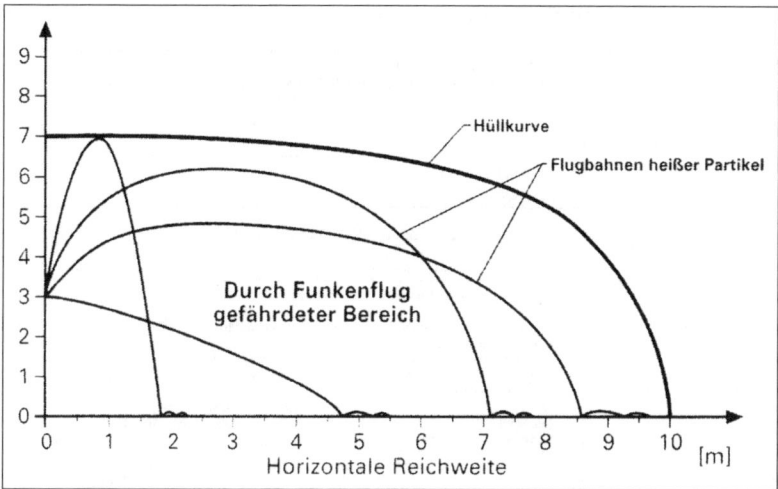

Abb. 2: Ausdehnung des durch Funkenflug gefährdeten Bereiches beim thermischen Trennen in einer Arbeitshöhe von 3 m

3.8.2 Können durch das Entfernen brennbarer Stoffe und Gegenstände
- eine Brandentstehung nicht verhindert und
- eine explosionsfähige Atmosphäre nicht ausgeschlossen

werden, hat der Unternehmer ergänzende Sicherheitsmaßnahmen in einer Schweißerlaubnis schriftlich festzulegen und für deren Durchführung zu sorgen.

Das Entfernen beinhaltet die vorrangige Verpflichtung des Unternehmers, sämtliche brennbaren Stoffe und Gegenstände zu entfernen.

Das Entfernen schließt auch brennbare Stoffe und Gegenstände ein, die fest mit dem Gebäude verbunden sind, z. B. Umkleidungen oder Isolierungen.

Da sich das Entfernen häufig nicht vollständig verwirklichen lässt, z. B. bauliche Gegebenheiten, betriebstechnische Gründe, dienen ergänzende Sicherheitsmaßnahmen dazu, die Anforderungen zu erfüllen.

Die Sicherheitsmaßnahmen sollen unter Beachtung der jeweiligen Umgebungsbedingungen mit dem Auftraggeber abgestimmt werden (siehe auch Erläuterungen zu Abschnitt 3.2).

Ein Muster für eine Schweißerlaubnis siehe Abb. 3

Werden die schweißtechnischen Arbeiten im Bereich eines anderen Unternehmers (Auftraggeber) durchgeführt, bestätigt dieser in Nummer 6 der Schweißerlaubnis, dass die sich aus seinen Angaben und Hinweisen heraus ergebenden, ergänzenden Sicher-

Beispiel für eine Schweißerlaubnis

		Schweißerlaubnis nach § 30 der Unfallverhütungsvorschrift „Schweißen, Schneiden und verwandte Verfahren" (BGV D 1 bishar VBG 15)	
1	Arbeitsort/-stelle		
1a	Bereich mit Brand- und Explosionsgefahr	Die räumliche Ausdehnung um die Arbeitsstelle: Umkreis (Radius) von .... m, Höhe von .... m, Tiefe von .... m	
2	Arbeitsauftrag (z.B. Träger abtrennen) Arbeitsverfahren		Name:
3	Sicherheitsmaßnahmen bei Brandgefahr	☐ Entfernen beweglicher brennbarer Stoffe und Gegenstände - ggf. auch Staubablagerungen ☐ Entfernen von Wand- und Deckenverkleidungen, soweit sie brennbare Stoffe abdecken oder verdecken oder selbst brennbar sind	Name:
3a	Beseitigen der Brandgefahr	☐ Abdecken ortsfester brennbarer Stoffe oder Gegenstände (z.B. Holzbalken, -wände, -fußböden, -gegenstände, Kunststoffteile) mit geeigneten Mitteln und gegebenenfalls deren Anfeuchten ☐ Abdichten von Öffnungen (z.B. Fugen, Ritzen, Mauerdurchbrüche, Rohröffnungen, Rinnen, Kamine, Schächte) zu benachbarten Bereichen durch Lehm, Gips, Mörtel, feuchte Erde usw. ☐ _____	Ausgeführt: (Unterschrift)
3b	Bereitstellen von Feuerlöschmitteln	☐ Feuerlöscher mit ☐ Wasser ☐ Pulver ☐ CO_2 ☐ Löschdecken ☐ Löschsand ☐ angeschlossener Wasserschlauch ☐ wassergefüllte Eimer ☐ Benachrichtigen der Feuerwehr	Name: Ausgeführt: (Unterschrift)
3c	Brandposten	☐ Während der schweißtechnischen Arbeiten Name: _____	
3d	Brandwache	☐ Nach Abschluss der schweißtechnischen Arbeiten Dauer: _____ Std. Name: _____	
4	Sicherheitsmaßnahmen bei Explosionsgefahr	☐ Entfernen sämtlicher explosionsfähiger Stoffe und Gegenstände - auch Staubablagerungen und Behälter mit gefährlichem Inhalt oder dessen Resten ☐ Beseitigen von Explosionsgefahr in Rohrleitungen	Name:
4a	Beseitigen der Explosionsgefahr	☐ Abdichten von ortsfesten Behältern, Apparaten oder Rohrleitungen, die brennbare Flüssigkeiten, Gase oder Stäube enthalten oder enthalten haben und gegebenenfalls in Verbindung mit lufttechnischen Maßnahmen ☐ Durchführen lufttechnischer Maßnahmen nach EX-RL in Verbindung mit messtechnischer Überwachung ☐ Aufstellen von Gaswarngeräten _____ ☐ _____	Ausgeführt: (Unterschrift)
4b	Überwachung	☐ Überwachung der Sicherheitsmaßnahmen auf Wirksamkeit Name: _____	
4c	Aufhebung der Sicherheitsmaßnahmen	Nach Abschluss der schweißtechnischen Arbeiten Nach: .... Std. Name: _____	
5	Alarmierung	Standort des nächstgelegenen Brandmelders _____ Telefons _____ Feuerwehr Ruf-Nr. _____	
6	Auftraggebender Unternehmer (Auftraggeber)	Die Maßnahmen nach Nummern 3 und 4 tragen den durch die örtlichen Verhältnisse entstehenden Gefahren Rechnung.	
	Datum	Unterschrift	
7	Ausführender Unternehmer (Auftragnehmer)	Die Arbeiten nach Nummer 2 dürfen erst begonnen werden, wenn die Sicherheitsmaßnahmen nach Nummern 3 und/oder 4 durchgeführt sind.	Kenntnisnahme des Ausführenden nach 2
	Datum	Unterschrift	Unterschrift

Abb. 3: Muster für eine Schweißerlaubnis

heitsmaßnahmen in den Nummern 3 und 4 der Schweißerlaubnis berücksichtigt wurden.
Der Unternehmer, der schweißtechnische Arbeiten ausführt, erteilt in Nummer 7 der Schweißerlaubnis die Erlaubnis für die Durchführung der schweißtechnischen Arbeiten.

3.8.3 Ergänzende Sicherheitsmaßnahmen zum Verhindern einer Brandentstehung sind:
1. Abdecken verbliebener brennbarer Stoffe und Gegenstände oder andere geeignete Maßnahmen,
2. Abdichten von Öffnungen zu benachbarten Bereichen,
3. Bereitstellen geeigneter Feuerlöscheinrichtungen nach Art und Umfang,
4. Überwachen durch einen Brandposten während schweißtechnischer Arbeiten und
5. wiederholte Kontrolle durch eine Brandwache im Anschluss an die schweißtechnischen Arbeiten.

Das Abdecken brennbarer Stoffe und Gegenstände kann z. B. durch Sand, Erde, geeignete Pasten oder Schäume oder schwer entflammbare Tücher erfolgen. Feuchthalten der Abdeckung verbessert deren Wirkung.
Eine andere geeignete Maßnahme kann z. B. ständiges Feuchthalten verbliebener brennbarer Stoffe und Gegenstände sein.
Das Abdichten von Öffnungen kann z. B. durch Lehm, Gips, Mördel, geeignete Massen oder feuchten Sand erfolgen.
Öffnungen in benachbarte Bereiche sind z. B. Fugen, Ritzen, Mauerdurchbrüche, Rohröffnungen, Rinnen, Kamine, Schächte.
Der Brandposten hat die Aufgabe, den brandgefährdeten Bereich auf eine Brandentstehung zu beobachten, einen möglichen Brand in seiner Entstehung durch einen eigenen Löschangriff zu verhindern und gegebenenfalls weitere Hilfe herbeizuholen.
Bei geringer Brandgefährdung kann die Aufgabe des Brandpostens in der Schweißerlaubnis nach Abschnitt 3.8.2 oder der Betriebsanweisung nach Abschnitt 3.8.4 auf den Schweißer übertragen werden. Der Brandposten soll in der Durchführung eines Löscheinsatzes geübt sein.
Hinsichtlich der Einteilung in Brandgefährdungsklassen siehe BG-Regel „Ausrüstung von Arbeitsstätten mit Feuerlöschern" (BGR 133).
Die Anforderung nach Nummer 5 ist z. B. erfüllt, wenn beginnend mit der Beendigung der schweißtechnischen Arbeiten für die folgenden Stunden eine regelmäßige Kontrolle der Arbeitsstelle und ihrer Umgebung auf Glimmnester, verdächtige Erwärmung und Rauchentwicklung erfolgt. Auch mobile Brandmelder können geeignet sein.
Die Möglichkeit zur schnellen Alarmierung von Löschkräften soll gegeben sein.

3.8.4 Abweichend von Abschnitt 3.8.2 darf der Unternehmer bei regelmäßig wiederkehrenden, gleichartigen schweißtechnischen Arbeiten, bei denen eine Brandentstehung durch das Entfernen brennbarer Stoffe und Gegenstände nicht verhindert werden kann, die ergänzenden Sicherheitsmaßnahmen nach Abschnitt 3.8.3 statt in einer Schweißerlaubnis in einer Betriebsanweisung schriftlich festlegen.

Regelmäßig wiederkehrende, gleichartige schweißtechnische Arbeiten können z. B. auftreten bei
- *Stahlbau-, Metallbau- und installationstechnischen Arbeiten,*
- *schiffbaulichen Arbeiten.*

Beispiel für eine Betriebsanweisung in Bereichen mit Brandgefahr; siehe Abb. 3/2.

Beispiel für eine Schweißanweisung

1	ANWENDUNGSBEREICH
	Schweißtechnische Arbeiten in Bereichen mit Brandgefahr nach § 30 Abs. 4 BGV D 1
2	GEFAHREN
	– Wegfliegende oder abtropfende heiße Metall- oder Schlacketeilchen – Wärmeleitung – Sekundärflammen bei Autogenarbeiten an Rohrleitungen
3	VERHALTENSREGELN
	– Festlegen des brandgefährdeten Bereiches – Absprache der Sicherheitsmaßnahmen mit dem Auftraggeber – Vorheriges Informieren über Brandmeldeeinrichtungen
4	SICHERHEITSMASSNAHMEN
	– Entfernen sämtlicher beweglicher Stoffe und Gegenstände, die sich durch schweißtechnische Arbeiten in Brand setzen lassen – Entfernen fester brennbarer Einrichtungen, z. B. Umkleidungen und Isolierungen, so weit baulich und betriebstechnisch durchführbar – Abdecken verbleibender brennbarer Gegenstände, z. B. Holzbalken oder Kunststoffteile mit geeigneten Materialien – Abdichten von Öffnungen, Fugen, Ritzen, Rohröffnungen mit nicht brennbaren Stoffen, z. B. Gips, Mörtel – Kontrolle auf Brandentstehung durch einen Brandposten mit geeigneten Feuerlöscheinrichtungen. z. B. Feuerlöschern, angeschlossenem Wasserschlauch – Vorhalten einer Brandwache für angemessenen Zeitrahmen nach Beendigung der schweißtechnischen Arbeiten
5	VERHALTEN BEI BRANDENTSTEHUNG
	– Einstellen der schweißtechnischen Arbeit – Unverzüglicher Löschangriff durch den Brandposten, Alarmierung der Feuerwehr und innerbetriebliche Weitergabe des Alarms – Warnung in der Nähe tätiger Personen
6	VERHALTEN BEI UNFÄLLEN, ERSTE HILFE
	– In Brand geratene Kleidung mit Handschuhen, Löschdecke ersticken – Gegebenenfalls Alarmierung der Rettungsdienste (Tel. ....)
7	MITZUFÜHRENDE ARBEITSMITTEL
	– Geeignete Feuerlöscheinrichtungen, z. B. Feuerlöscher, Wasserschlauch, Löschdecken (DIN 14 155, DIN EN 1869) – Gegebenenfalls mobile Brandmeldeeinrichtungen, Funktelefon – Materialien zum Abdecken, wie feuerfeste Abdeckmatten – Materialien zum Abdichten, wie Gips, Mörtel
Datum:	Unterschrift

Abb. 3/2: Beispiel für eine Betriebsanweisung

3.8.5 Ergänzende Sicherheitsmaßnahmen zum Ausschließen einer explosionsfähigen Atmosphäre sind:
1. sicheres Abdichten gegenüber der Atmosphäre,
2. sicheres Abdichten gegenüber anderen Arbeitsbereichen,
3. lufttechnische Maßnahmen in Verbindung mit messtechnischer Überwachung während der Arbeiten
und
4. Überwachen der Wirksamkeit der Sicherheitsmaßnahmen während der Arbeiten.
Diese Sicherheitsmaßnahmen dürfen erst aufgehoben werden, wenn die Arbeiten abgeschlossen sind und keine Zündgefahr mehr besteht
Bezüglich Sicherheitsmaßnahmen zum Ausschluss explosionsfähiger Atmosphäre siehe „Explosionsschutz-Regeln – (EX-RL)" (BGR 104).
Sicheres Abdichten gegenüber Atmosphäre beinhaltet z. B. ein Abdichten fest eingebauter Behälter Apparate oder Rohrleitungen.
Zur messtechnischen Überwachung aufgestellte Gaswarngeräte sind zu beobachten; bei Gefahr sind die Arbeiten augenblicklich einzustellen.
Lassen sich Gefahren durch eine explosionsfähige Atmosphäre trotz der getroffenen Sicherheitsmaßnahmen nicht ausschließen, sind schweißtechnische Arbeiten nicht zulässig.

3.8.6 Die Versicherten dürfen mit schweißtechnischen Arbeiten erst beginnen, wenn ihnen vom Unternehmer die Schweißerlaubnis nach Abschnitt 3.8.2 oder die Betriebsanweisung nach Abschnitt 3.8.4 ausgehändigt und die darin festgelegten Sicherheitsmaßnahmen durchgeführt sind.

3.9 Behälter mit gefährlichem Inhalt

3.9.1 Der Unternehmer hat dafür zu sorgen, dass schweißtechnische Arbeiten an Behältern, die gefährliche Stoffe oder Zubereitungen enthalten oder enthalten haben können, unter Aufsicht eines Sachkundigen ausgeführt werden.
Gefährliche Stoffe oder Zubereitungen sind z. B. solche, die eine oder mehrere der nachstehend aufgeführten Eigenschaften aufweisen:
– *explosionsgefährlich,*
– *brandfördernd,*
– *hochentzündlich,*
– *leicht entzündlich,*
– *entzündlich,*
– *krebserzeugend,*
– *sehr giftig,*
– *giftig,*
– *gesundheitsschädlich,*
– *ätzend,*
– *reizend.*

Auch geringe Reste solcher Stoffe können – insbesondere unter Schweißhitze – gefährlich werden. Solche Stoffe sind auch z. B. Heizöl, Dieselkraftstoff, Öle, Fette, bituminöse Massen.

Sachkundiger ist, wer auf Grund seiner fachlichen Ausbildung und Erfahrung ausreichende Kenntnisse über schweißtechnische Arbeiten an Behältern mit gefährlichem Inhalt hat und mit den einschlägigen staatlichen Arbeitsschutzvorschriften, Unfallverhütungsvorschriften und allgemein anerkannten Regeln der Technik (z. B. BG-Regeln, DIN-Normen, VDE-Bestimmungen, technische Regeln anderer Mitgliedstaaten der Europäischen Union oder anderer Vertragsstaaten des Abkommens über den Europäischen Wirtschaftsraum) soweit vertraut ist, dass er das sichere Arbeiten an diesen Behältern beurteilen kann.

3.9.2 Der Sachkundige hat vor Beginn der schweißtechnischen Arbeiten nach Abschnitt 3.9.1 unter Berücksichtigung der Eigenschaften des Behälterinhaltes die notwendigen Sicherheitsmaßnahmen festzulegen und die Durchführung der Arbeiten zu überwachen.

Die Sicherheitsmaßnahmen umfassen in der Regel das Entleeren und Reinigen des Behälters sowie eine flammenerstickende Schutzfüllung während der schweißtechnischen Arbeiten, gegebenenfalls auch gefahrloses Abführen von Schadstoffen. Hinsichtlich Schadstoffe siehe auch Erläuterungen zu Abschnitt 3.5.1.

Die Eigenschaften des Behälterinhaltes können z. B. folgende Maßnahmen beim Entleeren und Reinigen erfordern:

1. Benutzen geeigneter persönlicher Schutzausrüstungen,

2. Potentialausgleich zum Vermeiden elektrostatischer Aufladungen,

3. funkenfreies Öffnen der Verschlüsse,

4. Verwenden funkenfreier Entnahmeeinrichtungen,

5. Verwenden geeigneter Auffangbehälter.

Eine flammenerstickende Schutzfüllung ist erforderlich bei Behältern, die z. B. explosionsgefährliche oder entzündliche Stoffe enthalten haben. Die Schutzfüllung kann z. B. aus Wasser, Stickstoff oder Kohlendioxid bestehen.

3.9.3 Der Unternehmer hat dafür zu sorgen, dass vor schweißtechnischen Arbeiten an geschlossenen kleinen Hohlkörpern Maßnahmen getroffen sind, die das Entstehen eines gefährlichen Überdruckes verhindern.

Geschlossene kleine Hohlkörper sind z. B. Schwimmer, Ausdehnungsgefäße.

Gefährlicher Überdruck kann z. B. durch eine Entlastungsbohrung verhindert werden.

3.9.4 Die Versicherten dürfen Fässer und andere Behälter, die gefährliche Stoffe enthalten oder enthalten haben können, bei schweißtechnischen Arbeiten nicht als Werkstückunterlage benutzen.

3.10 Druckminderer

3.10.1 Der Unternehmer hat dafür zu sorgen, dass
- Druckminderer so beschaffen sind, dass sie den zu erwartenden Beanspruchungen standhalten und Versicherte nicht gefährdet werden,
- an Druckminderern während der Gasentnahme die Höhe des Hinterdruckes oder die Entnahmemenge erkennbar sind.

> *Kennbuchstaben für die Gasart der Druckminderer sind:*
> *A für Acetylen   M für Methan, Erdgas*
> *C für Stadtgas   O für Sauerstoff*
> *D für Druckluft   P für Flüssiggas (Propan/Butan)*
> *H für Wasserstoff   Y für andere Brenngase, z. B. Methyl-*
> *   acetylen/Propadien-Gemische*
> *Hinsichtlich weiterer Kennzeichnungen siehe DIN EN 961 und DIN EN ISO 2503.*

3.10.2 Die Versicherten dürfen Gas aus Druckgasflaschen nur entnehmen, nachdem ein für die jeweilige Gasart und die vorliegenden Betriebsbedingungen geeigneter Flaschendruckminderer auf sichere Weise angeschlossen ist.

3.10.2 Die Versicherten dürfen in Einzelflaschenanlagen Übergangsstücke zwischen Flaschenventil und Flaschendruckminderer nicht verwenden.

3.10.3 Die Versicherten haben die Flaschenventile
1. vor längeren Arbeitsunterbrechungen,
2. nach Verbrauch des Flascheninhalts
und
3. vor dem Abschrauben des Druckminderers
zu schließen; zum Arbeitsende sind zusätzlich die Flaschendruckminderer und Schlauchleitungen drucklos zu machen.

3.11 Gasschläuche

3.11.1 Der Unternehmer hat dafür zu sorgen, dass
- Gasschläuche so beschaffen sind, dass sie den zu erwartenden Beanspruchungen standhalten und Versicherte nicht gefährdet werden.
- Gasschläuche gegen Abgleiten von den Schlauchtüllen gesichert sind. Schlauchanschlüsse und Schlauchverbindungen entsprechend der Gasart ausgeführt sind. Sie müssen so beschaffen sein, dass ein dichter Anschluss und eine sichere Befestigung des Gasschlauches möglich sind.
- Schlauchkupplungen für Gasschläuche mit einer selbsttätig wirkenden Gassperre ausgerüstet und gegen unbeabsichtigtes Lösen gesichert sind. Schlauchkupplungen einer gasspezifischen Bauart dürfen sich nicht mit Schlauchkupplungen einer anderen gasspezifischen Bauart kuppeln lassen.

3.11.2 Der Unternehmer hat dafür zu sorgen, dass Schlauchleitungen sicher verlegt und befestigt sind.

3.11.3 Der Unternehmer hat dafür zu sorgen, dass Gasschläuche
1. vor dem erstmaligen Benutzen mit Luft oder Betriebsgas, Sauerstoffschläuche jedoch nur mit Sauerstoff oder inertem Gas, ausgeblasen werden,
2. gegen zu erwartende mechanische Beschädigungen, gegen Anbrennen und gegen Verunreinigungen durch Öl oder Fett geschützt werden und
3. ausgetauscht oder sachgemäß ausgebessert werden, wenn sie schadhaft sind.

Eine sachgemäße Ausbesserung von Gasschläuchen wird z. B. erreicht durch das Abschneiden des schadhaften Schlauchstückes und Nachsetzen oder das Herausschneiden des schadhaften Schlauchstückes und die Verwendung von Doppelschlauchtüllen nach DIN EN 560 „Gasschweißgeräte; Schlauchanschlüsse für Geräte und Anlagen für Schweißen, Schneiden und verwandte Verfahren".

Das Ausbessern mit Isolierband oder ähnlichem ist nicht sachgemäß.

Poröse Gasschläuche gelten als schadhaft.

3.11.4 Die Versicherten haben Gasschläuche
1. nur für Gase zu benutzen, für die sie bestimmt sind,
2. nicht um Körperteile zu führen,
3. gegen zu erwartende mechanische Beschädigungen, gegen Anbrennen und gegen Verunreinigungen durch Öl oder Fett geschützt zu verlegen
und
4. in schadhaftem Zustand nicht zu benutzen.

3.12 Aufstellen von Einzelflaschenanlagen und Flaschenbatterien

3.12.1 Der Unternehmer hat dafür zu sorgen, dass Einzelflaschenanlagen und Flaschenbatterieanlagen nicht aufgestellt werden
1. in Treppenräumen, Haus- und Stockwerksfluren, engen Höfen sowie Durchgängen und Durchfahrten oder in deren unmittelbarer Nähe.
2. an Treppen von Freianlagen und an Rettungswegen,
3. in Garagen,
4. in bewohnten oder der Öffentlichkeit zugänglichen Räumen,
5. in unmittelbarer Nähe leicht entzündlicher Stoffe,
6. in ungenügend belüfteten Bereichen,
7. in Räumen unter Erdgleiche, ausgenommen Anlagen für Sauerstoff und Druckluft.

Zu einer Einzelflaschenanlage gehören in der Regel
– *eine Druckgasflasche,*
– *ein Flaschendruckminderer*
  (an der Druckgasflasche angeschlossen),
– *eine Schlauchleitung*
  (dem Druckminderer nach geschaltet),

- *gegebenenfalls eine Sicherheitseinrichtung gegen Gasrücktritt und Flammendurchschlag.*

Zu einer Flaschenbatterieanlage gehören in der Regel
- *zwei oder mehr mit dem gleichen Gas gefüllte Druckgasflaschen,*
- *Hochdruckleitungen (als Rohrleitungen oder Schlauchleitungen) zwischen Druckgasflaschen und Hauptdruckregler*
- *ein Hauptdruckregler (Batteriedruckminderer) oder ein Flaschendruckminderer mit ausreichend bemessenem Nenngasdurchfluss, sofern er mit einem positiven Ergebnis einer Prüfung auf Ausbrennsicherheit nach der in den Erläuterungen zu Abschnitt 3.10 genannten Norm für Batteriedruckminderer unterzogen wurde.*

In einer Flaschenbatterieanlage können Druckgasflaschen einzeln angeschlossen oder als Flaschenbündel zusammengefasst sein.

Siehe auch DVS 0212 „Umgang mit Druckgasflaschen". Hinsichtlich Transport von Druckgasflaschen in geschlossenen Fahrzeugen siehe auch DVS 0211 „Druckgasflaschen in geschlossenen Fahrzeugen".

Als Garage gilt hier ein Einstellraum für Kraftfahrzeuge. Leicht entzündliche Stoffe sind z. B. Putzlappen, Verpackungsmaterial, brennbare Flüssigkeiten, Altöl-Sammelbehälter.

Zu den ungenügend belüfteten Bereichen gehören z. B. Flaschenschränke oder Werkstattwagen mit zu geringen Lüftungsöffnungen. Ausreichende Lüftungsöffnungen sind mindestens je eine Öffnung im Boden- und Deckenbereich von mindestens je 100 cm².

3.12.2 Abschnitt 3.12.1 gilt nicht, wenn das Aufstellen zur Ausführung von schweißtechnischen Arbeiten vorübergehend notwendig ist und besondere Sicherheitsmaßnahmen getroffen sind.

Eine vorübergehende Notwendigkeit besteht z. B. bei Instandsetzungsarbeiten an dort vorhandenen Bauteilen.

Zu treffende Sicherheitsmaßnahmen sind z. B. Absperrung, Sicherung des Fluchtweges, Lüftung.

Hinsichtlich besonderer Sicherheitsmaßnahmen beim Verwenden von Flüssiggas in Schiffsräumen auf Werften siehe auch Durchführungsanweisungen zu Abschnitt III. B der Unfallverhütungsvorschrift „Schiffbau" (BGV C28).

3.12.3 Der Unternehmer hat dafür zu sorgen, dass an Arbeitsplätzen nur die für den ununterbrochenen Fortgang der schweißtechnischen Arbeiten erforderlichen Einzelflaschenanlagen oder Flaschenbatterieanlagen aufgestellt werden. Er hat ferner dafür zu sorgen, dass eine Ansammlung von Druckgasflaschen außerhalb von besonderen Aufstellräumen für Flaschenbatterieanlagen und Lagern für Druckgasflaschen vermieden wird.

In der Regel gilt die Aufstellung einer Flaschenbatterieanlage
– auch als Wechselbatterie – als sicherheitstechnisch zweckmä-

ßiger gegenüber der Aufstellung mehrerer Einzelflaschenanlagen.

3.12.4 Der Unternehmer hat dafür zu sorgen, dass Einzelflaschenanlagen und Flaschenbatterieanlagen gut zugänglich und vor gefährlicher Wärmeeinwirkung geschützt aufgestellt werden.
Als gefährliche Wärmeeinwirkung gilt z. B. die
- *unmittelbare Nachbarschaft von Schmiedefeuern, Öfen, Brammen, Heizkörpern,*
- *Erhitzung durch Flamme, Lichtbogen oder Heißluftgebläse,*
- *Berührung zwischen Flasche und Werkstück beim Lichtbogenschweißen.*

Sonneneinstrahlung gilt nicht als gefährliche Wärmeeinwirkung.

3.12.5 Der Unternehmer hat dafür zu sorgen, dass Einzelflaschenanlagen und Flaschenbatterieanlagen gegen Umfallen gesichert sind, soweit sie nicht durch ihre Bauart standsicher sind.
Die Sicherung gegen Umfallen kann erfolgen z. B. durch Ketten, Schellen oder Gestelle.
Als standsicher durch ihre Bauart gelten z. B. Flüssiggasflaschen mit einem zulässigen Gewicht der Füllung bis 11 kg und Paletten mit Flaschenbatterieanlagen.

3.12.6 Die Versicherten haben Einzelflaschenanlagen
1. vor gefährlicher Wärmeeinwirkung zu schützen
und
2. gegen Umfallen zu sichern, soweit sie nicht durch ihre Bauart standsicher sind.

3.12.7 Die Versicherten haben Flüssiggasflaschen für die Entnahme aus der Gasphase aufrecht aufzustellen.

3.13 Gasentnahme

3.13.1 Der Unternehmer hat dafür zu sorgen, dass
1. Flaschenbatterieanlagen nur aus Druckgasflaschen bestehen, die mit dem gleichen Prüfdruck gekennzeichnet sind,
2. aus Sicherheitsventilen von Flaschenbatterieanlagen austretendes Gas gefahrlos abgeführt wird,
3. Gas aus einer Flaschenbatterie nur entnommen wird, nachdem diese über möglichst kurze Hochdruckleitungen an einen nachgeschalteten Druckminderer auf sichere Weise angeschlossen ist
und
4. Leitungen und Druckminderer für die jeweilige Gasart und die vorliegenden Betriebsbedingungen geeignet sind.

Siehe DIN EN ISO 7291 „Gasschweißgeräte; Hauptstellendruckregler für Schweißen, Schneiden und verwandte Prozesse bis 300 bar".

3.13.2 Die Versicherten haben
1. zum Arbeitsende die Flaschenventile oder die Absperrventile vor dem Druckminderer zu schließen und

2. vor dem Lösen der Druckgasflaschen oder der Flaschenbündel von den Leitungen die Flaschenventile und die Absperrventile vor dem Druckminderer zu schließen.

3.14 Sauerstoff

3.14.1 Die Versicherten haben alle mit Sauerstoff in Berührung kommenden Einrichtungen frei von Öl, Fett und ähnlichen Stoffen zu halten.

3.14.2 Der Unternehmer hat dafür zu sorgen, dass
1. Gleitmittel, die mit Sauerstoff in Berührung kommen können, und
2. Dichtwerkstoffe, die brennbare Bestandteile enthalten, zum Abdichten von Sauerstoff-Leitungen und -Armaturen

nur verwendet werden, wenn sie von einem anerkannten Prüfinstitut mit dem Ergebnis geprüft worden sind, dass sie sich für die Verwendung bei den zu erwartenden Betriebsbedingungen eignen.

3.15 Sicherheitseinrichtungen

3.15.1 Gefährdungen durch Flammendurchschlag, Gasrücktritt oder Nachströmen von Gas sind wie folgt zu verhindern:
1. Entnahmestellen an Verteilungsleitungen sind mit der Gasart und dem Druck entsprechenden Sicherheitseinrichtungen (Entnahmestellensicherungen) und
2. Einzelflaschenanlagen sind mit der Gasart und der Betriebsweise entsprechenden Sicherheitseinrichtungen (Einzelflaschensicherungen)

auszurüsten.
An eine Sicherheitseinrichtung darf nur e i n Verbrauchsgerät angeschlossen sein.
Dies wird z. B. erreicht, wenn Sicherheitseinrichtungen gemäß DIN EN 730-1 „Gasschweißgeräte; Sicherheitseinrichtungen; Teil 1: Mit integrierter Flammensperre" eingesetzt werden.
Als e i n Verbrauchsgerät gilt auch ein Gerät mit mehreren Brennern, sofern diese eine Einheit bilden, z. B. eine Brennschneidmaschine.

3.15.2 Der Unternehmer hat dafür zu sorgen, dass Flüssiggas-Einzelflaschenanlagen und -Flaschenbatterieanlagen unmittelbar hinter dem Druckminderer mit einer selbsttätig wirkenden Sicherheitseinrichtung zur Absperrung der Gaszufuhr ausgerüstet sind, wenn mit Schlauchbeschädigungen zu rechnen ist. Dies gilt nicht, wenn Brenner
– mit Schläuchen bis höchstens 400 mm Länge angeschlossen oder
– aus Flüssiggasbehältern bis zu 1 l Rauminhalt (0,425 kg Füllgewicht) versorgt werden.

3.15.3 Der Unternehmer hat dafür zu sorgen, dass Mikro-Löt- und Schweißgeräte unmittelbar vor oder im Brenner mit einer geeigneten Flammensperre ausgerüstet sind.

3.16 Gasbrenner
3.16.1 Der Unternehmer hat dafür zu sorgen, dass länger dauernde Wärmarbeiten mit lärmarmen Brennern ausgeführt werden.
3.16.2 Der Unternehmer hat geeignete Gasanzünder zum sicheren Zünden von Brennern zur Verfügung zu stellen.
3.16.3 Die Versicherten haben Brenner auf sichere Art zu zünden.
3.16.4 Die Versicherten haben handgeführte Brenner bei Arbeitsunterbrechungen sicher abzulegen oder aufzuhängen. Sie dürfen Brenner und Schläuche nicht an Druckgasflaschen oder anderen gasführenden Einrichtungen aufhängen oder in Hohlräume einhängen.
3.16.5 Die Versicherten dürfen nach Flammenrückschlägen oder anderen Störungen Brenner erst dann weiter betreiben, wenn die Störung beseitigt ist.

1.4 Brand- und Explosionsschutz

Der Brand- und Explosionsschutz ist hoheitlich den Ländern unterstellt und in den Brandschutz- und Hilfeleistungsgesetzen der Länder geregelt:
§ 1 Brandschutz und Hilfeleistung
Die Abwehr von Brandgefahren (vorbeugender Brandschutz), Brandbekämpfung (abwehrender Brandschutz) und die Hilfeleistung bei Unglücksfällen sowie bei Notständen sind Aufgaben der Gemeinden, der Landkreise und des Landes.

1.4.1 Entstehung und Ausbreitung von Bränden [3]

Für den Ablauf von Verbrennungsreaktionen sind folgende Voraussetzungen erforderlich:
- ein brennbarer Stoff,
- ein Oxydationsmittel (in der Regel Sauerstoff)
- die Einstellung bestimmter Mengenverhältnisse zwischen brennbarem Stoff und Oxydationsmittel
- eine geeignete Zündquelle.

Darüber hinaus können Katalysatoren die Einleitung der Verbrennung wesentlich beeinflussen.
Ein Brand kann entstehen, wenn eine Zündquelle mit ausreichend hoher Temperatur genügend Energie auf einen brennbaren Stoff überträgt, so dass eine exotherme Reaktion mit dem Sauerstoff der umgebenden Luft einsetzt. Die Verbrennung ist durch die Entwicklung von Brandgasen und Rauch begleitet.
Das Zündverhalten eines brennbaren Stoffes wird durch einen Komplex von Einflussfaktoren bestimmt. Es ist zum Beispiel abhängig von
- der Temperatur eines Stoffes, die aus dem zugeführten Wärmestrom und der gleichzeitig wirkenden Wärmequelle resultiert,
- der Dauer der Erwärmung,
- dem Zustrom der Luft an die erwärmte Stelle,

- dem Feuchtegehalt des Stoffes,
- der spezifischen Oberfläche und der räumlichen Verteilung sowie
- der Vermischung mit anderen Stoffen.

Allgemein kann festgestellt werden, dass ein Stoff um so leichter entzündbar ist, je größer sein Verteilungsgrad ist.
Bei organischen festen Stoffen, wie Kohle, Holz, Kunststoff, Fette, aber auch bei Flüssigkeiten mit einem hohen Flammpunkt können im Ergebnis einer Temperaturerhöhung nicht umkehrbare chemische Abbaureaktionen einsetzen, die der eigentlichen Verbrennung vorangehen und als Pyrolyse bezeichnet werden. Die Temperatur, bei der die Pyrolyse beginnen kann, liegt bei Holz und Kunststoff im Bereich von 120 ... 250 °C, die Zündtemperatur der Schwelprodukte dieser Materialien dagegen zwischen 410 und 570 °C.
Die Pyrolyseprodukte können gasförmig, flüssig oder fest sein und sich an der heißen Oberfläche des pyrolysierenden Stoffes oder durch eine weitere Wärmequelle entzünden.
Solange das nicht geschieht, spricht man von einem Schwelbrand bzw. bei Aussendung von Lichtstrahlung von einem Glimmbrand. Sie sind häufig Vorläufer eines Flammenbrandes.
Kommt es zur Entzündung der Pyrolyseprodukte, kann sich der Brand in kurzer Zeit schlagartig, über eine Verpuffung, ausbreiten. Dieser Übergang vom Schwelbrand zum Flammbrand wird als Feuerübersprung (Flash-over) bezeichnet. Brände können sich bei Sauerstoffmangel, Luftabschluss und geringer Luftventilation lange im Schwel- oder Glimmstadium befinden (z. B. Brände von Holz- und Isolierstoffen in Wand- oder Deckenkonstruktionen, Staubablagerungen, Heu oder Grünfutter).
Eigene Untersuchungen zeigen, dass etwa 10 % der Brände erst nach mehr als 6 h nach Abschluss der Schweißarbeiten zum Ausbruch kommen. Es sind Fälle bekannt, bei denen die Schwelphase mehrere Tage dauerte.
Im Gegensatz zu Schwelbränden kann es bei Vorhandensein größerer Mengen leichtentzündlicher Stoffe, vor allem brennbarer Flüssigkeiten mit niedrigem Flammpunkt, Textilien, Verpackungsmaterialien, Stroh, Schaumstoff und dergleichen, oft unmittelbar nach der Zündung zum Feuerübersprung kommen.
Eine Explosion setzt neben dem Vorhandensein einer Zündquelle voraus, dass der brennbare Stoff und das Oxydationsmittel als Gemisch vorliegen, wobei der brennbare Stoff staub-, dampf- oder gasförmig auftreten kann. Bereits ein Bodenbelag von 0,5 ... 1 mm Staub reicht aus, um im aufgewirbelten Zustand in einem 10 m hohen Raum ein brisantes explosibles Gemisch zu bilden. Explosible Gas- und Luftgemische entstehen überwiegend durch Gasaustritt, Verdampfung von Flüssigkeiten und Pyrolyse. Auch hierbei genügen oftmals geringe Mengen des brennbaren Stoffes (z. B. 2 Esslöffel Benzin in einem 200-l-Faß), um explosible Gemische zu erzeugen. Gefahrdrohende Mengen an brennbaren Stoffen im Sinne einer Gas-Explosionsgefährdung liegen vor, wenn 50 % der unteren Zündgrenze erreicht sind.

Hybride Gemische (z. B. brennbarer Staub – brennbares Gas) können wesentlich andere Eigenschaften haben als die jeweiligen Grundstoffe z. B. Zündtemperatur und Mindestzündenergie).
Eine Senkung der Zündtemperatur wird unter anderem durch Peroxide, Hydroperoxyde, Aldehyde, Azoverbindungen und Stickstoffoxide bewirkt. Insgesamt lässt sich feststellen, dass die Brand- und Explosionsentstehung sowie -ausbreitung durch verfahrensspezifische Stoff und brandspezifische sowie arbeits- und organisationsspezifische Parameter beeinflusst werden.
Bezüglich der Brandauswirkung auf Gebäude und bauliche Anlagen ist zu beachten, dass Baustoffe und -teile nicht nur verbrennen, sondern auch versagen können. Stahl verliert mit zunehmender Temperatur seine Tragfähigkeit, so dass sowohl Stahl- als auch Stahlbeton-Konstruktionen zerstört werden.

1.4.2 Brand- und Explosionsgefährdungen

Brand- und Explosionsgefährdungen werden maßgeblich
- von der Art und Menge, den Eigenschaften und dem Zustand des brennbaren Stoffes und des Oxidationsmittels,
- vom Energiegehalt und der Art der Zündquelle sowie
- vom Verhalten der am Arbeitsort beteiligten Menschen bestimmt.

Brandgefährdung durch Feststoffe, Flüssigkeiten, Gase:
Explosionsgefährdung durch explosionsfähige Atmosphäre
Abbildung 4 zeigt das Feuerdreieck in Verbindung mit Schweißarbeiten

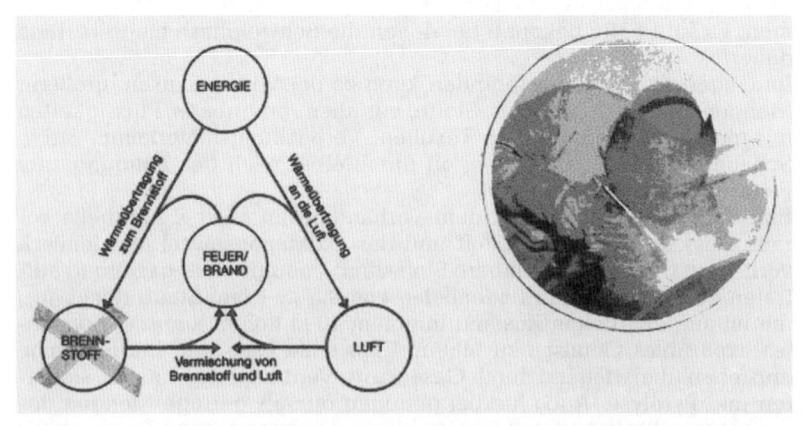

Abb. 4: Darstellung des Feuerdreiecks in Verbindung mit Schweißarbeiten. Da beim Schweißen eine Zündquelle mit ausreichender Energie und Luft(Sauerstoff) immer vorhanden ist, muss der brennbare Stoff bzw. die Wärmeübertragung zum Brennstoff beseitigt werden.

1.4.3 Weitere Gefährdungen bei Schweißarbeiten

■ Mechanische Gefährdungen

Verletzungen durch um- oder herabfallende Arbeitsgegenstände

Ein charakteristischer Ursachenkomplex für Arbeitunfälle ist das Um- oder Herabfallen von Schweißteilen oder abgebrannten Konstruktionsteilen. Falsche Einschätzung der Masse und ungenügende Sicherung der Konstruktion als subjektive Faktoren, aber auch die objektiv vorhandene Sichtbehinderung des Schweißers oder Brennschneiders kennzeichnen diese Gruppe von Arbeitsunfällen. Auch das Auf- und Abladen sowie das Transportieren von Druckgasflaschen erfordern besondere Aufmerksamkeit.

Absturz von hochgelegenen Arbeitsplätzen und Fall von Personen

Anteilmäßig geringer, aber hinsichtlich der Folgen schwerwiegender sind die Absturzunfälle.
Sie haben vor allem folgende Ursachen:
- Benutzen unvorschriftsmäßiger Arbeitsplätze (unzureichende Standsicherheit, zu geringe Tragfähigkeit der Standfläche),
- Um- oder Absturz durch Bruch fehlerhaft ausgeführter Schweißungen an Konstruktionen oder Auftreten instabiler Gleichgewichtsbedingungen,
- Stolpern über Kabel oder andere Gegenstände sowie auf glatten Trittflächen durch Verunreinigungen oder Nässe,
- fehlende Absturzsicherungen, u. a. häufig ungesicherte Öffnungen.

■ Elektrische Gefährdungen

Einwirkung des elektrischen Stroms (elektrischer Schlag)

Die Gefährdung durch elektrischen Strom geht von defekten elektrischen Kabeln aus.
Ursachen für Beschädigungen sind häufig Quetschungen, die infolge unsachgemäßer Verlegung entstehen. Feuchtigkeit vergrößert die Unfallgefahr.
Auch die unvorschriftsmäßig verlegte Schweißstromrückleitung, z. B. über größere Strecken an Metallkonstruktionen, führt zu Irrströmen, die tödliche Unfälle und Brände verursachen können, insbesondere bei Überlastung der Schutzleitersysteme.
Unbefugte Eingriffe in Schweißmaschinen, Stromverteiler usw. gehören ebenfalls zu den Ursachen schwerer Unfälle. Derartige Arbeiten sind von befugten Elektrikern ausführen zu lassen.
Subjektive Ursachen beziehen sich vorwiegend auf:
- unterlassene Anwendung von Körperschutzmitteln
- unbefugtes Benutzen von Arbeitsmitteln sowie
- unvorschriftsmäßige Arbeitsausführung.

Gefährdungen durch Arbeitsumgebungsbedingungen

Einwirkung von Hitze, Kälte, Zugluft, Feuchtigkeit, unzureichende Belüftung

Bei den Arbeitsunfällen stehen Verbrennungen an Schweißnähten und Schnittfugen, durch heiße Metall- und Schlackespritzer sowie durch Flammen und Lichtbögen an erster Stelle.
Zu den wichtigsten Ursachen zählen dabei Unaufmerksamkeit, beengte Platzverhältnisse, Nichtbenutzen von Körperschutzmitteln und unsachgemäßer Umgang mit den Schweißarmaturen.
Verbrennungen durch Funken oder Spritzer gehören in der Regel zu den leichten Verletzungen, sie treten aber in großer Anzahl auf.
Schweißarbeiten in Zwangspositionen begünstigen derartige Verletzungen.
Bei autogenen Schweiß- und Schneidarbeiten besteht die Gefahr der Sauerstoffanreicherung in der Kleidung und in engen Räumen durch Undichtigkeiten an Verbrauchsgeräten, Gasschläuchen und Druckgasflaschen, aber auch durch grobe Fahrlässigkeit.
Schweißer, die im Freien arbeiten, sind Erkältungsgefahren ausgesetzt. Durch entsprechende Kleidung, Bereitstellung von Sitzkissen, Liegematten, Schutzzelten sowie Schaffung von Aufwärmmöglichkeiten, kann man diesen Gefahren begegnen.

Gefährdungen durch spezielle physikalische Einwirkungen

Strahlung

Die beim Lichtbogenschweißen auftretende ultraviolette Strahlung ruft an unbedeckten Körperteilen Verbrennungen – ähnlich dem Sonnenbrand – hervor.
Das Nichtbenutzen der vorschriftsmäßigen Arbeitsschutzkleidung bildet die Hauptursache für Hautschädigungen.
Daneben fördern reflektierende Flächen, wie Glasfassaden oder Aluminiumwände bzw. -dächer, Schädigungen durch ultraviolette Strahlung, von denen nicht nur Schweißer, sondern auch andere Personen betroffen werden können.
Maßnahmen zur Abschirmung der Strahlung sind deshalb besonders wichtig, zumal sie außer Hautschädigungen, auch das Verblitzen der Augen hervorrufen können und eine Blendgefahr darstellen.
Infrarotstrahlen schädigen bei längerer Einwirkung die Linse des Auges und führen zur Linsentrübung. Diese Trübung wird als Feuerstar bezeichnet und tritt hauptsächlich bei Elektroschweißern auf.
Werkstoffprüfer, aber auch andere, an den Schweißnahtprüfungen unbeteiligte Personen, müssen zuverlässig gegen Belastungen durch ionisierende Strahlung geschützt werden.

Brand- und Explosionsschutz

Lärm

Es ist davon auszugehen, dass die meisten Schweiß- und Schneidverfahren in ihrer Lärmintensität über 85 dB (A) liegen.
Damit gelten Arbeitsplätze der Schweißer und Brennschneider als Lärmarbeitsplätze.
Hinzu kommen die Lärmeinflüsse der Umgebung, insbesondere im Maschinen-, Stahl-, Schiff- und Behälterbau sowie bei Außenmontage und Abbrucharbeiten.
Besorgniserregend ist in den letzten Jahren das Anwachsen der Schwerhörigkeit durch Industrielärm.
Maßnahmen zur Linderung der Lärmbelastung sollten sein:
- Kennzeichnung von Lärmbereichen
- Gestaltung der Arbeitsstätten: lärmhemmende Verkleidungen
- Tragen von Gehörschutzmitteln
- Unterweisung der Schweißer und Brennschneider bezüglich Beachtung der Schutzmaßnahmen

Gefahrstoffe [4]

Ursachen für Gesundheitsschädigungen beim Schweißen, Schneiden sowie bei verwandten Verfahren sind die gas- und partikelförmigen Stoffe (Gase, Rauche, Stäube).
Mit dem Inkrafttreten der Gefahrstoffverordnung (Gef. Stoff. V.) am 01.01.2005 sind Veränderungen eingetreten, die auch für das Schweißen und verwandte Verfahren von Bedeutung sind:
Der Arbeitgeber hat nach § 9/Gef. Stoff. V. und § 5/Arbeitsschutzgesetz vor Aufnahme der Tätigkeit eine Gefährdungsbeurteilung vorzunehmen, in der für die Beschäftigten und ihrer Arbeit vorhandene Gefährdungen ermittelt und Maßnahmen zum Schutz der Gesundheit festgelegt werden.
Neue Begriffe sind:
- Arbeitsplatzgrenzwerte (AGW), die vom neuen Verständnis her so konzipiert sind, dass bei ihrer Einhaltung akute oder chronisch schädigende Wirkungen nicht zu erwarten sind.
- Biologische Grenzwerte (BGW), die arbeitsmedizinisch toxikologisch abgeleitet sind und die Konzentrationen im biologischen Material angeben, bei denen im allgemeinen die Gesundheit der Beschäftigten nicht beeinträchtigt wird.

Gemäß dieser Definition entsprechen die bisherigen Maximalen Arbeitsplatzkonzentrationen (MAK) den Arbeitsplatzgrenzwerten (AGW), die bisherigen Biologischen Arbeitsplatzgrenzwerte (BAT)den Biologischen Grenzwerten (BGW).
Technisch basierte Werte, wie sie die Technischen Richtkonzentrationen (TRK) darstellen, sind nicht vorgesehen, sie entfallen.
Die bei schweißtechnischen Arbeiten entstehenden Schweißrauche und Gase bestehen aus Gefahrstoffen mit teilweise unterschiedlichen gesundheitsschädigenden Wirkungen:

- atemwegs- und lungenbelastende Stoffe, z.B. Eisenoxide, Aluminiumoxid
- toxische oder toxisch-irritative Stoffe, z.B. Fluoride, Manganoxid, Kupferoxid, Aldehyde (beim Löten mit kolophoniumhaltigen Flussmitteln)
- krebserzeugende Stoffe, z.B. Chrom(VI)-Verbindungen, Nickeloxide.

Da die Schweißrauche sehr komplexe und unterschiedliche Zusammensetzungen aufweisen, wird bei der Arbeitsplatzüberwachung meist mit Leitkomponenten gearbeitet.

Unter diesem Begriff versteht man einen Stoff, der bezüglich der Wirkung und Menge in einem Gemisch dominant ist.

Tabelle 3 enthält einige Beispiele für Leitkomponenten.

Stickstoffoxide ($NO_X = NO, NO_2$)
Nitrose Gase bilden sich aus dem Stickstoff und dem Sauerstoff der Luft unter Einwirkung eines Lichtbogens oder einer Flamme. NO ist ein farbloses, giftiges Gas.

NO_2 ist ein braunrotes, giftiges, oxidierend wirkendes Gas. Es wirkt bereits in relativ geringen Konzentrationen als heimtückisches Reizgas. In schweren Fällen führt es zum tödlichen Lungenödem.

Kohlenmonoxid (CO)
Kohlenmonoxid entsteht beim Metall-Aktivgasschweißen durch thermische Spaltung des Schutzgases Kohlendioxid sowie beim Abschmelzen cellulosehaltiger Elektroden.

CO ist ein sehr giftiges, geruchloses Gas und hat eine große Affinität zu Hämoglobin, wodurch die Transportfähigkeit des Sauerstoffs im Blut verringert wird.

Bei 150 ml/m³ CO kommt es Schwindelanfällen, Mattigkeit und Kopfschmerzen.

Bei 700 ml/m³ CO kommt es zu Ohnmacht, Puls- und Atemsteigerung, schließlich zu Bewusstlosigkeit, Atemlähmung, Herzstillstand und Tod.

Ozon (O_3)
Ozon entsteht durch Einwirkung ultravioletter Strahlung auf den Sauerstoff der Luft, das heißt bei allen Lichtbogen- und Plasmaschweiß- und Schneidverfahren bei denen der Lichtbogen oder das Plasma nicht abgedeckt ist.

O_3 ist ein stechend riechendes Gas mit starker Reizwirkung auf die Atemorgane und Augen.

Es erzeugt Hustenreiz, Atemnot und möglicherweise Lungenödem.

Neue Studien schließen nicht aus, dass Ozon ein krebserzeugendes Potential besitzt.

Chrom(VI)-Verbindungen
Chrom(VI)-Verbindungen entstehen beim MAG M-Schweißen von Chrom-Nickelstahl und können in Form von Chromaten auf den mensch-

Tabelle 3: Beispiele für Schweißrauch-Leitkomponenten

Verfahren	Schweißzusatzwerkstoff	Schweißrauch/ Leitkomponente(n)
Gasschweißen	unlegierter, niedriglegierter Stahl (Legierungsbestandteile < 5 %)	Stickstoffdiodd
Lichtbogenhandschweißen	unlegierter, niedriglegierter Stahl (Legierungsbestandteile < 5 %)	Schweißrauch[1]
	Chrom-Nickel-Stahl (≤ 20 %, Cr und ≤ 30 % Ni)	Chrom(VI)-Verbindungen
	Nickel, Nickellegierungen (> 30 % Ni)	Nickeloxid oder Kupferoxid[2]
Metall-Aktivgasschweißen mit Kohlendioxid (MAGC)	unlegierter, niedriglegierter Stahl (Legierungsbestandteile < 5 %)	Schweißrauch[1] Kohlenmonoxid
Metall-Aktivgasschweißen mit Mischgas (MAGM)	unlegierter, niedriglegierter Stahl (Legierungsbestandteile < 5 %)	Schweißrauch[1]
	Chrom-Nickel-Stahl Massivdraht (≤ 20 %, Cr und ≤ 30 % Ni)	Nickeloxid
	Chrom-Nickel-Stahl Fülldraht (≤ 20 %, Cr und ≤ 30 % Ni)	Chrom(VI)-Verbindungen
Metall-Inertgasschweißen (MIG)	Nickel, Nickellegierungen (> 30 % Ni)	Nickeloxid oder Kupferoxid[2], Ozon
	Rein-Aluminium Aluminium-Silicium-Legierungen	Ozon Schweißrauch[1]
	andern Aluminium-Legierungen[3]	Schweißrauch Ozon
Wolfram-Inertgasschweißen (WIG)	unlegierter, niedriglegierter Stahl (Legierungsbestandteile < 5 %)	Schweißrauch Ozon
	Chrom-Nickel-Stahl (≤ 20 %, Cr und ≤ 30 % Ni)	Schweißrauch[1] Ozon
	Nickel, Nickellegierungen (> 30 % Ni)	Ozon Schweißrauch[1]
	Rein-Aluminium Aluminium-Silicium-Legierungen	Ozon Schweißrauch[1]
	andern Aluminium-Legierungen[3]	Schweißrauch[1] Ozon

[1] Grenzwert für die A-Funktion des Staubes.
[2] Je nach Legierungsart, mit/ohne Kupfer, Grenzwert für Kupfer-Rauch.
[3] Aluminium-Werkstoffe (Rein-Aluminium, Aluminium-Legierungen) Grenzwert für Aluminiumoxidrauch.

lichen Körper, insbesondere auf die Atmungsorgane, eine krebserzeugende Wirkung hervorrufen. Vor allem kann Chromtrioxid beim Menschen bösartige Geschwülste verursachen.
Chrom(VI)-Verbindungen wirken auch schleimhautreizend und ätzend.

Nickeloxid (NiO, NiO_2, Ni_2O_3) und Kupferoxid
Diese Gase entstehen beim Lichtbogenhandschweißen von Nickel und Nickellegierungen, je nach Legierungsart, mit oder ohne Kupfer. Sie

sind wegen ihrer krebserzeugenden Wirkung als krebserzeugende Stoffe eingestuft.

Gesundheitsgefährdungen durch Schweißrauche und -gase sind mittels Verfahrensoptimierung und Raumlüftung bzw. Absaugung am Arbeitsplatz unbedingt zu verhindern.
Dazu beschreibt die TRGS 528 – Schweißtechnische Arbeiten 01/09 – den aktuellen Sachstand [8].
In Tab. 4 ist die Beurteilung der Verfahren anhand von Emissionsraten unter Berücksichtigung werkstoffspezifischer Faktoren bzw. Wirkungen:Zuordnung zu Gefährdungsklassen dargestellt.

Tabelle 4: Zuordnung zu Gefährdungsklassen

Verfahren	Emissionsrate[3] (mg/s)	Gefährdungsklasse der Verfahren[4]		
		Atemwegs- und lungenbelastete Stoffe	Toxische oder toxisch-irritative Stoffe	Krebserzeugende Stoffe
UP[5]	< 1	niedrig	niedrig	niedrig
Gasschweißen (Autogenverfahren)	< 1	niedrig	niedrig	–
WIG[6]	< 1	niedrig	mittel	mittel
Laserstrahlschweißen ohne Zusatzwerkstoffe	1 bis 2	mittel	hoch	hoch
MIG/MAG (energiearmes Schutzgasschweißen)	1 bis 4	niedrig	mittel	mittel bis hoch
LBH, MIG (allgemein)	2 bis 8	hoch	hoch	hoch
MAG (Massivdraht, Fülldrahtschweißen mit Schutzgas, Laserstrahlschweißen mit Zusatzwerkstoff	6 bis 25	hoch	hoch	hoch
MAG (Fülldraht); Fülldrahtschweißen ohne Schutzgas	> 25	sehr hoch	sehr hoch	sehr hoch
Löten	< 3 bis 4	niedrig	mittel	mittel
Autogenes Brennschneiden	> 25	sehr hoch	sehr hoch	sehr hoch
Lichtbogenspitzen	> 25	sehr hoch	sehr hoch	sehr hoch

3 Erfahrungswerte, die im Einzelfall durch Optimierung der Prozessparameter noch reduziert werden können.
4 Die Gefährdungsklasse des Verfahrens darf nicht mit den -schutzstufen der GefStoffV verwechselt werden; hierzu siehe TRGS 400.
5 Automatisiertes Verfahren.
6 Nach Explosionsbeschreibung in BGI 790-12.

Dann werden technische Maßnahmen, wie Lüftungssysteme und Absaugungen sowie persönliche Schutzmaßnahmen (Atemschutzgeräte unter Angabe der Partikelfilter) benannt.

1.5 Entwicklungen

Arbeitsunfälle, Brände und Explosionen bei Schweißarbeiten

Auswertung eines 40-jährigen Zeitraumes [5]
Seit den 70-er Jahren werten die Verfasser Schadensfälle in Form von Arbeitsunfällen, Bränden und Explosionen aus, die sich bei Schweiß- und verwandten Arbeiten sowie beim Trennschleifen in Deutschland ereigneten.
Die Auswertung des Materials erfolgte in unterschiedlicher Form, so z.B. Aufbereitung zu Fallbeispielen, was besonders in den 80-er und 90-er Jahren sehr intensiv geschah.
Die Ergebnisse wurden durch zahlreiche Aufsätze, in besonderen Schriften und in Vorträgen publiziert [3], [6], [7].
In den letzten Jahren wurde der Zeitraum ab 2000 untersucht und eingearbeitet.
Quellen für die Aussagen sind zum größten Teil Betriebsanalysen, Literaturrecherchen, Informationen von Sachversicherern, Polizei, Feuerwehr und von Bauordnungsämtern.
Weiterhin flossen persönliche Mitteilungen von Fachkollegen und eigene Erfahrungen der Verfasser ein. Seit 1970 wurden insgesamt 2771 Beispiele ausgewertet (Tabelle 5).

Tabelle 5: Brände und Explosionen – ausgewertete Beispiele

Ausgewertete Beispiele	70er Jahre 602	80er Jahre 621	90er Jahre 815	Ab 2000 733
Gesamtanzahl	2771			

Naturgemäß führt die Verschiedenartigkeit der Ausgangsdaten bei den einzelnen Fällen zu einer unterschiedlichen Aussagetiefe. Präzise und umfassende Informationen lassen sich beispielsweise aus Versicherungsakten gewinnen.
Trotz Unterschiedlichkeit der Informationstiefe, lassen sich brauchbare statistische Aussagen treffen, weil die Auswertung der Fälle jeweils für ein Jahrzehnt erfolgt und die Datenstruktur innerhalb der Betrachtungszeiträume weitgehend gleichartig bleibt.
Nicht vermeidbare Dunkelziffern zu bestimmten Sachverhalten bewegen sich in den einzelnen Zeitabschnitten, also in etwa gleichen Anteilshöhen, so, dass sich Entwicklungstendenzen beim Vergleich der Jahrzehnte durchaus ableiten lassen.
Die Schadensfolgen von Bränden und Explosionen bei Schweiß- und verwandten Arbeiten reichen von Personenschäden über Sachschäden bis hin zu Umweltschäden.

Tabelle 6 und Abbildung 5 zeigen die Entwicklung der Arbeitsunfälle aus der Analyse bei Schweiß- und Schneidarbeiten ab den 70er Jahren.

Tabelle 6: Ereignisse mit Personenschäden bei Bränden und Explosionen

Jahre Arbeits- Unfallgruppe %	70er	80er	90er	Ab 2000	Mittelwert Gesamt-zeitraum
Leicht und mittelschwer	46,0	36,0	59,9	82,1	52,0
schwer	27,6	19,9	18,8	8,5	20,4
tödlich	26,4	44,1	21,3	9,4	27,6

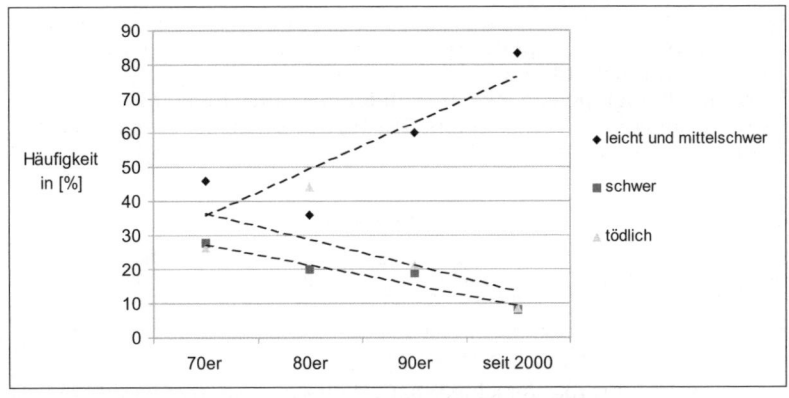

Abb. 5: Ereignisse mit Personenschäden bei Bränden und Explosionen

Die Gesamtzahlen je Zeitabschnitt lassen keine wesentlichen Trendänderungen erkennen. Der Anteil tödlicher und schwerer Unfälle weist große Schwankungen mit fallender Tendenz auf. Stark zugenommen haben ab der 90 er Jahren leichte und mittelschwere Unfälle. Ein großer Teil der Unfallereignisse trägt den Charakter von Massenunfällen.

Zu betonen ist, dass diese Angaben mitbeeinflusst sind von aufgenommenen markanten ausländischen Beispielen, z.B. aus dem Bergbau, dem Schiffbau und der chemischen Industrie. Insgesamt bleibt festzustellen, dass die unter Anwendung manueller thermischer Verfahren durchgeführten Arbeiten (vorrangig Reparaturen usw.) ein sehr hohes Gefahrenpotential in Hinblick auf Personenschäden bergen.

Die Schadensfälle ereigneten sich vorwiegend in Deutschland, etwa 5 % der Fälle 1970 bis 1999 stammen aus dem Ausland. Ab 2000 sind es etwa 20 %, wobei größtenteils auf mit Deutschland vergleichbare technologische Bedingungen geachtet worden ist.

Entwicklungen

In Vergleich dazu ist in Abb. 6 der konkrete Verlauf der meldepflichtigen Arbeitsunfälle von 1960 bis 2008 in der Bundesrepublik Deutschland dargestellt.

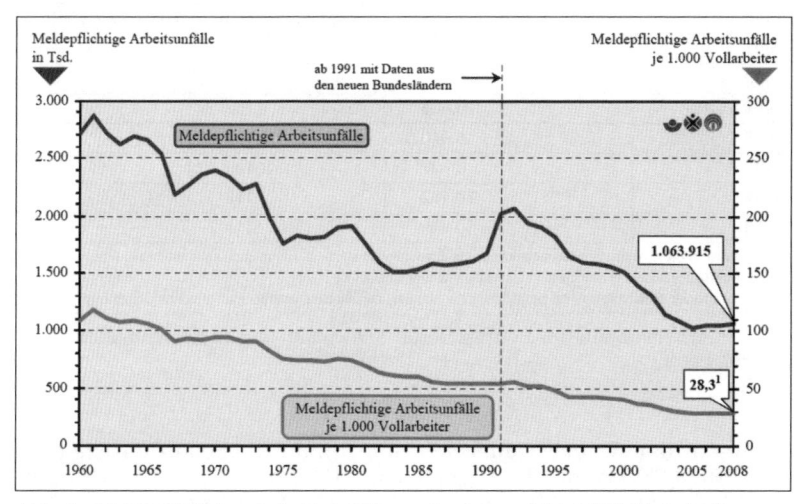

Abb. 6: Meldepflichtige Arbeitsunfälle – absolut und je 1.000 Vollarbeiter von 1960 bis 2008

Bei den meldepflichtigen Arbeitsunfällen sind zwar ab 1960 in den einzelnen Jahren starke Schwankungen, aber es ist eine insgesamt fallende Tendenz zu erkennen.
Deutlicher stellt sich der fallende Verlauf der Arbeitsunfälle je 1.000 Vollarbeiter heraus.
Eine durchgängige Unfallstatistik speziell für Schweißer steht nicht zur Verfügung. Die Arbeitsunfälle für Schweißer und Brennschneider ab 2002 zeigt die Abb. 7 aus der die Übereinstimmung mit den eigenen Untersuchungen zu erkennen ist.
Von den 2007 = 1.055.797 meldepflichtigen Arbeitsunfällen sind im gleichen Jahr 10.482 meldepflichtige Schweißerunfälle.
Der Anteil der Schweißerunfälle beträgt im Durchschnitt ca. 1 % der Gesamtzahl meldepflichtiger Arbeitsunfälle in Deutschland – wobei die Berufsgruppen: Schweißer, Brennschneider, Löter doppelt so oft einen Arbeitsunfall erleiden als alle anderen Versicherten.

49

Grundwissen zum Arbeits- und Brandschutz

Auch die Anzahl tödlicher Unfälle bei Schweißern zeigen große Schwankungen in den einzelnen Jahren, aber eine fallende Tendenz.

Jahr	Meldepflichtige Unfälle*)	Neue Unfallrenten	Tödliche Unfälle
2002	8.971	153	7
2003	7.291	141	7
2004	6.604	108	3
2005	6.040	102	3
2006	6.897	109	6
2007	10.482	119	3
2008	10.895	111	6

*) Da es sich hierbei um eine hochgerechnete Stichprobenstatistik handelt, könne geringfügige Hochrechnungsunsicherheiten und rechnungsfehler auftrete.
Quelle: Referat „Statistik – Arbeitsunfälle, Prävention", Deutsche Gesetzliche Unfallversicherung (DGUV)

Abb. 7: Arbeitsunfälle im Betrieb Beruf: Schweißer und Brennschneider ab 07 einschl. Löter

Während der Brandschadensaufwand (Industrie.Feuer-Versicherung mit FBU-GDV-Mitgliedsunternehmen) 1975 noch bei 1,6 Mrd. DM (0,8 Mrd EURO) lag, stieg er bis 2005 auf 2,7 Mrd. EURO an:

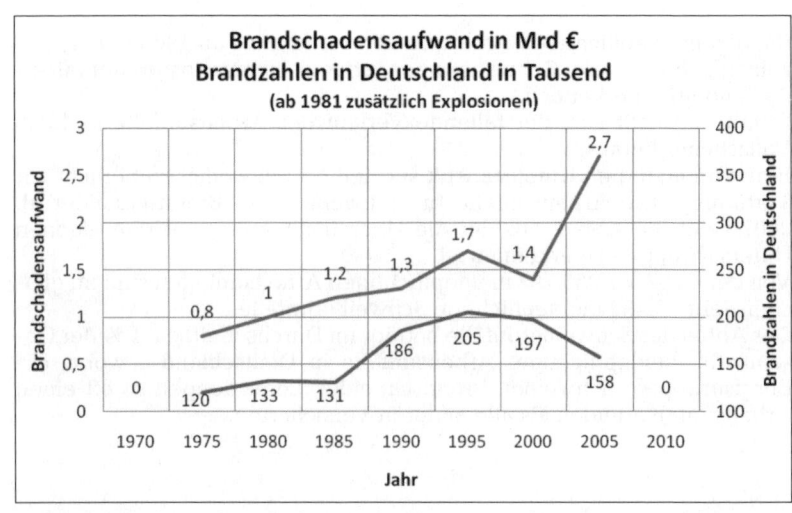

Abb. 8: Brandschadensaufwand in der BRD (Industrie-Feuer-Versicherung) mit FBU-GDV-Mitgliedsunternehmen – Brandzahlen in Deutschland/Deutscher Feuerwehrverband Jahrbuch 1996–2006

Die Brandzahlen in Deutschland liegen von 1990–2005 zwischen 180.000 bis 230.000 Brände/Jahr.Der Anteil der durch Schweißen und Schneiden verursachten Brände liegt bei etwa 5 % der Gesamtbrände.
Der Anteil der durch Schweißen und Schneiden verursachten Schadenssumme liegt bei etwa 8 % der Gesamtschadenssumme.
Der Anteil der sog Millionenschäden (Großbrände über 1 Mio.) liegt zwischen 10 bis 20 %.
Besonders im Bauwesen, Industrie-, Wohnungs- und Gesellschaftsbau außerhalb von Schweißwerkstätten wächst die Anzahl der Brände bei Schweiß- und Schneidarbeiten.
Die Ursache für diese Entwicklung liegt unter anderem an den hohen Wertkonzentrationen in den Unternehmen. Kommt es einmal zum Brand, steigt die Schadenssumme schnell an. Auch die Zunahme von Abbruch-, Umbau- und Rekonstruktionsarbeiten, bei denen eine Vielzahl von Gefährdungsbereichen vorliegt, führen zu erheblichen Schäden.

Systematisierung der Schadensereignisse

Für die Systematisierung der Brände und Explosionen fanden neben der zeitlichen Zuordnung zwei Hauptkriterien Anwendung. Zum einen die wirtschaftlichen oder gesellschaftlichen Bereiche, in denen sie sich ereigneten, sowie die entzündeten Materialien.

Tabelle 7: Brände und Explosionen – Verteilung auf Wirtschafts- und gesellschaftliche Bereiche

Jahre Wirtschafts- bzw. Gesellschaftsbereiche %	70er Jahre	80er Jahre	90er Jahre	ab dem Jahr 2000	Mittelwert Gesamtzeitraum
Keine Zuordnung	14,3	11,8	3,1	5,2	8,0
Bauwesen	17,9	22,5	24,8	29,5	24,0
Landwirtschaft	6,8	7,7	6,8	3,5	6,1
Bergbau/Metallurgie	0,8	3,7	1,1	2,0	1,9
Energiewirtschaft	3,7	5,4	4,3	1,1	3,6
Chemische Industrie	5,5	4,2	2,8	1,4	3,3
Maschinen-, Anlagen- und Apparatebau	3,3	4,7	4,4	3,7	4,0
Schiffsbau	2,7	6	1,6	2,7	3,1
Sonstige Industrie	7,8	5,8	11,7	10,2	9,1
Handwerksbetriebe	8,1	3,5	6,3	8,0	6,5
Transport- und Nachrichten-wesen	3,5	3,1	1,7	3,8	3,0
Kfz-Reparatur	13,9	10,8	7,8	5,9	9,3
Handel	1,7	1,5	6	3,4	3,4
Verwaltung, Kunst, Gesundheits- und Bildungswesen	6,2	6,3	10,1	10,6	8,5
Freizeit/Hobby	3,8	2,9	7,6	8,9	6,1

Beide Kriterien werden in einer Matrix zusammengeführt, so dass detaillierte Aussagen darüber möglich sind, welche Materialien in welchem Wirtschaftszweig an den Schadensereignissen beteiligt waren. Bei den wirtschaftlichen und gesellschaftlichen Bereichen finden 14 konkrete Positionen Anwendung, dazu eine Position Null „Keine Zuordnung möglich", Tabelle 7. Letztere dient der Erfassung von Beispielen in folgender Art: „Bei Brennschneidarbeiten an Heizungsrohren in einem Unternehmen der Stadt XY entzündeten Schweißspritzer, die durch einen Wanddurchbruch gelangten, im Nebenraum eingelagerte Schaumstoffplatten". Auch ohne Zuordnungsmöglichkeit zu einem Wirtschaftbereich ist der Fall von Bedeutung. Abb. 9 zeigt die Verteilung der Brände und Explosionen auf die wirtschaftlichen und gesellschaftlichen Bereiche im Durchschnitt von 40 Jahren:

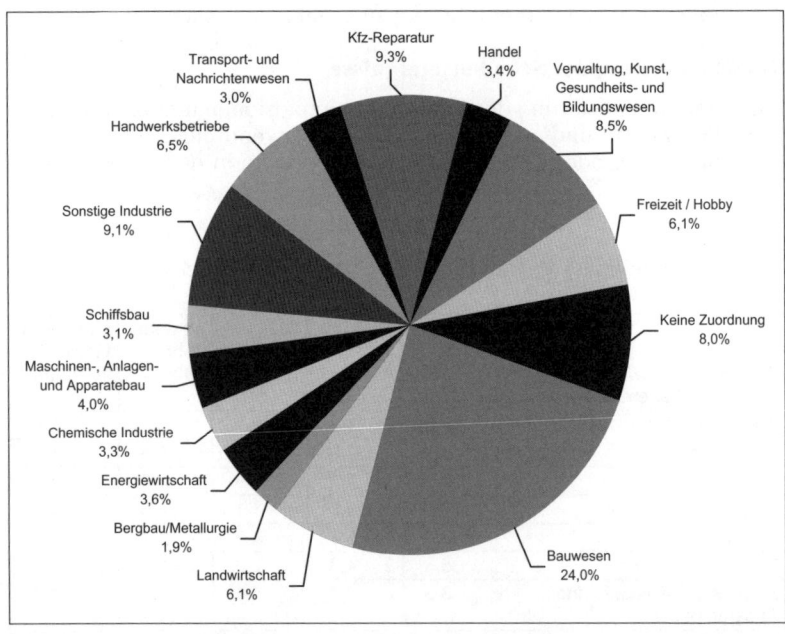

Abb. 9: Prozentuale Verteilung der Brände und Explosionen auf die Wirtschafts- und gesellschaftlichen Bereiche

Ähnlich verhält es sich mit den verschiedenen Stoffgruppen. Neben der nullten Position „Keine Zuordnung möglich" sind neun Gruppen explizit aufgeführt, zusätzlich als zehnte Position „Mehrere Stoffe gleichzeitig".

Schließlich gibt es noch vereinzelt Fälle, die weder zu dem einen noch zu dem anderen Kriterium Auskunft geben und trotzdem Aufmerksamkeit erregen, z.B.: „Drei Personen wurden schwer verletzt, als Schweißarbeiten eine Staubexplosion auslösten." Dieser Fall wird in beiden Kategorien der nullten Position zugeordnet und kann somit in die Auswertung einfließen. Abb. 10 zeigt die Verteilung der Brände und Explosionen auf die entzündeten Materialien:

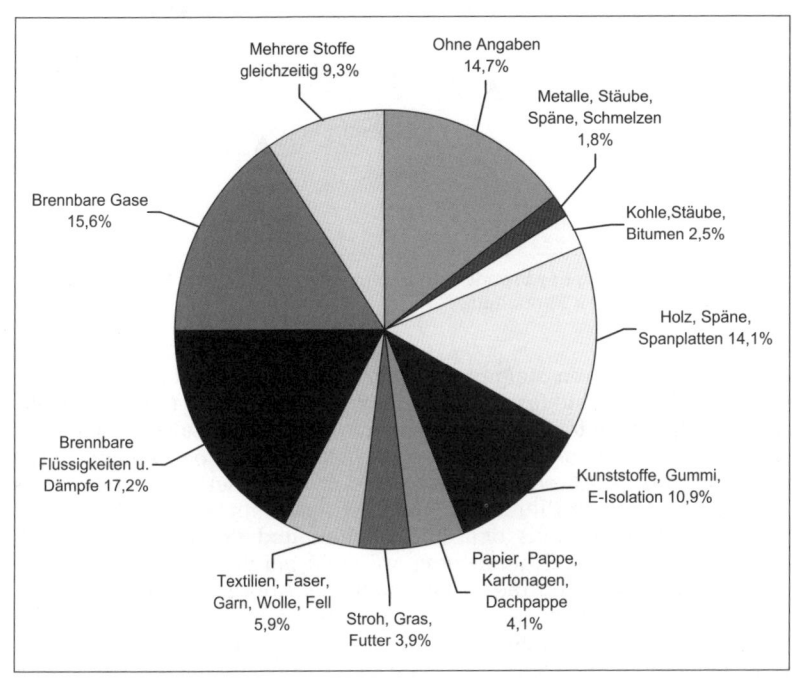

Abb. 10: Verteilung der Brände und Explosionen auf die entzündeten Materialien im Durchschnitt von 40 Jahren

Zeitliche Entwicklung der Schadensereignisse innerhalb der Hauptkriterien

Zunächst soll die Entwicklung der Schadensereignisse aus Sicht der wirtschaftlichen und gesellschaftlichen Bereiche im Gesamtzeitraum betrachtet werden.

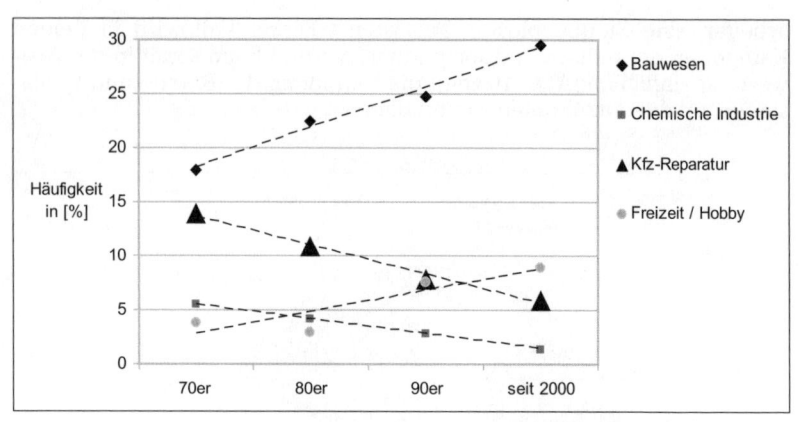

Abb. 11: Entwicklung der Brände und Explosionen in ausgewählten Wirtschafts- und gesellschaftlichen Bereichen

Seit den 70er Jahren steigen die Schadensfälle im Bereich Bauwesen stark an, ab 2000 sind fast 30 % aller Schadensfälle im Baugewerbe verursacht. Das ist unter anderem auf einen Anstieg an Sanierungs-, Umbau- und Rekonstruktionsarbeiten zurückzuführen, bei welchen eine Häufung von Gefahrenschwerpunkten vorliegt. Hierbei sei besonders das Aufbringen von Bitumschweißbahnen erwähnt. Des Weiteren sind unzureichende Kenntnis der Örtlichkeiten und der vorherrschenden Arbeitsbedingungen Ergebnis von Mängeln bei der Planung und Ausführung von Arbeitsaufträgen, besonders bei Abbrucharbeiten.
Als Kontrast zum Bauwesen zeigt sich im Bereich der Kfz-Reparatur ein starker Rückgang. Lag der Anteil von Schadensfällen im Bereich Kfz in den 70er Jahren noch bei 13,9 % sind es seit 2000 nur noch 5,9 %. Dieser Rückgang um rund 8 % vollzieht sich nahezu linear über die Jahrzehnte. Gründe für diesen Rückgang sind unter anderem der Einsatz von stationären Schweißrobotern bei der Fahrzeugfertigung. Desweiteren ist der Einsatz moderner Materialien sowie ein Wandel vom Gasschmelzschweißen (Autogenschweißen, mit offener Flamme) über das Metallschutzgasschweißen (Lichtbogenschweißen) hin zum Widerstandpunktschweißen mitverantwortlich für diese Entwicklung. Ganz entscheidend ist auch, dass bei Reparaturen weniger geschweißt wird, vielmehr werden ganze Bauteile oder Baugruppen ausgewechselt.
Die Entwicklung der Schadensfälle in der Chemischen Industrie zeigt ebenfalls einen deutlichen Rückgang. Lag die Schadenshäufigkeit in den 70er Jahren noch bei 5,5 %, so ist sie in der Betrachtung seit 2000 bereits auf 1,4 % gesunken. Diese Veränderung ist auf die Automatisierung und Optimierung von Prozessabläufen zurückzuführen, sowie dem vermehrten Einsatz von stationären Anlagen. Immer höhere Anforderungen hinsichtlich des Umweltschutzes und der Folge von Störfällen, die in der 12. BImSchV (Bundesimmissionsschutzverordnung) ver-

ankert sind und allgemein hin als Störfallverordnung bekannt ist, haben zu einer besseren Überwachung geführt. Zu einer stärkeren Selbstkontrolle seitens der Chemischen Industrie hat unter anderem der Druck der Bevölkerung und die Gefahr nach einem Schadensfall einen erheblichen Imageverlust zu erleiden, beigetragen.

In der Kategorie Freizeit/Hobby ist wiederum ein Anstieg zu erkennen. Liegen die Anteile in den 70er Jahren bei 3,8 %, ist im nächsten Jahrzehnt zunächst ein Rückgang auf 2,9 % zu verzeichnen. In den 90er Jahren ist die Quote zunächst auf 7,6 % und in der Betrachtung seit 2000 sogar auf 8,9 % gestiegen. Ursache dafür sind einerseits die gesunkenen Preise für Schweißgeräte, die jedermann ohne Vorlage eines Berechtigungsnachweises im Baumarkt erwerben kann. Hinzu kommt, dass die Bedienungsanleitungen der Geräte nicht hinreichend zur Kenntnis genommen werden, obwohl in diesen oftmals auf die Sicherheitsmaßnahmen gegen die weit verbreitetsten Unfall- und Brandursachen eingegangen wird. Andererseits ist ein Teil der Bevölkerung nicht mehr willens bzw. nicht mehr in der Lage professionelle Handwerker zu bezahlen und greift somit selbst zu gekauften oder geliehenen Gerät, oftmals ohne jegliche Ausbildung. Neben den direkten Auswirkungen sollte man bedenken, welche Risiken sich durch semiprofessionelle Schweißarbeiten an Kraftfahrzeugen und Motorrädern für den Straßenverkehr ergeben.

Insgesamt gesehen können für den 40-jährigen Betrachtungszeitraum keine gravierenden Trendveränderungen registriert werden.

Tabelle 8 und Abb. 12 veranschaulichen die in Brand geratenen Stoffe und Materialien. Unter den festen Stoffen dominieren seit den 90er Jahren eindeutig Holz und Holzprodukte (3) sowie Kunststoffe (4). Die übrigen festen Stoffe unterliegen nur geringen Schwankungen.

Bei brennbaren Flüssigkeiten (8) fällt ab den 90er Jahren eine deutliche Abnahme auf, trotzdem bleibt ihr Anteil hoch. Beteiligt waren besonders Reinigungsmittel und Treibstoffe. Ein Zusammenhang mit den rückläufigen Tendenzen der Schadensanteile in der Chemischen Industrie sowie bei Kfz-Reparaturen liegt nahe.

Brennbare Gase (9) nahmen in den 70er Jahren mit großem Abstand die erste Stelle unter den in Brand geratenen Materialien ein. Eine deutliche Verringerung lässt sich ab den 80er Jahren beobachten. Hauptursächlich für diese Entwicklung ist der drastische Rückgang des Einsatzes von Acetylenentwicklern. Hinzu kommen weiterentwickelte Sicherheitseinrichtungen, wie beispielsweise Sicherungen gegen Flammendurchschlag bzw. schaumbildende Mittel zur Kontrolle der Dichtigkeit von Anschlüssen und Schläuchen. In diese Stoffgruppe wurden einige Fälle aufgenommen, bei denen es sich um nicht brennbare Gase handelt, bei denen es unter dem Einfluss von Schweißwärme zum Druckaufbau in geschlossenen Behältern und zum Bersten derselben kam.

Die Position „Mehrere Stoffe gleichzeitig" (10) ist seit den 70er Jahren im Wachsen begriffen. Zu ihr gehören zahlreiche Kombinationen von Kunststoffen mit anderen Materialien. Zu nennen sind ferner Anreicherungen brennbarer Gase in Kleidungsstücken.

Grundwissen zum Arbeits- und Brandschutz

Tabelle 8: Brände und Explosionen – Verteilung auf Material- bzw. Stoffarten

Materialien [%]		Jahre	70er	80er	90er	Ab 2000	Mittelwert Gesamtzeitraum
0. Ohne Angaben			4,0	5,5	13,1	33	14,7
1. Metalle:	– Stäube, Späne – Schmelzen		2,2	1,9	0,6	2,6	1,8
2. Kohle:	– Stäube – Bitumen		1,8	2,9	1,8	3,5	2,5
3. Holz:	– Späne – Spanplatten		8,0	12,2	17,2	17,3	14,1
4. Kunststoffe:	– Gummi – E-Isolation		6,2	13,1	12,5	11,1	10,9
5. Papier:	– Pappe – Kartonagen		4,1	3,4	5,5	3,3	4,1
6. Stroh, Gras, Futter, Lebensmittel			4,1	4,0	4,8	2,7	3,9
7. Textilien:	– Faser/Garn – Wolle/Fell		7,8	7,9	7,3	1,2	5,9
8. Brennbare Flüssigkeiten	– Dämpfe		23,6	23,5	14,4	9,7	17,2
9. Brennbare Gase			32,2	16,6	11,8	5,2	15,6
10. Mehrere Stoffe gleichzeitig			6,0	9,0	11,0	10,2	9,3

Bei den in Brand geratenen Stoffen verschieben sich die Anteile der flüssigen und gasförmigen Stoffe zu festen brennbaren Stoffen wie Holz, sowie zu mehreren Stoffen gleichzeitig (siehe Abb. 12).
Angesichts der rasanten technischen Entwicklung, die sich in allen Bereichen in den zurückliegenden 40 Jahren vollzogen hat, stellt sich

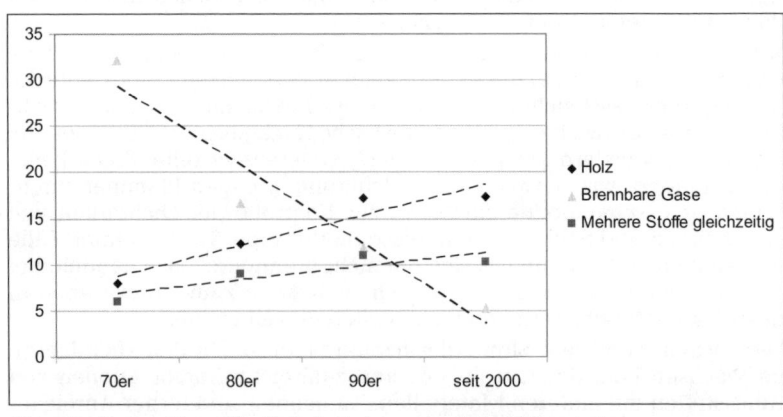

Abb. 12: Entwicklung der Brände bei ausgewählten Materialien

natürlich die Frage, aus welchen Gründen Schadensereignisse infolge Schweiß- und verwandten Arbeiten in ihrer Struktur weitgehend unverändert geblieben sind.
Wie bereits beschrieben treten im Bauwesen die meisten Schadensfälle auf. Dabei ist nicht zu übersehen, dass im Bauwesen bezüglich der Schweiß- und verwandten Verfahren ein niedrigeres technologisches Niveau vorherrscht als in der stationären Industrie (Werkhalle mit Schweißrobotern). Das betrifft im Besonderen die Baustellenprozesse, die immer noch durch breite Anwendung manueller Füge- und Trennverfahren gekennzeichnet sind. Ersichtlich wird dieser Sachverhalt aus Tabelle 9 in der die manuellen Verfahren seit dem Jahr 2000 mehr als die Hälfte der Schäden hervorrufen.

Tabelle 9: Brände und Explosionen – Verfahrensanteile

Verfahren [%] Jahre	70er	80er	90er	Ab 2000	Mittelwert Gesamtzeitraum
E-Schweißen	8,1	6,1	2,9	0,8	4,2
G-Schweißen	15,9	9,8	5	2,2	7,7
Nicht näher bezeichnete manuelle Verfahren	33,2	35,9	36,2	53,9	40,2
Mechanisierte Schweißverfahren	0,8	1	0,7	0,7	0,8
Löten	1,8	2,6	6,1	6,7	4,5
Aufbringen von Bitumenschweißbahnen	0,3	0,8	11,5	16,4	8,0
Anwärmen, Auftauen, Warmrichten	4,5	6,8	4,9	2,3	4,4
Brennschneiden	41,4	40,4	23,1	8,0	27,0
Trennschneiden	3,3	2,7	10,1	9,0	6,7

Die Anteile der explizit ausgewiesenen Brände und Explosionen bei manuellen Verfahren des Elektrodenhand- und Gasschweißens liegen relativ niedrig und weisen eine fallende Tendenz auf (siehe Abb. 13).
Fasst man die beiden Positionen zusammen, so ergibt sich nachstehende Abfolge der Häufigkeiten: 24 %/15,9 %/7,9 %/3 %, also eine stetige Abnahme seit den 70er Jahren.
Bei den Trennverfahren nehmen die Brände beim Brennschneiden von den 80er Jahren stetig ab. Die Zunahme beim Trennschneiden gleicht allerdings die Anteilsdifferenz nicht aus (siehe Abb. 14).
Die auffälligste Entwicklung der Brände und Explosionen zeigt sich beim Aufbringen von Bitumenschweißbahnen. Von den 80er zu den 90er Jahren erhöht sich der Anteil bei diesem Verfahren um mehr als das 10-fache, die Angaben für das laufende Jahrzehnt bestätigen die Tendenz, Abb. 15. Obwohl dieses Verfahren nach BGR 500 Kap. 2.26 nicht zum „Bearbeiten metallischer Werkstoffe" gehört, wird es von der Versicherungswirtschaft dem Schweißen, Schneiden und verwandten Verfahren zugeordnet.

Grundwissen zum Arbeits- und Brandschutz

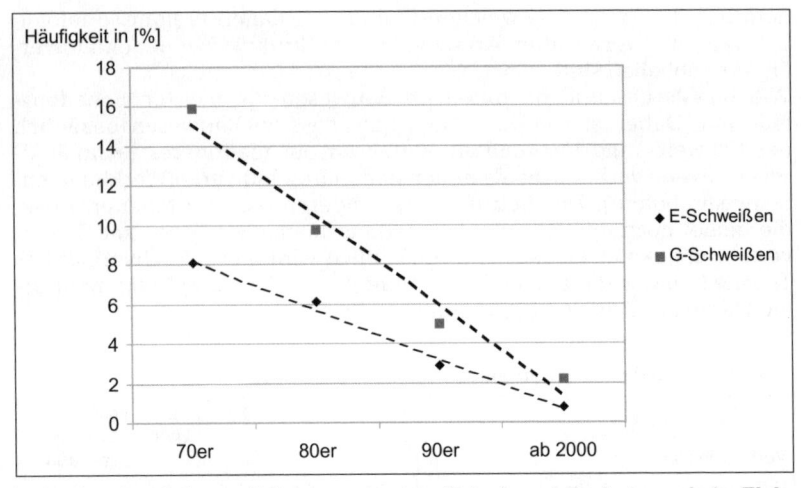

Abb. 13: Anteil der explizit ausgewiesenen Brände und Explosionen beim Elektrodenhand- und Gasschweißen

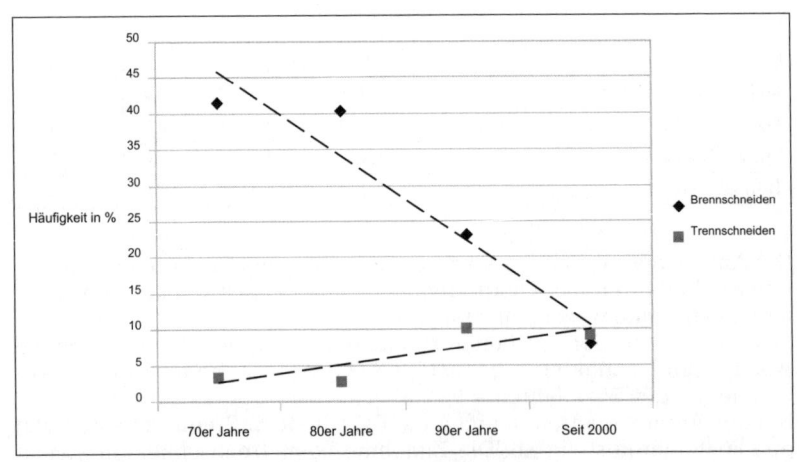

Abb. 14: Entwicklung der Brände und Explosionen beim Brenn- und Trennschneiden

Das Verfahren ist ein markantes Beispiel dafür, dass neue Verfahren keineswegs zwangsläufig sicherer sind als traditionelle, insbesondere bei nicht Einhaltung der Verarbeitungsvorschriften in Verbindungen mit lösemittelhaltigen Bitumenvoranstrichen. Ein wesentlicher Fortschritt ist die vom Landesamt für Verbraucherschutz Sachsen-Anhalt Fach-

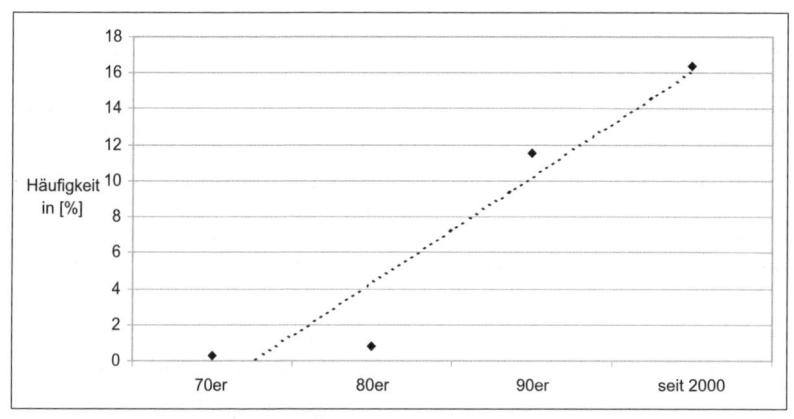

Abb. 15: Entwicklung der Brände und Explosionen beim Aufbringen von Bitumenschweißbahnen

bereich 5. 09/2008 erarbeitete Vorschrift „Sicheres Verlegen von Bitumenschweißbahnen mit Propanaufschweißbrennern". Leider ist der Bekanntheitsgrad dieser Vorschrift besonders in Betrieben des Dachdeckerhandwerks ungenügend.
Verhältnismäßig konstant verläuft die Entwicklung bei Anwärm-, Auftau- und Warmrichtarbeiten. Ihr Anteil bewegt sich mit geringen Schwankungen um die 5 %.
Addiert man die Anteile aller aufgeführten Verfahren, so übersteigt die Summe 100 %. Dies liegt daran, dass bei einer Reihe von Fällen mehrere Arbeitsverfahren angegeben wurden, z.B. „Schweißen und Brennschneiden", wobei es dann in der Regel nicht möglich war, genau zu sagen, welches Verfahren den Brand ausgelöst hat.

Erscheinungsformen der Schadensereignisse, Eintrittsbedingungen und Schadensfolgen

Erscheinungsformen

Schadensformen werden in Tabelle 10 vorgestellt.

Tabelle 10: Brände und Explosionen – Schadensformen

Schadensformen [%] Jahre	70er	80er	90er	Ab 2000	Mittelwert Gesamtzeitraum
Explosion/Verpuffung	25,4	20,1	11,7	4,0	14,8
Explosion/Verpuffung in Verbindung mit Brand	3,0	4,4	3,9	5,4	4,2
Offene Brände	60,5	58,3	66,1	75,1	65,2
Schwelbrände	11,1	17,2	18,3	15,6	15,8

Brände und Explosionen treten nicht nur „entweder/oder" auf, sondern teilweise auch zusammen. Dabei kann die Explosion im Verlaufe eines Brandes auftreten oder auch als Initialzündung eines Brandes wirken. Explosionen als alleinige Schadensform weisen eine rückläufige Tendenz auf. In Kombination mit Bränden halten sich die Anteile annähernd unverändert.

Offene Brände (ohne Schwelbrände) bewegen sich in den ersten beiden Jahrzehnten um die 60 %. Seit den 90er Jahren ist hier ein Anstieg zu verzeichnen. Schwelbrände haben von den 70er zu den 80er Jahren zugenommen und haben den erreichten Anteil von ca. 18 % auch in den 90er Jahren gehalten, fallen hingegen seit 2000 wieder ab. Schwelbrände nehmen innerhalb des Brandschutzes eine besondere Stellung ein. Sie zu entdecken und wirksam zu bekämpfen, ist Aufgabe von Brandwachen, die nach Abschluss von Schweiß- und verwandten Arbeiten über einen in der Schweißerlaubnis festgelegten längeren Zeitraum Kontrollen durchzuführen haben. Für die Dauer solcher Kontrollen gibt es keine generelle Festlegung. Vielfach werden sechs Stunden als ausreichend erachtet.

Tabelle 11: Brände und Explosionen – Dauer von Schwelbränden

Schweldauer [%] \ Jahre	70er	80er	90er	Ab 2000
Ohne Angaben	41,8	28,0	28,2	59,1
bis 2 h	13,4	26,2	32,9	9,7
2 bis 6 h	20,9	26,2	21,5	11,8
Über 6 h	23,9	19,6	17,4	8,6

Bemerkenswert ist die Aussage von Tabelle 11 und Abb. 16, dass mehr als ein Zehntel der Schwelbrände über den Gesamtzeitraum eine längere Dauer als sechs Stunden aufweist.

Schwierig gestaltete sich die Informationsbeschaffung, denn in einigen Fällen wurde die Schweldauer nicht explizit erwähnt, jedoch kann man Rückschlüsse auf die Schweldauer ziehen, wenn Beendigungszeitpunkt der Heißarbeiten und Zeitpunkt der Alarmierung der Feuerwehr bekannt sind.

Entwicklungen

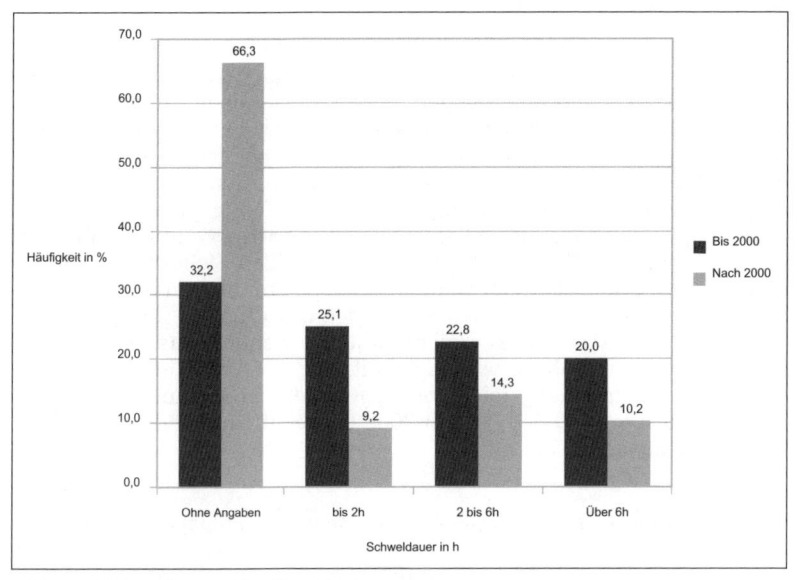

[Diagramm: Häufigkeit in % – Schweldauer in h]
- Ohne Angaben: 32,2 (Bis 2000); 66,3 (Nach 2000)
- bis 2h: 25,1 (Bis 2000); 9,2 (Nach 2000)
- 2 bis 6h: 22,8 (Bis 2000); 14,3 (Nach 2000)
- Über 6h: 20,0 (Bis 2000); 10,2 (Nach 2000)

Abb. 16: Schweldauern im Vergleich

Eintrittsbedingungen

Auslöser vieler Brände und Explosionen sind Schweißspritzer und Funken. Sie erreichen auf direktem Wege nicht beräumtes Material im Brandgefährdungsbereich oder ungenügend gesicherte Konstruktionsteile. Der Weg von Schweißspritzern kann aber auch einer Odyssee gleichen, wenn er über Durchbrüche, Ritzen und Rohrleitungsstränge führt (siehe Abb. 17).
Schadenseintritte im Zusammenhang mit Wand- und Deckendurchbrüchen haben seit den 80er Jahren abgenommen. Das es aufgrund dieser Bedingungen dennoch zu Schadensfällen kommt, ist unter anderem auf Zeitdruck und mangelhafte Wiederherstellung der Bauteilfunktionen zurückzuführen, wodurch es in teilweise größeren Entfernungen zu der unmittelbaren Schweißstelle zu Entzündungen kommen kann, nicht nur in Räumen neben oder unter dem Arbeitsplatz, sondern infolge Schlotwirkung (Fahrstuhlschächte, Rohrleitungsschächte, Hohlräume in Dächern und Wänden) auch oberhalb. Ähnlich verhält es sich bei Rit-

Abb. 17:
Beispiele wie Brände, die durch Durchbrüche, Ritzen und Rohrdurchführungen geleitet werden, entstehen können.

zen und Fugen; Dieser Funkenweg blieb in den 80er und 90er Jahren unverändert bei knapp 6 %, auch hier ist die Tendenz seit 2000 fallend. Im Gegensatz dazu ist die Position der nicht erkannten Materialeinlagerungen seit 2000 enorm angestiegen. Ausschlaggebend hierfür könnte eine Kombination aus Platzmangel und Zeitnot sein. Alle Arbeitsschritte wollen im Sinne des Unternehmers schnellstmöglich ausgeführt werden und durch steigende Grundstückspreise werden immer mehr Waren, mitunter brennbarer Natur, auf kleinem Raum gelagert. Da aus Zeitmangel jedoch möglichst keine Abstriche bei der Qualität der Arbeit gemacht werden sollen, werden in einigen Fällen Sicherheitsmaßnahmen, wie die Erkundung der Umgebung nach brennbaren Material, vernachlässigt. Dieser Sachverhalt kann auch dazu führen, dass eventuell vorhandene Zwischendecken nicht entdeckt werden, was sich deutlich in Tabelle 12 und Abb. 18 widerspiegelt. Lag die Anzahl der Schadensfälle im Zusammenhang mit Zwischendecken- und Wänden bis Ende der 90er nur bei rund 3 %, ist seit 2000 ein recht deutlicher Anstieg um knapp 5 % zu verzeichnen.

Tabelle 12: Brände und Explosionen – spezielle Gefährdungen im Schweißbereich

Örtliche Bedingungen [%]	Jahre 70er	80er	90er	Ab 2000	Mittelwert Gesamtzeitraum
Wand- und Deckendurchbrüche	7,5	7,7	4,2	1,1	4,9
Rohrdurchführungen	1,7	3,5	1,8	1,4	2,0
Ritzen und Fugen	3,3	5,8	5,8	2,9	4,5
Zwischendecken, -wände	2,2	3,5	2,3	7,0	3,8
Offene Fenster	0,5	0,8	0,4	0,3	0,5
Schlotwirkungen	2,3	5	6,9	2,3	4,3
Materialeinlagerungen	1,0	2,4	0,3	10,4	3,6
Nicht näher angegeben/keine besonderen Örtlichkeit	81,5	71,3	78,3	74,8	76,5

Schlotwirkungen haben bis zu den 90er Jahren zugenommen, sind seit 2000 jedoch rückläufig. Zu letzteren gibt es eine Reihe markanter Schadensfälle. Erinnert sei an die Brandausbreitungen unter kupferbeplankten Dachhäuten von Türmen und Kuppeln, wie z. B. am Berliner Dom 1994 oder an die Brandkatastrophe auf dem Düsseldorfer Flughafen 1996.

Schadensfolgen

Die Schadensfolgen von Bränden und Explosionen bei Schweiß- und verwandten Arbeiten sind vielfältig. Sie reichen von Personenschäden über materielle Verluste, die sich in Geldbeträgen ausdrücken lassen,

Entwicklungen

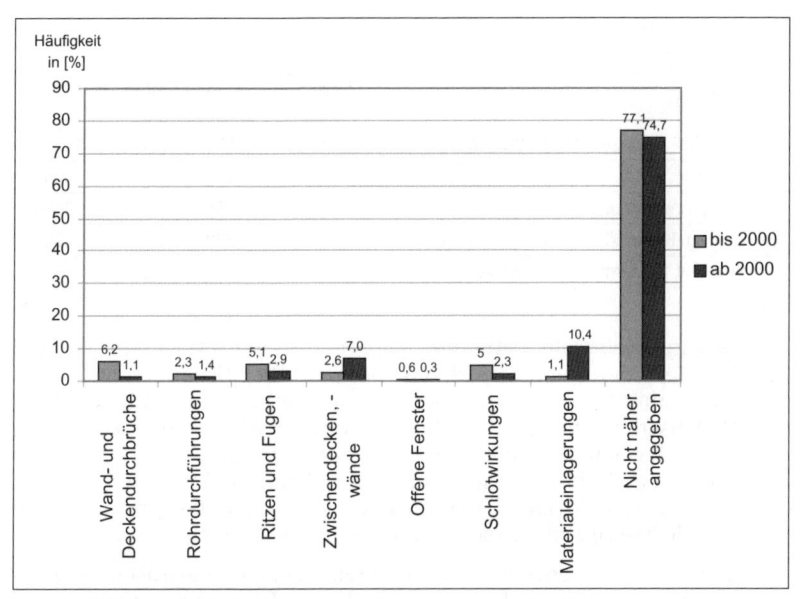

Abb. 18: Örtliche Bedingungen

Häufigkeit in [%], Kategorien (bis 2000 / ab 2000):
- Wand- und Deckendurchbrüche: 6,2 / 1,1
- Rohrdurchführungen: 2,3 / 1,4
- Ritzen und Fugen: 5,1 / 2,9
- Zwischendecken, -wände: 7,0 / 2,6
- Offene Fenster: 0,6 / 0,3
- Schlotwirkungen: 5 / 2,3
- Materialeinlagerungen: 1,1 / 10,4
- Nicht näher angegeben: 77,1 / 74,7

sowie Vernichtung von Kulturgütern, deren ideelle Werte nicht in Geld angegeben werden können, bis hin zu Umweltschäden

Zur Wertung der Zahlenangaben sind zwei Vorbemerkungen notwendig. Sowohl die Personenschäden als auch die Angaben über Sachschäden repräsentieren nicht den Durchschnitt der Schadensereignisse, denn es gibt eine Vielzahl von Fällen, die ohne Arbeitsunfall und/oder mit geringen Sachschäden abgelaufen sind. Die erfassten Beispiele enthalten aber einen überproportionalen Anteil bemerkenswerter Ereignisse. Dies hängt mit der Art der Erfassung derselben zusammen. Literaturdarstellungen befassen sich in der Regel mit schwerwiegenden Fällen, gleiches gilt beispielsweise für Gerichtsverfahren. So gesehen sind die Zahlenangaben für Unfälle und materielle Schäden außerordentlich hoch.

Die materiellen Schadensfolgen sind in Tabelle 13 an drei ausgewählten Beispielen sowie für die Gesamtheit der Bereiche dargestellt. Hier wird die herausragende Stellung der Schadensereignisse im Handel und bei den Dienstleistungen deutlich, die ab 2000 einen gut fünffach größeren Durchschnittswert haben gegenüber dem Bauwesen. Kommt es beispielsweise auf einer neu eingerichteten Baustelle zu einem Schadensfall, hat dies normalerweise einen geringeren Sachschaden zur Folge als im Handel- und Dienstleistungsbereich, da dort die Wertkonzentration deutlich größer ist.

Tabelle 13: Materielle Schadensangaben bei Bränden und Explosionen (Durchschnitt je Fall)

Wirtschafts- und gesellschaftliche Bereiche	Schadenshöhen je Fall in 1000 Euro			
	70er Jahre	80er Jahre	90er Jahre	Ab 2000
Bauwesen	42	242	46	543
Handel, Dienstleistungen	5473	17026	1073	2886
Verwaltung, Kultur, Gesundheit, Bildung	64	532	885	1318
Durchschnitt für sämtliche Bereiche	703	612	1316	1994

Nur wenige Beispiele enthalten Angabe zur Schadenshöhe, obwohl aus dem Text zu entnehmen ist, dass offensichtlich Schäden entstanden sind. Auch mit Angaben, wie „hoher" oder „sehr hoher" Schaden lässt sich statistisch nichts anfangen. Solche Fälle mussten weggelassen werden. Wird der Schaden mit „mehreren hunderttausend Euro" oder mit „zweistelliger Millionenhöhe" angegeben, kommen 200.000 Euro bzw. 10 Millionen zum Ansatz. Unter diesem Aspekt sind die speziell für die erfassten Schadensereignisse ausgewiesenen Folgen zu niedrig.

Deshalb ist zu betonen, dass es nachfolgend nicht auf die absoluten Zahlen ankommt, sondern auf eine vergleichende Bewertung zur Trendabschätzung. Finanzielle Angaben aus früheren Zeitabschnitten sowie aus dem Ausland wurden einheitlich auf Euro umgerechnet. Aspekte der inflationären Entwicklung sind nicht berücksichtigt.

Einige Aspekte zu personengebundenen Ursachenfaktoren für die Schadensereignisse

Manuelle Arbeitsverfahren in Verbindung mit vielfältig komplizierten Bedingungen der Arbeitsorganisation geben überdurchschnittlich viel Raum für Überforderungen, Missverständnisse, Improvisationen, Informationsverluste, Lücken in der Anleitungs- und Kontrolltätigkeit und Ähnliches. Solche personengebundenen Ursachenfaktoren retrospektiv zu erfassen ist schwierig. Man muss mit hohen Dunkelziffern rechnen. Auch hier liegt der Nutzen von Zahlenangaben hauptsächlich im Vergleich (siehe Tabelle 14 und Abb. 19).
Die klare Abgrenzung der verschiedenen Auswertungskriterien voneinander ist schwierig, da oft eine Kombination mehrerer Fehlverhalten vorliegt oder eine ungenügende Voraussetzung durch eine Andere bedingt ist. So kann es beispielsweise vorkommen, dass ein schlecht ausgebildeter Schweißer eine Weisung missachtet, indem er keine Schutzkleidung trägt oder das ein Mangel im Arbeitsablauf auch als Qualifikationsdefizit gesehen werden kann. Eine eindeutige Zuweisung ist hier nicht mehr möglich.
Im Schnitt fehlen in gut 60 % der Fälle Angaben über personengebundene Ursachenfaktoren. Ein deutlicher Anstieg ist im Bereich der nicht beachteten vorhandenen Gefahren zu verzeichnen, woraus deutlich

Tabelle 14: Brände und Explosionen – Fehlverhalten und ungenügende persönliche Voraussetzungen von Arbeitnehmern

Fehlverhalten [%]	Jahre 70er	80er	90er	Ab 2000	Mittelwert Gesamtzeitraum
Qualifikationsdefizite	4,5	1,6	1,0	1,9	2,1
Mängel im Arbeitsablauf	4,5	3,2	1,6	9,3	4,6
Offensichtliche Gefahren nicht beachtet	15,6	14,3	3,9	12,5	11,1
vorh. Gefahr nicht beachtet	12,5	10,0	4,4	23,3	12,5
Falsche Handhabung von Arbeitsmitteln	4,2	2,4	1,0	1,9	2,2
Fehlende oder mangelhafte Arbeitsschutzkleidung	0,3	0,8	0,4	0,3	0,4
Missachtung von Weisungen	6,0	3,2	9,9	1,6	5,3
keine Angaben	52,4	64,5	77,8	49,2	61,7

wird, dass der Aus- und Weiterbildungsbedarf der Schweißer in Fragen der Sicherheit keinesfalls gedeckt ist, sondern weiterhin Anstrengungen unternommen werden müssen um Unfälle und Brände zu vermeiden.

Die verbesserte schweißtechnische Ausbildung hat bereits dazu geführt, dass die Schweißer Schweißarbeiten qualitativ hochwertig ausführen und somit Unfälle und Brände durch falsche Handhabung von

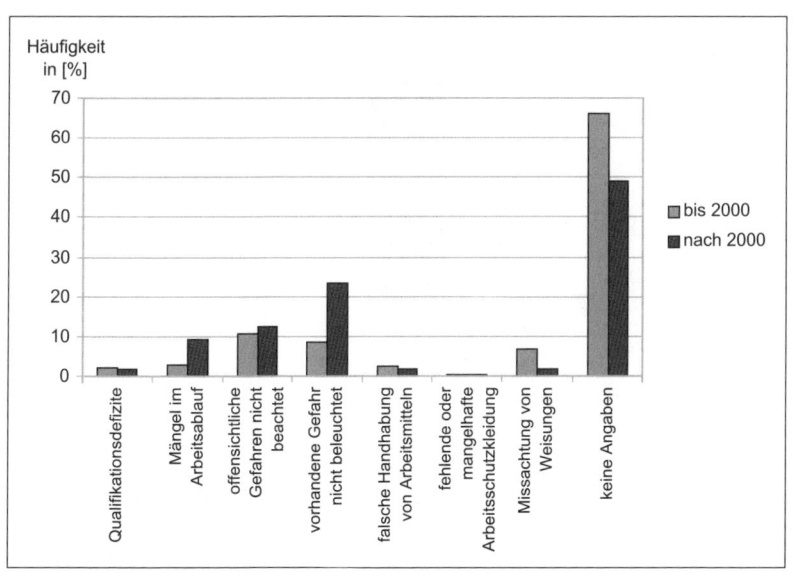

Abb. 19: Fehlverhalten und ungenügende Voraussetzungen von Arbeitnehmern bei Bränden und Explosionen seit 2000 im Vergleich zum Durchschnitt der Jahre 1970 bis 1999

Arbeitsmitteln und fehlende oder mangelhafte Arbeitsschutzkleidung seit 2000 weiter gesenkt werden konnten. Beide Positionen nehmen nur ca. 2 % ein. Auch Qualifikationsdefizite sind immer seltener Auslöser von Schadensfällen. Für das Nichtbeachten von vorhandenen und offensichtlichen Gefahren zeichneten sich von den 80er zu den 90er Jahren positive Entwicklungen ab. Diese setzen sich leider nicht fort, seit 2000 steigen beide Bereiche, besonders das Nichtbeachten von vorhandenen Gefahren, stark an. Damit sind fast die Hälfte aller Fälle durch fahrlässiges und grob fahrlässiges Handeln verursacht worden.

Vorschriftverletzungen

Unfälle und Brände bei Schweißarbeiten, die sich in verschiedenen Bereichen der Wirtschaft und Gesellschaft ab 2000 ereigneten zeigen, dass am häufigsten die Sicherheitsmaßnahmen in Bereichen mit besonderen Gefahren ungenügend beachtet wurden:
- Arbeiten bei Brand- und Explosionsschutz
- Arbeiten an Behältern mit gefährlichem Inhalt
- Arbeiten in engen Räumen

Diese Gefahren werden in der Berufsgenossenschaftlichen Richtlinie für Sicherheit und Gesundheit bei der Arbeit (BGR) 500 Kapitel 2.26 erkannt und entsprechende Gegenmaßnahmen erläutert. Die Abbildung 20 zeigt die verletzten Vorschriftenteile der BGR 500 Kapitel 2.26.

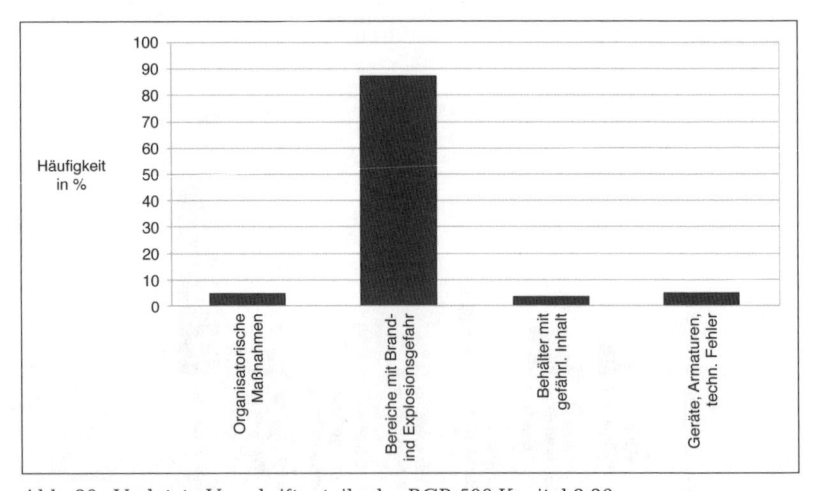

Abb. 20: Verletzte Vorschriftenteile der BGR 500 Kapitel 2.26

Es ist besonders auffällig, dass die meisten ermittelten Verstöße gegen den Absatz 3.8 der BGR 500 Kapitel 2.26 vorliegen. Dieser Absatz enthält Maßnahmen für Bereiche in denen mit Brand- und Explosionsgefahr zu rechnen ist.

- Organisatorische Maßnahmen
  Absatz 3.1: **Betriebsanweisungen**
  Absatz 3.2: **Beschäftigungsbeschränkung**
  Absatz 3.4: **Arbeitskleidung**

Auf die ersten drei Absätze entfallen circa 15 Fälle (etwa 5 %) der ermittelten Vorschriftverletzungen.

- Bereiche mit Brand- und Explosionsgefahr
  Absatz 3.6: **Arbeiten in Bereichen mit besonderen Gefahren**
  Absatz 3.8: **Bereichen mit Brand- und Explosionsgefahr**

Einen zweiten Schwerpunkt bilden die Abschnitte 3.6 und 3.8 mit circa 268 Verstößen, was etwa 87,3 % entspricht.

- Behälter mit gefährlichem Inhalt
  Absatz 3.9: **Behälter mit gefährlichem Inhalt**

Diesem Bereich wurden bei der Auswertung 11 Fallbeispiele zugeordnet. Das entspricht einem Anteil von circa 3,6 %.

- Geräte, Armaturen, technische Fehler
  Absatz 3.11: **Verwendung von Gasschläuchen**
  Absatz 3.12: **Aufstellen von Einzelflaschenanlagen und Flaschenbatterien**
  Absatz 3.13: **Gasentnahme**
  Absatz 3.19: **Schweißstromkreis**

Dem letzten Bereich werden 13 Fälle an Vorschriftverletzungen zugeordnet dieser hat damit einen Anteil von 4,2 %.

Der Absatz 3.8 thematisiert die Problematik der Bereiche mit Brand- und Explosionsgefahr und ist in mehrere Unterpunkte gegliedert. Da sich schon während der Datenerfassung eine besondere Häufung der Verstöße gegen diesen Absatz abzeichnete, wurde das Fehlverhalten nach den Unterpunkten ausgewertet. Abbildung 21 zeigt die Aufteilung der Verstöße des Absatzes 3.8:

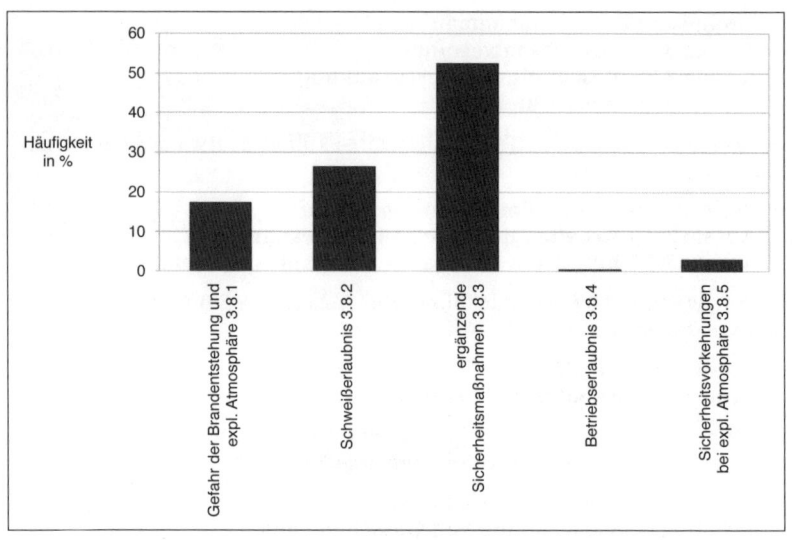

Abb. 21: Verletzte Unterpunkte der BGR 500 Kapitel 2.26 Absatz 3.8.

Unterpunkt 3.8.1 **Gefahr der Brandentstehung/expl. Atmosphäre**

Unterpunkt 3.8.2 **Schweißerlaubnis**
Oftmals werden Schweißerlaubnisscheine nicht erteilt, sind unvollständig oder werden fehlerhaft ausgefüllt. Dies führt dazu, dass Gefahren nicht erkannt und beseitigt werden und fördert somit die Anzahl an Schadensfällen.

Unterpunkt 3.8.3 **Sicherheitsmaßnahmen,** wenn eine Brandgefahr nicht ausgeschlossen werden kann.
Es kommt sehr oft vor, dass brennbare Stoffe einfach an der Arbeitsstelle verbleiben und so Brände verursachen, die sich schnell ausbreiten können und dann nicht mehr beherrschbar sind.
Eine weitere Gefahrenquelle stellen Rohrdurchbrüche dar. Diese treten seltener auf, allerdings wird die Brandentstehung in angrenzenden oder tieferliegenden Räumen erst sehr spät erkannt, womit eine erfolgreiche Brandbekämpfung in der Entstehungsphase nahezu unmöglich wird.
Das Bereitstellen von Löschmitteln könnte in vielen Fällen das Schadensausmaß erheblich reduzieren, oft werden diese nicht vorgehalten bzw. sind nicht funktionstüchtig. Gerade bei Arbeiten auf Dächern werden Feuerlöscher in Bodennähe bereitgehalten und erst im Brandfall auf das Dach gebracht. Auf Grund der rasanten Brandentwicklung ist dabei der Feuerlöscher nicht mehr zur Brandbekämpfung geeignet. Das Stellen eines Brandpostens bzw. die Nachkontrolle durch eine Brandwache stehen in unmittelbaren Zusammenhang. Sowohl während der Arbeiten als auch im Nachgang ist die Überwachung von Schweißstellen zwingend notwendig. Ein besonderer Bedarf besteht bei dem Verle-

gen von Bitumenbahnen auf Dächern. Oft sind die Unterkonstruktionen aus brennbarem Material. Dieses wird während des Arbeitens thermisch aufbereitet und es kann sich ein Schwelbrand bilden, der sich unterschiedlich schnell zu einem Brand ausweiten kann. Es ist auch möglich, dass Brände bei Schweißarbeiten entstehen. Wird dabei ohne Brandposten gearbeitet, können sich Brände im rückwärtigen Arbeitsbereich unbeobachtet ausbreiten ohne bemerkt zu werden. Es ist bei der Bestellung von Brandposten/Brandwachen darauf zu achten, dass entsprechende Qualifikationen vorliegen. Das Personal sollte über ausreichend Kenntnis in Bezug auf die Gefahren bei den unterschiedlichen Schweißverfahren verfügen. Auch sollte der Kontrollzeitraum bei Brandwachen nicht zu kurz gewählt werden.

Unterpunkt 3.8.4 **Betriebserlaubnis**

Unterpunkt 3.8.5 **Sicherheitsvorkehrung** zum Ausschluss einer explosionsfähigen Atmosphäre

Bei der Gegenüberstellung der Jahre 1970–1999 und ab 2000 zeigt sich, dass es zu Verschiebungen bei der Art der Vorschriftverletzungen gekommen ist:

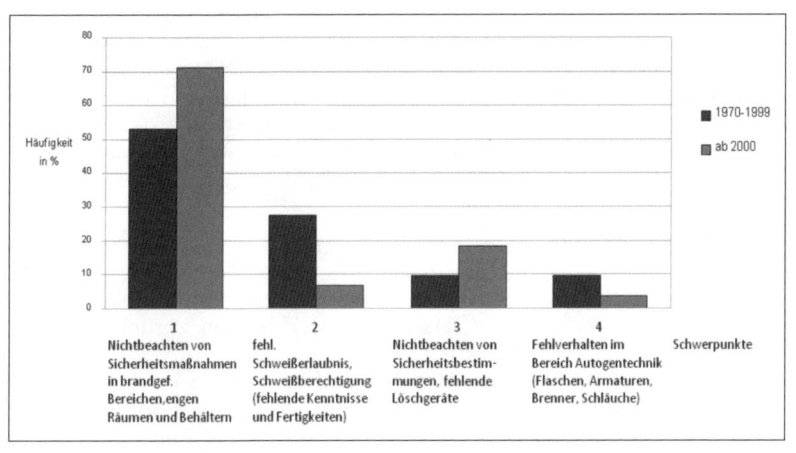

Abb. 22: Kategorien der Vorschriftverletzung

Die Anzahl der Schadensfälle durch Nichtbeachten der Sicherheitsmaßnahmen Schwerpunkt 1 und Nichtbeachten der Sicherheitsbestimmungen Schwerpunkt 3 sind größer geworden. Die Anzahl der Schadensfälle durch fehlende Schweißerlaubnis/-berechtigung Schwerpunkt 2 und Fehlverhalten in Bereichen der Autogentechnik Schwerpunkt 4 sind kleiner geworden. Die Ursachen dafür sind in weiteren detaillierten Untersuchungen zu ermitteln. Zum Schwerpunkt 4 sind die drastische Verminderung des Einsatzes von Acetylenentwicklern, die Verringerung von Schlauch- und Flaschenexplosionen durch den Einsatz von

Sicherheitseinrichtungen gegen Flammendurchschlag und Gasrücktritt (Entnahmestellen- und Einzelflaschensicherungen) zwei Faktoren für den Rückgang.
Obwohl die Arbeits- und Brandschutzvorschriften bezüglich Schweiß- und Schneidarbeiten in Deutschland in den zurückliegenden Jahren mehrmals präzisiert:

ASAO 615 – ABAO 615/1

bzw. neu erarbeitet wurden:

UVV 26.0 (VBG 15) BRD
TGL 30270 (Bl. 01-04) DDR

und schließlich ab dem Jahr 2004 im:

Arbeitsschutzgesetz, der BGV A 1, BGR A 1
und der BGR 500 Kap. 2.26 u. a.

geregelt sind, hat sich das Unfall- und Brandgeschehen bei Schweißarbeiten unbedeutend verändert.
Es muss daher davon ausgegangen werden, dass nicht mangelhafte und unvollständige Vorschriften zu den Schadensereignissen führen sondern viel mehr die inkonsequente Umsetzung jener. Der Mangel liegt hier sicherlich in der Unterweisung des eingesetzten Personals, dessen Vorgesetzten und nicht zuletzt an den Schweißern und Brennschneidern, die Schweißarbeiten erst beginnen dürfen, wenn ihnen vom Unternehmer die Schweißerlaubnis oder die Betriebsanweisung übergeben wurde und die darin festgelegten Sicherheitsmaßnahmen durchgeführt sind.

Schlussfolgerungen

(1) Brände und Explosionen in Verbindung mit sog. „Feuerarbeiten" ereignen sich überwiegend bei Rekonstruktions-, Reparatur-, Abbruch- und Verschrottungsarbeiten unter Anwendung traditioneller handwerklicher Arbeitsverfahren. Daran hat sich in den zurückliegenden 40 Jahren kaum etwas verändert.
Auf diesem Gebiet besitzen Verhaltensanforderungen im Arbeits- und Brandschutz nach wie vor einen sehr hohen Stellenwert, obwohl sie im Vergleich zu technischen Maßnahmen weniger effektiv sind.
(2) Innerhalb der manuellen Arbeitsverfahren ist in den letzten 20 Jahren bezüglich der Beteiligung an Schadensereignissen eine deutliche Verschiebung beim Aufbringen von Bitumenschweißbahnen zu verzeichnen. Bedeutende Schäden sind aufgetreten. Schlussfolgerungen:
Die Entwicklung alternativer Verfahren zum Aufkleben der Bitumenbahnen ist forschungsseitig zu forcieren, z. B. Kaltkleben oder Warmkleben bei Temperaturen, die unterhalb der Entzündungstemperaturen gängiger Baustoffe liegen.
An Objekten mit hohen Gefährdungspotentialen im Brandfall sind Anwendungsbeschränkungen des Verfahrens auszusprechen, oder zu verbieten. Als solche Objekte gelten z. B. kulturhistorische Stätten, Ge-

sundheits- und Bildungseinrichtungen sowie industrielle Lager- und Produktionsgebäude.

(3) Der hohe Anteil von Bränden mit Schweldauern über sechs Stunden erfordert eine differenzierte Organisation der Tätigkeit von Brandwachen. Vor allem an Objekten mit hohen Gefährdungspotentialen für Menschen, Sachwerte und Kulturgüter sind Kontrollzeiten über sechs Stunden auszudehnen und in der Schweißerlaubnis konkret vorzugeben.

(4) Die durch Sachversicherer und Berufsgenossenschaften ausgegebenen Regelwerke sollten ggf. überprüft und angepasst werden. Besonderes Augenmerk sollte hierbei darauf gelegt werden, dass in einem den Erfordernissen entsprechenden Zyklus Sicherheitsunterweisungen stattfinden und deren Inhalte dem aktuellen Stand der Technik entsprechen. Der Erfolg jeder Unterweisung sollte nicht nur durch Unterschrift sondern durch gezielte Fragestellung oder durch eine Lernerfolgskontrolle sichergestellt werden.

(5) Die Erkenntnisse aus den Analysen sind nicht nur für Schweißer, deren Vorgesetzte und Brandsicherheitsfachleute von Bedeutung, sondern darüber hinaus auch für Feuerwehr, Polizei, Brandursachenermittler des Bundes bzw. der Landeskriminalämter, Gutachter sowie Forschungseinrichtungen, in deren Profil Brandschutzthemen fallen.

2. Technische Ausrüstungen der Schweiß- und Schneidtechnik Charakteristik, Gefährdungen und Sicherheiten

2.1 Gasschweißen und Brennschneiden

2.1.1 Grundlagen der Autogentechnik [3]

Beim Brennschneiden und Gasschweißen mit Brenngasen und Sauerstoff entstehen in diesem Arbeitsbereich über 80 % der Brände und Unfälle.

Zur Verhütung von Unfällen, Bränden und Explosionen ist deshalb die Kenntnis der Eigenschaften der verwendeten Gase und die Wirkungsweise der Geräte und Anlagen unbedingt erforderlich.

In Tabelle 15 sind die sicherheitstechnischen Kennwerte der hauptsächlich verwendeten Gase angegeben.

- Acetylen ist ein ungesättigter Kohlenwasserstoff. Es kann auch ohne Luft- oder Sauerstoffzutritt durch Druckanstieg, Temperaturerhöhung und/oder mechanischen Stoß explosionsartig in seine Komponenten zerfallen. Es ist nicht möglich, Acetylen im gasförmigen Zustand auf hohe Drücke zu verdichten. Es löst sich jedoch sehr gut in Aceton. Dadurch wird eine Speicherung in Druckgasflaschen möglich, die spundvoll mit einer porösen Masse gefüllt sind . Diese saugt durch Kapillarwirkung das Aceton auf und ermöglicht Aufnahme von Acetylen (Flaschendruck 1,5 MPa).

- Propan ist etwa doppelt so schwer als Luft. Die Speicherung erfolgt als Flüssiggas Propan/Butan in Druckgasflaschen (Flaschendruck 2,5 MPa). Bei unkontrolliertem Ausströmen kann sich Propan am Boden in Vertiefungen, Gräben, Kabelkanälen oder in Kellern sammeln. Dort entsteht einerseits durch Verdrängung der Luft Erstickungsgefahr und andererseits infolge des Vorhandenseins eines zündwilligen Propan-Luftgemisches bei der kleinsten Zündquelle eine hohe Explosionsgefahr.

- Wasserstoff hat unter den Brenngasen die geringste Dichte und kann sich deshalb im oberen Bereich von Räumen oder Behältern ansammeln. Sicherheitstechnisch ist der überaus große Zündbereich mit Luft oder Sauerstoff zu beachten. Wasserstoff wird verdichtet in Druckgasflaschen gespeichert (Flaschendruck 15 MPa).

- Stadtgas ist eine Mischung aus brennbaren (CO, H_2, CH_4) und nichtbrennbaren Gasen (CO_2, N_2). Es ist leichter als Luft und durch den Kohlenmonoxidgehalt außerordentlich giftig. Es kann in Druckgasflaschen verdichtet gespeichert werden (Flaschendruck 15 MPa), wird aber vorwiegend dem Verbraucher über Gasleitungen zugeführt.

- Erdgas enthält hauptsächlich Methan, daneben Stickstoff sowie oft auch Anteile von Propan.
  Es ist halb so schwer als Luft. Die Speicherung bzw. Zuführung erfolgt wie bei Stadtgas.

Technische Ausrüstungen der Schweiß- und Schneidtechnik

- Sauerstoff ist zwar nicht brennbar, aber für jede Verbrennung erforderlich. Mit zunehmendem Sauerstoffgehalt der Luft steigen die Entflammbarkeit, die Verbrennungsgeschwindigkeit und die Verbrennungstemperatur, während die Zündtemperatur sinkt. Eine Anreicherung der Luft mit Sauerstoff um nur wenige Prozent kann sich bereits sehr verhängnisvoll auswirken.
  Insbesondere Öl, Fett und Glycerin, aber auch alle anderen brennbaren Stoffe können ihre Zündtemperatur erreichen und stichflammenartig verbrennen, wenn sie mit reinem Sauerstoff in Berührung kommen. Das umso mehr, wenn dieser unter Druck steht, z. B. Abblasen einer Sauerstoffflasche.

Tabelle 15: Kennwerte von Brenngasen und Sauerstoff [3]

Kenngröße	Einheit	Acetylen	Propan	Wasserstoff	Stadtgas	Erdgas	Sauerstoff
Chemisches Zeichen	–	C_2H_2	C_3H_8	H_2	Gasgemisch	CH_4 (vorwiegend)	O_2
Dichte (bei 0 °C und 1013 kPa)	$kg \cdot m^{-3}$	1,171	2,019	0,090	≈ 0,680	≈ 0,830 ... 0,870	1,429
Dampfdichte, bezogen auf Luft	–	0,906	1,562	0,0695	≈ 0,5	≈ 0,6 ... 0,7	1,105
Zündbereich in Luft in Sauerstoff	Vol. % Vol. %	2,3 ... 82 2,3 ... 93	2,1 ... 9,5 2,0 ... 48	4,1 ... 75 4,5 ... 95	4 ... 40 7 ... 70	4 ... 17 4,5 ... 60	–
Zündtemperatur in Luft in Sauerstoff	°C °C	305 300	510 490	510 450	560 450	645 645	–
Flammentemperatur in Luft in Sauerstoff	°C °C	2325 3150	1925 2850	2045 2660	1918 2730	1875 2930	–
Zündgeschwindigkeit in Luft in Sauerstoff	$cm \cdot s^{-1}$ $cm \cdot s^{-1}$	131 1350	32 460	267 890	68 707	35 330	–
Heizwert	$kJ \cdot m^{-3}$	59.034	101.823	12.770	17.585	35.910	–
Flammenleistung	$kJ \cdot cm^{-2} \cdot s^{-1}$	44,8	10,7	14	12,7	12	–
Mischungsverhältnis Brenngas – Sauerstoff	–	1:1	1:3,5	4:1	1,7:1	1:1,7	–
Zur Verbrennung von 1 m³ Gas werden benötigt: Luft Sauerstoff	m³ m³	11,9 2,5	23,9 5,0	2,38 0,5	3,83 0,81	9,52 2,00	–
Ungeeignete bzw. verbotene Werkstoffe	–	acetonlösliche organische Verbindungen, Ag, Pb, Cu und Cu Legierungen > 65 % Cu	Naturkautschuk	Cu bei Wärme			Öl, Fett und Glycerin
Zustand in Druckgasflaschen	–	gelöst in Aceton	verflüssigt	verdichtet	verdichtet	verdichtet	verdichtet

Mit Sauerstoff getränkte Kleidung verbrennt bei Zündung z.B. durch Funken hell auflodernd. Der Sauerstoffgehalt macht ein Ersticken der Flammen unmöglich.
Sauerstoff wird in Druckgasflaschen (Flaschendruck 15 und 20 MPa) gespeichert oder über Ringleitungen direkt den Schweißarbeitsplätzen zugeführt [3].
Gefährlich ist aber auch Sauerstoffmangel, der entstehen kann, wenn in engen Räumen oder Behältern längere Zeit ohne Luftzuführung geschweißt wird.
Die Freisetzung der Energie der Brenngase erfolgt durch die Flamme des Schweiß- oder Schneidgerätes. Beim Brennschneiden von Stahl kommt zusätzlich zur Energie der Flamme die Verbrennungsenergie des Stahles hinzu – ein exothermer Vorgang.
Abtropfende Metallperlen, glühende Schlacke und hoch erwärmte Metallteile sind höchstgefährliche Zündquellen. Flüssiger Stahl hat Temperaturen von mehr als 1500 °C, aufprallende Metallperlen noch etwa 900 °C.
Neben der sichtbaren Flamme an einem Schweißbrenner mit ungefähr 1200 °C, existiert noch ein unsichtbarer Teil, die so genannte Beiflamme, die Temperaturen noch bis zu 1000 °C erreichen kann (s. Abbildung 23). Damit stellt diese eine Gefahr für die Entzündung von benachbarten Stoffen dar. Die Tabelle 16 zeigt, dass noch in beträchtlichen Entfernungen die Zündtemperaturen verschiedener brennbarer Materialien erreicht werden. Die Beiflamme kann bei der Durchführung teilweise durch Ritzen und Fugen angesaugt werden.

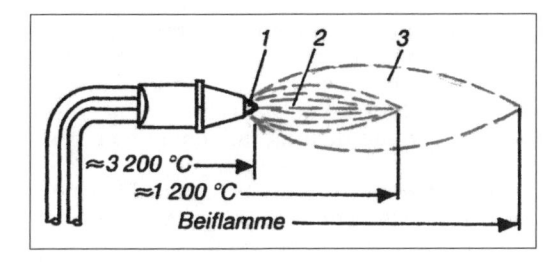

Abb. 23: Wärmewirkung einer Autogenflamme
1 weißer Flammenkegel,
2 sichtbarer Flammenbereich,
3 Beiflamme

Tabelle 16: Temperaturenbereiche der Schweißbrennerflamme [3]

Temperaturmessstelle	Temperatur in °C		
	100	200	300
Flammenentfernung in mm			
Senkrecht über der noch oben brennenden Flamme	1200	800	600
Neben der waagerecht brennenden Flamme	850	650	550
Senkrecht unter der nach unten brennenden Flamme	550	500	480

(Anmerkung: Schweißbrennereinsatz Größe 4, Nennbereich 4 ... 6 mm Stahlblechdicke)

Das autogene Schweißen ist auch dadurch gekennzeichnet, dass der spezifische Energieaufwand (z. B. je Kubikzentimeter geschmolzenem Zusatzwerkstoff) sehr hoch liegt. Das hat zur Folge, dass an den Schweißteilen ausgedehnte Temperaturfelder entstehen, die durch Wärmeleitung auch noch in beträchtlichen Entfernungen von der Schweißnaht oder Brennfuge, abhängig von der Blechdicke und der entsprechenden Flammenleistung, noch Zünd- oder Schweltemperaturen verschiedener Materialien erreichen.

Beim autogenen Schweißen und Brennschneiden kann es durch Überhitzung des Brenners, durch Oberflächenschichten oder Rost auf dem Metall oder durch falsche Einstellung des Brenners zum Gasrücktritt, zum Flammenrückschlag oder zum Nachbrand kommen.

Um sich gegen diese Erscheinungen, die durchaus zu einem Brand oder zur Explosion führen können, werden entsprechend Sicherheitseinrichtungen eingesetzt (siehe Abb. 24).

Abb. 24:
Sicherheitseinrichtung

Mit dieser Sicherheitseinrichtung wird durch ein Gasrücktrittventil der schleichende oder schlagartige Gasrücktritt von Luft oder Sauerstoff in die Verteilungsleitung oder Einzelflasche verhindert. Außerdem wird durch eine Flammensperre aus gesintertem Edelstahl ein Flammenrückschlag aufgehalten, die Flamme heruntergekühlt und damit eine Neuzündung verhindert.

Bei überhöhter Erwärmung der Sicherheitseinrichtung infolge Flammenrückschlag oder Nachbrand, tritt die temperaturgesteuerte Nachströmsperre in Aktion. Das mit einer Feder versehene Ventil, welches durch ein Schmelzlot in Offenstellung gehalten wird, schließt automatisch und verhindert somit das Nachströmen von Acetylen (siehe Abb. 25).

Derartige Sicherheitseinrichtungen funktionieren zuverlässig, sie vermeiden Sachschaden und schützen Gesundheit und Leben der Bediener.

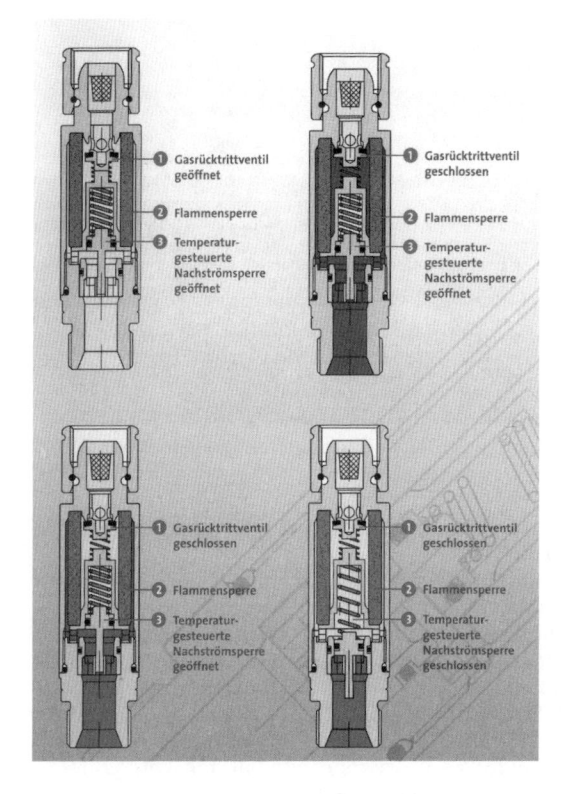

Abb. 25:
Wirkungsweise der Sicherheitseinrichtung [9]

Die Sicherheitseinrichtungen werden an den Druckminderern und/oder am Brenner angebracht (s. Abbildung 26). Eine weitere Möglichkeit ist es auch, die Sicherheitseinrichtung direkt an der Entnahmestelle anzubringen (siehe Abb. 28).
Die Sicherheitseinrichtungen unterliegen einer strengen Kontrolle, sie müssen lt. BGR-500, Kap. 2.26 jährlich überprüft und nach jedem Rückschlag ausgewechselt werden [2].
Die Abbildung 27 zeigt eine so genannte ATEX-Sicherung. Sie wird vor allem dort verwendet, wo die Autogentechnik in hohem Maße angewendet wird. Das betrifft z. B. das Brennschneiden großer Querschnitte, das Wärmen, das Flammrichten und das Fugenhobeln.
Die ATEX-Sicherung reagiert immer in solchen Fällen, wenn sich im Gasversorgungssystem eine Undichtheit ergibt, dann schließt das Innenventil sofort und die Gaszufuhr ist unterbrochen. Dieser Mechanismus funktioniert sogar dann, wenn beispielsweise der Acetylenschlauch durchgebrannt wird [9].
Die Anbringung der ATEX-Sicherung erfolgt üblicherweise an der Gasentnahmestelle.

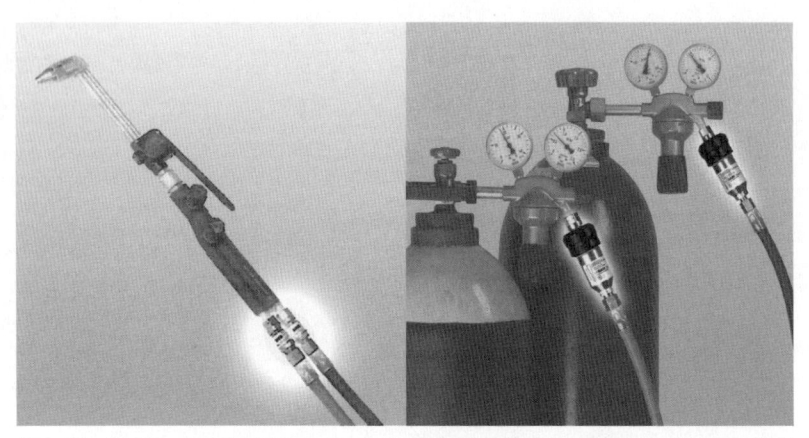

Abb. 26: Sicherungseinrichtungen an den Druckminderern und am Brenner [10]

An der Sauerstoffzufuhr kann auch eine Sicherheitseinrichtung eingesetzt werden (siehe Abb. 28).
Zu den Verfahren der Autogentechnik gehören auch das Flammrichten, das Flammwärmen und das autogene Fugenhobeln. Hierbei werden jeweils Spezialbrenner eingesetzt, die eine große Wärme erzeugen. Damit verbunden ist eine größere Gefahr durch Wärmeleitung im Metall und beim Fugenhobeln eine verstärkte, nicht immer kontrollierbare Spritzerbildung (siehe Abb. 29). Das Wärmen eines Rohres zeigt Abb. 30, Gefahr durch Wärmeleitung des Metalls [10].
Das Flammspritzen ist ebenfalls ein Anwendungsfall der Autogentechnik, es wird mit Acetylen und Sauerstoff betrieben (siehe Abb. 31).

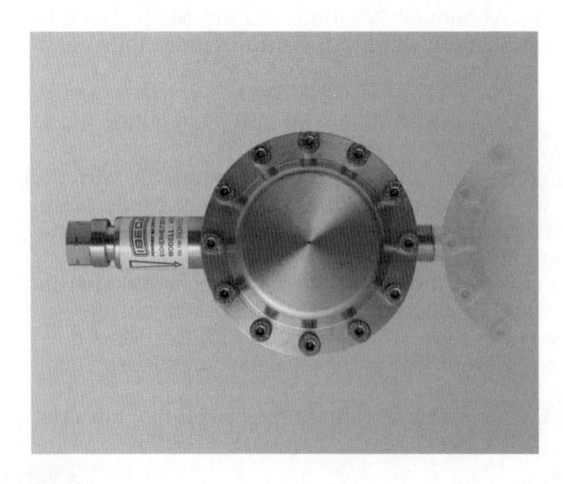

Abb. 27:
ATEX-Sicherung

Gasschweißen und Brennschneiden

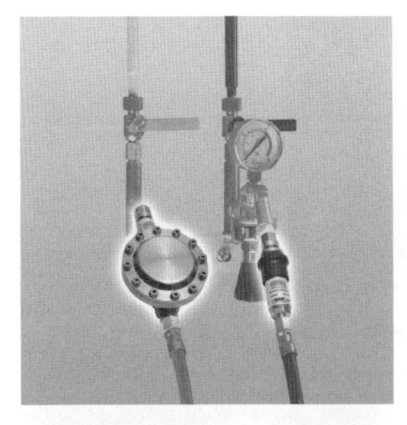

Abb. 28:
Anbringung der ATEX-Sicherung und der Sicherheitseinrichtung an der Gasentnahmestelle

Abb. 29:
Spritzerbildung beim Fugenhobeln

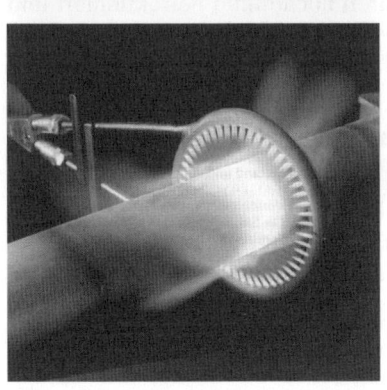

Abb. 30:
Anwärmen eines Rohres [10]

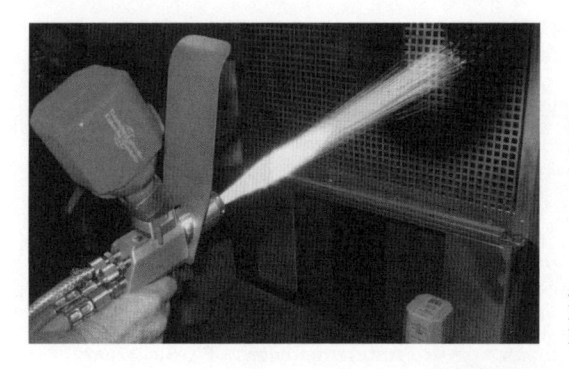

Abb. 31: Pulverflammspritzen von Bauteilen

Es dient dem Auftragen verschleißfester oder korrosionsbeständiger Schichten oder auch zur Designgestaltung von Bauteilen und Gebrauchsgegenständen.
Je nach erforderlicher Auftragsschicht wird das entsprechende Pulver ausgewählt und mit Pressluft auf die Haftfläche gespritzt.
Die aus Acetylen und Sauerstoff bestehende Heizflamme wird nach dem Injektorprinzip in einer gasmischenden Spritz- und Heizdüse erzeugt. Dadurch wird eine höchstmögliche Betriebs- und Funktionssicherheit gewährleistet.
Trotzdem ist wegen der Spritzwirkung und der Erwärmung der Teile größte Vorsicht geboten.

2.1.2 Ausrüstungen der Autogentechnik – Handhabung – Sicherheiten [11;12;13]

Noch immer wird die Autogentechnik in der Industrie und im Handwerk täglich angewendet..
Mit der Brenngas-Sauerstoff-Flamme werden Metalle getrennt, verbunden, beschichtet oder verformt. Die dazu erforderlichen Geräte und Zubehörteile wurden in den letzten Jahren hochgradig perfektioniert und sicherer gestaltet. Die Schweißer und Brennschneider werden in Lehrgängen und Unterweisungen intensiv mit der Handhabung der Geräte vertraut gemacht.
Bei Verwendung fehlerfreier Geräte und deren richtiger Handhabung, sowie konsequenter Sicherung der Arbeitsumgebung, lassen sich Unfälle und Brände hochgradig vermeiden.
Zur Vorbereitung und Durchführung der Arbeiten gehören beispielsweise:
- Abblasen der Gasflaschen vor dem Anschluss des Druckminderers
- Anschließen der Rückschlagsicherungen am Druckminderer (möglich auch am Brennerhandstück)
- Durchführung der Injektorprobe am Brennerhandstück
- Dichtigkeitsprüfung, z. B. durch Schaum bildende Mittel
- regelgerechtes Zünden der Flamme.

Gasschweißen und Brennschneiden

Eine wesentliche Rolle spielt das Tragen der vorgeschriebenen persönlichen Schutzausrüstungen (PSA). Je nach angewendeten Verfahren gehören dazu:
- spezielle Schutzkleidung, wie Schürze, Schutzhandschuhe, Schutzschuhe
- bei längerem Arbeiten, insbesondere beim Brennschneiden Gehörschutz
- Schweißerschutzbrille gegen Lichtstrahlung der Flamme
- in engen Räumen und Behältern Atemschutz und schwer entflammbarer Schutzanzug.

Abb. 32:
Bedienpersonal an einer autogenen Brennschneidmaschine mit persönlicher Schutzausrüstung: Gehörschutz, Schutzbrille, Schutzhandschuhe, Schürze, Schutzschuhe

Wichtig ist auch die Absicherung des Arbeitsplatzes, so z.B.
- Aufstellen von Sichtschirmen wegen Strahlenbelastung anderer Arbeitsplätze
- Absaugvorrichtung für toxische Rauche
- Be-und Entlüftungsanlagen in engen Räumen und Behältern
- Beseitigung bzw. Abdeckung brennbarer Stoffe
- Abdichtung von Öffnungen zu benachbarten Räumen oder im Fußboden
- Bereitstellung von Feuerlöschern
- Aufstellung eines Brandpostens bei besonders gefährdeter Umgebung
- In diesem Fall auch Kontrolle durch eine Brandwache nach Abschluss der Arbeiten.

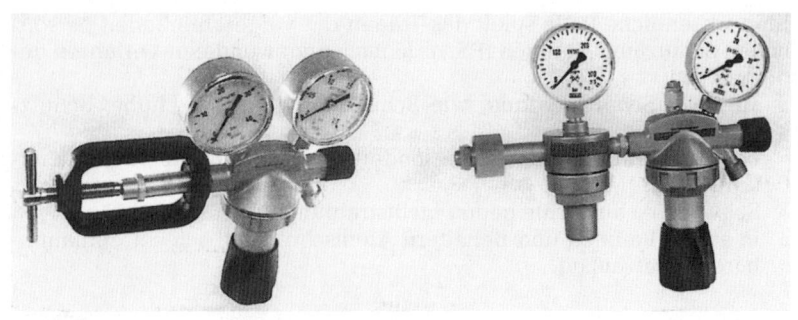

Technische Ausrüstungen der Schweiß- und Schneidtechnik

Abb. 33:
Druckminderer für Acetylen und Sauerstoff sind nur im sauberen Zustand anzubringen. Bei Inbetriebnahme nicht ruckartig öffnen wegen Selbstentzündungsgefahr.

Abb. 34:
Brennschneiden eines Stahlblockes, Spritzer und Schlacketeilchen erreichen noch Entzündungstemperaturen der Umgebung, Arbeitsplatz sicher abschirmen

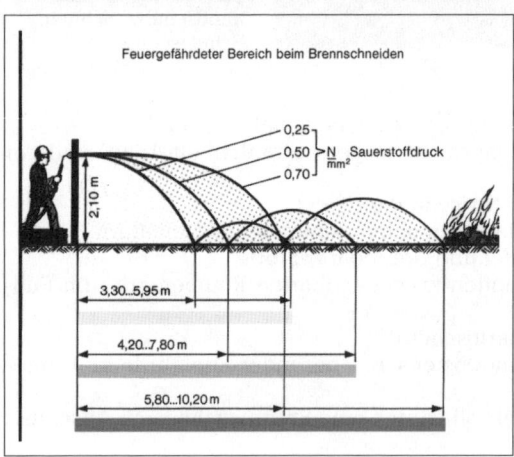

Abb. 35:
Feuergefährlicher Bereich beim Brennschneiden

Gasschweißen und Brennschneiden

Abb. 36:
Beim Maschinenbrennschneiden mit mehreren Brennern entsteht eine gefährliche Umweltbelastung durch intensive Metallspritzer- und Schlackeversprühung sowie Lärmbelastung und Bildung von Rauchen und Gasen [12]

Abb. 37:
Eine teilweise Abschwächung der Umweltbelastung beim maschinellen Brennschneiden kann durch Aufstellung eines Wassertisches erreicht werden. Dabei befindet sich das zu schneidende Blech unmittelbar auf der Wasseroberfläche. Damit wird der Belastung durch Wärme, Stäube und Rauche entgegen gewirkt

Charakteristische Gefährdungen, die beim Gasschweißen und beim autogenen Brennschneiden auftreten, sowie erforderliche Sicherheitsmaßnahmen sind aus Tabelle 17 ersichtlich.
Vor jeder Schweißarbeit ist durch den Arbeitgeber oder der Schweißaufsichtsperson eine Einordnung der Gefährdung vorzunehmen. Das ist besonders wichtig außerhalb der Produktionsstätten, die ohnehin klassifiziert und entsprechend gesichert sind.
Jedoch auf Montageplätzen oder bei Arbeiten in engen Räumen, ist eine genaue Analyse der Arbeitsbedingungen und abgeleitet davon eine Betriebsanweisung erforderlich.
Ein Beispiel für eine Betriebsanweisung zum Flammwärmen und Flammrichten im Doppelboden eines Schiffes ist in [2] abgedruckt.
Aus alter Gewohnheit kommt es in Werkstätten, besonders bei älteren Mitarbeitern, immer wieder zu Unsicherheiten in der richtigen Auswahl der zu verwendenden Gase.

Technische Ausrüstungen der Schweiß- und Schneidtechnik

Tabelle 17: Einige charakteristische Gefährdungen und Sicherheitsmaßnahmen beim Gasschweißen und Brennschneiden [3]

Gefährdung durch	Sicherheitsmaßnahme
Zustand der Arbeitsmittel undichte Ventile an den Druckgasflaschen und am Brenner	Kontrolle der Dichtheit mit schaumbildenden Mitteln; Kennzeichnung der undichten Druckgasflaschen bei Rückgabe; Reparatur des Brenners durch Sachkundige
undichte Anschlüsse an den Gasschläuchen, den Druckminderern und dem Brenner	Herstellen ordnungsgemäßer Anschlüsse und Verbindungen; Prüfung mit schaumbildenden Mitteln
eingefrorene Flaschenventile, Sicherheitsvorlagen und Druckminderer	Auftauen mit warmem Wasser, heißer Luft oder Dampf, niemals mit offener Flamme
Verunreinigung der Druckgasflaschen und Gasschläuche	ordnungsgemäßes Aufstellen und Lagern der Druckgasflaschen sowie Verlegen der Gasschläuche
mangelhafte Funktionstüchtigkeit der Druckminderer, Gasschläuche und Brenner	funktionsuntüchtige Arbeitsmittel nicht in Betrieb nehmen; reparieren oder Reparatur durch Sachkundige veranlassen; bei Injektorbrennern immer Saugprobe durchführen
Fehlhandlungen Umsturz stehender Druckgasflaschen	stehende Druckgasflaschen stets gegen Umstürzen sichern
Benutzung waagerecht liegender Acetylen- und Propangasflaschen (bei Acetylen kann Aceton und bei Propan Flüssiggas in den Druckminderer und in die Gasschläuche gelangen; dadurch Brand- und Explosionsgefahr, außer Acetylenflaschen mit rotem Ring am Flaschenhals)	nur stehende bzw. am Kopfende in einem Winkel von mindestens 30 °C erhöht gelagerte Druckgasflaschen verwenden
Arbeiten mit Propan in Gruben und Kellern (Erstickungsgefahr; Explosionsgefahr)	in Gruben und Kellern nicht mit Propan arbeiten (schwerer als Luft)
Aufstellung der Druckgasflaschen in der Nähe von Wärmequellen (Entstehung unzulässiger Flaschendrücke; Acetylenzerfall; Gefahr des Flaschenzerknalls)	Druckgasflaschen in angemessener Entfernung von Wärmequellen aufstellen
Beschädigung der Gasschläuche durch unsachgemäßes Verlegen (Überfahren, scharfe Kanten)	Gasschläuche ordnungsgemäß verlegen und vor Beschädigung schützen
falsche Gasdruckeinstellung	Arbeitsdruck entsprechend Gasart und Brennereinsätze einstellen; auf Flaschenleerung achten
neu angeschlossene lange Gasschläuche ungenügend gespült (Explosionsgefahr beim Flammenrückschlag)	durch längeres Spülen die Luft aus dem Brenngasschlauch verdrängen

Gasschweißen und Brennschneiden

Gefährdung durch	Sicherheitsmaßnahme
Bedienung der Brennerventile in falscher Reihenfolge	Öffnen: zuerst Sauerstoff, dann Brenngas Schließen: zuerst Brenngas, dann Sauerstoff
falsche Reaktion bei Flammenrückschlag Schlauchexplosion und Flaschenbrand	bei Flammenrückschlag sofort Brennerventile in richtiger Reihenfolge schließen und Brenner kühlen
Nichtbeachtung möglicher Gasansammlungen in zündfähiger Konzentration bzw. Sauerstoffanreicherung in Behältern und engen Räumen	möglich Bildung explosiver Gasgemische bzw. Sauerstoffanreicherung vor der Zündung der Flamme kontrollieren; Behälter und Räume belüften
Spielerei mit Brenngasen	Unterlassung jeglicher Spielerei, strengstes Verbot
Nichtbenutzung von persönlichem Körperschutz	Schweißeranzug, Schweißerhandschuhe, festes Schuhwerk, Kopfbedeckung, Schutzbrille benutzen; keine synthetische Unterwäsche tragen
mangelhafte Sicherung der Schweißteile oder der abzubrennenden Teile gegen Um- und Herabfallen	Masse einschätzen; Teile sicher aufstellen bzw. ablegen, Abstützungen oder Aufhängungen verwenden
Arbeitsablauf offene Flamme	Schutz der Wände, Decken, Fußböden, Rohre, Behälter, Isolierstoffe usw. vor direkter Flammeneinwirkung (z. B. Abdeckung mit Blechen)
Funken, Schweiß- oder Schneidspritzer, Schweißperlen u. ä.	Schweißgefährdungszone genau bestimmen; Sicherheitsmaßnahmen in der Schweißgefährdungszone durchführen (z. B. Verschließen von Öffnungen, Bereitstellung von Löschmitteln)
Wärmeleitung in Metallen	Schutz vor Verbrennungen, besonders benachbarte Bereiche beim Vorwärmen oder Flammrichten; Vermeidung zu großer Schweißspalte; ggf. wärmeableitende Paste verwenden
Sauerstoffentzug aus der Luft bei Bildung nitroser Gase	Be- und Entlüftung der Schweißarbeitsplätze; Sicherheitsposten bei Arbeiten in Behältern und engen Räumen aufstellen

Seit Juli 2006 gilt die europäische Norm DIN EN 1089-3 „Farbkennzeichnung von Gasflaschen". Um von vornherein die neue Bezeichnung der Gasflaschen zu erkennen, wurde auf der Flaschenschulter ein großes N aufgebracht.
Die Abbildung 38 zeigt eine Gegenüberstellung der alten und der neuen Kennzeichnung der Gasflaschen [11]:

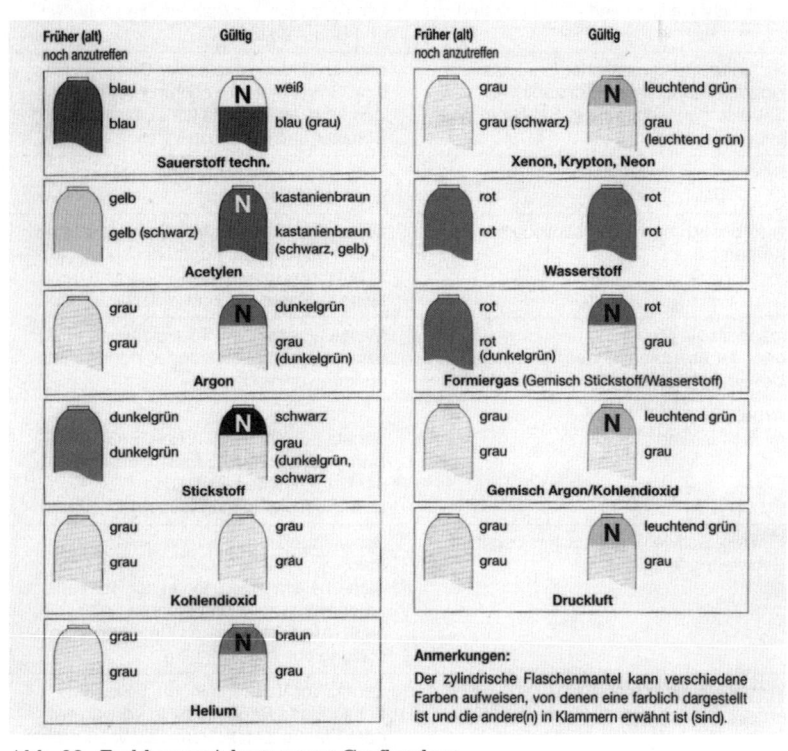

Früher (alt) noch anzutreffen	Gültig	Früher (alt) noch anzutreffen	Gültig
blau / blau	weiß / blau (grau)	grau / grau (schwarz)	leuchtend grün / grau (leuchtend grün)
Sauerstoff techn.		Xenon, Krypton, Neon	
gelb / gelb (schwarz)	kastanienbraun / kastanienbraun (schwarz, gelb)	rot / rot	rot / rot
Acetylen		Wasserstoff	
grau / grau	dunkelgrün / grau (dunkelgrün)	rot / rot (dunkelgrün)	rot / grau
Argon		Formiergas (Gemisch Stickstoff/Wasserstoff)	
dunkelgrün / dunkelgrün	schwarz / grau (dunkelgrün, schwarz)	grau / grau	leuchtend grün / grau
Stickstoff		Gemisch Argon/Kohlendioxid	
grau / grau	grau / grau	grau / grau	leuchtend grün / grau
Kohlendioxid		Druckluft	
grau / grau	braun / grau	Anmerkungen: Der zylindrische Flaschenmantel kann verschiedene Farben aufweisen, von denen eine farblich dargestellt ist und die andere(n) in Klammern erwähnt ist (sind).	
Helium			

Abb. 38: Farbkennzeichnung von Gasflaschen

2.2 Lichtbogenhandschweißen [3; 14]

Durch das elektrische Lichtbogenhandschweißen entstehen etwa 15 % der Schweißbrände.
Dabei ist der Lichtbogen die Hauptwärmequelle, die eine Temperatur bis zu ca. 4000 °C erreicht. Weitere Wärme- und damit Zündquellen sind aber auch die hoch erhitzte Elektrode, der Elektrodenhalter und das warme Werkstück.
Das Elektrodenhandschweißen ist ein Schmelzschweißverfahren, bei dem die Wärmeenergiequelle der elektrische Lichtbogen ist. Dieser brennt zwischen der abschmelzenden Elektrode und dem zu schweißen-

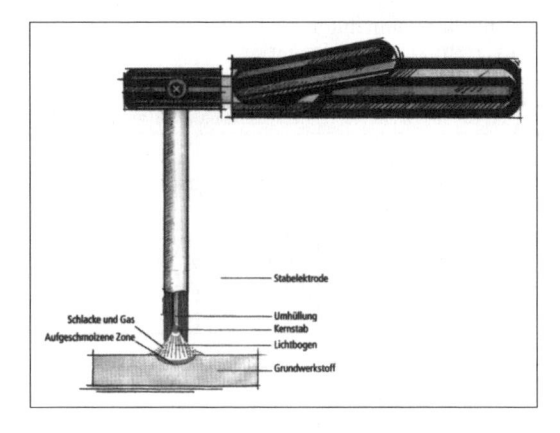

Abb. 39:
Prinzip Lichtbogenhandschweißen

den Metall, mit dem ein gemeinsames Schmelzbad gebildet wird. Die Stabilität des Lichtbogens wird durch die Umhüllung der Elektrode erreicht (siehe Abb. 39)
Durch den Abbrand der Komponenten der Umhüllung und durch Verdampfung der Metalle entstehen Rauche und Gase, die für den Schweißer gefährlich sind.
Bei stationären Schweißplätzen und in kleinen Räumen sind diese unmittelbar an der Schweißstelle abzusaugen.
Besonders heimtückisch ist die Gefährdung durch den elektrischen Strom.
Von den Irrströmen geht eine nicht zu unterschätzende Brandgefahr aus, die beispielsweise durch falsches Anschließen der Schweißstromrückleitung entsteht. Das kann zur thermischen Überlastung von Nullleitern führen, wodurch Brände entstehen und sich Unfälle ereignen können. Außerdem können Irrströme an mechanischen Metallverbindungen (Schraub- und Nietverbindungen), die einen hohen elektrischen Widerstand darstellen, ein Glühen und sogar ein Schmelzen der Verbindungsteile verursachen.
Unfälle und Brandgefahren entstehen auch durch beschädigte Schweißkabel und unsachgemäß ausgeführte Kabelverbindungen und -anschlüsse (siehe Abschnitt 2.8).
Eine weitere Gefahr ist die ultraviolette- und Infrarotstrahlung des Lichtbogens.
Diese ist äußerst intensiv und führt sehr schnell zum Blenden, zum so genannten Verblitzen der Augen. Sie führt auch zu Verbrennungen der ungeschützten Haut. Dagegen muss sich der Schweißer durch komplette Arbeitsbekleidung und durch ein Schweißerschutzschild mit entsprechenden Schutzfiltern schützen.
Die Schutzstufen der Schutzfilter richten sich nach dem jeweiligen Lichtbogenschweißverfahren und nach der Stromstärke (siehe Tabelle 18).

Tabelle 18: Schutzstufen für Schweißerschutzfilter nach DIN EN 169 bei verschiedenen Lichtbogenschweißverfahren und Stromstärken

Verfahren	\multicolumn{21}{c}{Stromstärke in Ampere}

Verfahren	1,5	6	10	15	30	40	60	70	100	125	150	175	200	225	250	300	350	400	450	500	600
Umhüllte Elektroden					8			9		10	11		12			13			14		
MAG								8	9	10	11		12			13					14
WIG				8	9		10		11		12	13									
MIG bei Schwermetallen									9	10		11	12		13	14					
MIG bei Leichtmetallen											10	11	12	13	14						
Lichtbogen-Fugenhobel											10	11	12	13	14		15				
Plasmaschmelzschneiden									9	10	11		12		13						
Mikroplasmaschweißen	4	5	6	7	8	9		10		11	12										
	1,5	6	10	15	30	40	60	70	100	125	150	175	200	225	250	300	350	400	450	500	600

(Anmerkung: Die Bezeichnung „Schwermetalle" bezieht sich auf Stähle, legierte Stähle, Kupfer und seine Legierungen usw.)

Besonders intensiv ist die ultraviolette Strahlung infolge des Anteils an Chrom beim Schweißen hoch legierter Stähle.

Zum Schutz anderer Personen gegen Strahlung sind Vorhänge oder Stellwände zu verwenden. Wenn ein Mitarbeiter unmittelbar mit dem Schweißer zusammenarbeitet, sollte er unbedingt eine Schweißerhelferbrille mit genormtem Schutzfilter tragen [15].

Zu den besonderen elektrischen Gefährdungen gehört die Wirkung der Leerlaufspannung auf den menschlichen Körper. Diese entsteht zwischen der Schweißstromquelle und dem Werkstück, wenn nicht geschweißt wird. Aus diesem Grund wird die Leerlaufspannung der Stromquellen begrenzt, d.h. bei Gleichstrom und Wechselstrom darf der Scheitelwert 113 V, der Effektivwert bei Wechselstrom jedoch nur 80 V betragen. Beim Schweißen in engen und feuchten Räumen müssen die Werte bei Wechselstrom noch weiter reduziert werden, d.h. der Scheitelwert darf 68 V und der Effektivwert 48 V nicht überschreiten.

Einige charakteristische Gefährdungen, die beim Lichtbogenhandschweißen auftreten und entsprechende Sicherheitsmaßnahmen, sind aus Tabelle 19 ersichtlich.

2.3 MIG/MAG-Schweißen [16]

Das Metall-Aktiv-Gasschweißen (MAG) ist ein Schutzgasschweißverfahren, bei dem der Lichtbogen eines endlosen Drahtes unter einer Schutzgasatmosphäre abbrennt.

Das vorwiegend angewendete Schutzgas besteht aus 82 % Argon und 18 % CO_2 (Aktivgas).

MIG/MAG-Schweißen

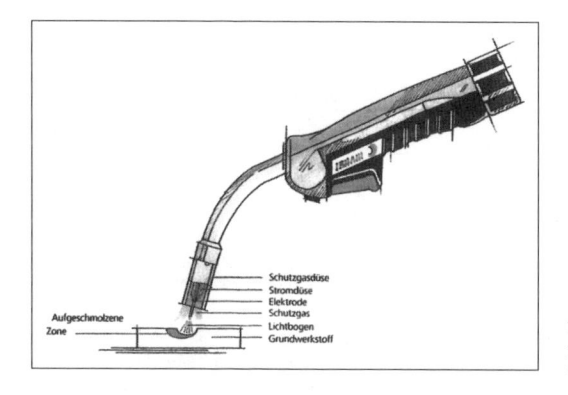

Abb. 40:
Prinzip eines MIG/MAG-Schweißbrenners

Beim Metall-Inert-Gasschweißen (MIG) brennt der Lichtbogen ebenfalls am Ende eines endlosen Drahtes, aber unter reinem Argon (inertes Gas).
Das Prinzip eines MIG/MAG-Brenners zeigt Abbildung 40.
Das MAG-Schweißen wird für das Verbinden von un- und niedrig legierten Stählen verwendet, das MIG-Schweißen für Aluminium.
Bei beiden Verfahren stellt die Intensität des Lichtbogens (im Vergleich zum E-Hand-Schweißen) eine erhöhte Gefahr dar. Gegen die ultraviolette und infrarote Strahlung muss sich der Schweißer mittels seines Schutzschirmes mit stärkerem Schutzfilter und durch komplette Schweißerschutzkleidung schützen.
Weitere Gefährdung besteht in der hohen Temperatur des Schmelzbades, die zur stärkeren Verdampfung des Metalls und erhöhter Entstehung von schädlichen Gasen und Rauchen führt (siehe dazu Abbildungen 41, 42 und 43).
Eine Betriebsanweisung nach § 14 der Gefahrstoffverordnung über Lichtbogenhand- und MAG-Schweißen von Chrom-Nickel-Stählen ist in [3] abgedruckt.
Auf die elektrischen Gefährdungen aller Lichtbogenschweißverfahren wird im Abschnitt 2.8 eingegangen.

Abb. 41:
MIG/MAG-Schutzgasschweißen mit direkter Absaugung

Technische Ausrüstungen der Schweiß- und Schneidtechnik

Tabelle 19: Einige charakteristische Gefährdungen und Sicherheitsmaßnahmen beim Lichtbogenhandschweißen [3]

Gefährdungen durch:	Sicherheitsmaßnahmen:
Zustand der Arbeitsmittel beschädigte Stecker, Kabel, Elektrodenhalter und Klemmen der Schweißstromrückleitung	Stecker nur durch Elektriker reparieren lassen, beschädigte Kabel, Elektrodenhalter usw. auswechseln
zu niedrige Schutzstufe des Schutzfilters im Schweißerschild	Auswechseln der Filterscheibe entsprechend Schweißverfahren und Stromstärke
Verschmutzung und Durchnässung der Schweißanlage	im Freien aufgestellte Schweißstromquellen durch Hauben oder Planen schützen
Fehlhandlungen unbefugte Eingriffe des Schweißers in das Netzteil der Maschine, an Steckern und Verteilerkästen	Arbeiten nur vom Elektriker ausführen lassen, vor Reparaturarbeiten Netzstecker der Stromquelle ziehen
Beschädigung der Kabel infolge unsachgemäßen Verlegens (Überfahren, scharfe Kanten)	Hochhängen der Kabel oder Verlegen zwischen Schutzbohlen, Kantenschutz verwenden
falsche Einstellung der Schweißparameter bzw. Benutzung ungeeigneter Elektroden für den gewählten Einstellwert	Einstellwert an der Maschine oder per Fernregler nachregulieren
Nichtbenutzen persönlicher Schutzausrüstungen (PSA)	Schweißerschirm mit passenden Augenschutzfiltern, Schweißeranzug, Schweißerhandschuhe, festes Schuhwerk, Kopfbedeckung, ggf. Isolationsgummimatten in engen Räumen
unkontrolliertes Ablegen des Elektrodenhalters	nur auf nicht leitender Unterlage ablegen, bei eingespannter Elektrode und laufender Maschine unbedingt Masseschluss vermeiden
mangelhafte Absaugung von Schweißrauchen und -gasen	Bereitstellung leistungsfähiger Absauganlagen, unmittelbar an der Schweißstelle absaugen, beim Arbeiten im Freien Windrichtung beachten
Schweißstromrückleitung falsch angeschlossen	Schweißstromrückleitung kompakt am Schweißteil nahe der Schweißstelle anschließen
Reinigungs- und Wartungsarbeiten	nur bei abgeschalteten Geräten durchführen, unbedingt Netzstecker ziehen
Arbeitsablauf offener Lichtbogen	zündfähige Materialien aus Wirkungsbereich des Lichtbogens entfernen (z.B. Konservierungs- oder Schmiermittel), Wärmekonzentration des Lichtbogens auf Rückseite des Schweißteiles beachten
Bildung von Funken, Schweißspritzern, Schweißperlen überhitzte Elektrode	gewissenhafte Bestimmung des Schweißbereiches-Sicherheitsmaßnahmen Elektrodenreste in Blechbehälter werfen, Elektrodenhalter mit Elektrode sicher ablegen
Wärmeleitung in Metallen	entzündbare Materialien nicht in der Nähe des erwärmten Schweißteiles ablegen
Bildung von Schweißrauchen und -gasen	Gase und Rauche unmittelbar an der Schweißstelle absaugen

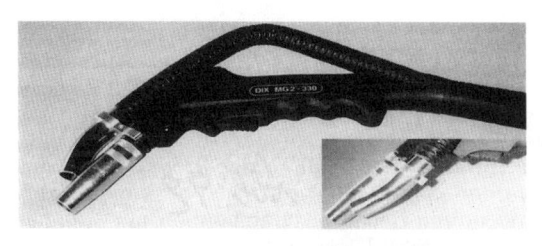

Abb. 42:
MIG/MAG-Brenner mit
integrierter Absaugung
mittels Absaugrohr

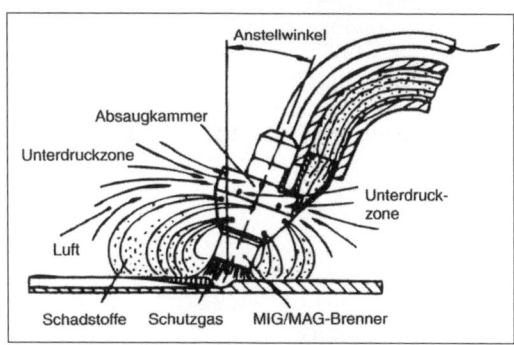

Abb. 43:
MIG/MAG-Brenner mit
integrierter Absaugung

Abb. 44:
MIG/MAG-Brenner mit
Hitzeschutzschild über
dem Handgriff

2.4 WIG-Schweißen [14; 16]

Wolfram-Inertgas-Schweißen (WIG) ist ein Lichtbogenschweißverfahren, bei dem der Lichtbogen unter einer Schutzhülle eines inerten Gases (Argon, Helium) zwischen der nicht abschmelzenden Wolframelektrode und dem Werkstück brennt. Der Schweißzusatzdraht wird von Hand zugeführt, beim mechanisierten Schweißen auch als Endlosdraht mit eigenem Drahtvorschub. Oft wird das WIG-Schweißen auch nur zum Verschmelzen der Metallteile ohne Zusatzdraht verwendet, z. B. bei Bördel- oder Ecknähten.

Beim WIG-Schweißen entstehen relativ wenig schädliche Gase und Rauche, so dass zumeist eine freie Lüftung am Arbeitsplatz ausreicht.

Technische Ausrüstungen der Schweiß- und Schneidtechnik

Außerordentlich gefährlich ist jedoch die ultraviolette und infrarote Strahlung. Dagegen schützt sich der Schweißer durch einen Kopfschirm, der je nach Stromstärke eine Filterscheibe mit Schutzfilter von 9 bis 14 enthalten muss (siehe Tabelle 18).
Abbildung 46 zeigt zwei WIG-Schweißer bei der Arbeit. Sie tragen einen Kopfschirm, da die Hände für das Halten des Brenners und des Zusatzdrahtes benötigt werden. Immer mehr setzt sich bei vielen Lichtbogenschweißern die Anwendung der Kopfschutzhauben mit automatischem Blendschutz durch (EN 379). Diese Automatikhelme schützen den Benutzer zuverlässig gegen ultraviolette und infrarote Strahlung. Die Reaktionszeit zum kompletten Abblenden (Schaltzeit) beträgt je nach Schweißverfahren 0,0002 bis 0,0004 Sekunden. Die Energieversorgung erfolgt entweder über Batterien oder durch Solarzellen.
Abbildung 45 zeigt das Prinzip eines WIG-Brenners und des WIG-Schweißens:

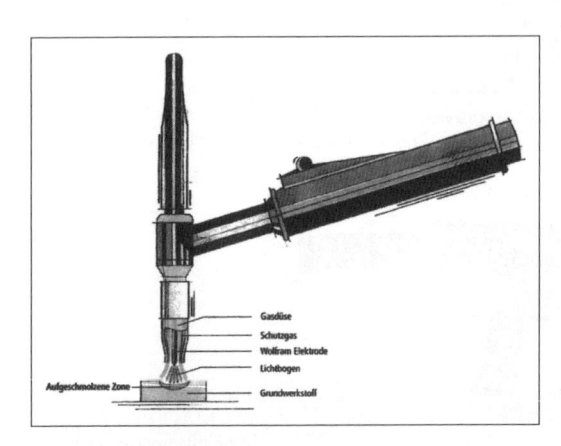

Abb. 45: Prinzip eines WIG-Brenners und des WIG-Schweißens

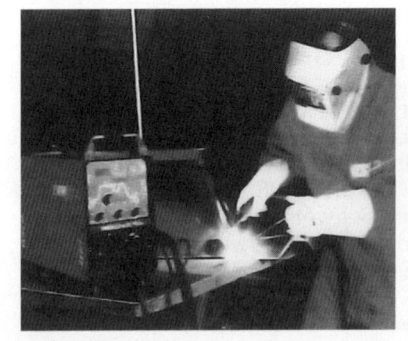

Abb. 46: WIG-Schweißer bei der Arbeit, rechts mit Automatikhelm

2.5 Plasmaschweißen und -schneiden [14; 16; 17]

Beim Plasmaschweißen brennt der Lichtbogen an einer nadelförmigen Wolframelektrode und wird durch eine wassergekühlte Kupferdüse gebündelt und somit mit hoher Energiedichte auf das Werkstück gelenkt. Den atmosphärischen Schutz des Lichtbogens, des Plasmastrahls und des Schmelzbades übernimmt eine äußere Schutzgasdüse.
Als Plasmagas können reines Argon, Argon-Wasserstoff- oder Argon-Helium-Gemisch verwendet werden. Als Schutzgas dienen Argon, Argon-Wasserstoff oder Argon-Stickstoff.
Es können folgende Werkstoffe geschweißt werden:
unlegierte, niedrig- und hoch legierte Stähle, NE-Metalle z.B. Cu, Ni und deren Legierungen, weiterhin Ti, Zr, Ag, Au und Pt sowie hoch schmelzende Metalle.
Abbildung 47 zeigt das Prinzip eines Plasmaschweißbrenners:

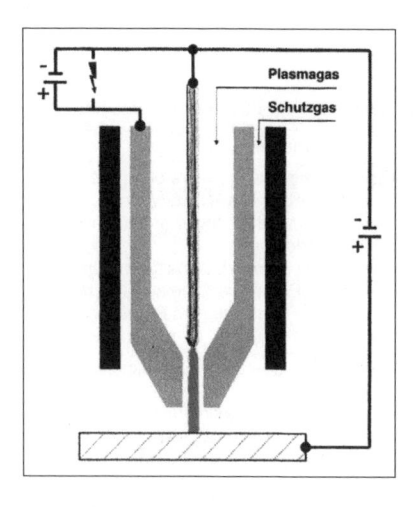

Abb. 47:
Prinzip eines Plasmaschweißbrenners

Mehr als das Plasmaschweißen ist in der metallverarbeitenden Industrie, wie Maschinenbau, Stahlbau, Chemieanlagenbau, das Plasmaschmelzschneiden verbreitet. Das Arbeitsprinzip entspricht dem des Plasmaschweißens. Auch die zu bearbeitenden Werkstoffe sind dieselben, hinzu kommen lediglich noch Stahlguss und Grauguss. Als Plasmagas ist noch die Druckluft zu ergänzen. Der Lichtbogen ionisiert das zugeführte Schneidgas. Der so entstandene Plasmastrahl, der eine Temperatur von etwa 30.000 K erreicht, verflüssigt den Werkstoff und schleudert ihn aus der Schnittfuge.
Abb. 48 zeigt das Prinzip eines Plasmahandschneidbrenners.
Infolge der bequemen Handhabung und der Möglichkeit, fast alle Metalle schneiden zu können, findet das Plasmahandschneiden eine breite

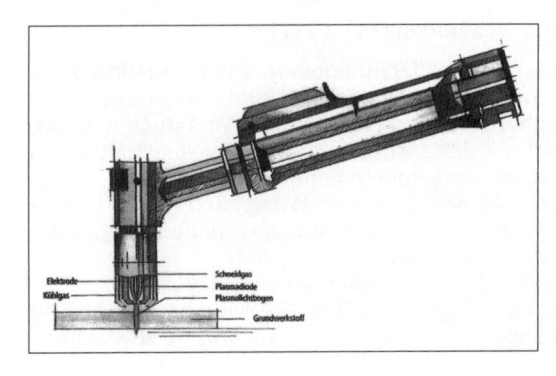

Technische Ausrüstungen der Schweiß- und Schneidtechnik

Abb. 48:
Prinzip eines Plasmahandschneidbrenners

Anwendung. Wichtig dabei ist die Einhaltung der Sicherheitsmaßnahmen, die neben der Belastung durch die Spritzerbildung, vor allem den Strahlenschutz betreffen.

Tabelle 20: Gefährdungen und Schutzmaßnahmen beim Plasmaschmelzschneiden

Gefährdungen	Schutzmaßnahmen
– Gefährdungen durch Wärmewirkung, Temperatur des Lichtbogenplasmas = 30.000 K * Wärmestrahlung * Schneidspritzer, besonders beim Lochstechen * Brand- und Verbrennungsgefahr	Abschirmung des Brenners durch Verkleidung, Aufstellen von Schutzwänden, Bediener trägt komplette schwer entflammbare Schweißerkleidung, im Abstand von mindestens 10 m dürfen keine brennbaren Stoffe gelagert werden, Feuerlöscher muss stets in Bereitschaft sein.
– UV- und Lichtstrahlung * Verblitzen der Augen * Verbrennungen am Körper	Abschirmung des Brenners, Blendschutzwände komplette Schweißerkleidung, Schweißerschutzschild mit Schutzglasstufe ab 11, Oberflächen der Umgebung dunkel gestalten.
– Gase und Rauche * gesundheitsschädliche Rauche und Stäube * giftige Gase infolge Zersetzung von Lösungs- und Entfettungsmitteln im Schneidbereich durch UV-Strahlung	Absaugung unmittelbar aus dem Schneidbereich, Schneidteile vorher reinigen, alle Fremdstoffe beseitigen, bei galvanisch aufgebrachten Schichten zusätzlich Atemmaske tragen, MAK- und TRK-Werte durch ständige Be- und Entlüftung unbedingt einhalten (s. Tabelle 22).
– Gesundheitsschädigung durch verfahrensbedingten Lärm, z. B. beim Trockenplasmaschneiden eines Bleches von 40 mm Dicke und einem Schneidstrom von 250 A, beträgt der Lärm im Abstand von 1 m = 105 dB.	Tragen geeigneter Gehörschutzbügel oder -stöpsel, Unterwasserplasmaschneiden einsetzen, dabei wird die Lärmbelastung unter gleichen Bedingungen auf nur 73 dB verringert, schallschluckende Wandverkleidungen anbringen.

Plasmaschweißen und -schneiden

Gefährdungen	Schutzmaßnahmen
– Gefährdung durch unter Druck stehende Gasflaschen	Gasflaschen müssen senkrecht stehen und befestigt sein, nur saubere Armaturen verwenden, Sauerstoffdruckminderer mit Explosionsschutzsicherung versehen (s. Abschnitt 2.1).
– Gefährdung durch hohe Berührungsspannung bei nicht erfolgter oder fehlerhafter Erdung der Schneidanlage	Schlüssige Erdung der Anlage und des zu schneidenden Werkstücks, vorschriftsmäßige Steckdosen mit angeschlossenem Schutzleiter, Tragen isolierender Schutzkleidung, isolierende Arbeitsplatzunterlagen, trockene Umgebung des Arbeitsbereiches, Zugangsverhinderung für unbeteiligte Personen, Eingriffe an der Anlage dürfen nur vom Fachmann ausgeführt werden, dabei stets vom Netz trennen.
– Gefahr durch Hochspannung und elektromagnetische Felder: Bei Zündung des Pilotlichtbogens tritt kurzzeitig eine Hochspannung zwischen Kathode und Düse auf. Durch elektromagnetische Felder können elektronische Anlagen und Herzschrittmacher beeinflusst werden.	Brennerkopf bei eingeschalteter Plasmaanlage nicht berühren, nur gut isolierte Netzzuleitungen, Steuerleitungen sowie Signal- und Telekommunikationsleitungen verwenden, Elektroschutzart muss IP 23 sein.
– Erhöhte elektrische Gefährdung liegt während des gesamten Schneidbetriebes vor.	Eingriffe durch Unbefugte sind unzulässig, die Schneidanlagen- und Brennermechanismen sind mechanisch verriegelt und lassen sich nur mit Spezialwerkzeug in Betrieb nehmen. Das Gehäuse der Anlage muss geschlossen sein. Der Handschneidbrenner darf nur mit isolierender Schutzkappe betrieben werden, lässt sich ohne Schutzkappe nicht einschalten.

Abb. 49 zeigt die Anwendung eines Plasmahandschneidbrenners bei der Kraftfahrzeugreparatur.

In den letzten Jahrzehnten erfuhr die Anwendung maschineller Plasmaschneidanlagen in der Industrie eine riesige Entwicklung infolge der guten Qualität der Schnitte bis zu Blechdicken von durchschnittlich 30–40 mm (je nach Stahlqualität).

Beim Plasmaschneiden wird eine sehr hohe Energiedichte erreicht, die dazu führt, dass der Lärmpegel erheblich ansteigt und die Entstehung von schädlichen Gasen und Rauchen stark gefördert wird.

Deshalb sind Lärmschutzmaßnahmen, vor allem aber auch die Absaugung der Schadstoffe unbedingt erforderlich.

In der Industrie werden dafür Arbeitstische verwendet, die mit Absaugeinrichtungen nach unten oder zur Seite versehen sind (s. Abbildung 50).

Die für die Umwelt günstigste Lösung ist die Anwendung des Unterwasserplasmaschneidens.

Technische Ausrüstungen der Schweiß- und Schneidtechnik

Abb. 49:
Anwendung des Plasmahandschneidbrenners bei der Kfz.-Reparatur

Abb. 50:
Absaugtisch für das Plasmaschneiden

Unterwasserschneidanlage mit 2 Arbeitsplätzen zwecks Reduzierung der Nebenzeiten. Aus dem Wasser aufsteigende Stickoxide werden um den Brenner abgesaugt und nach oben über Lippenkanal und Rohre ins Freie befördert.

Abb. 51:
Unterwasserschneidanlage

Hierbei wird die Lärmbelastung erheblich gesenkt und das Austreten von Rauchen und Gasen reduziert (siehe Abb. 51).
Zur Vermeidung auch der geringsten Umweltbelastung durch gasförmige Schadstoffe werden direkt über dem Schneidprozess oft noch Absaugvorrichtungen angebracht (siehe Abb. 52).

Abb. 52:
Absaugeinrichtung beim Plasmaunterwasserschneiden

2.6 Laserschweißen und -schneiden [17; 18]

Das Laserstrahlschweißen ist ein Schmelzschweißverfahren. Die erforderliche hohe Energie des Laserstrahles wird von einer Hochspannungsquelle erzeugt. der die zu verbindenden Metallteile zum Schmelzen bringt.
Zur industriellen Anwendung gibt es Festkörperlaser und gasdynamische Laser.
Festkörperlaser haben in der Schweißtechnik eine große Bedeutung erlangt, besonders beim Schweißen von kleinen Bauteilen. Viel größere Bedeutung im industriellen Einsatz zum Schweißen und Schneiden haben gasdynamische Laser.
In beiden Fällen ist Laserlicht ein kohärentes, monogromatisches Licht, das in einem scharf gebündelten, fast parallelen Strahl, frequenz- und fasengleichen Lichtes aus dem Resonatorrohr austritt. Die gesamte Anordnung der Strahlenführung, Umlenkspiegel – Entladungsrohr – Lasermedium, wird Laser-Resonator genannt. Den Energiebedarf für das Entladungsrohr, Glasrohr mit entsprechendem Gasgemisch, liefert ein Hochspannungsgenerator. Zwischen den Elektroden des Entladungsrohres kann z. B. eine Gleichspannung von 12.000 Volt anliegen. Darin erfolgen kontinuierliche Entladungen.
Der Lichtstrahl wird in einer Optik fokussiert auf Strahlendurchmesser von 0,1 bis 0,2 mm Durchmesser. Je nach Verwendungszweck und Energiequelle werden Energiedichten von bis zu 100.000 kW pro Quadratzentimeter erreicht. Alle thermisch belasteten Bauteile der Anlage, wie Entladungsrohr, Laserspiegel und Laser-Bearbeitungsoptik werden über ein geschlossenes System gekühlt.

Technische Ausrüstungen der Schweiß- und Schneidtechnik

Infolge der hohen Energiedichte kann beispielsweise ein Blech von 3 mm Dicke bereits mit einer Strahlleistung von 300 W geschnitten werden.

Durch die hohe Energiedichte des stark gebündelten Lichtstrahles ist es möglich, das Schmelzbad sehr klein zu halten und somit den Wärmeeintrag im Gegensatz zu anderen Schmelzschweißverfahren rapide zu verringern.

Infolge der erreichbaren sehr hohen Temperaturen, lassen sich fast alle metallischen Werkstoffe schweißen und schneiden: alle Stahlsorten, einschließlich Cr-Ni-Stähle, höchstschmelzende Metalle und deren Legierungen, gut leitfähige Metalle wie Cu, Al, Au und Ag.

Auch Plaste und silikatische Werkstoffe können verschweißt und geschnitten werden. Abb. 53 zeigt ein vereinfachtes Prinzip einer Laserstrahlanlage. Abb. 54 eine Laserschweißanlage mit Arbeitstisch für Kleinteilschweißung und Abb. 55 eine Laserschneidanlage zum Schneiden großer Bleche.

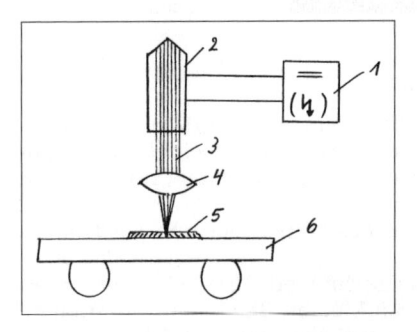

Abb. 53:
Prinzip einer Laserstrahlanlage [20]
1 Energiequelle;
2 Laserstrahler;
3 Laserstrahl;
4 Laseroptik;
5 Werkstück;
6 Manipulator.

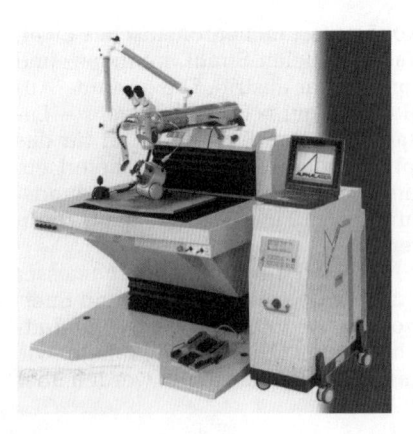

Abb. 54:
Laserschweißanlage mit Arbeitstisch zur Kleinteilschweißung

Laserschweißen und -schneiden

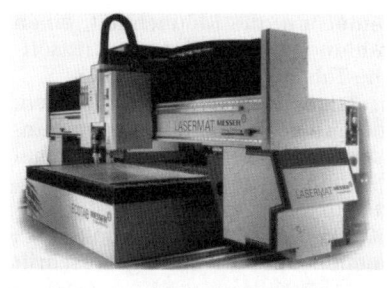

Abb. 55:
Laserschneidanlage zum Schneiden großer Bleche

Beim Laserstrahlschweißen gibt es besondere Arbeitsschutzrichtlinien. Das ist wegen der Hochspannungsquelle, vor allem aber auch wegen der gefährlichen Strahlung erforderlich.
Für den Betrieb von Lasereinrichtungen gilt die Unfallverhütungsvorschrift GUV-V B 2, die sich auf die Klassifizierung der Anlagen und die maximal zulässigen Bestrahlungswerte entsprechend DIN EN 60825-1 bezieht.

Es werden folgende Laserklassen definiert [18]:
Klasse 1: zugängliche Laserstrahlung, ungefährlich
Klasse 1 M: zugängliche Laserstrahlung, für das Auge ungefährlich, sofern keine Verkleinerung des Strahlquerschnitts durch optische Instrumente erfolgt.
Wellenlängenbereich = 302,5 nm bis 4.000 nm
Klasse 2: zugängliche Laserstrahlung im sichtbaren Spektralbereich, bei kurzzeitiger Einwirkungsdauer (bis 0,25 s) für das Auge ungefährlich Wellenlängenbereich = 400 nm bis 700 nm
Klasse 2 M: zugängliche Laserstrahlung im sichtbaren Spektralbereich, bei kurzzeitiger Einwirkung (bis 0,25 s) für das Auge ungefährlich, solange keine Verkleinerung des Strahlquerschnitts erfolgt Wellenlängenbereich = teilweise außerhalb 400 nm bis 700 nm
Klasse 3 A: zugängliche Laserstrahlung, im sichtbaren Wellenlängenbereich wie
Klasse 1 M: im unsichtbaren Spektralbereich wie Klasse 1.
Klasse 3 R: zugängliche Laserstrahlung, ist für das Auge gefährlich, Wellenlängenbereich 302,5 nm bis 10.000.000 nm.
Klasse 3 B: zugängliche Laserstrahlung, für das Auge gefährlich, häufig auch für die Haut.
Klasse 4: zugängliche Laserstrahlung, sehr gefährlich für Augen und Haut, auch die diffus gestreute Strahlung kann gefährlich sein, sie kann auch Brand- und Explosionsgefahr verursachen.
Es handelt sich um Lasereinrichtungen mit Hochleistungslaser, deren Ausgangsleistungen bzw. -energien die Grenzwerte der zugänglichen Strahlung (GZS) für Klasse 3 B überschreiten. Die Laserstrahlung der Klasse 4 ist so intensiv, dass bei jeglicher Art von Exposition der Augen oder der Haut mit Schädigungen zu rechnen ist.

Technische Ausrüstungen der Schweiß- und Schneidtechnik

Der Ausdruck „Zugänglichkeit" bedeutet u. a. die Möglichkeit, einen Körperteil einer gefährlichen Laserstrahlung, die von einer Austrittsöffnung ausgeht, direkt auszusetzen (siehe Tab. 22).

Bei der Nutzung der Laserstrahlen für das Schweißen oder Schneiden, unabhängig davon ob es sich um stationäre oder mobile Anlagen handelt, ist der Laserbereich so zu bemessen, dass die Werte der maximal zulässigen Bestrahlung (MZB) unterschritten werden.

Die derzeitig zu verwendenden Werte für die maximal zulässige Bestrahlung (MZB) enthält die DIN EN 60 825-1: 2001-11. Diese gelten bis zur bevorstehenden Herausgabe der neuen Unfallverhütungsvorschrift GUV-V B 2 (bisher GUV 2.20).

Tabelle 21 zeigt die Additivität der Wirkungen auf die Augen und auf die Haut in verschiedenen Sprektalbereichen.

In Abhängigkeit von den Wellenlängen, werden additive fotochemische (400 nm bis 600 nm) und additive thermische (400 nm bis 1400 nm) Wirkungen unterschieden.

Tabelle 21: Additivität der Wirkungen auf die Augen (A) und auf die Haut (H) in verschiedenen Spektralbereichen [18]

Spektralbereich	UV-C und UV-A 180 nm bis 315 nm	UV-A 315 nm bis 400 nm	Sichtbares und IR-A 400 nm bis 1400 nm	IR-B und IR-C 1400 nm bis 10 hoch 6 nm
UV-C und UV-B 180 nm bis 315 nm	A H			
UV-A 315 nm bis 400 nm		A H		A H
Sichtbar und IR-A 400 nm bis 1400 nm		H	A H	H
IR-B und IR-C 1400 nm bis 10 hoch 6 nm		A H	H	A H

Tabelle 22: Gefährdungen und Schutzmaßnahmen beim Laserschweißen und -schneiden [19]

Gefährdungen	Schutzmaßnahmen
Gefährdungen durch Verbrennungen der Augen und der Haut infolge direkter oder reflektierter Laserstrahlen	Unbedingt immer geeignete Schutzhandschuhe, Sicherheitsschuhe, Schutzkleidung und vor allem Schutzbrille tragen. Verhinderung der Zugänglichkeit Unbefugter zur Anlage durch deutliche und dauerhafte Kennzeichnung des Laserbereiches (Warnleuchten, Lichtschutz, Lasersperrstrahl)
Blendgefährdung durch das bewegte Laserplasma	Schutzgehäuse bzw. Schutzabdeckung müssen lückenlos abschirmen. Die Laseranlage funktioniert nur, wenn die Sicherheitsverriegelung geschlossen ist.
Verbrennungsgefahr durch die heiße Oberfläche der Bauteile	Bediener muss komplette Schutzkleidung tragen (s. o.)
Gefährdungen durch hochfrequente Magnetfelder am HF-Generator	Die elektromagnetische Wechselfelder gestatten es Personen mit Herzschrittmachern nicht, an Laseranlagen zu arbeiten
Gefährdungen durch unzureichende oder defekte Schutzgehäuse	Für die einwandfreie Funktionsweise der Schutzeinrichtungen ist der Hersteller verantwortlich. Maßnahmen s. Blendgefährdung.
Gefährdungen durch elektrischen Strom	Die gesamte elektrische Anlage muss fachgerecht installiert und gesichert sein. Dazu gehört z. B. die fernbediente Sicherheitsverriegelung durch Steckverbinder. Der Fernverriegelungsstecker ist an einen Not-Aus-Schalter, einen Türkontakt oder eine andere gleichwertige Einrichtung mit Schutzfunktion anzuschließen.
Gefährdungen durch Schweißrauche und -gase	Die installierte Absauganlage ist unbedingt zu nutzen.
Brandgefahr bei Laserleistungen über 0,5 W	Brandfördernde Reinigungsmittel vermeiden, nach Verwendung mit lösungsmittelhaltigen Reinigungsmitteln ausreichend lüften.
Gefahr des Quetschens, Scherens, Stoßens usw.	Bei der Bewegung der Anlage ist Abstand zu halten, Unbefugte dürfen Gefahrenbereich nicht betreten während des Betriebes

2.7 Widerstandspunkt – und Abbrennstumpfschweißen [20]

Das Widerstandspunktschweißen beruht auf der elektrischen Widerstandserwärmung der zu verbindenden Metallteile. Zylindrische Elektroden aus einer Kupferlegierung werden auf die Schweißteile aufgesetzt, der Strom eingeschaltet und nach Erwärmung der Teile wird unter Einwirkung von Kraft über die Elektroden der Schweißpunkt hergestellt.

Dabei kommt es zum leichten Verspritzen flüssigen Materials, was eine Umweltgefährdung darstellt.

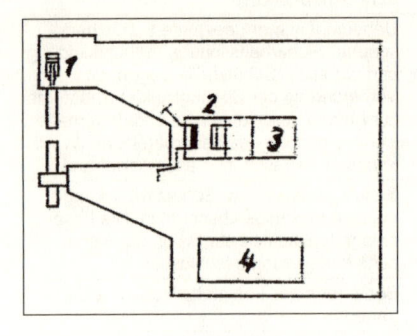

Abb. 56:
Prinzip einer Widerstandspunktschweißanlage [20]
1 Druckzylinder;
2 Schweißtransformator;
3 elektrische Steuerung;
4 hydraulische Druckerzeugungsanlage.

Abb. 56 zeigt das Schema einer Widerstandspunktschweißanlage:
Das Abbrennstumpfschweißen beruht ebenfalls auf der Widerstandserwärmung der Schweißteile. Die unter hohem Strom stehenden Fügeteile werden wiederholt aufeinander zugeführt, so dass sie an den Stoßflächen stark erwärmt werden. Nach Erreichen einer geeigneten Temperatur (nahe Schmelztemperatur) erfolgt ein ruckartiges Zusammenstauchen so dass eine haltbare Preßschweißverbindung entsteht.
Bei diesem Stauchprozess kommt es zu einer starken Spritzerbildung und zum Abtropfen flüssigen Materials. Das stellt eine hohe Umweltgefährdung dar.
Abb. 57 zeigt das Prinzip einer Abbrennstumpfschweißanlage.
Gefährdungen und Sicherheitsmaßnahmen von beiden Widerstandsschweißverfahren enthält Tabelle 23.

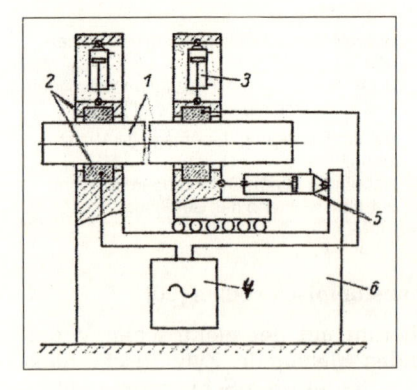

Abb. 57:
Prinzip einer Abbrennstumpfschweißanlage [20]
1 Werkstücke;
2 Spannbacken;
3 Spanneinheit;
4 Schweißtransformator;
5 Vorschub- und Staucheinrichtung;
6 Gestelleinheit.

Tabelle 23: Gefährdungen und Sicherheitsmaßnahmen beim Widerstandspunkt (WP) und Abbrennstumpfschweißen (WA) [3]

Gefährdung durch	Sicherheitsmaßnahme
Zustand der Arbeitsmittel Klemmbacken bzw. Elektrodenverschleiß defekte Kühlung der Elektroden elektrotechnische Mängel	planmäßig vorbeugende Instandsetzung und sachgemäße Reparatur durchführen
Fehlhandlungen Nichtbenutzung der Körperschutzmittel unzulässiges Hantieren in der Nähe beweglicher Maschinenteile ungenügende Sicherung der Schweiß- gefährdungszone	Schweißeranzug, Schweißerschürze, Schweißerhandschuhe, festes Schuhwerk, Kopfbedeckung, Schutzbrille benutzen erforderliche Qualifikationen und betrieb- liche Berechtigung zum Bedienen der Arbeitsmittel erwerben, Bedienungsanlei- tung einhalten brennbare Stoffe, insbesondere Wartungs- und Pflegemittel beseitige
Arbeitsablauf Spritzer, Funken, flüssige Metalltropfen (nur WA) hohe Temperatur des Arbeitsgegenstandes Verletzungsgefahr am Stauchgrad (nur WA)	Körperschutzmittel benutzen, brennbare Stoffe aus der Schweißgefähr- dungszone entfernen Schweißerhandschuhe benutzen

2.8 Gefährdungen durch elektrischen Strom [3; 16]

2.8.1 Wirkung des elektrischen Stroms auf den menschlichen Körper

Unfälle und Brände infolge Einwirkung des elektrischen Stromes beim Schweißen haben ursächlich wesentliche Gemeinsamkeiten. Deshalb folgt darüber eine allgemein gültige Beschreibung.
Im Vergleich zu anderen Gefährdungen, sind die Unfälle durch elektrischen Strom mit Lebensgefahr verbunden [3; 16; 18].
Entscheidend dabei ist der Stromfluss durch den menschlichen Körper.
Die höchste elektrische Gefährdung geht von der Leerlaufspannung aus, die immer zwischen den Anschlussstellen (Elektrode – Werkstück) dann ansteht, wenn bei eingeschalteter Stromquelle kein Lichtbogen brennt. Brennt der Lichtbogen, ist die Spannung wesentlich geringer, beim MIG/MAG - Schweißen beispielsweise 17 bis 30 Volt.
Entsprechend UVV VBG 15 dürfen Stromquellen für Gleichstrom im Normalbetrieb einen Scheitelwert der Leerlaufspannung von 113 Volt nicht überschreiten. Bei Wechselstromschweißanlagen beträgt dieser Wert ebenfalls 113 Volt, jedoch ist der Effektivwert auf maximal 80 Volt begrenzt. Bei erhöhter elektrischer Gefährdung jedoch, in engen Räumen oder auf kompakten Stahlkonstruktionen, liegt der Scheitelwert für Wechselstrom bei 68 Volt und der Effektivwert bei 48 Volt. Werden diese Forderungen erfüllt, sind die Schweißstromquellen lt. DIN EN 60974-1 mit dem Buchstaben „S" gekennzeichnet. An älteren Stromquellen befindet sich ggf. die Kennzeichnung „K" für Gleichstrom und „42 V" für Wechselstrom.

Gegen elektrische Schläge muss sich der Schweißer durch einwandfreie Schweißerhandschuhe aus Leder, durch gut isolierende Arbeitskleidung, durch feste Schuhe mit Gummisohle und durch isolierende Unterlagen (Gummi, Leder, Holz, Plaste u. ä.) schützen.
Die Schwere der Störungen oder Unterbrechungen der Lebensvorgänge des Menschen hängt dabei von der Stromstärke ab (siehe Tabelle 24).

Tabelle 24: Auswirkungen des elektrischen Stromes auf den menschlichen Körper

Stromstärke in mA	Wirkungen auf den menschlichen Körper
5 ... 25	Muskelverkrampfungen an Händen und Armen; keine bleibenden Schäden
25 ... 80	Muskelverkrampfungen am gesamten Körper; Lebensgefahr Lebensgefahr durch Lähmungen (Atemstillstand)
> 80	Starke Wirkung auf die Herztätigkeit: Herzrhythmusstörungen, Herzkammerflimmern, führt häufig zur Bewusstlosigkeit, kann zum Tod führen.

Der Widerstand, den der menschliche Körper dem Stromdurchfluss unter den Bedingungen erhöhter elektrischer Gefährdung entgegensetzt, ist aus Abbildung 58 ersichtlich.

2.8.2 Ursachen für Unfälle und Brände durch falsche Schweißstromrückleitung [3; 16]

Zu den hauptsächlichsten Ursachen für Unfälle und Brände beim Lichtbogenschweißen zählen vor allem Widerstandserwärmungen und Kurzschlüsse mit Lichtbögen.
Viele der untersuchten Unfälle und Brände ereigneten sich in Standardsituationen. Dabei ist eine der Gefährdungsursachen das falsche Anbringen von Schweißstromrückleitungen, das häufig zum Schmelzen der Schutzleiter führt und damit eine erhebliche Brand- und Unfallgefahr darstellt. Die Brände können dabei sofort am schmelzenden Schutzleiter entstehen, während die Unfallgefahr in der Regel latent besteht, das heißt ein Unfall kann dann eintreten, wenn der Schutzleiter infolge Zerstörung seine sicherheitstechnische Funktion nicht mehr erfüllt.
Das ist besonders dann der Fall, wenn die Gehäuse elektrischer Geräte durch technische Fehler unter Spannung stehen.
Schadhafte Arbeitsmittel, vor allem Kabel, Stecker und Schweißzangen sind weitere Gefährdungsquellen.
Subjektives Fehlverhalten drückt sich nicht zuletzt im verhältnismäßig häufigen Auftreten von Verstößen gegen die Vorschriften aus: Elektrodenhalter auf isolierenden Unterlagen abzulegen, Schweißmaschinen in Arbeitspausen, bei Wartungsarbeiten und Durchführung technischer Veränderungen abzuschalten und vorgeschriebene Arbeitsschutzkleidung zu tragen.

Gefährdungen durch elektrischen Strom

Längsdurchströmung
Hand – Fuß ≈ 1 000 Ω
Hand – Füße ≈ 750 Ω
Hände – Füße ≈ 500 Ω

Erhöhte elektrische Gefährdung liegt vor

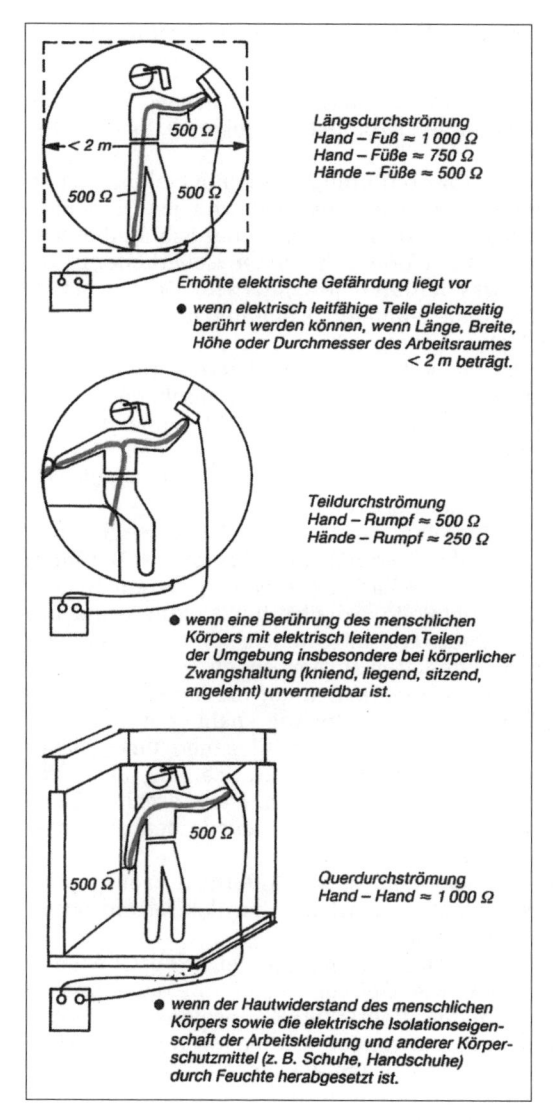

- wenn elektrisch leitfähige Teile gleichzeitig berührt werden können, wenn Länge, Breite, Höhe oder Durchmesser des Arbeitsraumes < 2 m beträgt.

Teildurchströmung
Hand – Rumpf ≈ 500 Ω
Hände – Rumpf ≈ 250 Ω

- wenn eine Berührung des menschlichen Körpers mit elektrisch leitenden Teilen der Umgebung insbesondere bei körperlicher Zwangshaltung (kniend, liegend, sitzend, angelehnt) unvermeidbar ist.

Querdurchströmung
Hand – Hand ≈ 1 000 Ω

- wenn der Hautwiderstand des menschlichen Körpers sowie die elektrische Isolationseigenschaft der Arbeitskleidung und anderer Körperschutzmittel (z. B. Schuhe, Handschuhe) durch Feuchte herabgesetzt ist.

Abb. 58:
Arbeitsbedingungen bei erhöhter elektrischer Gefährdung [3]

2.8.3 Sicherheitsmaßnahmen zur Vermeidung von Gefährdungen durch elektrischen Strom [3; 16]

Zur Vermeidung von Gefährdungen durch elektrischen Strom bei Schweiß-, Schneid- und verwandten Arbeiten sind folgende Sicherheitsmaßnahmen erforderlich:

- Die Schweiß- oder Schneidstromzuführungen, die Rückleitungen und alle Leitungsverbindungen müssen grundsätzlich von der Stromquelle bis zum Elektrodenhalter, bis zum Schweiß- oder Schneidbrenner oder Schweißkopf bzw. bis zur Werkstückklemme isoliert oder in anderer Weise gegen zufälliges Berühren geschützt sein. Die Strom führenden Leitungen dürfen keine leitende Verbindung mit dem Schutz- oder Neutralleiter des Netzes haben.
- Beschädigungen der Schweißleitungen, z. B. hervorgerufen durch Überfahren mit Fahrzeugen oder Geräten, sind auszuschließen.
- Elektrodenhalter bzw. Handschweiß- und Schneidbrenner mit beschädigtem Griffstück müssen sofort ausgewechselt werden.
- Bei Arbeitsunterbrechungen sind die Elektrodenhalter auf isolierenden Unterlagen abzulegen oder isoliert aufzuhängen.
- Elektrisch leitende Teile, die eine erhöhte Gefährdung verursachen könnten, sind gegen betrieblich bedingtes oder zufälliges Berühren zu isolieren. In diesem Zusammenhang ist unbedingt darauf zu achten, dass der Schweißer komplette Arbeitsschutzkleidung und unbeschädigtes trockenes Schuhwerk mit Gummisohle trägt. In engen Räumen sind zusätzlich Isoliermatten zu verwenden.
- Die Schweiß- oder Schneidstromrückleitung ist unmittelbar am Schweißteil oder an der Schweißteilauflage, nahe der Schweiß- oder Schneidstelle anzubringen. Zur Gewährleistung eines sicheren Schweißstromüberganges sind Farb-, Rost-, Schmutz und Oxidschichten an der Anschlussstelle zu entfernen. Der Anschluss ist so auszuführen, dass ein selbsttätiges Lockern oder unbeabsichtigtes Lösen der Verbindung ausgeschlossen ist.
- Der Anschluss auf der Netzseite darf nur von Mitarbeitern ausgeführt werden, die die Voraussetzungen für Arbeiten an elektrotechnischen Anlagen und Betriebsmitteln erfüllen.
- Für Schweißstellen dürfen elektrisch leitende Teile von Gebäuden oder Betriebseinrichtungen, wie Gebäude- und Anlagenkonstruktionen aus Stahl, Bewehrungen, Rohrleitungen, Schienen und Gleise nur dann als Stromleiter verwendet werden, wenn diese Teile Schweißteil sind oder wenn es sich um ausgedehnte, in sich abgegrenzte elektrisch leitende Teile von Konstruktionen oder Betriebsanlagen mit nachweislich gesicherten Stromübergängen an den Verbindungsstellen handelt, für die geeignete Anschlussstellen betrieblich festgelegt und entsprechend gekennzeichnet sind.
- Steht das Schweißteil oder die Schweißteilauflage in leitender Verbindung mit Schutzleitern, ist zu gewährleisten, dass die Schutzleitungen bei Unterbrechung des Stromkreises nicht durch Irrströme gefährdet und in ihrer Wirksamkeit beeinträchtigt werden.

- Stromquellen und Geräte sind bei Wartungsarbeiten vom Netz zu trennen.
- Die Schweiß- oder Schneidanlage ist abzuschalten, wenn sie bei Arbeitsunterbrechungen nicht beaufsichtigt werden kann oder der Arbeitsplatz verlassen wird.
- Bei Arbeiten in landwirtschaftlichen Gebäuden oder baulichen Anlagen, in denen sich Zucht- und Nutztiere befinden, sind die Tiere im Umkreis von mindestens 5 m von der Schweiß- oder Schneidstelle zu entfernen. Darüber hinaus ist unbedingt ein Blendschutz vorzusehen.

2.8.4 Beispiele für Unfälle, Brände und Explosionen durch subjektives Fehlverhalten und technische Mängel [3]

Brände infolge falscher Ablage des Stabelektrodenhalters

Eine Sammelrohrleitung, die zu einem Schornstein führte, verlief teilweise über dem Dach einer in Stahlbauweise ausgeführten Halle. An dieser Rohrleitung wurden Montagearbeiten durchgeführt. Ein Elektroschweißer hängte das Schweißkabel mit dem Elektrodenhalter über das Rohr. Nach dem Einschalten der Schweißmaschine begab er sich nicht sofort zum Arbeitsplatz. Durch das Arbeiten der Monteure am Rohr, fiel der Elektrodenhalter auf das Aluminiumdach. An drei Schmorstellen schmolz das Metall durch und der darunter befindliche Dämmstoff entzündete sich. Der Brand konnte schnell gelöscht werden, es entstand geringer Sachschaden. Die Feuerwehr sprach eine Ordnungsstrafe gegen den Schweißer aus.

In einem anderen Fall unterbrach ein Schweißer seine Arbeiten an einer Stahlkonstruktion.

Er hängte den Elektrodenhalter mit eingespannter Elektrode an die noch eingeschaltete Schweißstromquelle und entfernte sich. Beim Abgleiten des Elektrodenhalters von der Aufhängung, kam die Elektrode mit dem genullten Gehäuse des Schweißtransformators in Verbindung, wodurch sich der Stromkreis über Elektrode – Transformatorgehäuse – Nullleiter – Betriebserdungsleiter – Schweißstromrückleitung – Stahlkonstruktion – Schweißkabel schloss (siehe Abb. 59). Die Stromstärke im Fehlerstromkreis betrug 200 A, was eine Überlastung des Nullleiters mit anschließendem Brand zur Folge hatte.

Verstöße gegen die Sicherheitsbestimmungen:
- Elektrodenhalter nicht isoliert abgelegt bzw. sicher aufgehängt,
- in Betrieb befindliche Schweißanlage blieb unbeaufsichtigt.

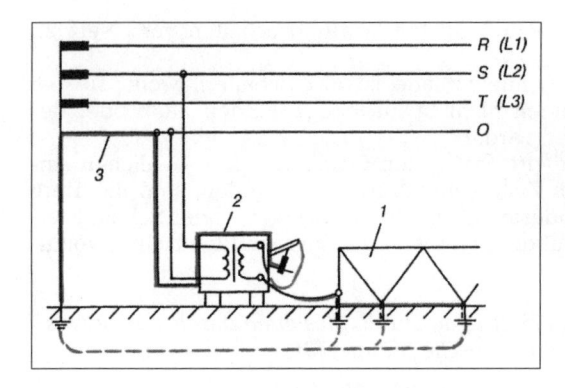

Technische Ausrüstungen der Schweiß- und Schneidtechnik

Abb. 59:
Thermische Überlastung des Nullleiters mit nachfolgendem Brand durch Berührung des genullten Gehäuses des Schweißtransformators mit der Elektrode
1 Schweißteil,
2 Transformator,
3 Nullleiter

Brände durch falschen Schweißstromrückfluss

Um an einer Grubenabdeckung Schweißarbeiten durchzuführen, wurde die Schweißmaschine vorschriftwidrig an die Rollenbahn angeschlossen (s. Abbildung 60). Der Schweißer hoffte, dass die Grubenabdeckung über die Abdeckplatten Kontakt mit der Rollenbahn hat.
Gleichzeitig bestand aber über den Nullleiter des Kabels eines Motors und den Elektroverteiler Kontakt mit der Rollenbahn. Da diese Schweißstromrückleitung einen wesentlich geringeren Widerstand als die Abdeckplatten hatte, floss der größte Teil des Stromes über den Nullleiter. Dieser wurde aufgeheizt und zerstörte das Kabel für den Motor, was einen längeren Produktionsausfall zur Folge hatte.

Verstöße gegen die Sicherheitsbestimmungen:
- Schweißstromrückleitung nicht unmittelbar am Schweißteil angebracht, sondern an elektrischen Teilen der Betriebsausrüstungen, die keine gesicherten Stromübergänge an den Verbindungsstellen hatten.

Unfall infolge Beschädigung eines Steckers und eines Schweißkabels

Ein Auszubildender erhielt den Auftrag, einen Schweißgenerator an das Netz anzuschließen. Er übersah, dass ein Teil der Führungsnase des Kraftstromsteckers abgebrochen war und führte den Stecker verkehrt in die Steckdose ein. Das Steckergehäuse wurde kurzzeitig, bevor die entsprechende Sicherung ansprach, unter Spannung gesetzt.
Der Auszubildende erlitt eine elektrische Durchströmung.

Verstöße gegen die Sicherheitsbestimmungen:
- Lehrfacharbeiter und Meister haben entweder die Kontrolle der Arbeitsmittel vernachlässigt oder den unzulässigen Zustand des Steckers wissentlich geduldet,
- Auszubildender war nicht unterwiesen.

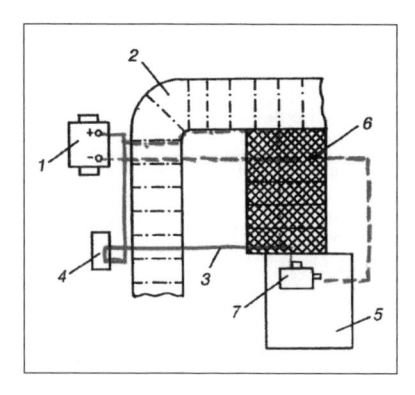

Gefährdungen durch elektrischen Strom

Abb. 60:
Falsch angeschlossene Schweißstromleitung
1 Stromquelle,
2 Rollenbahn,
3 Nullleiter des Kabels,
4 Elektroverteiler,
5 Grubenabdeckung,
6 Abdeckplatten,
7 Motor
– – – – Schweißstromzuleitung
– · – · – vom Schweißer beabsichtigter Schweißstromrückfluss
──── tatsächlich aufgetretener Schweißstromrückfluss

Weitere Beispiele sind in Tabelle 25 aufgeführt:

Tabelle 25: Beispiele für Brände und Unfälle infolge Einwirkung des elektrischen Stromes [3]

Sachverhalt	Verstoß gegen die Sicherheitsbestimmungen	Schaden
Bei Elektroschweißarbeiten an einem Absperrgitter kam es zu einem Brand, da die zu verbindenden Gitterteile galvanisch über zwei verschiedene Geräte (Motor und Schaltschrank) verbunden waren. Durch die Verbindung wurde der Schutzleiter kurzzeitig mit Schweißstrom belastet. Der Schutzleiter erwärmte sich auf Entzündungstemperatur, wodurch die Anlage zerstört wurde.	Schweißstromrückleitung nicht unmittelbar am Schweißteil angebracht.	groß
In einem Plattenwerk wurde ein für das Anschweißen von Laschen an Betonformen benötigter Transformator ständig in Betrieb gelassen, auch während der Schichtübergabe und in den Arbeitspausen. Der Transformator erwärmte sich so, dass er auf dem Fußboden befindliche Ölverschmutzungen entzündete und die Plattenstraße in Brand setzte.	Schweißstromquelle in den Arbeitspausen nicht abgeschaltet	sehr groß
Um Schweißarbeiten an einem Elektrotrockenschrank vornehmen zu können, wurde die Schweißstromrückleitung durch Legen eines Stahlstückes zwischen der Kanalabdeckung der Halle aus Metall und der konservierten Schranktür hergestellt. Der Schweißstrom floss über die elektrische Zuleitung des Schrankes, zerstörte diese teilweise und setzte den Schrank unter Spannung.	Schweißstromrückleitung nicht unmittelbar am Schweißteil angebracht.	Sachschaden; Gefährdung

Fortsetzung von Tabelle 25: Beispiele für Brände und Unfälle infolge Einwirkung des elektrischen Stromes [3]

Sachverhalt	Verstoß gegen die Sicherheitsbestimmungen	Schaden
Ein Schlosser schweißte Metalltreppen von einem fahrbaren Arbeitsgerüst aus, dessen Boden aus Aluminiumblechen bestand. Er legte den Elektrodenhalter und die Schutzhandschuhe auf dem Gerüstboden ab und verließ das Gerüst. Beim Herabsteigen kippte der Elektrodenhalter seitlich um. Als der Schlosser gleichzeitig Treppe und Gerüst berührte, erhielt er einen elektrischen Schlag. Er war nicht mehr in der Lage, seine Hände vom Gerüst zu lösen. Ein Mitarbeiter reagierte geistesgegenwärtig und zog den Netzstecker. Der Schlosser fiel ohnmächtig um.	Elektrodenhalter bei der Arbeitsunterbrechung nicht isoliert abgelegt bzw. aufgehängt.	Arbeitsunfall
Bei Schweißarbeiten in einem Gebäude wurde das Stromversorgungskabel durch eine Blechtür geführt. Die Tür war nicht gesichert und wurde von einem Arbeiter geschlossen. Dabei kam es zur Beschädigung des Kabels. Der Arbeiter erhielt über die Tür einen tödlichen elektrischen Schlag.	Stromversorgungskabel nicht vor Beschädigung geschützt.	Tödlicher Arbeitsunfall
Ein Schweißer setzte die Schweißmaschine in Betrieb, legte den Elektrodenhalter auf der zu schweißenden Konstruktion ab und klemmte anschließend an der Maschine das Schweißkabel um. Dabei verunglückte er unter Stromeinwirkung tödlich.	Elektrodenhalter nicht isoliert abgelegt; Schweißstromquelle nicht abgeschaltet.	Tödlicher Arbeitsunfall
In einem Rinderstall waren Schweißarbeiten an Fressgittern auszuführen. Die Gesamtkonstruktion war stark korrodiert, die Klemme der Schweißstromrückleitung wurde lose aufgelegt. Der Schweißstrom nahm einen unkontrollierten Weg und tötete in 15 m Entfernung Kälber, die mit Ketten am Fressgitter befestigt waren. Eine Schweißerlaubnis lag nicht vor.	Schweißstromrückleitung nicht unmittelbar am Schweißteil fest angeschlossen; keine Gefahrenkontrolle.	Tötung mehrerer Kälber; Sachschaden

3. Darstellung von Bränden und Unfällen durch genannte Verfahren in der Industrie, im Handwerk und im Privatsektor

3.1 Großbrände und spektakuläre Schadensfälle im In- und Ausland
[21,22,23]

Täglich ereignen sich überall auf der Welt Schadensfälle und Brände durch Schweiß- und Schneidarbeiten, jedoch bekommt man in den wenigsten Fällen etwas davon mit, weil die Schadensfolgen „unspektakulär" sind und die Vorfälle deshalb von den Medien nicht aufgegriffen werden. Kommt es zu einem spektakulären Schadensfall oder Großbrand, der internationale Aufmerksamkeit erregt, so dauert es meist Monate, bis die Brandursache endgültig geklärt ist. Das Ereignis ist dann wieder in Vergessenheit geraten.

Da der Anteil der Großschäden in Bezug auf die Anzahl beziehungsweise den Schadensaufwand bei Schweiß- und Schneidarbeiten zwischen 10 bis 20 % der Gesamtschäden liegt, ist es wichtig, die Ursachen zu ergründen und sich damit auseinander zu setzen. Die wenigsten Länder verfügen über Institutionen, die sich mit der Aufklärung von Schadensfällen und Bränden beschäftigen. Wenn es sie gibt, gelangen trotzdem nur selten Informationen an die Öffentlichkeit.

Es steht jedoch außer Frage, dass es in der Vergangenheit viele Schadensfälle und Großbrände gab, die durch Schweißarbeiten und verwandte Verfahren ausgelöst werden, oft mit tödlichem Ausgang. Hier sollen einige ausgewählte Schadensfälle aus dem Ausland und deren Untersuchungen vorgestellt werden, um hieraus nach Möglichkeit charakteristische Grundstrukturen herauszuarbeiten und Präventionsvorschläge zu unterbreiten.

Bei Gebäuden, die im Blickwinkel der internationalen Öffentlichkeit stehen, ist der Druck hoch, die Brandursache möglichst schnell zu ermitteln. Im Folgenden werden zwei Fälle vorgestellt, bei denen glücklicherweise keine Toten und Verletzten zu beklagen waren, die aber wegen des internationalen Interesses in den Medien Beachtung fanden:

Am 14. 8. 2007 kam es zu einem „Feuer auf dem höchsten Wolkenkratzer Chinas", dem „World Financial Center" in Shanghai. Der Brand wurde durch elektrische Schweißmaschinen ausgelöst und der Sachschaden war gering.

Ein weiterer Brand ereignete sich im September 2008 in Dubai. „Luxus-Hotel in Flammen" hieß die Schlagzeile, gefolgt von einem großen Bild. Das Feuer könnte während Schweißarbeiten in der Lobby ausgebrochen sein, hieß es. Besonders wichtig schien aber, und dies wird ausdrücklich betont, dass der Brand keine Folgen auf die geplante Eröffnung habe.

Abb. 61:
Hotel „Atlantis" in
Dubai brennt

Demgegenüber werden nun zwei Fälle präsentiert, bei denen es nicht nur Tote und Verletzte gab, sondern auch erheblicher Sach- und ökologischer Schaden entstanden ist. Leider wurden bei diesen Fällen die Untersuchungsergebnisse der internationalen Öffentlichkeit nicht zur Verfügung gestellt.
Im Juli 2004 wurden in einer russischen Möbelfabrik bei Schweißarbeiten Hochglanzlacke in Brand gesetzt. In dem anschließenden Feuer kamen 13 Menschen ums Leben.
Im Mai 2008 kam es bei Schweißarbeiten in einer Chemiefabrik in Shasand, Iran, zu einer Explosion von Anteilen der dort befindlichen 60.000 Liter leicht entflammbarer Flüssigkeiten, die einen Folgebrand initiierte. Mindestens 30 Menschen starben, weitere 38 erlitten teilweise schwere Verbrennungen.
Die Schäden sind bei beiden Fällen nur schwer abschätzbar. Über die genauen Schadensursachen kann man ebenfalls nur spekulieren. Die Frage nach einer Betriebsanweisung, der Qualifikation des Schweißers und dessen Wissensstand über eventuelle Gefahren oder Schutzmaßnahmen drängt sich deshalb geradezu auf. Die Übertragung der Untersuchungsergebnisse auf deutsche Gegebenheiten und Vorschriften ist hier nicht sinnvoll, weil es dort zumindest auf diesem Niveau nicht gibt. Diese Fälle machen deutlich, wie notwendig es ist, bestehende Vorschriften zumindest in Europa zu harmonisieren und einheitlich einzuführen.
Ein Vergleich der Anzahl der Todesopfer bei Bränden pro 100.000 Einwohner in ausgewählten Ländern könnte einen Anhaltspunkt für die Qualität der Vorschriften im Brandschutz sowie deren Entwicklung und Umsetzung liefern.
Im Vergleich zu den 90er Jahren zeigt die Tabelle 26 eine positive Entwicklung. Die Zahl der Todesopfer ist im Durchschnitt um ca. 30 % gesunken.
Es ist aber zu erkennen, dass die Werte zwischen 1992–1994 in einigen Ländern (z.B. Ungarn) dreimal so hoch sind als in anderen (z.B.

Tabelle 26: Anzahl Todesopfer bei Bränden pro 100.000 Einwohner im internationalen Vergleich aus „World Fire Statistics"

Staat	Zeitabschnitt				
	1992–1994	1995–1997	1998–2000	2001–2003	2003–2005
Australien	0,97	0,71	0,71	0,64	0,66
Deutschland	1,04	0,98	0,76	0,74 (1999–2001)	0,71
Großbritannien	1,41	1,29	1,11	1,04	0,93
Spanien	0,86	0,60	0,66	0,61 (2000–2002)	0,65
Ungarn	3,29	2,88	1,96	2,10	1,98
USA	1,91	1,86	1,55	1,71*	1,41
* eingerechnet sind 2791 Tote der Anschläge auf das WTC					

Deutschland) und dass hochentwickelte Industrieländer (z. B. USA) im internationalen Vergleich relativ schlecht dastehen.

Des Weiteren ist zu erwähnen, dass der Herausgeber der „World Fire Statistics", die „Geneva Association", offensichtlich über keine verlässlichen Angaben aus weiten Teilen der Welt verfügt und diese somit außer Acht gelassen werden.

Im Übrigen werden von den 15 bevölkerungsreichsten Staaten der Erde nur drei (USA, Japan und Deutschland) in der Gesamtstatistik aufgeführt.

Hier besteht großer Handlungsbedarf, da Brände durch Schweiß- und Schneidarbeiten nach wie vor zahlreiche Todesopfer fordern. Außerdem ist zu befürchten, dass die derzeitige und zu erwartende Anzahl der Todesopfer in den heranwachsenden Industrienationen (insbesondere China und Indien) deutlich über den schlechtesten in der Statistik aufgezeigten Zahlen liegt.

Fallbeispiele

1. Bsp.: Explosion in einer Raffinerie

Am 17. Juli 2001 arbeiteten fünf Kesselschlosser an der Instandsetzung eines Säuretanklagers in Delaware City. Ihr Arbeitsauftrag sah vor, die von Korrosion beschädigten Gitter eines Laufstegs über den Tanks auszuschneiden und durch neue Stücke zu ersetzen. Der Schweißerlaubnisschein erlaubte das Brennen, Schweißen und Schleifen an einem bestimmten Tank. Die Arbeiten sollten sofort gestoppt werden, falls Kohlenwasserstoffe detektiert würden. Eine Anweisung zur Eindämmung von Funken bei Heißarbeiten wurde nicht ausdrücklich erteilt.

Da der Autogenschneidbrenner nicht die Leistung brachte, um durch den Rost auf den korrodierten Gittern zu schneiden, entschlossen sich die Arbeiter zum Kohlelichtbogenschneiden. Dabei wird ein elektrischer Bogen zwischen der Spitze einer Kohleelektrode und dem Arbeitsstück erzeugt. Beim Schmelzen des Arbeitsstückes strömt Druckluft durch die

Abb. 62: zusammengestürzter Tank

Elektrode und bläst das geschmolzene Metall weg, wodurch wesentlich mehr Funken als beim Autogenbrennschneiden entstehen.
Die Arbeiter setzten die Reparaturen an einem anderen Tank als dem im Schweißerlaubnisschein genannten fort und durch ein Leck in der Außenhaut, welches nicht repariert worden war, flogen entweder Funken in den Behälter oder brennbare Dämpfe, die aus der Öffnung kamen, wurden entzündet. Nach kurzer Zeit kam es zu einer Explosion, die den betroffenen Tank zum Zusammensturz brachte, wodurch große Mengen Schwefelsäure freigesetzt wurden.
Ein Arbeiter wurde getötet, acht wurden verletzt, und der Vorfall hatte einen erheblichen Einfluss auf die Umwelt außerhalb der Anlage, da große Mengen freigewordener Schwefelsäure in den Delaware River gelangten und dort zu Fisch- und Krabbensterben führten.
Die Firma zahlte umgerechnet allein mehr als 50 Millionen Euro an Entschädigung für die Familie der Witwe des verstorbenen Arbeiters, Konventionalstrafen, Umweltprojekte und Unterlassungsverfügungen.
Nach abgeschlossener Ermittlungsarbeit wurden folgende Gründe aufgezeigt, die maßgeblich zu diesem Schadensfall beigetragen hatten:
- die Empfehlung des Qualitätsprüfers, den betroffenen Tank mit einem Leck so bald wie möglich außer Betrieb zu nehmen, blieb unbeachtet; stattdessen senkte man den Flüssigkeitsstand unter den Punkt des Lecks und nutzte den Behälter weiterhin,
- das im Jahr 2000 installierte CO_2-Inertisierungssystem war nicht in der Lage, eine nicht entzündbare Atmosphäre aufrechtzuerhalten, da es durch einen provisorischen Schlauch von einem angrenzenden Behälter mitversorgt wurde; des Weiteren wurde die Wirksamkeit nie durch einen Fachmann nachgewiesen,
- der Schweißerlaubnisschein wurde von der Firma für Arbeiten an Behältern ausgestellt, die brennbare Dämpfe enthielten und von denen außerdem bekannt war, dass sie Lecks hatten.

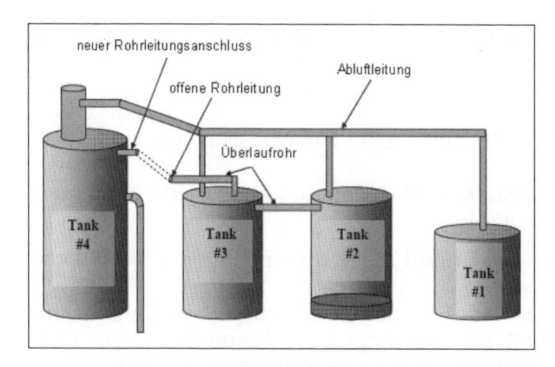

Abb. 63:
Anordnung der Tanks beim Schweißen der offenen Rohrleitung

2. Bsp.: Verheerende Explosion in einem ländlichen Ölfeld

Auf einem ländlichen Ölfeld in Raleigh, Mississippi, führten Schweißarbeiten am 5. Juni 2006 zu einer Explosion, bei der drei Arbeiter starben und ein Vierter schwer verletzt wurde. Arbeiter sollten ein Rohr installieren, das von zwei Produktionsbehältern zu einem dritten führte, Abb. 63. Zur Vorbereitung der Schweißarbeiten wurde Tank 4 gesäubert, anschließend mit Wasser geflutet und einige Tage abgewartet, damit Kohlenwasserstoffe verdunsten konnten; Tank 2 und 3 wurden jedoch nicht gesäubert.

Der Vorarbeiter befand sich zum Zeitpunkt des Unfalls auf Tank 4 und zwei Arbeiter auf Tank 3, um eine Leiter festzuhalten, von wo aus der Schweißer seine Arbeit durchführte. Unmittelbar nachdem der Schweißer seine Arbeit begann, entzündeten Schweißfunken brennbare Gase, die aus dem offenen Rohr von Tank 3 strömten, welches ungefähr 1,20 m vom Schweißer entfernt war. Das Feuer schlug zurück in Tank 3 und verbreitete sich durch das Überlaufrohr in Tank 2, der sofort explodierte. Die Deckel beider Behälter wurden weggeschleudert, und die drei Arbeiter auf dem Dach wurden durch die Kraft der Explosion hinuntergeworfen. Der Schweißer überlebte nur, weil sein Sicherheitsgeschirr an Tank 4 befestigt war.

Abb. 64:
Standorte des Vorarbeiters (V), des Schweißers (S) und der Arbeiter (A) auf Tank 3 und 4

Nach abgeschlossener Ermittlungsarbeit wurden folgende Gründe aufgezeigt, die maßgeblich zu diesem Schadensfall beigetragen hatten:
- es wurde kein Gasdetektor benutzt, um eine explosionsfähige Atmosphäre auszuschließen,
- die Rohröffnung an Tank 3 wurde nicht verschlossen oder anderweitig isoliert,
- alle Tanks waren miteinander verbunden und einige enthielten noch brennbare Rückstände und Rohöl.

Des Weiteren wurden bei den Ermittlungen folgende unverantwortliche Verhaltensweisen aufgedeckt:
- um sicherzugehen, dass alle brennbaren Dämpfe aus Tank 4 entschwunden waren, hielt der Schweißer ein brennendes Autogenschweißgerät in die Öffnungen des Tanks (Explosionsgefahr),
- eine Leiter zwischen den Tanks wurde als behelfsmäßige (ungesicherte) Arbeitsplattform benutzt (Absturzgefahr).

Tabelle 27: Weitere Beispiele für Großbrände durch Schweiß- und Schneidarbeiten im Ausland

Sachverhalt	Schadensursachen	Land	Schaden
Bei Schweißarbeiten auf dem Dach der Danziger Katharinen Kirche kam es zu einem Brand, der das Dach völlig zerstörte und auch den Glockenturm stark beschädigte	offiziell: Erwärmen von Bitumenbahnen inoffiziell: weggeworfene brennende Zigarette	Polen	2 verletzte Feuerwehrleute, „größte Tragödie der Danziger Denkmäler seit 1945"
Durch Brennschneidarbeiten kam es auf einem im Dock liegenden Tanker nahe Athen zu einer Gasexplosion mit Folgebrand.	Schlechte Ausbildungsstandards	Griechenland	8 Tote, 5 Verletzte
In einer Plastikfabrik brach nach Schweißarbeiten ein Feuer aus, welches auf eine nahegelegene Tankstelle überzugreifen drohte.		Großbritannien	1 Toter, 2 Verletzte, ca. 6 Mio. € Schaden
Im Spielcasino „Monte Carlo" in Las Vegas lösten Schweißarbeiten einen Brand in den oberen Geschossen aus.	Fehlende Sicherungsmaßnahmen vor Funkenflug	USA	ca. 70 Mio. € Schaden (inkl. wirtschaftlichem Schaden, da gesamtes Hotel wegen Reparaturarbeiten geschlossen wurde)
Bei Schleif- und Schweißarbeiten an einem undichten Milchtank entstand Funkenwurf, der nahes Stroh in Brand setzte und zu einem Großbrand führte.	Fehlende Sicherungsmaßnahmen vor Funkenflug	Schweiz	ca. 700.000 € Schaden

Ergebnisse und Handlungsbedarf

Tabelle 27 zeigt, dass das schlechte Informationsangebot über Schadensursachen bei Bränden durch Schweißarbeiten nicht allein ein Problem der Schwellen- und Entwicklungsländer ist. Obwohl in Europa zahlreiche Institutionen (Polizei, Versicherer, die betroffenen Unternehmen selbst, etc.) Ursachenforschung in diesem Bereich betreiben, gelangen in der Regel wenig Informationen an die Öffentlichkeit. Grund ist, dass es sich oft um interne Ergebnisse handelt, deren Veröffentlichung schlecht für das Image der Firma wäre und deshalb "aus Datenschutzgründen" unterbunden wird.

Eine Ausnahme bildet beispielsweise die Medienabteilung der Kantonspolizei in der Schweiz, die zahlreiche Pressemitteilungen von Bränden durch Schweißarbeiten im Internet veröffentlicht und dort auch genauer auf die Ursachenfaktoren eingeht.

Aus den meisten Beiträgen in Zeitungen und Zeitschriften lässt sich jedoch kein direkter Nutzen für die Zukunft ziehen. Es wird zwar auf die Tatsache aufmerksam gemacht, dass Schweißen und Schneiden die Auslöser waren, jedoch fehlen Aussagen über die genauen Ursachenfaktoren.

Andererseits verfügen Institutionen wie das U.S. Chemical Safety and Hazard Investigation Board (CBS) in den USA oder die Initiative „ProcessNet" der DECHEMA (Gesellschaft für Chemische Technik und Biotechnologie e. V), bereits über Datenbanken, in denen Unfälle untersucht, ausgewertet und veröffentlicht werden. Allerdings befassen sich beide mit der chemischen Industrie im Allgemeinen, und nicht speziell mit Schadensfällen durch Schweißarbeiten. Es ist daher wünschenswert, eine – möglichst internationale - Institution einzurichten, die sich nur auf Schadensfälle bei Schweiß- und Schneidarbeiten konzentriert, dafür aber alle Bereiche und Länder einbezieht. Eventuell könnte diese Aufgabe auch von Versicherungsgesellschaften beziehungsweise deren Verbänden übernommen werden.

Die hier dargestellten Brände und Explosionen in Verbindung mit Schweiß- und Schneidarbeiten ab dem Jahr 2000 im Ausland (128 Fälle), davon in Großbritannien 64, der Schweiz 41, Österreich 8, den USA 6, zeigen, dass diese Schadensfälle fast ausschließlich bei Reparatur-, Montage- und Demontagearbeiten außerhalb von Schweißwerkstätten aufgetreten sind. Sie stellen eine große Gefahr für Mensch und Umwelt dar. Die im Kapitel „Fallbeispiele" vom CBS aufgeführten Untersuchungsergebnisse machen deutlich, dass durch Einhaltung geltender Vorschriften die meisten Schadensfälle hätten verhindert werden können. Jedoch ist ausdrücklich festzustellen, dass die alleinige Einhaltung der Vorschriften nicht immer zielführend ist. Vielmehr sind in den hier geschilderten Fällen oftmals bauliche Mängel, Fehlkonstruktionen und Leichtsinn nicht zu unterschätzende Ursachenfaktoren, deren Beseitigung oft weniger aufwändig als die strenge Einhaltung der Richtlinien ist.

Eine (inter)nationale Informationsdatenbank mit Schadensfällen könnte hier sehr hilfreich sein, um aus den Fehlern der Vergangenheit zu lernen.

Vorschriften, Untersuchungsinstitutionen und Schadensdatenbanken sind aber nur dann sinnvoll, wenn der Unternehmer/Schweißer diesen auch Beachtung schenkt. Deutschland beispielsweise verfügt über zahlreiche Richtlinien und Vorschriften. Trotzdem führen Schweißarbeiten hier nach wie vor zu Großbränden und Unfällen mit erheblichen Schäden (z. B. Flughafenbrand Düsseldorf, Berliner Philharmonie). Hier sind insbesondere das Betriebssicherheitsmanagement sowie die Unterweisungen über den Arbeits- und Brandschutz in den Unternehmen effektiver zu gestalten.

Jedes Jahr entstehen erneut große Schäden durch Feuerarbeiten in Deutschland. Sie sind die zweithäufigste Ursache von Bränden und Explosionen in Betrieben und gesellschaftlichen Einrichtungen.

Besonders im Bauwesen, Industrie-, Wohnungs- und Gesellschaftsbau außerhalb von Schweißwerkstätten wächst die Anzahl der Brände bei Schweiß- und Schneidarbeiten.

Die Ursache für diese Entwicklung liegt unter anderem an den hohen Wertkonzentrationen in den Betrieben. Kommt es einmal zum Brand, steigt die Schadenssumme schnell an. Auch die Zunahme von Abbruch-, Umbau- und Rekonstruktionsarbeiten, bei denen eine Vielzahl von Gefährdungsbereichen vorliegt, führen zu bedeutenden Schäden. Hier ist z. B. insbesondere das Aufbringen von Bitumenschweißbahnen zu nennen.

Weitere Fallbeispiele

3. Bsp.: Flughafenbrand Düsseldorf

Der 11. April 1996 sollte ein ganz normaler Arbeitstag werden. Gegen 13.00 Uhr beginnen zwei Mitarbeiter einer Dortmunder Firma mit ihren Schweißarbeiten.

An der Vorfahrtsstraße zu den Ankunftsterminals im ersten Stock des Gebäudekomplexes muss eine Dehnungsfuge erneuert werden. Wasserschäden in der direkt unter der Straße liegenden Ankunftshalle haben die Erneuerung der Fuge notwendig gemacht. Für die Firma gilt das als Routinearbeit.

Dass die Schweißarbeiten bei der Flughafenfeuerwehr nicht angemeldet waren, wissen die Schweißer nicht. Der fehlende Brandposten während der Arbeit hindert sie nicht, die Arbeit zu beginnen.

Schweißperlen, die durch die nicht abgedeckte Dehnungsfuge in die Zwischendecke fielen, entzündeten das Styropor und die Kabelisolierung aus PVC, Abb. 65. Dadurch entstand ein Schwelbrand. Fast alle in der Decke verbauten Materialien waren entflammbar. Somit konnte sich der Schwelbrand in den Zwischendecken ausbreiten und brach schließlich im Untergeschoß aus.

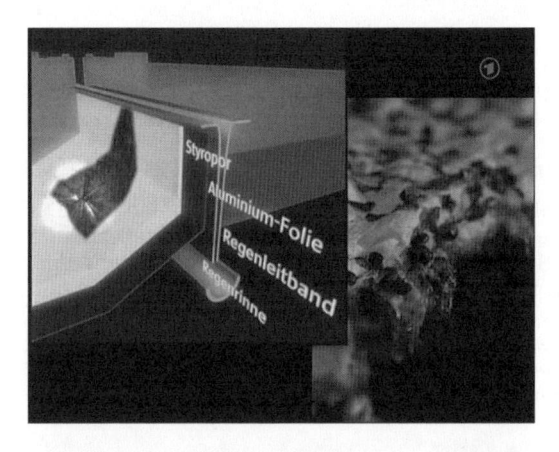

Abb. 65:
Bereich der
Zwischendecke

Abb. 66:
Ausmaß der
Brandkatastrophe

Das Ausmaß des Brandes war erschreckend, Abb. 66. 17 Menschen verloren ihr Leben, 84 wurden verletzt. Es entstand ein Sachschaden über 500 Millionen Euro. Gegen elf Menschen wurde Anklage erhoben. Der Prozess dauerte 3 ½ Jahre. Verurteilt wurden zwei Schweißer zu einer Geldstrafe. Die Opfer und ihre Angehörigen erhielten mehr als 20 Millionen Euro Schadensersatz.
Elf Jahre später gilt der Düsseldorfer Flughafen weltweit als Vorbild für Sicherheit und Brandschutz. Aus dieser Brandkatastrophe gewonnene Erkenntnisse und Erfahrungen werden beim Aufbau neuer Flughafengebäude in der ganzen Welt berücksichtigt.

4. Bsp.: Großfeuer in einer Weberei

Schweißarbeiten setzten den Dachstuhl einer Fuldaer Weberei in Brand. Ein Handwerker hatte im Bereich des Dachgebälks ein Rohr geschweißt.

Aufgrund von Funkenflug fingen die Holzbalken in unmittelbarer Nähe Feuer. Trotz der Löschversuche des Schweißers, breitete sich das Feuer auf dem mit Bitumenpappe beklebten Dach schnell aus.
Schadenssumme: ca. 10 Mio. Euro

5.Bsp.: Großbrand in einer Kunststofffabrik

In einem Industriebetrieb zur Herstellung von Kunststoffteilen in Pfalzfeld ist ein Großbrand ausgebrochen. Im Rahmen der Betriebsabläufe kam es, aufgrund von Schneidarbeiten, zum Funkenflug, der zur Entzündung der ölhaltigen Betriebsmittel führte. Die Kunststoffproduktion im Betrieb ist üblicherweise mit großer Hitzeentwicklung und der Bearbeitung von leicht entzündlichen Stoffen verbunden. Für einen 54-jährigen Mitarbeiter kam jede Hilfe zu spät.
Schadenssumme: mehrere Mio. Euro

6. Bsp.: St. Peter brennt

Millionenschäden an der Düsseldorfer Kirche wurden durch Schweißarbeiten am Dach ausgelöst. Bei der Dachsanierung sollte ein 21-jähriger Dachdecker, der 5 Tage zuvor seine Gesellenprüfung bestanden hatte, zur Abdichtung selbstklebende Bitumenbahnen am Dachrand befestigen. Aufgrund des rauen, porösen Untergrundes aus Stein nahm der Jung-Handwerker einen Gasbrenner zu Hilfe. Dabei bemerkte er nicht, dass die Flamme durch eine Lücke im Mauerwerk die Holzverschalung

Abb. 67:
Düsseldorfer Kirche beim Löschen

Abb. 68:
Düsseldorfer Kirche nach dem Löschen

der Dachbalkenkonstruktion in Brand setzte. Der Dachdecker kam mit einer Rauchvergiftung ins Krankenhaus, Schadenssumme betrug etwa 5 Mio. Euro.

Tabelle 28: Weitere Fallbeispiele für Großbrände durch Schweiß- und Schneidarbeiten in Deutschland

Sachverhalt	Verstoß gegen die Sicherheitsbestimmungen	Schaden
Bei der Wartung einer Stanzmaschine, an der Schweißarbeiten durchgeführt wurden, geriet durch Funkenflug eine Holzkonstruktion in Brand. Maschinen im Wert von jeweils 800.000 Euro wurden dabei zerstört.	Arbeiten in Bereichen mit besonderen Gefahren; Bereiche mit Brand und Explosionsgefahr; Ergänzende Sicherheitsmaßnahmen fehlten	Sachschaden: von 2 Mio. Euro
Bei Reparaturarbeiten an einer tonnenschweren Dunstabzughaube kam es durch Schweißarbeiten im Bochumer Stahlwerk zum Großbrand.	Arbeiten in Bereichen mit besonderen Gefahren; Bereiche mit Brand und Explosionsgefahr; Ergänzende Sicherheitsmaßnahmen fehlten	Sachschaden: von mehreren Mio. Euro
Ein Mitarbeiter wollte mit Hilfe eines Elektroschweißgerätes ein Leck an einer Leitung der Entfettungsanlage schließen. Bei der Reparatur traten Dämpfe aus, die sich entzündeten und zum Brand führten.	Arbeiten in Bereichen mit besonderen Gefahren; Bereiche mit Brand und Explosionsgefahr; Schweißerlaubnis/Betriebsanweisung; Ergänzende Sicherheitsmaßnahmen fehlten	Personen- und Sachschaden: von 1 Mio. Euro
Auf dem Dach einer Fleischfabrik wurden Trennarbeiten durchgeführt. Die dabei entstandenen Funken entzündeten die Isolierung der Zwischendecke des Produktionsgebäudes.	Arbeiten in Bereichen mit besonderen Gefahren; Bereiche mit Brand und Explosionsgefahr; Ergänzende Sicherheitsmaßnahmen fehlten	Personenschaden: 3 Tote und 2 Verletzte- Sachschaden: ca. 25 Mio. Euro
Schneidarbeiten an einem Gärbottich führten in einer Brauerei zum Großfeuer. Dabei wurde die Styropor-Ummantlung des Tanks in Brand gesetzt. Fünf gelagerte Gasflaschen explodierten.	Arbeiten in Bereichen mit besonderen Gefahren; Bereiche mit Brand und Explosionsgefahr; Ergänzende Sicherheitsmaßnahmen fehlten	Sachschaden: von mehreren Mio. Euro

Anhand der aufgeführten Beispiele zeigt sich, dass Schweißarbeiten immer noch eine große Gefahr für Mensch und Umwelt darstellen. Die Auswertung der Fälle lässt erkennen, dass es meist nicht an fehlenden Gesetzen liegt, sondern an der Einhaltung und Ausführung der Vorschriften.

3.2 Materialspezifische Gefährdungen

3.2.1 Metallstaub und -späne [3]

Staubexplosionen stellen nach wie vor eine ernst zu nehmende Gefahr dar. Dies belegen die immer wieder in der Praxis bekannt werdenden Schadensfälle, bei denen es nicht selten zu folgeschweren Personenschäden und beträchtlichen Zerstörungen an Anlagen und Gebäuden kommt. Auswertungen zeigen, dass Unkenntnis oder fehlerhafte Einschätzung der Gefahren beim Handhaben brennbarer Stäube ursächlich sind.
Dabei wird unterschieden in Verpuffung – Explosion – Detonation.
Mit Ausnahme von Edelmetallstaub ist jeder Metallstaub bei entsprechender Teilchengröße pyrophor, das heißt selbstentzündlich, wobei das Metall chemisch zum inerten Oxid umgewandelt wird. Besonders große Neigung zur Selbstentzündung haben Magnesium, Aluminium und

Brennbares Gas + Luft (Sauerstoff) + Zündquelle	Verbrennungs- prozess	Entstehungsdruck (Druckwelle)
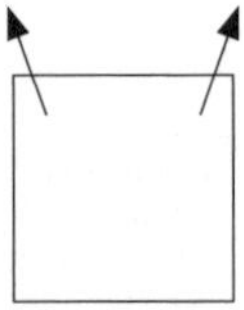 **Verpuffung** Brennbarer Stoff + Luft, im Verhältnis unter Explosionsgrenze	cm/s dumpfer Knall	max. 0,3 bar Flammenfront sichtbar
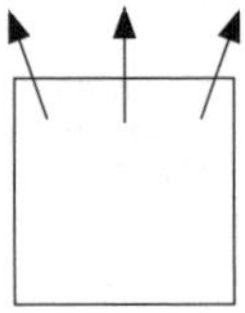 **Explosion** Brennbarer Stoff + Luft, erreicht Explosions- grenze	m/s scharfer Knall	max. 0,8 bar große Zerstörung
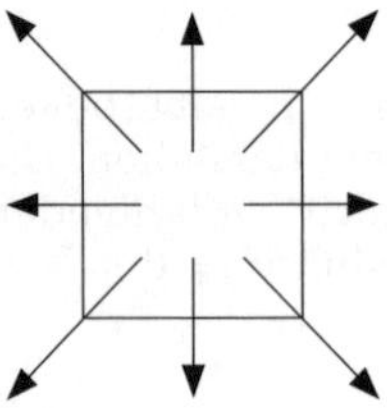 **Detonation** Brennbarer Stoff + Luft, im bestimmten Verhält- nis eingeschlossen	km/s Überschall- geschwindigkeit	max. 30.000 bar schwerste Zerstörung

Abb. 69:
Verpuffung – Explosion – Detonation

Zink, aber auch andere Metalle können sich bei entsprechend großer Oberfläche selbst entzünden.
Besonders frischer Aluminiumstaub ist stark explosibel. Die sicherheitstechnischen Kennwerte sind in Tabelle 29 enthalten:

Tabelle 29: Sicherheitstechnische Kennwerte von flamm- oder lichtbogengespritztem Aluminiumstaub

Korngröße	3 ... 200 µm
Untere Zündgrenze	≥ 35 g · m^{-3}
Glimmtemperatur	≈ 400 °C
Zündtemperatur von schwebenden Staub	≈ 600 °C
Mindestzündenergie von frischem Staub	≥ 50 mJ

Weniger bekannt ist, dass Zinkstaub explosibel ist. Die Reaktion hat einen weniger exothermen Charakter und damit eine geringere Intensität, was zur Unterschätzung der Gefahren führt. In der Regel treten Verpuffungen mit relativ geringen Schäden auf. Beim Zusammentreffen mehrerer ungünstiger Faktoren kann sich jedoch das Ausmaß der Schäden drastisch erhöhen.

Die Gefahr durch Metallstaubexplosionen und -bränden existiert besonders in Metallspritzwerkstätten. Für die Beurteilung der Brand- und Explosionssicherheit sind die gefahrdrohende Menge an Metallstaub und die notwendige Zündenergie von Bedeutung. Die Gefahr einer Staubexplosion liegt vor, wenn in einer Arbeitsstätte so viel Staub abgelagert ist, dass nach vollständiger Aufwirbelung ein Staub-Luft-Gemisch mit einer Staubkonzentration ≥ 50 % der unteren Zündgrenze vorhanden ist. Für reine Aluminium-Luft-Gemische liegt die Zündenergie in Abhängigkeit vom Alter des Aluminiumstaubes zwischen 50 mJ (bei ≥ 20 min altem Staub) und 500 mJ (bei 60 min altem Staub). Elektrostatische Entladungen mit einer Energie von ≈ 1 mJ oder auch elektrische Funken mit < 100 mJ können reine Aluminium-Luft-Gemische also nicht nur in den ersten 20 ... 30 Minuten zünden. Offene Flammen haben Energien um 1.000 mJ. Von großer Bedeutung ist in diesem Zusammenhang, dass geringe Wasserstoffanteile die Mindestzündenergie von Aluminiumstaub-Luft-Gemischen stark herabsetzen und die Brisanz der Reaktion erheblich verstärken:

Tabelle 30: Sicherheitstechnische Kennwerte von Aluminiumstaub-Wasserstoff-Luft-Gemischen

Kennwert	Aluminiumstaub	Aluminiumstaub-Wasserstoff-Luft-Gemisch		
		Wasserstoffanteil in Vol.-%		
		0,5	1	2
Untere Zündgrenze in g · m^{-3}	47	17	9	7
Maximaler zeitlicher Druckanstieg in MPa · s^{-1}	112	112	122	150
Maximaler Explosionsdruck in MPa	0,5	0,5	0,8	1,1

Ein hybrides Gemisch aus Aluminiumstaub und Wasserstoff kann bei Wasserstoffanteilen > 0,2 Vol.-% durch jede beliebige Zündquelle gezündet werden. Der Wasserstoff bildet sich bei Reaktionen von Aluminiumstaub mit Wasser. Dabei kann sowohl das Wasser aus der Luft als auch aus der Desaktivierung des abgesaugten Aluminiumstaubes (zur Vermeidung unkontrollierbarer Spätreaktionen) mit Wirbelnassabscheider zur Wirkung kommen. Wasserstoff bildet sich dabei nach folgender Gleichung, wobei aus 1 g Aluminiumstaub theoretisch 1,25 l H_2 entstehen:

$$Al + 3\ H_2O \rightarrow Al(OH)_3 + 1,5\ H_2$$

Dieser Wasserstoff ist unabhängig von der Aluminiumkonzentration ab 4 Vol.-% explosibel.

Die **wichtigste Sicherheitsmaßnahme beim Spritzen** ist das Absaugen der entstehenden Gase, Dämpfe und Stäube. Die Abluftgeschwindigkeit an der Spritzstrahlauftreffstelle muss beim Flammenspritzen ≥ 1,0 m · s^{-1}, beim Lichtbogen- und Plasmaspritzen mit Spritzleistungen von < 10 kg · h^{-1} ≥ 1,5 m · s^{-1} und > 10 kg · h^{-1} ≥ 2,0 m · s^{-1} betragen. Dabei darf am Mitarbeiter die Luftgeschwindigkeit 0,2 m · s^{-1} nicht überschreiten. In der Absaugleitung muss eine Luftgeschwindigkeit von mindestens 10 m · s^{-1} vorliegen (besser sind 16 m · s^{-1}). Die Elektroinstallation in Spritzräumen ist staubgeschützt auszuführen. Jede Spritzkabine und jeder Spritzstand ist mit einem Kohlendioxidlöscher und einer Flammenschutzdecke auszurüsten.

Für das Zink- und Aluminiumspritzen gilt zusätzlich folgendes:

- Die Absaugleitungen und bei Trockenabscheidung von Aluminiumstaub oder Aluminiumstaubgemischen mit ≥ 80 Masse-% Aluminium auch die nachfolgenden Filter- und Abscheideaggregate müssen verzinkt, aluminiert oder aus Aluminium bzw. korrosionsbeständigem Stahl sein. Um elektrostatische Entladungen zu vermeiden, dürfen sie innen keinen Farbanstrich haben. Die periodisch zu reinigenden Absaugleitungen sind so zu verlegen, dass bei Verpuffungen oder beim Verbrennen des Staubes keine Personen gefährdet werden.
- In Spritzwerkstätten sind Spritzarbeiten mit Aluminium und Zink getrennt von anderen Werkstoffen an unabhängigen Absaugleitungen auszuführen. Wenn 20 … 80 Masse-% Zink und Aluminium gespritzt werden, dann sind auch diese Arbeiten getrennt voneinander auszuführen, da sich die Stäube beider Metalle beim Desaktivieren unterschiedlich verhalten.
- Es muss gewährleistet sein, dass ein Wasserstoffgehalt von 0,05 … 0,1 Vol.-% nicht überschritten wird. Möglichkeiten sind die Inhibierung des desaktivierenden Wassers mit Dichromat und Unterschreitung der unteren Zündgrenze (≤ 0,1 Vol.-% H_2) durch eine leistungsfähige Absaugung. Bei der Inhibierung mit Dichromat ist die analytische Überwachung der Dichromatkonzentration (> 0,2 Masse-%, pH-Wert 38 … 5, < 30 °C) wichtig. Bei der Gefahrenminderung durch Absaugung muss gesichert sein, dass die Absaugung auch bei Stillstandzeiten der Anlage (nachts, Wochenende) gewährleistet ist, da die Wasserstoffbildung ständig erfolgt.

Wegen der unkontrollierten Wasserstoffbildung wird empfohlen, die dem Wirbelnaßabscheider nachgeschaltete Elektroinstallation explosionsgeschützt auszuführen.
Zusätzlich gilt generell, dass Gefährdungszonen abzugrenzen und staubexplosionsgefährdete Arbeitsstätten regelmäßig zu reinigen sind.

Weitere Fallbeispiele

7. Bsp.: Explosion an einer Flammspritzanlage

An einer Flammspritzanlage ereignete sich eine Explosion, die zur Zerstörung bzw. starken Beschädigung der Filter und Absaugrohrleitungen führte. Teilweise schmolzen die Stahlteile. Verspritzt wurden Zink sowie Zinn/Blei und in geringen Mengen zeitweise Aluminium. Die Abluftgeschwindigkeit in den Absaugleitungen betrug ≈ 10 m $\cdot$ s^{-1}, die Länge der Absaugrohrleitungen bis zum Taschenfilter ≈ 15 m und der mittlere Durchmesser 600 mm. Die Absaugleitungen bestanden aus unverzinkten, teilweise innenlackierten Stahlrohren mit mehreren Hosenstücken, Einmündungen und ähnlichen zu Staubabsetzungen neigenden Stellen. Vor dem Taschenfilter waren die staubführenden Absaugleitungen mehrerer Spritzstände zu einer Hauptleitung vereinigt. Die Taschen des Filters wurden mechanisch alle 60 s geschockt. Der Elektrofilter war außer Betrieb.

Folgende Ursachen kommen einzeln oder im Zusammenwirken in Betracht:
- Verwendung unverzinkter Absaugleitungen (Reaktionsmöglichkeiten des Rostes mit Zink- oder Aluminiumstaub),
- komplizierte Rohrführung sowie fehlende Möglichkeiten zur Innensäuberung (Metallstaubansammlung),
- Zusammenführung der verschiedenen Staubarten,
- fortschreitendes Zusetzen der Filtertaschen mit Feinstaub,
- starker Anstieg der Luftfeuchte innerhalb von 24 h (Beschleunigung von Oxydationsvorgängen).

Verstöße gegen die Sicherheitsbestimmungen:
- Strömungstechnisch ungünstige und wartungsunfreundliche Gestaltung der Rohrleitung,
- fehlende Metallisierung und unzulässige Lackierung der Rohre.

8. Bsp.: Aluminothermische Reaktion an einem Staubgemisch

In einem Stahlbaubetrieb wurden Winkelprofile durch Lichtbogenspritzen verzinkt. Vorher erfolgte im gleichen Raum die mechanische Reinigung von Stahl durch Strahlen. Ein Schweißkabel hatte Isolationsschäden, und es kam zur Funkenbildung zwischen Kabel und Metallfußboden, wobei sich Eisenoxidstaub und Zinkstaub entzündeten. Der entstandene Brand ähnelte abbrennenden Wunderkerzen. Der Brand breitete sich an den Stahlstützen bis zum Dach aus, als ob eine Zündschnur gelegt worden wäre. Es entstand kein größerer Schaden, da durch tägliche Reinigung die Menge des Staubgemisches gering war. In

Auswertung des Brandes wurden das Sandstrahlen und Spritzverzinken räumlich getrennt.

Verstöße gegen die Sicherheitsbestimmungen:
- Beschädigte Schweißkabel verwendet,
- räumliche Trennung zwischen den Arbeitsgängen Strahlen und Spritzen fehlte.

Tabelle 31: Beispiele für Brände und Explosionen von Metallstäuben

Sachverhalt	Verstoß gegen die Sicherheitsbestimmungen	Schaden
Bei Demontagearbeiten in einem Elektrolysegebäude verwendeten zwei Schlosser entgegen der Anweisung des Meisters und obwohl ein Schild darauf hinwies, dass der gesamte Raum brandgefährdet ist (H_2-Entstehung bei der Elektrolyse), einen Schneidbrenner. Herabfallende Funken entzündeten in einem Behälter Abfälle aus Gummi, Braunstein (MnO_2) und Aluminiumstaub. Es kam zu einer schnellen Brandausbreitung. Durch sofortigen Einsatz der Feuerwehr konnte der Brand gelöscht werden.	Schweißerlaubnis fehlte; Grob fahrlässige Handlung (Missachtung der Arbeitsanweisung)	Geringer Sachschaden; erhebliche Gefährdung der Mitarbeiter und Produktionsstätte
An einer Anlage zum Aluminieren von Rohren trat eine Staubexplosion auf. Ursache war ein Staub-Luft-Gemisch, das beim Abklopfen des Staubes von den Kabinenwänden entstand. Dieser Staub war extrem fein. Da das Spritzen während der Reinigung nicht unterbrochen wurde, wirkte der Lichtbogen als Zündquelle. Die aerodynamisch unzweckmäßige Gestaltung der Kabine begünstigte die Staubablagerungen, Abb. 70.	Spritzkabine strömungstechnisch ungünstig gestaltet; Spritzarbeiten während der mechanischen Reinigung weiter durchgeführt	Erheblicher Personen- und Sachschaden
Auf einer Anlage wurden Sauerstofflanzen zunächst mit Stahlkies gestrahlt und dann mit Aluminium beschichtet. Der während des Spritzens entstandene Staub sowie Reste des Strahlgutes gelangten durch Absaugung in zwei Staubabscheider. Während des Beschichtens kam es zur Zündung eines in kritischer Konzentration vorliegenden Staub-Luft-Gemisches (Explosion). Gleichzeitig setzte eine aluminothermische Reaktion ein, die auf das Vorhandensein von Aluminium und Eisenoxid (Rückstand vom Strahlen) zurückzuführen war, Abb. 71.	Spritzanlage nicht ausreichend funktionstüchtig	Starke Beschädigung der Anlage; Aufschmelzen von Rohrbereichen durch die aluminothermische Reaktion

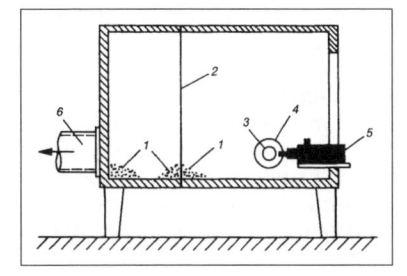

Abb. 70:
Schematische Darstellung einer
Anlage zum Aluminieren von Rohren
1 Staubablagerungen,
2 Labyrinthgitter (Vorfilter),
3 Rohr,
4 Durchlass,
5 Aluminiumspritzmaschine (stationär),
6 Leitung zum Nassabscheider
($v = 20$ m · s^{-1})

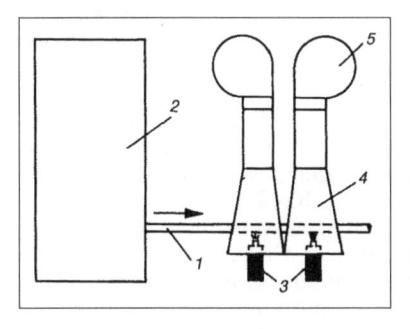

Abb. 71:
Schematische Darstellung einer
Anlage zum Aluminieren von
Sauerstofflanzen
1 Sauerstofflanze,
2 Schleuderstrahlanlage,
3 Spritzanlage,
4 Saugtrichter,
5 Nassabscheider

3.2.2 Kohle, Teer, Bitumen, Torf [3]

Kohle wird in vielen Betrieben, Einrichtungen und Haushalten als Brennstoff oder für chemische Prozesse verwendet. Bevor die Kohle den Endverbraucher erreicht, durchläuft sie verschiedene Transport-, Umschlag- und Lagerprozesse. Durch Schweiß- und Schneidarbeiten können Kohlenstaubexplosionen und Schwelbrände, die erst nach mehreren Stunden zum Ausbruch kommen, verursacht werden.

Kohlenstaub fällt in großen Mengen in Bergwerken, Kraftwerken und Brikettfabriken sowie beim Transport, beim Umschlag und bei der Lagerung an. Zur Bildung zündwilliger Staub-Luft-Gemische genügen bereits geringe Staubmengen. Während das Befeuchten von Kohle in gebrochener oder brikettierter Form die Brandgefahr herabsetzt, wird an Kohlenstaub dieser Effekt nur bedingt erreicht.

Der Staub schwimmt zunächst auf der Wasseroberfläche und behält seine explosiblen Eigenschaften bei. Eine Durchfeuchtung tritt erst nach längerer Einwirkung des Wassers ein.

Aus Schweißbereichen sind brennbare Stoffe zu entfernen und/oder gegen Entzündung zu sichern. Das Entfernen großer Kohlehaufen oder -halden ist oft problematisch. Hier tritt die Forderung nach Sicherung in den Vordergrund. Eine personelle Aufsicht ist in solchen Fällen die Regel. Aufgrund der erfahrungsgemäß langen Schwelzeiten sind nach dem Schweißen Nachkontrollen über den Richtwert von 6 h hinaus notwendig. Für Nachkontrollen eingesetzte Personen müssen mit der Spezifik von Kohleschwelbränden vertraut sein. In Betrieben mit Mehrschichtsystem sind schichtübergreifende Informationen und Kontrollen zu sichern.

Schweiß- und Schneidarbeiten als Zündquellen treten in kohleverarbeitenden Wirtschaftsbereichen vor allem bei Instandsetzungsarbeiten auf. Damit begrenzt sich die Verfahrensanwendung im wesentlichen auf das autogene Brennschneiden und Schweißen sowie auf das elektrische Lichtbogenschweißen. Charakteristisch sind darüber hinaus die mobilen Arbeitsstellen für Schweißer. Deshalb ist in der Regel das Ausstellen von Schweißerlaubnisscheinen notwendig.

Teer und Bitumen werden im Bauwesen, insbesondere im Verkehrsbau sowie bei Ausbauarbeiten (z. B. Sperrschichten in Gebäuden, Auskleidung von Behältern und Dachdecken) angewandt. Die Verarbeitung erfolgt vorwiegend in heißem Zustand. Bei Ausbauarbeiten werden das Gasschweißen und Brennschneiden sowie das Elektroschweißen und Löten angewandt. Neben der Entzündung von Teer und Bitumen bzw. der Pyrolyseprodukte besteht die Gefahr der Verletzung durch verspritzende heiße Masse. Die Verschmutzung der Brandwunden durch die festhaftende Masse stellt ein besonderes Problem dar.

Torf wird selten angewandt. In geringem Maße nutzt man ihn als Heizmaterial. Das Hauptanwendungsgebiet sind Gärtnereien. Ebenso wie Rohbraunkohle hat Torf eine niedrige Zündtemperatur.

Zum Schutz vor Unfällen, Bränden und Verpuffungen beim Umgang mit Teer- und Bitumenprodukten sind vor allem die Bedienungsanleitungen von Teeröfen und ähnlichen Geräten genau zu beachten. Zum Schutz vor Spritzern ist geeignete Arbeitskleidung (z. B. Handschuhe) zu tragen.

9. Bsp.: Kohlenstaubverpuffung

In einem Braunkohlekraftwerk sollte in die Staubentnahme- und Brüdenleitung der Kohlenstaubanlage eine zusätzliche Absperrarmatur eingebaut werden. Im Kraftwerk wurden die erforderlichen technisch-organisatorischen Maßnahmen, wie

- Außerbetriebnahme und Freischaltung der Mühle des Dampferzeugers,
- Unterbrechung der Staubzufuhr zur Kohlenstaubzündanlage durch Schließen der Staub- und Brüdenklappe sowie
- Erteilung der Schweißerlaubnis durchgeführt.

Bedingt durch die konstruktive Gestaltung der Klappen und Mängel im Betätigungssystem der Schieber, wurde kein vollständiges Schließen der Leitung erreicht. Eine Kontrolle auf Staubablagerung in der Staubleitung war zu diesem Zeitpunkt technisch nicht möglich.

Der Brennschneider führte an der Staubleitung einen horizontalen Schnitt von ≈ 650 mm Länge aus. Beim vertikalen Schneiden bemerkte er eine Staubentwicklung und schlussfolgerte, dass sich Kohlenstaubablagerungen im Kanalteil befinden. Daraufhin wurde vom Leiter der Arbeitsgruppe entschieden, in den oberen Kanalteil eine Öffnung von

≈ 5 cm Durchmesser anzubringen und den Kanalteil mit Wasser zu füllen. Eine Öffnung in der Nähe des Schiebers sollte den Abfluss gewährleisten. Da der Abfluss zu gering erschien, wollte man der Kanalunterseite eine weitere Öffnung anbringen. Beim Anwärmen geriet der Brenner in die Nähe des austretenden Kohlenstaub-Wasser-Strahls. Es kam zu einer Verpuffung. Gleichzeitig ereignete sich ein Flammenrückschlag, der die Brenngasleitung teilweise zerstörte.

Der Brennschneider erlitt Verbrennungen zweiten Grades im Gesicht, an einem Arm und einem Bein. Er musste für längere Zeit stationär behandelt werden.

Verstöße gegen die Sicherheitsbestimmungen:
- Staubfreiheit der Anlage war durch mangelhafte technische Lösung nicht gewährleistet,
- für die durchzuführende Arbeit war keine Technologie mit Arbeits- und Brandschutz-Unterweisung erarbeitet,
- im Schweißbereich lag Brand- und Explosionsgefährdung vor,
- nach Feststellen der Gefahr setzte der Brennschneider die Brennarbeiten fort.

10. Bsp.: Großbrand in einen Heizkraftwerk

Am Vortag des Brandausbruches sollten an einer Schurre für Rieselkohle Reparaturschweißarbeiten durchgeführt werden. Da der auf dem Schweißerlaubnisschein vorgesehene Schweißer verhindert war, duldete der Bekohlungsmeister, der in Vertretung als Betriebsleiter den Schweißerlaubnisschein unterschrieben hatte, dass ein anderer Mitarbeiter zunächst Heftarbeiten vornahm. Die Schweißarbeiten sollten einen Tag später erfolgen. Nach dem Heften bespritzten zwei Mitarbeiter die Arbeitsstellen mit Wasser. Nachkontrollen unterblieben. Der Schichtmeister wurde nicht informiert. Die Anweisung über die Bedienung und Fahrweise von Bekohlungsanlagen, die Kontrollgänge festlegt, fand auch keine Beachtung. Da man mit dem Bespritzen nicht alle Glutnester erreicht hatte, entwickelte sich über viele Stunden ein Schwelbrand. Durch die mit Reißen eines Gurtbandes verbundene Kohlenstaubaufwirbelung breitete sich der Brand großflächig aus und erfasste die gesamte Bandanlage.

Verstöße gegen die Sicherheitsbestimmungen:
- Pflichtverletzungen bei Erteilung der Schweißerlaubnis,
- Nachkontrollen nicht durchgeführt.

11. Bsp.: Entzündung von Teer in einer Kokerei

Bei Schweißarbeiten in einer Kokerei fielen Schweißspritzer in eine in der Nähe des Arbeitsplatzes liegende Teergrube. Der mit der Aufsicht beauftragte Mitarbeiter bemerkte von seinem Standort aus einen schwachen Feuerschein aus der Grube. Unmittelbar darauf, noch bevor der Arbeitsbereich evakuiert werden konnte, kam es zum Aufflammen des in Brand geratenen Teers, wobei der Schweißer schwere Verbrennungen erlitt. Außerdem entstand ein hoher Sachschaden.

Verstöße gegen die Sicherheitsbestimmungen:
- Brennbare Stoffe im Schweißbereich ungenügend gesichert.

12. Bsp.: Entzündung eines Bitumen-Testbenzin-Gemisches

Auf dem Betriebsgelände eines Dachpappenwerkes wurde eine Fernheizung verlegt. Der Bereichsleiter des ausführenden Betriebes änderte den Verlauf eigenmächtig so, dass sie durch einen Kochraum führte. Von der erhöhten Brandgefährdung in diesem Raum hatte er keine Kenntnis. Der Monteur besaß nur eine Schweißerlaubnis für das Kesselhaus und den Hof, nicht jedoch für den Kochraum. Als er ein Stück Rohr abbrannte, flogen Schweißspritzer durch einen nicht abgedichteten Mauerdurchbruch und entzündeten ein Gemisch aus Bitumen und Testbenzin. In kurzer Zeit entstand ein Großbrand mit einem großen Sachschaden. Der technische Leiter des Werkes, der Bereichsleiter des Betriebes sowie der Monteur wurden zu Freiheitsstrafen zwischen 9 und 14 Monaten auf Bewährung sowie zu Geldstrafen verurteilt. Außerdem mussten sie Schadenersatz in Höhe eines monatlichen Einkommens leisten.

Verstöße gegen die Sicherheitsbestimmungen:
- Projektierter Verlauf der Fernheizungsleitung eigenmächtig verändert,
- von den Festlegungen auf dem Schweißerlaubnisschein abgewichen,
- Abdichtung der Mauerdurchbrüche fehlte.

13. Bsp.: Entzündung von Torf

Bei der Rekonstruktion in einer Gärtnerei wurden Brennarbeiten im Freien durchgeführt. Im Abstand von 7 m lagerte eine größere Menge Torf. Besondere Sicherheitsmaßnahmen wurden im Schweißerlaubnisschein nicht gefordert. Eine Einweisung der Brenner vor Ort fand nicht statt. Ebenso verzichtete man auf eine Sicherung des Torfs vor Entzündung. Bei den Brennarbeiten gelangten Schweißspritzer in den Torfhaufen und führten zu einem Schwelbrand. Aufkommender Wind entfachte nach 4 h einen Flammenbrand.

Verstöße gegen die Sicherheitsbestimmungen:
- Keine Ortsbesichtigung bei Erteilung der Schweißerlaubnis durchgeführt,
- Schweißer nicht eingewiesen,
- brennbare Stoffe im Schweißbereich nicht beseitigt bzw. gesichert.
-

3.2.3 Holz, Holzwolle und -späne sowie Holzwolle-Leichtbauplatten [24]

Holz wird als Baumaterial für Decken, Fußböden, Treppen, Dachstühle und als Verkleidung von Wänden verwandt. In trockenem Zustand ist es sehr gut brennbar. Aufgrund der häufigen Verwendung ist die Be-

Materialspezifische Gefährdungen

Tabelle 32: Beispiele für Brände und Explosionen von Kohle und Pyrolysegas

Sachverhalt	Verstoß gegen die Sicherheitsbestimmungen	Schaden
Eine defekte Dampfleitung war in einem Heizhaus zu erneuern. Beim Brennschneiden fielen Funken auf einen Kohlelagerplatz, der sich in unmittelbarer Nähe der Arbeitsstätte befand.	Schweißer nahm Arbeit trotz erkennbarer Brandgefahr auf; brennbares Material ungenügend gesichert	Gering
Schweißarbeiten führten in einer Brikettfabrik zu einem Großbrand, wobei die Bandstraße zwischen dem Rohkohlebunker und der zentralen Rohkohleaufbereitung stark deformiert und elektrische Anlagen zerstört wurden.	Arbeiten ohne Schweißerlaubnis durchgeführt; Nachkontrollen unterlassen; brennbare Stoffe im Schweißbereich nicht beseitigt	Hoher Sachschaden, Produktionsausfall (50.000 t Brikett)
Bei Schweißarbeiten an der Mühle in einem Heizkraftwerk wurde die 2 m entfernte Kratzeranlage, die mit einer ≈ 10 cm dicken Kohlenstaubschicht bedeckt war, durch Funkenflug entzündet.	Schweißerlaubnis fehlte; keine Sicherheitsmaßnahmen im Schweißbereich	Zerstörung des Aschekratzerbandes
Zum Aufwärmen und Verflüssigen wurde ein Blechfass mit Bitumenmasse in den Teerofen gelegt. Während der Erwärmung bildeten sich im Blechfass Pyrolyseprodukte. Es kam zu einer Verpuffung, wobei heißes, flüssiges Material herausgeschleudert wurde.	Bitumenmasse unzerkleinert zugegeben	Brandverletzung eines Arbeiters

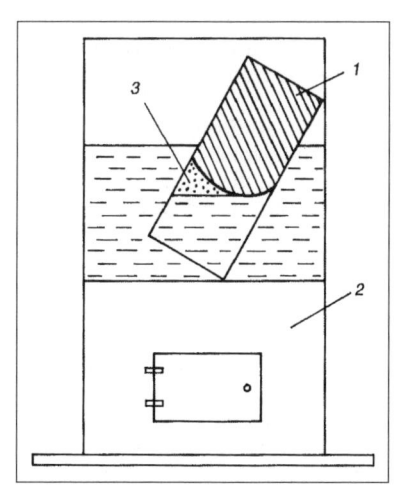

Abb. 72:
Entstehung von Pyrolysegasen beim Erwärmen von Bitumen
1 Blechgefäß mit Bitumen,
2 Teerofen,
3 Pyrolysegas

teiligung am Brandgeschehen groß. Die Zündtemperaturen der meisten Holzarten liegen zwischen 250 und 300 °C. Sie können jedoch auf 120 ... 180 °C absinken, wenn das Holz längere Zeit einer Temperatur von 80 ... 100 °C ausgesetzt war.
Die Entzündung geht wie folgt vor sich. Zunächst verdampft das im Holz befindliche Wasser. Die Temperatur des Holzes kann die Siedetemperatur des Wassers von 100 °C übersteigen. Anschließend kommt es zur Pyrolyse, wobei weitere flüchtige Bestandteile vergasen und das Holz sich mit Kohlenstoff anreichert. Die feinporige Struktur des Holzes nimmt Sauerstoff auf, bis es zur Zündung kommt. Ebenso wie Kohle neigt Holz zu Schwelbränden. Günstige Bedingungen bestehen in Decken sowie unter Fußböden und Putzflächen.
Holzwolle wird bei Ausbauarbeiten als Verpackungsmaterial für Glasscheiben und Bauteile der Sanitärtechnik und als Wärmedämmmaterial (z. B. an Rohrleitungen usw.) verwendet. Darüber hinaus kommt Holzwolle auch als Lagergut vor. Für Holzwollebrände ist eine schnelle Brandausbreitung in der Anfangsphase typisch.
Hobel- und Sägespäne sowie Holzstaub entstehen in großer Menge in holzverarbeitenden Betrieben, was als spezifische Gefährdung bei Schweiß- u. Schneidearbeiten zu berücksichtigen ist.
Holzstaubexplosionen stellen eine ernstzunehmende Gefahr dar. Dies belegen aus der Praxis bekannt werdende Schadensfälle, bei denen es nicht selten zu folgeschweren Personenschäden und beträchtlichen Zerstörungen an Anlagen und Gebäuden kommt. Auswertungen zeigen, dass Unkenntnis oder fehlerhafte Einschätzung der Gefahren beim Handhaben brennbarer Stäube ursächlich sind.

Je nach Holzart genügen bereits Staubkonzentrationen von 10 ... 60 g m^{-3} zur Auslösung einer Explosion. Dabei sind Zündtemperaturen von 700 °C erforderlich.

Span- und Holzwolle-Leichtbauplatten haben ein gutes Brandverhalten, was neben den Holzbestandteilen auch auf andere Materialien, wie Harze, Klebemittel, Imprägniermittel, Lacke usw., sowie auf die teilweise poröse Struktur zurückzuführen ist.
Span- und Holzwolle-Leichtbauplatten finden als Bauteile, aber auch als Mobiliar breite Anwendung. Holz und Holzwolle-Leichtbauplatten sind in Baukonstruktionen zum Teil verdeckt eingebaut. Putzschichten stellen keine ausreichende Sicherheit dar, besonders wenn sie dünn und brüchig sind. Durch Wärmeleitung von Metallen können verdeckte Holzteile, die mehrere Zentimeter von der Schweiß- oder Schneidstelle entfernt liegen, entzündet werden.
Aufgabe ist es, Aussagen zur konstruktiven Beschaffenheit der Wände und Decken zu machen. Neben der Einsichtnahme in Baubestandsunterlagen kommen auch Probebohrungen oder Entfernen der Putzschichten zur Feststellung der Bauweise in Betracht. Von großer Bedeutung sind die Sicherheitsmaßnahmen in den Bereichen für Brand- und Explosionsgefahr. Außer der Beseitigung der brennbaren Teile (z. B. Möbel) kommt es darauf an, Holzkonstruktionen, die sich nicht entfernen lassen, durch

Abdecken und Befeuchten zu schützen. Auch Wärmeschutzfolien, wärmeableitende Pasten und Brandschutzgel können angewendet werden. Auf Dachböden sind Spinnweben und Vogelnester zu beseitigen. Die Rückverfolgung des Brand- und Explosionsgeschehens im Zusammenhang mit Schweiß- und verwandten Arbeiten über einen 40-jährigen Zeitraum zeigt, dass die betrachtete Stoffgruppe keineswegs Seltenheitscharakter besitzt:

Tabelle 33: Anteil der Beispiele Holz, Späne, Spanplatten an der Gesamtzahl der ausgewerteten Schadensfälle

Zeiträume Ausgewertete Beispiele	1970–79	1980–89	1990–99	Seit 2000	Summe Durchschnitt
Schadensfälle gesamt	602	621	815	733	2771
Anteil der Beispiele Holz, Späne, Spanplatten in %	8	12	17	15	13

Fallbeispiele

14. Bsp.: Entzündung eines Holzbalkens durch Wärmeübertragung

Im Obergeschoß des Produktionsgebäudes eines pharmazeutischen Betriebes wurden Rohre verlegt. Beim Schweißen dicht unter der Decke und in unmittelbarer Nähe der Mauer fand eine Wärmeübertragung auf einen in der Wand befindlichen Holzbalken und die ebenfalls aus Holz bestehende Dachkonstruktion statt, Abb. 73. Es entstand zunächst ein Schwelbrand, der sich nach 3 Stunden zum Flammenbrand ausweitete. Der Schweißer hatte die Arbeitsstelle verlassen, ohne sich bei dem zuständigen Meister abzumelden und ohne Nachkontrollen auf Brandnester durchzuführen. Es entstand ein hoher Sachschaden. Der Betriebsleiter wurde mit einer Ordnungsstrafe und der Schweißer mit einer Geldstrafe zur Verantwortung gezogen.

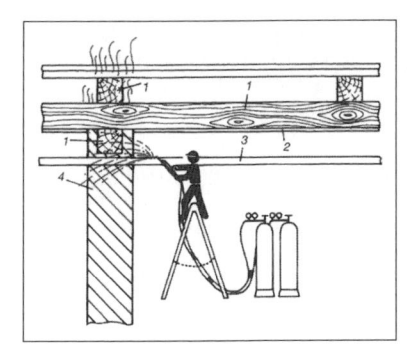

Abb. 73:
Entzündung eines Holzbalkens durch Wärmeübertragung
1 Kanthölzer,
2 Asbestplatte,
3 Dampfleitung,
4 Mauerwerk

Verletzte Sicherheitsbestimmungen:
- Bereiche mit Brand- und Explosionsgefahren
- Bei schweißtechnischen Arbeiten außerhalb dafür eingerichteter Werkstätten muss mit dem Vorhandensein von Bereichen mit Brand- und Explosionsgefahr gerechnet werden.
- Schweißerlaubnis bzw. Betriebsanweisung fehlte,
- Ergänzende Sicherheitsmaßnahmen nicht eingehalten,
- Abdecken verbliebener brennbarer Stoffe,
- Bereitstellen geeigneter Feuerlöscheinrichtungen,
- Wiederholte Kontrolle durch eine Brandwache im Anschluss an die schweißtechnischen Arbeiten.

15. Bsp.: Entzündung von Holzwolleballen

Während der Rekonstruktion eines zweigeschossigen massiven Gebäudes wurden alte Heizungs- und Gebläserohre abgebrannt. Zur gleichen Zeit lagerten im Erdgeschoß zahlreiche Holzwolleballen. Beim Trennen der nach unten offenen Rohre, die durch die Zwischendecke führten, fielen Schweißspritzer und abtropfende Schmelze auf die Holzwolleballen und entzündeten sie sofort:

Abb. 74:
Entzündung eines Holzwolleballens beim Brennschneiden an Rohrdurchführungen in der Decke

Verletzte Sicherheitsbestimmungen:
- Sofern unverschlossene Öffnungen in den Raumbegrenzungen (z. B. Wänden, Decken, Fußböden) vorhanden sind, ist damit zu rechnen, dass auch benachbarte Bereiche von Partikeln mit ausreichender Zündenergie erreicht werden können.
- Abdichten von Öffnungen zu benachbarten Bereichen (Öffnungen in benachbarte Bereiche sind z. B. Fugen, Ritzen, Mauerdurchbrüche, Rohröffnungen, Rinnen, Kamine, Schächte).

16. Bsp.: Entzündung ölgetränkter Sägespäne

Auf einem Betriebsgelände wurden in unmittelbarer Nähe eines Gebäudes Schneidarbeiten an Stahlträgern ausgeführt. Dabei fielen Funken in ein offen stehendes Kellerfenster. Die im Kellerraum lagernden ölgetränkten Sägespäne gerieten in Brand. Die Brandbekämpfung verzögerte sich infolge nicht bereitstehender Feuerlöschgeräte. Es entstand ein geringer Sachschaden.

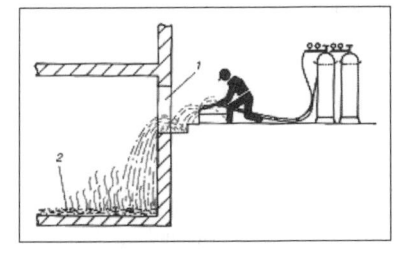

Abb. 75:
Entzündung ölgetränkter Sägespäne durch Brennschneiden von einem nicht verschlossenen Kellerfenster
1 Kellerfenster,
2 Sägespäne

Tabelle 34: Beispiele für Brände von Holzmaterialien

Sachverhalt	Verstoß gegen die Sicherheitsbestimmungen	Schaden
Nach Lötarbeiten an der Wasserinstallation eines Wohngebäudes entdeckte man einen Schwelbrand, der sich auf einige Holzbalken im Raum und unter den Dielen ausgebreitet hatte. Nach vergeblichen Löschversuchen der Bewohner wurde die Feuerwehr alarmiert.	Brandgefährdeter Bereich; Schweißerlaubnis oder Betriebsanweisung fehlte; Nachkontrollen nicht durchgeführt	Sachschaden
In einem Bürogebäude wurden elektrische Leitungen durch mehrere Raumzellen gelegt. Um sich Bohrarbeiten in den Trennwänden zu ersparen, bat der Elektriker einen Mitarbeiter, diese Löcher mit dem Schneidbrenner zu brennen. Die Brennschneidarbeiten erfolgten umgehend. Durch die Wärmeeinwirkung auf die Trennwände entzündete sich die Baracke und brannte ab.	Brandgefährdeter Bereich; Auftrag zur Durchführung von Brennschneidarbeiten fehlte; grobe Missachtung aller Gefährdungen und Sicherheitsmaßnahmen	Sehr groß

Darstellung von Bränden und Unfällen durch genannte Verfahren

Fortsetzung von Tabelle 34: Beispiele für Brände von Holzmaterialien

Sachverhalt	Verstoß gegen die Sicherheitsbestimmungen	Schaden
Beim Verlegen von Heizungsrohrleitungen auf einem Dachboden in 10 cm Abstand von der Dachschräge wurden Schneidarbeiten ohne Schweißerlaubnis und Information über die Beschaffenheit der Dachschräge durchgeführt. Die Dachschräge bestand aus dünn verputzten Holzwolle-Leichtbauplatten. Der ungenügend informierte Brandposten verließ seinen Arbeitsplatz, ohne Nachkontrolle durchzuführen. An der Leichtbauplatte entwickelte sich ein Schwelbrand, der den Brand des Dachstuhls zur Folge hatte.	Brandgefährdeter Bereich; Schweißerlaubnis oder Betriebsanweisung fehlte; keine Nachkontrollen durchgeführt	Groß
In einem Krankenhaus wurden Schweißarbeiten an einem Heizungsrohr in Wandnähe um 16 Uhr abgeschlossen. Ein Schwelbrand an einem verdeckten Holzbalken führte gegen 22 Uhr zum Ausbruch eines Brandes. Der Dachstuhl brannte ab.	Brandgefährdeter Bereich; Schweißerlaubnisschein unvollständig und formal erteilt; keine Aufsicht gestellt; keine Nachkontrollen	Großer Sachschaden, Gefährdung zahlreicher Patienten
Bei Schweißarbeiten in einer Wohnbaracke betrug der Abstand der Schweißstelle zur Wand 5cm und zur Decke 15cm. Trotz Anfeuchtens dieser Bereiche fing ein Binderuntergurt Feuer, anschließend brannte das halbe Barackendach ab.	Brandgefährdeter Bereich; Sicherheitsmaßnahmen ungenügend; keine Brandwache	Sachschaden
Zum Schutz einer Rohrleitung waren Hobel- und Sägespäne in einem Rohrkanal eingelagert. Bei Schweißarbeiten wurden sie ungenügend entfernt und gerieten in Brand.	Brandgefährdeter Bereich; Sicherheitsmaßnahmen ungenügend	Sachschaden
Während Schweißarbeiten an einer 450 mm von einer verputzten Leichtbauplattendecke entfernten Rohrleitung merkte der Schweißer, dass es über der Decke brannte. Es hatte sich dort lagernde Holzwolle entzündet, weil Schweißspritzer bzw. Flammen in den Bodenraum eindringen konnten.	Brandgefährdeter Bereich; Schweißerlaubnis oder Betriebsanweisung fehlte; ungenügende Sicherheitsmaßnahmen Brandposten fehlte	Sachschaden

Materialspezifische Gefährdungen

Sachverhalt	Verstoß gegen die Sicherheitsbestimmungen	Schaden
Am 7. 3. 2001 kommt es in Berlin im 3. OG. eines Wohngebäudes nach Rohrverbindungsarbeiten mit einem Lötgerät zu einem Schwelbrand in einer verputzten Holzwand, der sich bis in tragende Holzbalken fortsetzt und zum Ausbruch kommt.	Brandgefährdeter Bereich; Betriebsanweisung für wiederkehrende schweißtechnische Arbeiten und Sicherheitsmaßnahmen fehlten	Sachschaden
Am 3. 6. 2006 werden in einem Berliner Geschäftshaus beim Rückbau von Heizungsrohren mittels Schneidbrenner in der Decke befindliche Holzleisten in Brand gesetzt.	Brandgefährdeter Bereich; Betriebsanweisung; Sicherheitsmaßnahmen fehlten	Sachschaden
Am 26. 2. 2007 wird in einem Verwaltungsgebäude des Kreuzberger Finanzamtes durch Schweißspritzer die Holzbalkenlage der Zwischendecke vom EG zum 1. OG in Brand gesetzt.	Brandgefährdeter Bereich; Betriebsanweisung; Sicherheitsmaßnahmen fehlten	Sachschaden
In Bruggen wurde am 27. 7. 2002 ein Sägewerk und ca. 11.600 Kubikmeter Schnittholz durch Schleif- und Schweißarbeiten in Brand gesetzt. Funken fielen in Sägespänehaufen, glimmten einige Zeit und lösten den Großbrand aus.	Brandgefährdeter Bereich; Schweißerlaubnis fehlte; keine Nachkontrollen	8 Mio. €
Am 25. 6. 2004 kommt es in Stein, einem der größten Sägewerke in Bayern zu einem Großbrand. Brandursache: Schweißfunken entzünden Sägespäne und Holzstaub.	Brand- und Explosionsgefährdeter Bereich; Schweißerlaubnis fehlte; keine Nachkontrollen	5 Mio. €

In jedem der aufgeführten Beispiele liegt eine Verletzung der BGR 500 Kap. 2.26 vor. Hierbei bilden der Punkt 3.8 Bereiche mit Brand- und Explosionsgefahren, insbesondere die Unterpunkte 3.8.1 bis 3.8.6 absolute Schwerpunkte.
Bei Unterweisungen der Schweißer und Brennschneider sollte die Behandlung dieser Punkte enthalten sein und auf den Punkt 3.8.6 besonders hingewiesen werden:
„Die Versicherten dürfen mit schweißtechnischen Arbeiten erst beginnen, wenn ihnen der Unternehmer die Schweißerlaubnis nach Pkt. 3.8.2 oder die Betriebsanweisung nach Pkt. 3.8.4 ausgehändigt und die darin festgelegten Sicherheitsmaßnahmen durchgeführt sind."

Brände an Holzkonstruktionen entstehen vorwiegend bei Rekonstruktionsarbeiten an Gebäuden, insbesondere bei Schweiß- und Schneidarbeiten an Heizungsanlagen.
Diese Anlagen verlaufen in der Regel in unmittelbarer Nähe von Wänden, Fußböden und Decken. Sie erfordern Durchbrüche durch Decken und Wände. Offene Rohre können in anderen Räumen enden. Somit ergeben sich für die Bereiche mit Brand- und Explosionsgefahr Pkt. 3.8 erhöhte Anforderungen und Umsicht. Wärmeschutzfolien, Funkenschutzdecken, Wärmeschutzgel, wärmeableitende Pasten sowie Funkenschutzpapier (nur für vertikale und geneigte Flächen geeignet) können für nicht entfernbare, brennbare Holzbauelemente Anwendung finden.
Feuerlöschgeräte, wie Gefäße mit Wasser, Kübelspritzen und Handfeuerlöscher sollten grundsätzlich bei Schweiß- und Schneidarbeiten in der Nähe der Arbeitsstelle bereitgestellt werden. In vielen Fällen wird es notwendig sein, eine Schweißerlaubnis/Betriebsanweisung auszustellen und einen Brandposten und/oder eine Brandwache einzusetzen.
Schwelbrände nehmen in der Stoffgruppe Holz eine besondere Stellung ein. Sie zu verhindern, ist Aufgabe von Brandposten während der Schweißarbeiten und Brandwachen nach Abschluss der Arbeiten. Für die Dauer solcher Kontrollen gib es keine generelle Festlegung. Vielfach werden 6 Stunden als ausreichend erachtet! Die Nachkontrollen in Verbindung mit Holz müssen sehr gewissenhaft erfolgen und sollten in der Regel länger als 6 Stunden andauern.

3.2.4 Kunststoffe, Dämmstoffe, Elektroisolationsmaterial [25]

Das Brandverhalten der Kunststoffe wird nicht nur von Schweißern sondern ganz allgemein häufig falsch eingeschätzt und es ist aufgrund der Mannigfaltigkeit dieser Werkstoffe nicht leicht, sie zu bewerten.
Da das Schweißen der Fügeflächen im plastischen Zustand durchgeführt wird, liegen die Schweißtemperaturen unter der Zündtemperatur, so dass ein entzünden nicht stattfinden kann.
Beim Heizelementschweißen wird ein Heizelement zwischen 200–225 °C und beim Warmgasschweißen ein Warmgas (Luft oder Inertgas) zwischen 280–400 °C verwendet, so dass hier weder eine Flamme noch ein Lichtbogen den Werkstoff entzünden kann.
Beim Reib-, Hochfrequenz- und Ultraschallschweißen werden Energieformen verwendet, die ein Entzünden des Materials ausschließen.
Ganz anders ist es beim Arbeiten mit der Flamme oder dem Lichtbogen in der Nähe von mit Kunststoff behafteten Konstruktionen oder beim Verlegen von Schweißbahnen.
Hier treten häufig Brände auf, die auch große Schäden verursachen.
Kunststoffe sind erst seit ungefähr 100 Jahren bekannt und damit die jüngste Werkstoffgruppe.
Kunststoffe sind künstlich hergestellte Werkstoffe, die mit chemischen Verfahren, entweder durch Umwandlung von Naturstoffen oder in der

Mehrzahl aus niedermolekularen Stoffen «synthetisch» aufgebaut werden.
Sie haben sich in vielen Bereichen der Technik, des Bauwesens und des täglichen Lebens einen festen Platz neben den herkömmlichen Werkstoffen wie Metall, Holz und Keramik gesichert.
Aufgrund ihres chemischen Aufbaus sind Kunststoffe mehr oder weniger brennbar. Für eine Reihe von Anwendungsbereichen – insbesondere im Bauwesen und Fahrzeugbau – sind brandschutzausgerüstete Kunststoffe oft zwingend vorgeschrieben.
Durch den Einsatz bestimmter Stoffe werden folgende Wirkungsweisen erzielt:

- Abschirmen des Sauerstoffs vom Brandherd,
- Beeinflussen der Zersetzung des Kunststoffes,
- Beeinflussen des Verbrennungsmechanismus.

Halogenverbindungen des Chlors und Broms zeigen eine derartige Wirkung, wobei die bromhaltigen Verbindungen eine überragende Bedeutung besitzen. Daneben werden auch Phosphorverbindungen und Aluminiumhydroxid sowie als synergetische Verstärkung zu den Halogenverbindungen Antimontrioxid eingesetzt.
Allgemein kann von den stoffabhängigen Faktoren gesagt werden, je größer die Dichte, die Kristalität und der Anteil an organischen Füllstoffen desto geringer die Brennbarkeit von Kunststoffen. Tabelle 35 zeigt einige brandschutztechnische Kennwerte, Merkmale und Anwendungsbeispiele:

Tabelle 35: Brandschutztechnische Kennwerte, Merkmale und Anwendungsbeispiele

Kunststoff	Zünd-Temperatur in °C	Heizwert in kJ $\times$ g^{-1}	Anwendungsbeispiele	Merkmale
Polyvinylchlorid (PVC)	$\approx$ 390	$\approx$ 18,1	Folien, Rohre, Platten	schwer anzündbar, erlischt außerhalb der Flamme, starke graue Rauchentwicklung, stechender salzsäureartiger Geruch
Polyethylen (PE)	$\approx$ 340	$\approx$ 46,2	Folien, Rohre	anzündbar, brennt außerhalb der Flammen ruhig weiter, tropft brennend ab, geringe Rauchentwicklung, Geruch paraffinartig (Kerze)
Polyamid (PA)	$\approx$ 420	$\approx$ 31,1	Lager- und Plattenmaterial	blaue Flamme mit gelblichem Rand, tropft fadenziehend, riecht nach verbranntem Horn

Fortsetzung von Tabelle 35: Brandschutztechnische Kennwerte, Merkmale und Anwendungsbeispiele

Kunststoff	Zünd-Temperatur in °C	Heizwert in kJ × g^{-1}	Anwendungsbeispiele	Merkmale
Polypropylen (PP)	≈ 343	≈ 44,1	Folien-Sichtflächengestaltung	wie PE, jedoch mit Beigeruch und stärkerer Rauchentwicklung, besonders bei schwerentflammbaren Werkstoffen
Polyurethanschaum	≈ 310	≈ 23,5	Mehrschichtplatten, Dämmstoff	gelbe Flamme, stark stechender Geruch, starke Rauchentwicklung

Die gestaltungsabhängigen Faktoren, wie Werkstückform und -größe, Oberfläche und Materialdicke, beeinflussen ebenfalls die Brennbarkeit.

Schaumstoffe begünstigen durch die große spezifische Oberfläche die Verbrennung.

Die Art der Wärmequelle (z. B. Strahlung, Flamme, Funken, erwärmte Schlacken- und Metallteile), die Dauer der Einwirkung und besonders der Luftsauerstoff beeinflussen das Brennbarkeitsverhalten.

In Verbindung mit Schweiß- und Schneidarbeiten sind Schaumstoffe in großem Maß am Brandgeschehen beteiligt. Der Abbrand erfolgt mit großer Intensität unter erheblicher Rauch- und Russentwicklung.

Ein Kubikmeter Polystyren ergibt beispielsweise 267 m^3 Rauchgas, dessen Zusammensetzung von der Intensität des Brandes und der Sauerstoffmenge abhängt.

Dämmstoffe in Form von Mineralfaserplatten, die im allgemeinen nicht brennbar sind, können brennen, wenn sie > 13 % organische Bindemittel enthalten.

Maßnahmen zur Gewährleistung des Arbeits- und Brandschutzes sind zunächst bei der Be- und Verarbeitung zu beachten. Hinsichtlich der Gefährdungen ergeben sich Parallelen zum Fügen und Trennen von Metallen. Beim Warmverformen, Schweißen und Kleben von Kunststoffen müssen verfahrensbedingt auftretende Temperaturen, die Verwendung von Brenngas oder elektrischem Strom und die Bildung gefährlicher Gase und Dämpfe berücksichtigt werden.

In den technologischen Unterlagen zur Anwendung sowie Be- und Verarbeitung von Kunststoffen sind entsprechende Maßnahmen zur Beseitigung der Brand-, Explosions- und Gesundheitsgefährdung enthalten (z. B. Be- und Entlüftung sowie individueller Schutz am Arbeitsplatz). Die beim Schweißen entstehenden schädlichen Dämpfe sind möglichst direkt an der Schweißstelle abzusaugen. Da Lösungsmitteldämpfe in der Regel schwerer als Luft sind, erfolgt die Absaugung in Bodennähe. Beim

Umgang mit Lösungsmitteln darf weder geraucht noch offenes Feuer verwendet werden.

Die Entzündung von Kunststoffen infolge von Schweiß- und Schneiderarbeiten an Metallkonstruktionen tritt häufig auf. Die wichtigsten Sicherheitsmaßnahmen bestehen in der richtigen Bestimmung des brandgefährdeten Bereiches und der Einhaltung der Baustellenordnung, insbesondere zur Vermeidung unkontrollierter Materialeinlagerungen in rohbaufertigen Gebäuden. Darüber hinaus sind die erforderlichen Sicherheitsmaßnahmen im brandgefährdeten Bereich zu realisieren.

Zu beachten ist, dass auch an Kunststoffen Schwelbrände vorkommen können, auch wenn dieser Fall seltener als bei Kohle und Holz eintritt.

Die Rückverfolgung des Brand- und Explosionsgeschehens im Zusammenhang mit Schweiß- und verwandten Arbeiten über einen 40-jährigen Zeitraum zeigt, dass die betrachtete Stoffgruppe keinesfalls Seltenheitscharakter besitzt und im Ansteigen begriffen ist Tabelle 36.

Tabelle 36: Brände und Explosionen bei Schweiß- und verwandten Verfahren – Anteil Kunststoffe

Zeiträume Ausgewertete Beispiele	1970–79	1980–89	1990–99	ab 2000	Summe Durchschnitt
Schadensfälle insgesamt	602	621	815	733	2771
Anteil der Beispiele Kunststoffe	6,2 %	13,1 %	12,5 %	10,8 %	11 %

Fallbeispiele

17. Bsp.: Abbrand von PUR-Schaum und Elektroinstallationsmaterial

Der Bauleiter eines Industriebetriebes gab dem zuständigen Mitarbeiter den Auftrag, auf die Tür des Heizhauses eine Blechverkleidung schweißen zu lassen. Obwohl in ≈ 5 m Entfernung ein Schild mit der Aufschrift „Keine Schweißarbeiten; Brennbare Einbauten." stand, begann der Schweißer die Arbeiten. Durch Einwirkung der Schweißwärme entzündeten sind 0,5 t PUR-Schaumstoff (0,5 t PUR ≙ 12,6 Millionen kJ; Zündtemperatur 415 °C) und die elektrischen Leitungen. Eine Schweißerlaubnis war nicht vorhanden. Der Bauleiter und der Mitarbeiter wurden wegen fahrlässiger Verursachung eines Brandes zu einer Freiheitsstrafe von 10 Monaten auf Bewährung verurteilt.

Eine unkorrekte Auftragserteilung vom Bauleiter über den Mitarbeiter an den Schweißer hatte zur Folge, dass entgegen dem Projekt, Elektroschweißarbeiten an der Außenhaut des Frischluftansaugkanals vorgenommen wurden.

Verstöße gegen die Sicherheitsbestimmungen:
- Zulässigkeit der Arbeiten nicht geprüft,
- Schweißerlaubnis fehlte,
- Bereiche mit Brandgefahr und Sicherheitsmaßnahmen nicht festgelegt.

Darstellung von Bränden und Unfällen durch genannte Verfahren

18. Bsp.: Abbrand von Aluminium-Verbundprofil

In der Nähe einer Aluminium-Verbundprofil-Fassade waren Elektroschweißarbeiten durchzuführen. Falsche Einschätzung der Brandgefahr führte zu Unaufmerksamkeit während des Schweißens. Der Schweißer berührte mit der Elektrode die Aluminiumhaut des Verbundprofils, was zur kurzzeitigen Bildung eines Lichtbogens führte. Die Aluminiumhaut schmolz sofort, und das Schaumpolystyren entzündete sich. Es entstand ein großer Brandschaden.

Beim Verbrennen von stehenden Teilen wird durch die Blechprofilierung eine Sogwirkung erreicht, so dass sich ein Brand schnell nach oben ausbreitet. Zur Brandausbreitung nach unter kommt es durch die herabtropfende, brennende Polystyrenmasse. Durch die bei der Verbrennung des Schaumpolystyrens entstehende Wärme schmilzt die Aluminiumverkleidung. Beim Verbrennen von Polystyren entstehen darüber hinaus toxische Gase.

Verstöße gegen die Sicherheitsbestimmungen:
- Bereich mit Brandgefahr falsch festgelegt; ergänzende Sicherheitsmaßnahmen,
- Unachtsamkeit des Schweißers.

19. Bsp.: Abbrand von Kunststoff-Material

In einem zu rekonstruierenden Sanitärraum wurden Stahlrohre durch Brennschneiden entfernt und durch Kunststoffrohre ersetzt. Dabei setzten die Schweißspritzer Klebemittel und Kunststoffabfälle in Brand. Eine starke Rauchentwicklung zwang die Mitarbeiter, den Raum zu verlassen, ohne eine Brandbekämpfung aufnehmen zu können. Die bereits montierten Leitungen verbrannten. Es entstand ein geringer Sachschaden. Eine Schweißberechtigung und eine Schweißerlaubnis lagen nicht vor. Gegen den Betriebleiter wurde eine Ordnungsstrafe ausgesprochen. Der Brennschneider musste Schadenersatz leisten.

Verstöße gegen die Sicherheitsbestimmungen:
- Schweißberechtigung und Schweißerlaubnis fehlten,
- keine Sicherheitsmaßnahmen festgelegt.

20. Bsp.: Abbrand von Kunststofffolien

Ein Betriebsangehöriger eines kunststoffverarbeitenden Betriebes war in der Lagerhalle mit Schweißarbeiten beschäftigt. In der Nähe hatte man Verpackungskartons mit Kunststofffolien gestapelt. Kurz nachdem der Mitarbeiter seine Arbeit für eine Pause unterbrochen hatte, stand die Lagerhalle in Flammen. Das Feuer griff schnell auf die angrenzenden Fertigungsräume über und verursachte einen sehr großen Schaden.

Verstöße gegen die Sicherheitsbestimmungen:
- Zulässigkeit der Arbeiten nicht geprüft,
- Schweißerlaubnis fehlte,
- keine Sicherheitsmaßnahmen in Bereichen mit Brand- und Explosionsgefahr festgelegt.

Tabelle 37: Beispiele für Brände von Kunststoffen

Sachverhalt	Verstoß gegen die Sicherheitsbestimmungen	Schaden
Bei Schweißarbeiten an einem Wandlufterhitzer entzündeten herabfallende Schweißspritzer PUR-Schaumstoff, der in der Außenwand als Dämmmaterial eingebaut war.	Sicherheitsmaßnahmen in brandgefährdeten Bereichen ungenügend	Gering
In einem Kraftfahrzeuginstandsetzungsbetrieb wurde bei Rekonstruktionen der Heizungsanlage ein Rohr abgebrannt. Das durch eine Wand in den Nebenraum führende Rohrende erwärmte sich dabei stark. Nach 2 h wurde ein Schwelen des im Nebenraum lagernden PUR-Schaumes bemerkt.	s. o. keine Nachkontrollen durchgeführt; keine Abdichtung von Öffnungen in benachbarte Bereiche	Gering
Bei Schweißarbeiten am Schutzmantel einer Rohrleitung entzündete sich in 5 m Entfernung freiliegendes, mit Bitumen verklebtes Polystyren durch Funkenflug. Dabei verbrannten 250 m Isolierung.	Brandgefährdeter Bereich unzureichend festgelegt	Groß
Schweißspritzer entzündeten zwischengelagertes Schaumpolystyren in einer rohbaufertigen Halle. Durch die Wärme wurden mehrere Fertigteil-Schalenträger zerstört.	Sicherheitsmaßnahmen im brandgefährdeten Bereich ungenügend	Groß
In einer Metallleichtbauhalle entzündeten sich beim Aufschweißen von Auflagerflanschen für die Dachentwässerung Kunststoffplatten durch Schweißspritzer. Das Dach brannte teilweise ab.		
Im Gewerbegebiet Ortsteil Pampow bei Schwerin kam es im Oktober 2001 durch Schweißarbeiten in einer Lagerhalle für Plastikerzeugnisse zu einem Schwelbrand.	Arbeiten in Bereichen mit besonderen Gefahren	Groß
Am 28. März 2002 wurden bei Abbruch- und Demontagearbeiten in einem Zementwerk durch Schweißarbeiten am Boden liegende Kunststoffe u. a. Teile in Brand gesetzt.	s. o.	Gering
In den Abendstunden des 5. Dezember 2002 kam es in der Gilde-Brauerei Hannover auf Grund von Plasmaschneidarbeiten an einem Gärbottich zu einem Großbrand. Styropur geriet in Brand und breitete sich schnell aus, so dass noch mehrere Acetylen-, Sauerstoff- und Propangasflaschen explodierten.	s. o.	12,8 Mio. €

Fortsetzung von Tabelle 37: Beispiele für Brände von Kunststoffen

Sachverhalt	Verstoß gegen die Sicherheitsbestimmungen	Schaden
Am 12. Oktober 2004 brannte in Gelsenkirchen das Lager eines Textilhandelsunternehmens. Trennschleiffunken entzündeten Kunststoffteile.	s. o.	Groß
Am 10. Oktober 2002 waren im Linzer Elisabethiner Krankenhaus bei Schweißarbeiten glühende Teile in die Isolierung einer Dehnfuge gefallen und entzündeten Dämmmaterial (Weichfaserplatten) zu einem Glimmbrand, der erst am nächsten Tag ausbrach.	s. o. Sicherheitsmaßnahmen, Brandposten und Brandwache nicht eingesetzt	Gering

1. Bei der Entzündung von Kunststoffen sind es weniger die Schweißverfahren für diese Stoffe, sondern die konventionellen Schweiß- und Schneidverfahren mit Flamme und Lichtbogen die Brände von Kunststoffen auslösen.
2. Die Entzündung von Kunststoffen infolge von Schweiß- und Schneidarbeiten an Metallkonstruktionen tritt häufig auf. Insbesondere bei Reparatur- und Demontagearbeiten älterer Gebäude und Produktionsmitteln bei denen früher noch brennbare Kunststoffe als Werkstoff oder zur Dämmung bzw. Isolierung verwendet wurden.
3. Die wichtigsten Sicherheitsmaßnahmen bestehen hierbei in der richtigen Bestimmung der Bereiche mit Brand- und Explosionsgefahr außerhalb der für das Schweißen eingerichteten Werkstätten und deren Einhaltung.
4. In den heutigen technologischen Unterlagen zur Anwendung sowie Be- und Verarbeitung von Kunststoffen sind entsprechende Maßnahmen zur Beseitigung der Brand-, Explosions- und Gesundheitsgefährdung enthalten (z. B. Be- und Entlüftung am Arbeitsplatz sowie individueller Schutz am Arbeitsplatz).

3.2.5 Papier, Pappe und Kartonagen [3]

Papier ist besonders leicht entzündlich. Zur selbständigen Entzündung genügt eine Erwärmung auf 220 ... 250 °C. Papier wird in großen Mengen in den verschiedensten Wirtschaftszweigen verwendet (z. B. als Verpackungsmaterial im Handel und als Arbeitsmittel in Papierfabriken, Druckereien). Ölpapier kommt im Bauwesen zur Anwendung. Auch in Büros und Wohnungen sind große Papiermengen vorhanden. Als Altpapier wird es häufig in Kellern oder auf Dachböden zusammen mit anderen brennbaren Materialien, wie Holz und Textilien, gelagert. Auf Baustellen erfolgt oftmals die Lagerung verpackter Bauteile und Ausrüstungsgegenstände unkontrolliert in rohbaufertigen Gebäuden. Als

Einwegmaterial bleibt Verpackungsmaterial ebenfalls oft unkontrolliert liegen. Aufgrund der geringen Masse sind Verpackungsmaterialien leicht ortsveränderlich, was unbeabsichtigt durch Wind geschehen kann. Papier in der Nähe von Schweißarbeitsplätzen ist selbst in kleinen Mengen gefährlich, da einerseits auch schwerentflammbare Gegenstände durch die brennende Verpackung in Brand gesetzt und andererseits nichtbrennbare Gegenstände zerstört werden (z.B. Glasscheiben, technische Geräte, Lebensmittel).

Bei der Bestimmung des Brand- und Explosionsbereiches ist besonders auf Wand- und Mauerdurchbrüche, weiterführende Rohre, Risse und Spalten zu achten. In Büros sind Aktenschränke, Schreibtische usw. zu entfernen oder sorgfältig zu schützen. In Kellern und auf Dachböden sollten keine größeren Mengen Papierabfälle gelagert werden.

Die Nutzung rohbaufertiger Gebäude für Lagerzwecke bedarf einer genauen Abstimmung mit allen auf dem Bau tätigen Partnern. Sicherheit ist nur dann gegeben, wenn in den Räumen keine Schweißarbeiten zu erwarten sind und wenn von angrenzenden Räumen keine Gefährdungen ausgehen. Ein Verschließen von Öffnungen mit Papier, Pappe und Textilien bringt keine Brandsicherheit, sondern erhöht die Brandgefahr.

Fallbeispiele

21. Bsp.: Großbrand in einer Papierfabrik

Im zweiten Geschoss einer Papierfabrik wurde von einem Maschinensockel ein Winkelprofil abgebrannt. Dabei fiel ein glühendes Stück Stahl durch eine Luke in ein tiefergelegenes Geschoss, in dem sich große Mengen Papier und Stoffballen befanden. Obwohl eine Schweißerlaubnis vorlag, wurde die Umgebung nicht ordnungsgemäß gesichert. Die Papierfabrik brannte aus, wobei ein großer Sachschaden entstand. Darüber hinaus wurden Menschen gefährdet.

Verstöße gegen die Sicherheitsbestimmungen:
- Brandgefahr nicht richtig eingeschätzt,
- Sicherheitsmaßnahmen (Abdichten und Abdecken von Öffnungen) ungenügend ausgeführt.

22. Bsp.: Großbrand durch Entzündung verpackter Waren in einem Chemiebetrieb

Bei Montagearbeiten war ein U-Profil an die Stahlstützen einer mit Mauerwerk ausgefachten Wand zu schrauben. Zu diesem Zweck mussten im Bereich der Anschlussstellen Öffnungen in das Mauerwerk gestemmt werden. In der angrenzenden Lagerhalle befanden sich Fertigwaren in brennbaren Verpackungen bis zu 4 m Höhe in einem Abstand von nur 20 cm von der durchbrochenen Wand. Die Löcher für die Schraubverbindungen sollten gemäß Projekt gebohrt werden. Der Vorarbeiter beauftragte aus Bequemlichkeit den Schweißer, die Löcher mit der Elektrode zu brennen. Der Vorarbeiter und der Schweißer erkann-

ten, dass mit den Mauerdurchbrüchen eine neue Gefahrensituation für die Ausführung von Schweiß- und Schneidarbeiten entstanden war, so dass der vorhandene Schweißerlaubnisschein seine Gültigkeit verlor. Anstatt sich an den für die Ausstellung von Schweißerlaubnisscheinen zuständigen Leiter des Werkbereiches zu wenden, um einen neuen Schweißerlaubnisschein zu beantragen, der den erkannten Gefährdungen durch entsprechende Einstufung und Festlegung von Sicherheitsmaßnahmen Rechnung getragen hätte – möglicherweise wären die unsachgemäßen Brennarbeiten dabei unterbunden worden –, forderte der Vorarbeiter vom Meister der Lagerhalle lediglich eine Brandwache an. Der Meister setzte für diese Aufgabe einen Auszubildenden ein, ohne ihn entsprechend einzuweisen und mit Feuerlöschgeräten auszurüsten.
Nach Abschluss der Brennarbeiten schickte der Schweißer die Brandwache weg. Eine sofortige Nachkontrolle auf Brandnester unterblieb. Nach kurzer Zeit entwickelte sich ein Brand, da Funken und geschmolzenes Metall die Verpackungsmaterialien entzündet hatten. Der Sachschaden war sehr groß.

Verstöße gegen die Sicherheitsbestimmungen:
- Schweißerlaubnis ungültig,
- ungenügend qualifizierte, nicht eingewiesene Brandwache,
- keine Nachkontrollen durchgeführt.

23. Bsp.: Großbrand durch Entzündung von Verpackungsmaterialien im Bereich der bautechnischen Versorgung

Gegen 10.45 Uhr wurde 4,50 m vor der Bretterwand einer Lagerhalle ein I-Träger mit einem Autogenschneidbrenner mehrmals getrennt. Ein Arbeitsauftrag lag nicht vor. Die beim Brennschneiden entstandenen Funken und glühenden Materialtropfen sprangen durch eine 5 mm breite Spalte in der ausgetrockneten Bretterwand. Es kam zu einem Schwelbrand an einem hinter der Bretterwand liegenden Balken. Durch das unmittelbar anliegende Verpackungsmaterial von Elektroherden breitete sich der Brand über die gesamte Lagerhalle zu einem Großbrand aus. Der Brand wurde erst gegen 16.45 Uhr (Rauch stieg aus dem Dach auf) bemerkt. Es entstand ein hoher Schaden. Bei diesem Brand wurden ≈ 5.000 m^2 Parkettfußboden, 1 Lastkraftwagen, 22 Elektroherde, 5 Gabelstapler zerstört. Es kam zur Anwendung des Strafrechts.

Verstöße gegen die Sicherheitsbestimmungen:
- Brandgefährdeter Bereich – Schweißerlaubnis fehlte,
- keine Brandwache gestellt,
- keine Nachkontrollen durchgeführt.

24. Bsp.: Entzündung von Altpapier

Im Keller eines Verwaltungsgebäudes wurde die Heizungsanlage rekonstruiert. Da die Arbeiten im Sommer stattfanden, öffnete der Schweißer die Fenster und Türen der umliegenden Räume. Begünstigt durch

Materialspezifische Gefährdungen

die offenen Türen und die Zugluft wurden die Brennschneidspritzer in zwei weitere Räume getragen. In einem Raum lagerten einige Stapel Altpapier. Zwei Stunden nach Beendigung der Arbeiten brannte das Papier.

Verstöße gegen die Sicherheitsbestimmungen:
- Brandgefährdeter Bereich – Schweißerlaubnis fehlte,
- Sicherheitsmaßnahmen im Schweißbereich nicht festgelegt,
- angrenzende Räume nicht in Schweißbereich einbezogen.

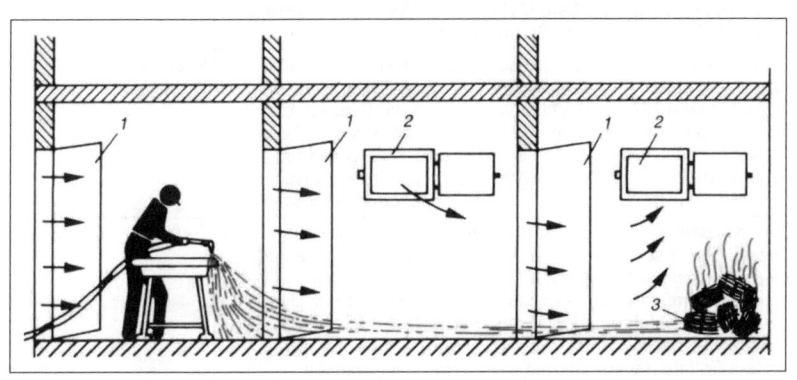

Abb. 76:
Entzündung von Altpapier durch Ausbreitung von Schweißspritzern infolge von Zugluft – 1 Türen, 2 Fenster, 3 Altpapier

25. Bsp.: Wohnungsbrand durch Entzündung von Papptafeln

Auf dem Dachboden eines Gebäudes wurden Heizungsrohre abgebrannt. Dabei fielen Schweißspritzer durch ein Rohr in eine darunterliegende Wohnung. Hier entzündeten sich Papptafeln und andere Gegenstände. Die Feuerwehr konnte den Brand verhältnismäßig schnell löschen. Trotzdem entstand großer Schaden.

Verstöße gegen die Sicherheitsbestimmungen:
- Brandgefährdeter Bereich – Schweißerlaubnis fehlte,
- Sicherheitsmaßnahmen ungenügend (offene Rohrleitungen nicht abgedichtet),
- angrenzende Räume nicht in den Schweißbereich einbezogen.

Darstellung von Bränden und Unfällen durch genannte Verfahren

Tabelle 38: Beispiele für Brände von Papier, Pappe und Kartonagen

Sachverhalt	Verstoß gegen die Sicherheitsbestimmungen	Schaden
Ein Schlosser montierte eine Wasserleitung. Um eine Verschraubung lösen zu können, wärmte er sie mit dem Gasschweißgerät an. Da sich die Verschraubung unmittelbar unter einer gerissenen Zwischendecke befand, auf der Papier und andere leicht brennbare Materialien lagerten, kam es zu einem Schwelbrand.	Sicherheitsmaßnahmen im Brand- und Explosionsgefährdeten Bereich ungenügend; angrenzende Räume nicht mit einbezogen	Gering
Bei Arbeiten auf einem Ziegeldach wurde die Lötlampe zwischen einem Dachbinder und einer Dachlatte abgestellt. Durch eine Erschütterung fiel die Lötlampe nach innen auf den Dachboden und entzündete dort Papier, Kartonagen und Holzmöbel.	Sicherheitsmaßnahmen im Brand- und Explosionsgefährdeten Bereich nicht festgelegt; Lötlampe unsachgemäß abgestellt	Sachschaden
Auf der Baustelle einer Maschinenfabrik waren Elektroschweißarbeiten auszuführen. Drei Tage vor Beginn der Arbeiten kam es zu mündlichen Vereinbarungen über die Durchführung. Zwischenzeitlich wurden Verpackungsmaterial und Bretter in 2 m Entfernung von der Schweißstelle gelagert, die sich bei den Schweißarbeiten entzündeten.	Schweißerlaubnis fehlte; Brand- und Explosionsgefährdeter Bereich nicht festgelegt; Schweißer nicht eingewiesen	Gering
Nahe der Brennstelle an einem Wasserleitungsrohr befand sich ein Mauerdurchbruch, der mit Papier verstopft und unvollständig mit Gips verschmiert war. Bei den Brennarbeiten entzündete sich das Papier. Der Brand griff auf das Gebäudedach über.	Schweißerlaubnis fehlte; Brennbare Stoffe aus Brand- und Explosionsgefährdeten Bereich nicht entfernt bzw. gesichert	Sachschaden und Gefährdung anderer Betriebsanlagen
Bei Schweißarbeiten auf einer Rohrbrücke wurden darunterliegende Kartonagen nicht entfernt bzw. vor Entzündung gesichert.	Schweißerlaubnis fehlte; Brennbare Stoffe aus Brand- und Explosionsgefährdeten Bereich nicht entfernt	Geringer Sachschaden; Gefährdung anderer Anlagen
Ein Auszubildender wurde vom Aufsichtsführenden mit Brennarbeiten beauftragt. Die Brennschneidspritzer fielen durch Deckendurchbrüche und entzündeten Verpackungsmaterial im rohbaufertigen Gebäude.	Schweißerlaubnis fehlte; Durchbrüche an angrenzende Räume ungenügend beachtet	Mäßiger Sachschaden

148

3.2.6 Stroh, Heu, Pflanzen, Futter- und Lebensmittel [26]

Stroh, Heu, Futter- und Lebensmittel sind die wichtigsten „Arbeitsgegenstände" der Land- und Nahrungsgüterwirtschaft. Stroh und Schilf finden als Dach- und Dämmmaterial Verwendung. Auf Dachböden, in Ställen usw. ist mit Vogelnestern zu rechnen, die in ihrer Zusammensetzung Heu und Stroh entsprechen. Stroh und Heu dürften wohl die am leichtesten zu entzündenden Materialien unter den festen Stoffen sein. Die Zündtemperatur beträgt etwa 230 bis 280 °C. Brandgefahr besteht in der Landwirtschaft auf Gehöften (verstreutes Stroh), in Ställen und in Reparaturwerkstätten, wo sich vertrocknete Pflanzenreste an den zu reparierenden Geräten befinden können. Außerhalb der Landwirtschaft verwenden zahlreiche Kleintierhalter Heu und Stroh.

Im Bauwesen werden Strohmatten als Abdeckmaterialien verwendet. Zu beachten ist schließlich auch, dass beim Bau von Leitungen und Verkehrswegen Berührungen mit abgestorbenem Pflanzenbewuchs möglich ist. Dessen Entzündung gehen nicht selten von Schweiß- und Schneidarbeiten an Rohren, Schienen usw. aus.

Futter- und Lebensmittel sind als organische Stoffe meist gut brennbar. In der Lagerwirtschaft (z.B. in Silos) besteht bei verschiedenen Stoffen Explosionsgefahr. Hier sind besonders Getreide und Mehl zu nennen. Die Zündtemperaturen liegen zwischen 420 und 500 °C. Die unteren Zündgrenzen beispielsweise für Mehl bewegen sich um 20 g pro Kubikmeter Luftvolumen. Das heißt aber, bildlich veranschaulicht:

Der Inhalt einer Streichholzschachtel ($\approx$ 25 cm^3) mit Mehlstaub, der in einem Kubikmeter Luft aufgewirbelt wird, genügt für eine Explosion.

Besondere Vorsicht ist geboten, wenn Schweiß- und verwandte Arbeiten incl. Trennschleifen in der Nähe von Scheunen oder Diemen notwendig sind. Wind und verstreut liegendes Material können Funken auch in größere Entfernungen tragen und dort Brände auslösen. Diese Stoffe sind vor Arbeitsbeginn zu entfernen oder stark zu befeuchten und nach Arbeitsende nochmals zu besprengen. Wegen der schnellen Brandausbreitung ist es erforderlich, Feuerlöschgeräte bereitzuhalten. Auch Schwelbrände sind nichts Ungewöhnliches, so dass ggf. längere Nachkontrollen notwendig werden. Bei Schweißarbeiten in Ställen sind die Tiere vorher herauszubringen, da eine Evakuierung im Brandfall sehr schwierig oder unmöglich sein kann und zudem die Rettungskräfte in Lebensgefahr bringt. In Beriechen mit Brandgefahr sind auch Spinnweben, die die Entzündung von Heu und Stroh begünstigen, zu entfernen.

In der Lagerwirtschaft zeigt das Brand- und Explosionsgeschehen im Zusammenhang mit Schweiß- und verwandten Arbeiten über einen 40-jährigen Zeitraum, dass die betrachtete Stoffgruppe keineswegs Seltenheitscharakter besitzt:

Tabelle 39: Brände und Explosionen bei Schweiß- und verwandten Arbeiten – Anteil Papier, Pappe, Kartonagen

Zeiträume Ausgewertete Beispiele	1970–79	1980–89	1990–99	ab 2000	Summe Durchschnitt
Schadensfälle insgesamt	602	621	815	733	2.771
Anteil der Beispiele Kunststoffe	6,2 %	13,1 %	12,5 %	11,1 %	10,9 %

Fallbeispiele

26. Bsp.: Brand in Fleischfabrik

Trenn- und Schweißarbeiten auf dem Dach einer Fleischfabrik verursachten einen Brand mit schwerwiegenden Folgen. Vermutlich Schweißspritzer setzten die Isolierung einer Zwischendecke und die darin verlegten, mit Kunststoff umhüllten Elektrokabel in Brand. Der Brandherd lag in der Abfüll- und Verpackungsabteilung. Herumliegendes Verpackungsmaterial sowie große Mengen an Fetten und Ölen boten den Flammen reichlich Nahrung. Verhängnisvoll wirkte sich die überaus starke Rauchentwicklung aus. Da die verschiedenen Produktionsbereiche nicht brandschutztechnisch voneinander abgetrennt waren, konnten sich die Gas- und Rauchwolken schnell in alle umliegenden Räume ausbreiten. Zwei Frauen und ein Mann, die in der Fritiererei arbeiteten, erlitten tödliche Rauchvergiftungen. Zwei weitere Betriebsangehörige mussten mit Rauchvergiftungen stationär behandelt werden. Das Feuer zerstörte die Produktionsgebäude vollständig. Der Schaden wurde mit ≈ 25 Millionen Euro beziffert. Die Fabrik wurde geschlossen. 350 Arbeitskräfte verloren ihren Arbeitsplatz.

Grund für das Ausmaß des Schadens ist vor allem der mangelhafte Brandschutz. Brandschutzeinrichtungen, wie Rauchmelder, Rauchabzüge und Sprinkleranlagen fehlten. Die unübersichtliche Gebäudeanordnung erschwerte das Finden von Fluchtwegen.

Verstöße gegen die Sicherheitsbestimmungen:

- In Betrieben müssen umfassende Brandschutzkonzepte vorliegen (Brandabschnitte, Brandschutzeinrichtungen und Löschmittel, Fluchtwege).
- Sprinkleranlagen ersetzen keine Rauchgasabzüge, beides muss vorhanden sein,
- Brandwände dürfen keine freien Öffnungen aufweisen, ebenso keine hindurchgehenden Metallkonstruktionen (Gefahren durch Wärmeleitung).
- Gefahren durch Rauch werden häufig unterschätzt. Deshalb ist in Unterweisungen darauf aufmerksam zu machen, dass die hohe Kohlenmonoxidkonzentration binnen 3 Minuten zur Bewusstlosigkeit führt.
- Besonders qualmintensiv sind Kunststoffe, brennbare Flüssigkeiten sowie organische Fette und Öle.

27. Bsp.: Staubexplosionen in einer Futtermittel-Siloanlage

Reparaturschweißarbeiten an dem Blechgehäuse eines Elevatorschachtes lösten eine Reihe von Staubexplosionen in einer Siloanlage aus, in welcher Bohnen, Erbsen und Gerste eingelagert waren. Der Staub dieser Feldfrüchte besteht größtenteils aus Stärke und ist sehr zündfreudig. In der ersten Phase riss das Abdeckblech des Elevators auf. Die Explosion pflanzte sich in zwei Hauptrichtungen fort: zum einen innerhalb des Gebäudes und zum anderen innerhalb der Fördereinrichtungen. Jeder Explosionsstoß wirbelte den reichlich vorhandenen Staub auf, so dass sich eine Art Kettenreaktion entwickelte. Der Explosionsverlauf wird in/3/analysiert. An der Siloanlage entstanden schwerste Schäden. Große Teile mussten abgerissen werden. Der materielle Schaden wird mit ≈ 15 Mio. Euro beziffert. Drei Beschäftigte erlitten schwere Verletzungen (Verbrennungen im Gesicht und an den Armen sowie Inhalationstraumata).

Verstöße gegen die Sicherheitsbestimmungen:
- Stäube organischer Produkte, wie Getreide und Mehl, sind entzündlich und an zahlreichen schwerwiegenden Staubexplosionen beteiligt. Als Zündquellen kommen vorwiegend in Betracht: elektrostatische Aufladungen, Reibungsfunken an Fördereinrichtungen und nicht zuletzt Schweiß- und verwandte Arbeiten.
- Bei Anwendung thermischer Arbeitsverfahren kommt es darauf an, in Bereichen mit Explosionsgefahr Stäube vollständig zu entfernen. Das Annässen von Stäuben bietet keine zuverlässige Sicherheit, da eine Benetzung aller Staubpartikel lange dauert. Staub kann auf Flüssigkeitsoberflächen schwimmen und explosionsfähig bleiben.
- Ritzen, Fugen und andere Öffnungen sind sicher abzudichten, damit die Entstehung von Schwelbränden vermieden wird.

28. Bsp.: Scheunenbrand bei Dacharbeiten

Beim Aufbringen von Bitumenschweißbahnen auf das Dach einer Scheune geriet diese in Brand. Die Flammentemperaturen betragen bei diesem Arbeitsverfahren ≈ 1.000 °C. Durch Risse in der alten mehrlagigen Dachpappe, die den unmittelbaren Untergrund bildete und durch Fugen zwischen den Brettern der Dachbeplankung gelangte erhitztes, abtropfendes Bitumen in das Innere der Scheune. Durch den Brand wurde das Dach zerstört. Eine darauf befindliche Propangasflasche explodierte. Bruchstücke flogen 50 bis 60 m weit. Im Fassadenbereich barsten unter Einwirkung des Feuers angebrachte Asbestzementplatten und führten so zu einer weiteren Gefährdung. Der Dachdeckermeister erhielt wegen fahrlässiger Brandstiftung und Herbeiführung einer Explosion einen Strafbefehl. Der Sachschaden beläuft sich auf ≈ 50.000 Euro.

Verstöße gegen die Sicherheitsbestimmungen:
- Auf Flachdächern, die aus Holzverschalungen bestehen, ist immer mit durchgehenden Ritzen zu rechnen. Deshalb sind die Räumlich-

keiten unterhalb des Daches unbedingt in den Bereich mit Brandgefahr einzubeziehen.
- Ritzen und Fugen ermöglichen nicht nur das Abtropfen von heißem, ggf. auch brennendem Bitumen, sondern auch den Zutritt von Flammen in das Innere. Luftzug und leicht entzündliche Materialien, z. B. Spinnweben in unmittelbarer Nähe potenzieren die Gefahr.
- Dachinstandsetzungen an Scheunen unmittelbar nach der Erntezeit mittels Bitumenschweißbahnen sind sprichwörtlich ein Spiel mit dem Feuer. Derartige Arbeiten sollten für Jahreszeiten geplant werden, in denen diese Vorräte weitestgehend verbraucht sind.

29. Bsp.: Brand nach Hartlöten an einer Wasserleitung

Auf einem landwirtschaftlichen Gehöft bildeten Wohnhaus und Wirtschaftsgebäude einen Gebäudekomplex. Eine Trennung durch eine Brandwand war nicht ausgeführt worden. Im Wirtschaftsteil, unmittelbar angrenzend an den Wohnbereich, war eine Wasserleitung aus Kupfer. Es musste an einem T-Stück gelötet werden. Der Abstand der Leckstelle zur Holzdecke betrug 80 cm. Ein Leitungsstrang führte nach oben zum Dachboden. Dort waren Stroh und Heu gelagert. Der ausführende Schlosser säuberte den Fußboden unter der Leckstelle mit einem Besen und feuchtete den Fußboden und die Decke an, informierte sich jedoch nicht über die Situation auf dem Dachboden. Unmittelbar nach Ansetzen des Brenners kam es zu einem Brand, der sich sehr schnell ausbreitete. Die Brennerflamme oder Funken hatten über die Rohrdurchführung in der Decke die leicht brennbaren Materialien erreicht. Möglicherweise waren Spinnweben an der schnellen Brandausbreitung beteiligt. Durch das Fehlen einer Brandwand gingen beide Gebäudeteile in Flammen auf. Der Sachschaden betrug ≈ 320.000 Euro.

Verstöße gegen die Sicherheitsbestimmungen:
- Benachbarte Räume sind in die Bestimmung der Bereiche mit Brandgefahr einzubeziehen, wenn sie Öffnungen zu dem Raum aufweisen, in dem Schweiß- und verwandte Arbeiten ausgeführt werden sollen. Solche Öffnungen sind zu verschließen.
- Rohrdurchführungen durch Decken oder Wände erfordern in zweierlei Hinsicht Aufmerksamkeit bei der Brandverhütung: Der Spielraum zwischen Rohr und Baukonstruktion stellt eine, auch wenn meistens kleine Öffnung, dar, durch die aber Funken oder Flammen gelangen können. Ferner ist über die Rohrstränge eine Wärmeleitung möglich, die bei Kupfer besonders hoch ist.
- Thermische Arbeiten unter einer Holzdecke, auf der massenhaft leicht brennbare Materialien lagern, erfordern einen überdurchschnittlichen Aufwand zur Beseitigung der Brandgefahr, selbst wenn es sich „bloß" um eine kleine Lötstelle handelt, die in wenigen Minuten ausführbar ist.

30. Bsp.: Schweißarbeiten an einem Scheunentor führten zum Brand

An einem Scheunentor sollten E-Schweißarbeiten vorgenommen werden. Das Schweißgerät wurde in der Scheune neben einer Strohbanse aufgestellt. Nach dem Anschließen an die Stromversorgung schaltete der Hofbesitzer die Schweißmaschine an und machte eine kurze Funktionsprobe. Die eigentlichen Schweißarbeiten sollte ein Sohn durchführen. Er wollte nun einen Traktor aus der Scheune fahren und sah plötzlich im Bereich des Schweißgerätes Flammen auf dem Boden, die bereits die 2 m entfernte, hoch aufgeschichtete Strohbanse erreicht hatten. Er fuhr den Traktor heraus und alarmierte seine Familie, der es gelang, das Schweißgerät zu bergen und einen großen Teil der Tierbestände heraus zu treiben. Ursache des Brandes waren die bei der Funktionsprobe entstandenen Schweißfunken, die das herumliegende Stroh entzündet hatten. Eine Sekunde „Schweißarbeiten" verursachte so 350.000 Euro Schaden.

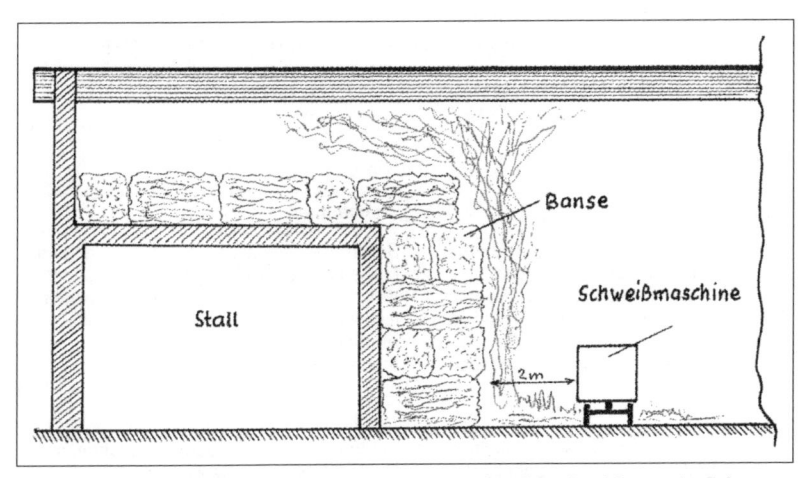

Abb. 77: Funktionsprobe beim E-Schweißen entzündete Strohbanse in Scheune

Verstöße gegen die Sicherheitsbestimmungen:
- Beim E-Schweißen entstehen in jedem Falle Funken und Spritzer, selbst wenn es sich nur um ein kurzzeitiges Antippen mit der Elektrode an die zu schweißende Konstruktion handelt.
- Unter den gegebenen Bedingungen verbieten sich Schweiß- und verwandte Arbeiten, da eine Beseitigung der Brandgefahr durch abdecken und/oder Befeuchten praktisch kaum durchführbar ist.
- Grobe Fahrlässigkeiten können dazu führen, dass der Versicherungsschutz versagt wird.

Darstellung von Bränden und Unfällen durch genannte Verfahren

31. Bsp.: Brand an einen Dungstreuer

Bei Reparaturarbeiten an einem Dungstreuer entzündeten Schweißspritzer Strohreste und Schmierstoffe. Da die Maschine in unmittelbarer Nähe eines Scheunen- und Stallgebäudes stand, kam es zum Brand an dessen Holzverkleidung. Mit einem Feuerlöscher konnten beide Brandherde erfolgreich bekämpft werden, so dass der materielle Schaden gering blieb. Die von dem Schweißer begangenen Fahrlässigkeiten betreffen nicht nur den Standort des Gerätes bei der Reparatur, sondern insbesondere auch die unterlassene Reinigung des Arbeitsbereiches. Von Beseitigung der Brandgefahr konnte keine Rede sein.

Verstöße gegen die Sicherheitsbestimmungen:
- An Fahrzeugen und anderen Maschinen gehen von Treib- und Schmierstoffen erhebliche Brandgefahren aus. Vor Anwendung thermischer Arbeitsverfahren sind die Arbeitsbereiche zu reinigen. Dies betrifft bei Landmaschinen auch anhaftende Pflanzenreste. Ggf. sind Abdeckungen vorzunehmen.
- Bei Reparaturarbeiten auf freiem Felde ist dafür Sorge zu tragen, dass durch Schweiß- und verwandten Arbeiten nicht Getreideschläge, Flächen mit vertrocknetem Gras u. ä. in Brand geraten können.

Tabelle 40: Beispiele für Brände an Pflanzen und Futtermitteln

Sachverhalte	Zu beachten
Bei Reparaturarbeiten mit einem Gasbrenner sprühten Funken auf das Schilfdach eines Gebäudes, des sog. Piratentheaters Rügen, welches eine Gaststätte, ein Geschäft sowie die Schneiderei beherbergte. Das Gebäude brannte ab. Schaden: etwa 1 Mio. Euro	Schilf- bzw. Riedgrasdächer sind in hohem Maße bei „Feuerarbeiten" brandgefährdet. Wenn sich derartige Arbeiten in ihrer Nähe nicht vermeiden lassen, sind sehr hohe Anforderungen bezüglich Sicherheitsmaßnahmen zu stellen.
Die Unkrautvernichtung mittels Gasbrenner kam einem Mann teuer zu stehen. Eine Hecke samt Jägerzaun entzündete sich sehr schnell. Wenig später stand sein Auto, welches hinter der Hecke am Bürgersteig geparkt war, in Flammen.	Bei Feuerarbeiten in Gärten und offenem Gelände kann sich Bewuchs leicht entzünden. Je nach Trockenheit und Windgeschwindigkeit ist eine schnelle Brandausbreitung möglich. gefährdet sind besonders Gebäude, Fahrzeuge, Maschinen, öffentliche Verkehrswege, Stromleitungen und Baumbestände.
In einiger Entfernung von einer Scheune wurden Trennschleifarbeiten durchgeführt. Durch böigen Wind flogen die Schleiffunken bis in das in der Scheune eingelagerte Stroh. Im Nu stand das Gebäude in Flammen. Diese griffen dann auch noch auf eine Werkstatt über. Schadensbilanz: 25.000 €	Schleiffunken besitzen eine hohe kinetische Energie und können weit fliegen. Zwar ist der Energieinhalt der Schleiffunken relativ niedrig, für die Entzündung leicht brennbarer Materialien, wie Heu und Stroh, aber auch Dampf-Luft- oder Gas-Luft-Gemische durchaus ausreichend. An Holz und Kunststoffen können sie auch zu Schwelbränden führen.

Materialspezifische Gefährdungen

Sachverhalte	Zu beachten
Ein als Stall und Scheune genutztes Gebäude erhielt eine neue Dachhaut durch Aufbringen von Bitumenschweißbahnen. Bei starkem Wind schlug die offene Flamme durch eine Lüftungsöffnung in das Gebäudeinnere, wo sich das bis unter das Dach gelagerte Heu entzündete. An dem Gebäude entstand Totalschaden (ca. 135.000 Euro)	Eingelagertes Stroh oder Heu kann sich selbst entzünden. Deshalb erfolgt in Scheunen eine natürliche Belüftung über konstruktive Öffnungen. Es findet also ein Luftdurchzug statt, der offene Flammen regelrecht „ansaugen" kann. Das Aufbringen von Bitumenschweißbahnen auf Scheunen in einer Zeit, wo sie mit Erntegut gefüllt sind, ist äußerst fahrlässig.
Dachdecker waren damit beschäftigt, Bitumenschweißbahnen auf dem Flachdach (Betonfläche) einer Garage aufzubringen. Der angrenzende Giebel eines Stallgebäudes bestand aus Brettern. Dahinter lagerte Stroh. Zum Schutz gegen Funken wurde eine Schaltafel an den Giebel angelehnt. Dies reicht als Brandschutzmaßnahme nicht aus. Der Dachstuhl brannte ab. Der Schaden betrug 45.000 Euro.	Beim Gebrauch von Gasbrennern ist das Funkensprühen keineswegs so auffällig wie z. B. beim E-Schweißen oder Trennschleifen. Trotzdem gibt es Funken und Spritzer. Letztere können aus „abspratzenden" Materialteilen bestehen. Bei diesen handelt es sich z. B. um Beton- und Schmutzpartikel, die sich unter dem Einfluss der Flamme lösen und weggeschleudert werden
Im Zuge der Rekonstruktion einer Gaststätte sollte ein kleines Schleppdach beseitigt werden, dessen Tragkonstruktion aus Winkelstählen bestand. Die Stähle wurden mittels Trennschleifgerät abgeschnitten. Die Funken trafen in 1,70 m Entfernung auf die Schilfrohrtraufe, deren Innenseite besonders trocken und somit leicht entzündlich war. Schaden: ≈ 500.000 Euro	Trennschleifarbeiten in unmittelbarer Nähe von Schilfdächern sind mit hoher Brandgefahr verbunden. Die hohe kinetische Energie der Funken und die hohlraumreiche Struktur der Dachhaut können zum „Verkriechen" der Funken führen, wobei sich Schwelbrände entwickeln, wenn es nicht gleich zum offenen Brand kommt, was bei einer Entzündungstemperatur von 320 °C leicht möglich ist.
Ein landwirtschaftliches Gebäude bestand aus zwei Teilen, die durch eine Brandmauer getrennt waren. An einem durchgehenden Stahlträger wurde geschweißt. Infolge Wärmeleitung entwickelte sich auf der Gegenseite (Scheune mit Stroh) zunächst ein Schwelbrand, der später in einen offenen Brand überging und zu 75.000 Euro Schaden führte.	Die Wärmeleitung in Metallen wird als Brandauslöser oft unterschätzt. Das sich ausbildende Temperaturfeld hängt vom thermischen Verfahren, von Art und Abmessungen des Schweißteils und der Dauer der thermischen Arbeiten (eingetragenen Energiemenge) ab. Gasschweißen ist energieintensiver als beispielsweise E-Schweißen oder Löten.
An einem landwirtschaftlichen Anwesen sollten stählerne Isolatorenstützen des Hausanschlusses beseitigt werden. Da sich die Muttern auf der Wandinnenseite nicht lösen ließen und ein Absägen dem Handwerker zu lange dauerte, griff er zum Schweißbrenner. Strohpartikel im Mauerdurchbruch entzündeten sich. Die Flammen griffen auf gelagertes Stroh über. Brandschaden: 175.000 Euro	Lässt sich die Brandgefahr nicht oder nur mit unverhältnismäßig großem Aufwand beseitigen, ist die Anwendung nichtthermischer Arbeitsverfahren erforderlich. Der Auftrag, die Stähle durchzusägen, trug somit der gegebenen Situation Rechnung. Räumlichkeiten hinter Durchbrüchen gehören grundsätzlich zum Schweißgefährdungsbereich.

155

Fortsetzung von Tabelle 40: Beispiele für Brände an Pflanzen und Futtermitteln

Sachverhalte	Zu beachten
Beim Einbau einer neuen Heizungsanlage in ein Wohnhaus führten Schweißarbeiten an Rohren im Deckenbereich zu einem Schwelbrand, der nach 6 Stunden bemerkt wurde. Entzündet hatte sich der aus Stroh bestehende Putzträger.	Putzschichten in Gebäuden können leicht brennbare Materialien verbergen, z. B. Holz, Dämmstoffe und organische Putzträger. Besonders beim Gasschweißen dicht unter Decken mit Putzschichten werden durch Wärmestrahlung und Konvektion stark erhitzt.
Durch falsches Anklemmen der Schweißstromrückleitung kam es bei Elektroschweißarbeiten an einem Mähdrescher zur Widerstandserwärmung einer Druckfeder. Strohreste entzündeten sich, und der Fahrerstand fing an zu brennen. Die Brandwache nahm sofort mit Erfolg die Brandbekämpfung auf.	Schweißstromrückleitungen sind in unmittelbarer Nähe der Schweißstelle anzubringen, sonst besteht eine Gefahr durch unkontrollierte Irrströme. Diese können u. a. zur Zerstörung von Schutzleitersystemen mit nachfolgenden Bränden führen. Die zu reparierenden Maschinen sind zu säubern.

Bei der Entzündung von Pflanzen, Futter- und Lebensmitteln kann man fast von einem „Strickmuster" sprechen. Unter den ausgewerteten Fällen sind das Verarbeiten von Bitumenschweißbahnen 12-mal und das Trennschleifen 7-mal beteiligt. Dies ist deutlich überproportional gegenüber der dargestellten Gesamtentwicklung von Bränden und Explosionen bei Schweiß- und verwandten Arbeiten. Unter den Bitumenschweißbahn-Fällen nehmen Scheunen die Hälfte ein. An vier davon wurden die Dachdeckerarbeiten unmittelbar nach der Ernte – also an mit Stroh und Heu gefüllten Scheunen - durchgeführt.

Typisch für die betrachteten, in brand geratenen Stoffe sind deren niedrige Entzündungstemperaturen, die entzündungsbegünstigende geometrische Form und die häufige Chancenlosigkeit, bei Löscharbeiten mehr als ein Übergreifen der Brände auf andere Objekte erreichen zu können. Bei Wind können brennende Stroh- und Heubüschel weit fliegen. Brandentstehungen in 150 m Entfernung sind bekannt. Ein spezielles Gefahrenmoment geht von Asbest aus, das in der Landwirtschaft mitunter noch als Dacheindeckung und im Fassadenbereich anzutreffen ist. Durch die Brände selbst, die Löscharbeiten und Zerstörung beim Einstürzen von Dachstühlen, werden in großem Umfang Asbestfasern freigesetzt, die nicht nur die Feuerwehrleute gefährden, sondern auch viele andere Personen.

3.2.7 Textilien, Garn, Wolle, Felle, Haare, Leder [27]

In Wirtschafts- und Gesellschaftsbereichen sind Textilien und Fasern in Form von Arbeitskleidung, Arbeitsmitteln und Arbeitsgegenständen allgegenwärtig. Auch Felle und Pelze sind als mögliche Brandobjekte sowohl bei lebenden Tieren als auch in Form von Waren zu beachten. Betrachtet man nun die Fasern genauer, welche den Grundstoff für Textilien darstellen, so lässt sich festhalten: Natur- und Chemiefasern sind organische Stoffe. Werden diese Stoffe mit Hitze beaufschlagt, so beginnt ab einer bestimmten Temperatur die Zersetzung des Stoffes, die Pyrolyse. Die Zersetzungsprodukte sind brennbar und können fest, flüssig und gasförmig sein.

Tabelle 41: Pyrolysebereiche von Faserstoffen

Faserstoffe	Temperatur in °C
Baumwolle	250–270
Wolle	150–200
Polyester	283–306
Polyamid	310–380
Triacetat	250–310
Polyacrylnitril	250–280
Polyvenylchlorid	150–300
Polypropylen	328–410

Aus der Tabelle 41 ist ersichtlich, welche Temperatur auf die Fasern einwirken muss, damit die Pyrolyse einsetzt. Diese Temperaturen werden durch Funken beim Schweißen und verwandten Verfahren bei weitem überschritten.

Eine pauschale Aussage über das Brandverhalten von Textilien ist aus dem vorgenanntem Sachverhalt nicht möglich, da das Brandverhalten wesentlich durch Textilkonstruktionen, Faserkombinationen und textile Ausrüstung beeinflusst wird.

Generell kann davon ausgegangen werden, dass Fasern, aber auch Textilien im Arbeitsbereich bei Schweißarbeiten und verwandten Verfahren eine erhebliche Brandgefahr darstellen. Sind diese Textilien dazu auch noch verunreinigt z.B. durch Öle und Fette oder kommt es in den Textilien zu einer Anreicherung von Sauerstoff, so steigt die Brandgefährdung nochmals erheblich.

Die Rückverfolgung des Brand- und Explosionsgeschehens im Zusammenhang mit Schweiß- und verwandten Arbeiten über einen 40-jährigen Zeitraum zeigt, dass die Schadensfälle dieser Stoffgruppe zunächst gleich bleiben, ab 2000 aber abnehmen (siehe Tabelle 42):

Tabelle 42: Anteil der Beispiele Textilien und Fasern an der Gesamtzahl der ausgewerteten Beispiele

Zeiträume	70er Jahre	80er Jahre	90er Jahre	seit 2000
Ausgewertete Beispiele	602	621	815	733
Anteil Textilien und Fasern in	7,8 %	7,9 %	7,3 %	1,2 %

Nachfolgend werden mehrere Beispiele aufgeführt, die verdeutlichen, dass dieser Stoffgruppe jedoch weiterhin Beachtung geschenkt werden muss.

Darstellung von Bränden und Unfällen durch genannte Verfahren

Fallbeispiele

32. Bsp.: Entzündung von Raumtextilien

In einem Einfamilienhaus wurden Schneidarbeiten mit einem Autogenschweißgerät zur Installation einer Zentralheizung durchgeführt. Beim Verlegen der Vorlaufleitung, ca. 30 cm unter der Zimmerdecke, musste ein Abzweig herausgebrannt werden. Dabei kam es zum Funkenflug, der eine im Zimmer stehende Liege mit einer darauf befindlichen Decke entzündete, Abb. 78.

Abb. 78:
Entzündung von Raumtextilien
1 Liege,
2 Decke

Der Brand konnte durch schnelles Handeln gelöscht werden. Es entstand geringer Sachschaden.

Verstöße gegen die Sicherheitsbestimmungen:
- Sicherheitsmaßnahmen in Brand- und Explosionsgefährdeten Bereichen ungenügend beachtet (brennbare Gegenstände und Stoffe nicht entfernt).

33. Bsp.: Brand synthetischer Garne

Im Kellergeschoss eines Textilbetriebes befand sich ein Werkstattraum, in dem Schweißarbeiten durchgeführt wurden. Da dieser Raum keine Fenster und Abzugsmöglichkeiten für Schweißrauch und Gase hatte, ließ man die Tür zu einem angrenzenden Betriebsraum offen, Abb. 79.

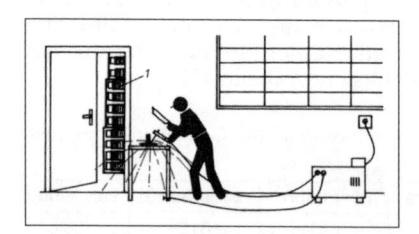

Abb. 79:
Entzündung von Garnspulen,
1 Garnspulen

Unbemerkt von acht Personen, die hier arbeiteten, drangen Schweißspritzer in den angrenzenden Raum ein und entfachten in einer Garnspule einen Schwelbrand. Als zum Abtransport der Garnrollen eine Tür weiter geöffnet wurde, trat, vermutlich durch Luftzug begünstigt, ein Feuerübersprung ein, und eine Palette von Garnrollen fing schlagartig intensiv an zu brennen. Die Mitarbeiter versuchten, den Brand zu löschen; doch der Brand breitete sich sehr schnell aus und es kam zu einer starken Rauchentwicklung, so dass die Mitarbeiter den Raum verlassen mussten. Sechs Mitarbeiter gelangten durch die Tür, zwei durch ein Kellerfenster ins Freie. Die alarmierte Feuerwehr löschte den Brand, was allerdings durch die intensive Rauchentwicklung erschwert wurde. Es entstand ein großer Schaden.

Verstöße gegen die Sicherheitsbestimmungen:
- angrenzende Räume in Brandgefährdeten Bereich nicht einbezogen,
- Schweißerlaubnis fehlt,
- ungeeignete Feuerlöscher installiert.

34. Bsp.: Schwere Rückenverbrennungen durch Entzündung von Kleidung beim Schweißen von Stahlkonstruktionen

Beim MAG-Schweißen einer Stahlkonstruktion bemerkte der Arbeiter nicht, dass sich Schweißfunken in seinem Hemd verfangen hatten. Diese Funken setzten das Hemd so schnell in Brand, dass ein selbstständiges Löschen nicht mehr möglich war. Ein in der Nähe befindlicher Arbeiter musste zur Hilfe eilen. Die eingetretenen Brandverletzungen waren so umfangreich, dass eine Einweisung in eine Spezialklinik erforderlich wurde. Der Arbeiter trug während der Arbeiten eine handelsübliche Schweißerjacke mit offenem Rückenteil und darunter ein Baumwollhemd.

Verstöße gegen die Sicherheitsbestimmungen:
Die Versicherten haben bei Schweißarbeiten Kleidung zu tragen, die
- den Körper vollständig bedeckt,
- nicht mit entzündlichen Stoffen verunreinigt ist und
- keine Gegenstände enthält, die zu besonderen Gefahren führen können.

35. Bsp.: Entzündung eines ölgetränkten Lappens

Bei Schweißarbeiten in einer Werkstatt gelangten Schweißfunken auf einen im Arbeitsbereich des Schweißers liegenden ölgetränkten Lappen. Dieser geriet sofort in Brand. Die Flammen griffen trotz eingeleiteter Löschversuche sehr schnell auf die gesamte Werkstatt über. Bei Eintreffen der Feuerwehr hatte sich das Feuer auf einen Anbau und den Giebel des Wohnhauses des Nachbargrundstückes ausgebreitet. Es entstand ein Sachschaden von ca. 80.000 Euro.

Verstöße gegen die Sicherheitsbestimmungen:
- Im Schweißbereich dürfen keine brennbaren Stoffe vorhanden sein.

In Tabelle 43 sind 6 weitere Schadensfälle erfasst und stichpunktartig beschrieben.

Darstellung von Bränden und Unfällen durch genannte Verfahren

Tabelle 43: Brände und Arbeitsunfälle durch Entzündung von Fasern und textilem Gewebe

Sachverhalt	Verstoß gegen die Sicherheitsbestimmungen	Schaden
Bei Schweißarbeiten in einem Lokal entzündete sich durch Schweißspritzer eine Baumwolldecke. Der Brand breitete sich auf die Möbel des Lokals aus.	Bereiche mit Brand- und Explosionsgefahr nicht beachtet; Schweißerlaubnis fehlt; Ergänzende Sicherheitsmaßnahmen nicht durchgeführt	Sachschaden
Durch unsachgemäßes Abstellen einer Lötlampe auf dem Fensterbrett kam es zu einem Brand. Da das Fenster leicht geöffnet war, bewegte sich die Gardine infolge des Luftzuges in Richtung Lötflamme und entzündete sich.	Ergänzende Sicherheitsmaßnahmen nicht durchgeführt; Betriebsanweisung fehlt	Verletzung eines Arbeiters, Sachschaden
Bei Schneidarbeiten an einem Winkelprofil fielen in einer Papierfabrik Schmelzperlen in das darunterliegende Geschoß und entzündeten Alttextilien. Es entstand ein Großbrand.	Arbeiten in Bereichen mit besonderen Gefahren nicht beachtet; Schweißerlaubnis fehlt; Ergänzende Sicherheitsmaßnahmen nicht durchgeführt	groß
An einem Pkw musste der Träger der Sitzkonstruktion geschweißt werden. Zur Ausführung der Arbeit wurde zwar der Sitz ausgebaut, nicht jedoch die Polsterung entfernt. Nach Beendigung der Arbeit baute der Schlosser den Sitz wieder ein. Nach 11h kam es zum Brandausbruch, der 2h später entdeckt wurde.	Ergänzende Sicherheitsmaßnahmen nicht durchgeführt; Brandwache fehlt; keine Betriebsanweisung	gering
In einer Kfz-Werkstatt waren Schweißarbeiten im hinteren Teil des Kofferraumes eines Pkw auszuführen. Der Tank, die Fußmatten und die Innenverkleidung wurden ausgebaut, der Himmel und die Sitze blieben jedoch im Fahrzeug. Durch die Schweißwärme entzündete sich das Konservierungsmittel und anschließend die Polstersitze.	Ergänzende Sicherheitsmaßnahmen nicht durchgeführt; keine Betriebsanweisung	gering
In Produktionsräumen wurden Schweiß- und Schneidarbeiten an einer Dampfleitung ausgeführt, ohne zu beachten, dass Rohrdurchführungen in der Zwischendecke nicht abgedichtet waren. Schweißfunken drangen durch die Öffnungen und entzündeten Stoffballen.	Arbeiten in Bereichen mit besonderen Gefahren und Bereiche mit Brand- und Explosionsgefahr nicht beachtet; Schweißerlaubnis fehlt; Ergänzende Sicherheitsmaßnahmen nicht durchgeführt	Sachschaden

160

Textile Gewebe und Fasern stellen eine erhebliche Brandgefahr dar. Diese Gefahr wird bei Schweiß- und Schneidarbeiten häufig unterschätzt, wodurch keine ordnungsgemäße Sicherung dieser Stoffe gegen Entzündung durchgeführt wird. Auch bei der Wahl der Arbeitskleidung für solche Arbeiten wird dieser Umstand häufig nicht beachtet. Die aufgeführten Beispiele zeigen dies sehr deutlich.
In jedem dieser Schadensfälle liegt eine Verletzung der BGR500 Kapitel 2.26 vor. Im Besonderen der Punkt 3.4 durch ungenügende Arbeitskleidung, der Punkt 3.6 durch fehlende Beachtung von besonderen Gefahren und der Punkt 3.8 durch mangelnde Berücksichtigung von Brand- und Explosionsgefahren bilden die Schwerpunkte bei den Verstößen. Die Unterweisung von Schweißern muss die Behandlung dieser Punkte demnach unbedingt enthalten.
Bei der Auswahl der Kleidung für Schweißarbeiten und ähnliche Verfahren sollte unbedingt darauf geachtet werden, dass diese den Anforderungen der DIN EN 470-1 „Schutzkleidung für Schweißen und verwandte Verfahren" entspricht.

3.2.8 Brennbare Flüssigkeiten und Dämpfe [28]

Brennbare Flüssigkeiten werden in fast jedem Betrieb verarbeitet und gelagert. In der Regel handelt es sich dabei um Kraft-, Schmierstoffe und Lösemittel, die aufgrund ihrer Eigenschaften (z. B. hydrophob, lipophil, etc.) benötigt werden.

Der Bereich der brennbaren Flüssigkeiten umfasst u. a. im organischen Bereich Alkane, Alkene, Alkine, Ether, Esther, Alkohole sowie Arene (Aromaten). Diese Klassifizierung der Stoffe, hervorgegangen durch chemische Testreihen und Analysen, ermöglicht noch keine Einschätzung des Gefährdungspotenzials. Dazu werden im Bereich der Gefahrenabwehr folgende Merkmale bestimmt bzw. untersucht:
- Brennbarkeit,
- Zündbereitschaft,
- Zündquellenschutz und
- Schadensfolgen.

Besonders interessant für den Schweißer ist der Flammpunkt (Kategorie Zündbereitschaft), der sich wie folgt definiert:
„Der Flammpunkt ist die niedrigste Temperatur einer brennbaren Flüssigkeit, bei der sich unter festgelegten Prüfbedingungen Dämpfe in solcher Menge entwickeln, dass über dem Flüssigkeitsspiegel ein durch Fremdentzündung entzündbares Dampf-Luft-Gemisch entsteht."

Darstellung von Bränden und Unfällen durch genannte Verfahren

Tabelle 44: Einteilung brennbarer Flüssigkeiten nach Gefahrstoffverordnung Ausgabe 2005

Bezeichnung	Bedingung
hochentzündlich	Flammpunkt < 0 °C Siedepunkt ≤ 35 °C
leichtentzündlich	Flammpunkt < 21 °C
entzündlich	Flammpunkt 21–55 °C

Auch wenn mit der Gefahrstoffverordnung die Verordnung über brennbare Flüssigkeiten (VbF) zurückgezogen worden ist, gelten die Technischen Regeln für brennbare Flüssigkeiten (TRbF) weiter (nicht wasserlöslich A1, A2, A3, wasserlöslich B).

Wie die nachfolgenden Fälle zeigen werden, ist selten die reine Flüssigkeit der Auslöser einer Verpuffung, einer Explosion oder eines Schadensfeuers. Vielmehr sind es in der Regel die entstehenden Luft-Dampf-Gemische, die zu Schadensfällen führen. Dämpfe bilden sich auch in geschlossenen Behältern, entweichen normalerweise beim Öffnen und verflüchtigen sich bei guter Lüftung. Fehlt aber diese Lüftung, bzw. wird der Behälter erwärmt, so bildet sich ein zündfähiges Gemisch, das durch Funkenflug, Schweißspritzer o. ä. leicht gezündet werden kann.

Dabei entsteht selten ein Vollbrand, jedoch reicht die entstehende Stichflamme aus, um Arbeiter und Anlagen zu beschädigen bzw. zu verletzen.

In den 70er Jahren kam es bei Schweiß- und Schneidarbeiten in Verbindung mit Waschbenzin (Siedegrenzenbenzin) und durch irrtümlichen Gebrauch von Benzin als Löschmittel zu folgenschweren Unfällen und Bränden. Sie ereigneten sich vorwiegend in Betrieben und Werkstätten, in denen Reinigungsarbeiten mit Waschbenzin vor, nach oder zeitlich parallel mit Schweiß- und Schneidarbeiten durchgeführt wurden.

Die Rückverfolgung des Brand- und Explosionsgeschehens im Zusammenhang mit Schweiß- verwandten Arbeiten über einen fast 40jährigen Zeitraum zeigt, dass die Schadensfälle in dieser Stoffgruppe besonders ab 2000 stark sinken.

Tabelle 45: Anteil der Beispiele mit brennbaren Flüssigkeiten und Dämpfen

Zeiträume	70er Jahre	80er Jahre	90erJahre	ab 2000
Schadensfälle insgesamt	602	621	815	733
Anteil der Beispiele absolut	194	102	117	34

Fallbeispiele

36. Bsp.: Stichflamme bei Leckagereparatur

An einer mit Reinigungsflüssigkeit (Kohlenwasserstoffgemisch, Flammpunkt ca. 70 °C) gefüllten Entfettungsanlage wurde ein Leck im Wärmetauscherkreislauf festgestellt. Der zuständige Mitarbeiter informierte den Instandhalter, der es jedoch versäumte, seinen Vorgesetzten zu informieren und eine Schweißerlaubnis einzuholen. Der Arbeiter unternahm währenddessen einen Reparaturversuch. Da dieser fehlschlug, öffnete er einen Flansch, um das betroffene Bauteil zu entfernen und in der Werkstatt zu reparieren. Dabei traten unbemerkt Reinigungsdämpfe aus und entzündeten sich bei einem weiteren Schweißversuch vor Ort. Löschversuche der Mitarbeiter scheiterten. Die Halle brannte ab, der Instandhalter wurde durch eine Stichflamme getötet, der Mitarbeiter schwerstverletzt.

Anmerkungen:
- Das leckgeschlagene Rohrstück ließ nur Wasserdampf entweichen, es bestand kein Grund zu sofortigem Handeln.
- Das Öffnen des Flansches hat vermutlich ein explosives Luftgemisch erzeugt. Eine vorbeugende Lüftung hätte dies verhindert.

Verstöße gegen die Sicherheitsbestimmungen:
- Arbeiten in Bereichen mit besonderen Gefahren,
- Bereiche mit Brand- und Explosionsgefahr,
- Ergänzende Sicherheitsmaßnahmen unterlassen.

37. Bsp.: Brennendes Tanklager

Auf einer Hafeninsel wurden vier Öl-Lagertanks nach Leerung und Reinigung durch den TÜV überprüft und zur Demontage freigegeben. Die beauftrage Fachfirma für Tankdemontagen zerlegte den Tank von oben nach unten. Dabei bemerkte ein Arbeiter Rauchentwicklung. Es kam zum Großbrand, verursacht durch mehrere 100 Liter Ölreste und Ölschlämme, die durch Funkenflug entzündet wurden. Wie sich später ergab, wurde der Tank überfüllt. Das Öl drückte durch die Dichtungen auf das Schwimmdach, blieb liegen, und wurde bei der Prüfung nicht entdeckt.

Anmerkungen:
- Selbst eine Überprüfung durch den TÜV (vgl. BGR 500 Kap. 2.26 Punkt 3.9) garantiert hier keine vollständige Sicherheit bei Abbrucharbeiten.
- Der Unternehmer hat sich selbst vom Zustand der zu demontierenden Anlagen zu überzeugen.
- Besonders sollte in diesem Zusammenhang die BGR 500 Kap. 2.26 Punkt 3.8.3 Bereitstellung von Löschmitteln nebst Brandposten Beachtung finden.

Verstöße gegen die Sicherheitsbestimmungen:
- Behälter mit gefährlichem Inhalt.
- Schweißen unter Aufsicht eines Sachkundigen.

38. Bsp.: Explosion von Lösungsmitteln

In einem Betrieb richtete man zwischen einer Schlosserei und einer Lackiererei eine Schweißwerkstatt ein. Zwischen der Schweißwerkstatt

Darstellung von Bränden und Unfällen durch genannte Verfahren

und der Lackiererei befand sich ein Fenster, dessen Scheibe zerbrochen war.
Da die Lösungsmitteldämpfe die Schweißer störten, schnitten sie ein Stahlblech zu, um es in die Fensteröffnung einzuschweißen. Beim Zünden der Elektrode trat eine Explosion ein, die den Schweißer und die Lackierer tötete und die Werkstätten zerstörte. Die gewählte funktionelle Lösung, beide Werkstätten unmittelbar nebeneinander zu betreiben, widersprach den Erfordernissen des Explosionsschutzes.

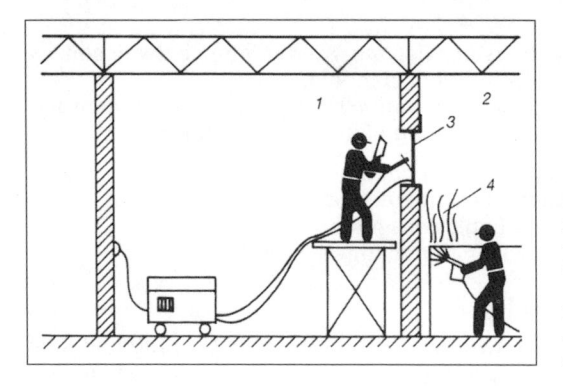

Abb. 80:
Explosion von Acetondämpfen
1 Schweißwerkstatt;
2 Lackiererei;
3 Stahlplatte;
4 Acetondämpfe

Verstöße gegen die Sicherheitsbestimmungen:
- Brand- und Explosionsgefährdeter Bereich, Schweißerlaubnis fehlte,
- angrenzende Räume nicht mit einbezogen.

Tabelle 46: Beispiele für Brände und Explosionen in der Stoffgruppe brennbare Flüssigkeiten und Dämpfe

Sachverhalt	Verstoß gegen die Sicherheitsbestimmungen	Schaden
Bei Schweißarbeiten an einer Dunstabzugshaube kam es in einem Stahlwerk zur Bildung einer Stichflamme. Drei Arbeiter wurden verletzt.	Arbeiten in Bereichen mit besonderen Gefahren; Bereiche mit Brand- und Explosionsgefahr; kein Brandposten, keine bereitgestellten Löschmittel	Zweistelliger Millionenbetrag
Schweißarbeiten an einem gebrauchten ungespülten Mineralöltank führten zur Explosion.	Arbeiten in Bereichen mit besonderen Gefahren; Behälter mit gefährlichem Inhalt	Personenschäden

Materialspezifische Gefährdungen

Sachverhalt	Verstoß gegen die Sicherheitsbestimmungen	Schaden
Zur Erneuerung eines Türscharniers einer Lack-Trockenkabine wurden Schweißarbeiten notwendig. Schweißspritzer drangen durch die undichte Tür in die Unterflurabsaugung und setzten die Kammer in Brand.	Arbeiten in Bereichen mit besonderen Gefahren; Bereiche mit Brand- und Explosionsgefahr; Ergänzende Sicherheitsmaßnahmen; Schweißerlaubnisschein lag vor, betriebliche Brandschutztechnik scheiterte, Arbeitsunterweisungen fehlten.	Sachschaden
Über undichte Schweißnähte gelangte vermutlich Benzin aus dem Treibstofftank eines Aluminiumbootes in den Luftkasten (doppelter Boden). Schweißarbeiten führten zu einer Verpuffung.	Arbeiten in Bereichen mit besonderen Gefahren; Bereiche mit Brand- und Explosionsgefahr. Eine Gasfreiheitsprüfung des Luftkastens fand nicht statt. Es gab keine Be- und Entlüftungsmöglichkeiten im Doppelboden.	Personen- und Sachschäden
In einem Holz verarbeitenden Betrieb wurde im Lösemittellager geflext. Lackreste und ein Luft-Nitrogemisch entzündeten sich. Das Gebäude brannte komplett ab, Explosionen durch Lösemittel und Gasflaschen erschwerten die Löscharbeiten.	Arbeiten in Bereichen mit besonderen Gefahren; Bereiche mit Brand- und Explosionsgefahr. Keine Brandmelde- und Löschtechnik vorhanden. Arbeiten wurden trotz der offensichtlichen Gefahr durchgeführt.	Sachschaden rund 800.000 €
Direkt neben einem Container mit Lackresten schweißte ein Leiharbeiter an einem Blech. Es kam zum Brand, des Weiteren behinderten explodierende Spraydosen die Löschkräfte.	Arbeiten in Bereichen mit besonderen Gefahren; Bereiche mit Brand- und Explosionsgefahr	Geringer Sachschaden
Stickstoff wurde in einen Benzintank geblasen. Dabei traten an einem Rohr auf der anderen Seite, an dem geschweißt wurde, Benzinreste aus. Es kam zur Explosion.	Arbeiten in Bereichen mit besonderen Gefahren; Behälter mit gefährlichem Inhalt	Personenschaden

Fortsetzung von Tabelle 46: Beispiele für Brände und Explosionen in der Stoffgruppe, „Brennbare Flüssigkeiten und Dämpfe"

Sachverhalt	Verstoß gegen die Sicherheitsbestimmungen	Schaden
Bei Abrucharbeiten in einer als Atelier genutzten Halle wurden Schweißarbeiten allein durchgeführt. Dabei gerieten Lösemitteldämpfe in Brand, obwohl anwesende Künstler auf den Geruch hingewiesen hatten.	Arbeiten in Bereichen mit besonderen Gefahren; Bereiche mit Brand- und Explosionsgefahr Anmerkung: Arbeiten wurden trotz der offensichtlichen Gefahr und entgegen mündlichen Hinweisen durch andere Personen durchgeführt.	Sachschäden
Ein Angestellter eines Betriebes reparierte nach Feierabend ein Privatauto. Bei Flexarbeiten geriet die Halle in Brand.	Arbeiten in Bereichen mit besonderen Gefahren; Bereiche mit Brand- und Explosionsgefahr Anmerkung: Arbeiten wurden ohne Erlaubnis durchgeführt.	Sachschäden ca. 500.000 €, Personenschaden
Beim Herauslösen einer Muffe aus einem Heizungsrohr explodierte dieses. Das im Rohr verbliebene Wasser verdampfte beim Erhitzen schlagartig.	Arbeiten in Bereichen mit besonderen Gefahren	Personenschäden

Wie aus den Beispielen ersichtlich, sind fast immer Gemische der entsprechenden Dämpfe mit der Luft Auslöser für Schadensfälle bei Schweiß- und verwandten Arbeiten. Der in Tabelle 46 geschilderte Schadensfall beim Trennschneiden im Lösemittellager ist mindestens als grob fahrlässig zu werten.
Die Tabelle 45 zeigt, dass seit den 70er Jahren der Anteil der Schadensfälle bei Schweißarbeiten in Verbindung mit brennbaren Flüssigkeiten stark zurückgegangen ist. Die Ursachen dafür liegen z.B. im Verwendungsverbot für Waschbenzin, oder im Wechsel der Methode (Austausch statt Reparatur im Kfz-Bereich). In der chemischen Industrie, wo die Herstellungsprozesse weitestgehend automatisiert und in geschlossenen Systemen verlaufen, erfolgen die Reparaturprozesse, insbesondere Schweiß- und Schneidarbeiten, unter besonderen Sicherheitsmaßnahmen.
Wie die Schadensfälle zeigen, entsteht in der Regel eine Explosion, Verpuffung, Detonation oder eine Stichflamme. Diese verletzten fast immer den Schweißer. Schwere Verbrennungen und innere Verletzungen sind die Folge der enormen Hitzeentwicklung und der Druckwelle. Die damit verbundenen Krankenhausaufenthalte, Arbeitsausfälle und die sich teilweise ergebende anschließende Berufsunfähigkeit sind vermeidbar. Es sollte daher bei der Ausbildung gesondert und detailliert auf sich

bereits ereignete Schadensfälle eingegangen werden, um weiteren Unfällen vorzubeugen.
Insgesamt betrachtet wurden alle Fälle durch Unachtsamkeit bzw. durch das direkte oder indirekte Missachten der Bestimmungen der BGR 500 sowie der jeweils geltenden Betriebsanweisungen verursacht. Hierbei tragen sowohl die Unternehmer bzw. die entsprechenden Abteilungsleiter als auch die ausführenden Arbeiter Verantwortung für sich und den Betrieb. Die Verantwortlichen haben die Arbeitsstelle zu begutachten und entsprechende Schutzmaßnahmen zu ergreifen.
Die Versicherten dürfen außerhalb von Schweißwerkstätten mit schweißtechnischen Arbeiten erst beginnen, wenn ihnen vom Unternehmer die Schweißerlaubnis nach Abschnitt 3.8.2 oder die Betriebsanweisung nach Abschnitt 3.8.4 der BGR 500 Kapitel 2.2.6 ausgehändigt wurden und die darin festgelegten Sicherheitsmaßnahmen durchgeführt sind.

3.2.9 Brennbare Gase [29]

Die Beschreibung von Unfällen, Bränden und Explosionen beim Umgang mit brennbaren Gasen, insbesondere bei der Autogentechnik, nimmt in der Fachliteratur einen Großen Umfang ein. Es sind auch viele Fälle bekannt, bei denen grober Unfug zu Gefährdungen, Sach- und schwersten Personenschäden führten. Es ist in diesem Zusammenhang besonders zu betonen, dass körperliche Schäden, die die Verursacher von Spielereien, Neckereien und Zänkereien erleiden, nicht als Arbeits- oder Wegeunfall anerkannt werden. Dazu kommt, dass für Sachbeschädigungen gegenüber dem Verursacher Schadenersatz in voller Höhe geltend gemacht werden kann.
Brennbare Gase, auch Brenngase genannt, sind Gase oder Gasgemische, welche vorwiegend in Haushalt, Gewerbe und Industrie für die Wärmeerzeugung eingesetzt werden. Die Unterteilung erfolgt nach ihrer Herkunft in Naturgas, wie zum Beispiel Erdgas und hergestellte Gase, wie Propan.
Bei der Verwendung von lösemittelhaltigen Produkten, wie zum Beispiel Bitumenvoranstriche, können ebenso brennbare Gase freigesetzt werden.
Um eine Einschätzung des Gefahrenpotentials der Brenngase zu ermöglichen, ist eine Bestimmung und Untersuchung der Brennbarkeit, Zündbereitschaft, sowie der unteren und oberen Explosionsgrenzen von Nöten. Die obere und untere Explosionsgrenze bilden hierbei den so genannten Explosionsbereich (Zündbereich).
Dieser gibt an, in welchem Bereich das brennbare Gas im Gemisch mit einem Oxidationsmittel, meist Luft, zündbereit und explosibel ist. Die versuchstechnisch ermittelte Temperatur, ab welcher es zu einer Zündung dieses Brenngas-Luft-Gemisches kommen kann, ist die Zündtemperatur:

Darstellung von Bränden und Unfällen durch genannte Verfahren

Tabelle 47: Zündbereich und Zündtemperatur ausgewählter Brenngase in Luft

Stoff	Acetylen	Propan	Wasserstoff	Stadtgas	Erdgas
Zündbereich [Vol.-%] in Luft	2,3–82	2,1–9,5	4,1–75	4–40	4–17
Zündbereich [°C] in Luft	305	510	510	560	645

Ist ein solches Mischungsverhältnis erreicht, so genügt eine entsprechende Zündquelle mit der jeweiligen Zündtemperatur aus, um das Gemisch zu zünden. In der Folge kommt es dann zu einer Verpuffung, Explosion oder gar einer Detonation.

Beim Schweißen oder anderen verwandten Verfahren ist aufgrund der sehr hohen Temperaturen jederzeit die entsprechende Zündquelle vorhanden. Deshalb muss Bereichen mit Brand- und Explosionsgefahr große Beachtung geschenkt werden.

Betrachtet man die Schadensfälle im Zusammenhang mit brennbaren Gasen über den Zeitraum von 40 Jahren, so ist zwar ein starkes Absinken der Fälle zu verzeichnen, dennoch ist die Brisanz dieser Stoffgruppe nicht zu unterschätzen.

Die im Folgenden aufgeführten Fallbeispiele sollen dies verdeutlichen:

Tabelle 48: Anteil der Schadensfälle mit brennbaren Gasen

Zeiträume	70er Jahre	80er Jahre	90er Jahre	seit 2000
Schadensfälle insgesamt	602	621	815	733
Anteil der Beispiele absolut	194	103	96	27

Fallbeispiele

39. Bsp.: Unbeabsichtigter Gasaustritt

Das irrtümliche Öffnen einer Absperreinrichtung an einer Entnahmestelle mit mehreren Verbraucheranschlüssen, welche nicht für eine Gasentnahme vorgesehen war, führte zum Ausströmen des brennbaren Gases. Es bildet mit der Luft ein explosionsfähiges Gemisch, welches unabsichtigt gezündet wurde. Mehrere Personen wurden dadurch schwer verletzt.

Ermöglicht wurde die Gasfreisetzung, da der Brenner am Ende des Brenngasschlauches demontiert war.

Des Weiteren war eine eindeutige Zuordnung des zu öffnenden Verbraucheranschlusses nicht zweifelsfrei möglich. Ebenso wurde das Schließen des irrtümlich geöffneten Anschlusses versäumt.

Verstöße gegen die Sicherheitsbestimmungen:
- Arbeiten in Bereichen mit besonderen Gefahren,
- Gasschläuche, deren Befestigungen und Verbindungselemente nicht auf einwandfreien Zustand überprüft wurden.

40. Bsp.: Schwerer Arbeitsunfall mit Propan

Beim Auskleiden von Gärbottichen einer Brauerei mit Pech wurde die Behälterwand mit einem propanbetriebenen Flächentrockner vorgewärmt. Der durchführende Arbeiter hängte diesen mit geöffnetem Ventil in den Bottich. Anschließend öffnete er das Flaschenventil der Propangasflasche und kletterte in den Behälter. Durch einen zweiten Mitarbeiter ließ er den Flächentrockner zünden. Die Behälterwand wurde von oben nach unten erwärmt, Abb. 81. Als eine bestimmte Tiefe erreicht war, entzündete sich das vorher beim Öffnen der Propanflasche in den Bottich geströmte Propan. Die pechverschmutzte Kleidung des Arbeiters geriet sofort in Brand, er selbst erlitt hierbei Verbrennungen zweiten Grades.

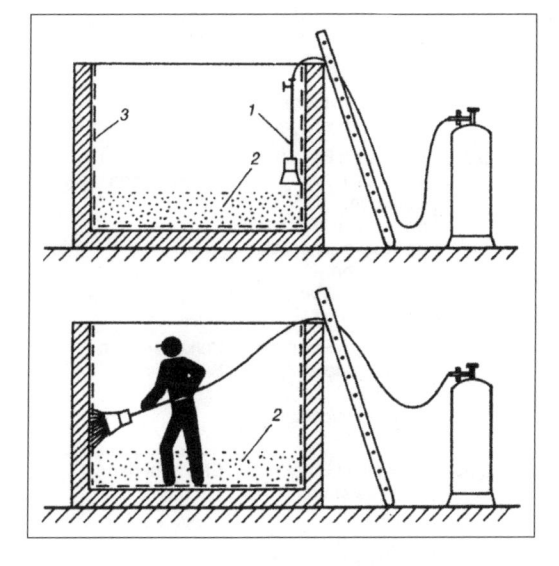

Abb. 81:
Propanansammlung in einen Gärbottich
1 Flächentrockner,
2 Propanansammlung,
3 Pechbeschichtung

Verstöße gegen die Sicherheitsbestimmungen:
- Auftrag und Schweißerlaubnis fehlten,
- keine Unterweisung ausgeführt,
- keine Sicherheitsmaßnahmen, keine Brandposten.

41. Bsp.: Explosionsgefahr beim Einsatz lösemittelhaltiger Bitumenprodukte

Eine Dachdeckerfirma sollte beim Umbau eines Geschäftshauses einen Schacht für die Umlenkvorrichtung einer Rolltreppe mit Schweißbahnen isolieren. Vor dem Aufbringen der Bitumenschweißbahnen wurde ein lösemittelhaltiger Bitumenvoranstrich aufgebracht. Um die Bitumenbahnen zu verschweißen wurde ein Brenner angezündet, durch den es beim Einstieg in den Schacht zu einer Verpuffung kam. Infolge dessen erlitten zwei Personen schwere Brandverletzungen. Eine der Beiden verstarb mehrere Tage später.

Verstöße gegen die Sicherheitsbestimmungen:
- Arbeiten im Bereich mit besonderen Gefahren,
- lösemittelhaltige Bitumenanstriche nicht in Verbindung mit dem Schweißen von Bitumenschweißbahnen verarbeiten.

Tabelle 49: Weitere Beispiele für Brände und Explosionen in der Stoffgruppe „Brennbare Gase"

Sachverhalt	Verstoß gegen die Sicherheitsbestimmungen	Schaden
Bei Schweißarbeiten haben sich Rückstände in einem Gasrohr entzündet.	Arbeiten in Bereichen mit besonderen Gefahren; Bereiche mit Brand- und Explosionsgefahr	Sachschäden
Gasexplosion nach Sanierungsarbeiten an einer Gasleitung.	Arbeiten in Bereichen mit besonderen Gefahren; Bereiche mit Brand- und Explosionsgefahr Anmerkung: Keine Freigabe zur Durchführung	Personen- und Sachschaden
Schweißarbeiten an einem mit Erdgas beheiztem Heißwasserkessel.	Arbeiten in Bereichen mit besonderen Gefahren, Behälter mit gefährlichem Inhalt	Personen- und Sachschaden
Bei Schweißarbeiten wurde eine Erdgasleitung entzündet.	Arbeiten in Bereichen mit besonderen Gefahren; Bereiche mit Brand- und Explosionsgefahr	Sachschaden
Im Keller eines Anbaues wurde ein lösemittelhaltiger Bitumenvoranstrich aufgetragen. Beim anschließenden Zünden des Brenners, um die Bitumenbahnen zu verschweißen, kam es zu einer Verpuffung. Ein Arbeiter wurde verletzt.	Arbeiten in Bereichen mit besonderen Gefahren; Bereiche mit Brand- und Explosionsgefahr	Personenschaden
Bei Schweißarbeiten mit einem Acetylengas-Schweißgerät kam es im Bereich der Anschlussschläuche zu einem Brand. Durch ein rasches Schließen der Flaschenventile konnte schlimmeres verhindert werden. Der Arbeiter erlitt jedoch Verbrennungen an beiden Händen.	Gasschläuche Prüfungen	Personenschaden

Materialspezifische Gefährdungen

Sachverhalt	Verstoß gegen die Sicherheitsbestimmungen	Schaden
Beim Abbrennen einer Stahltür entzündeten Schweißspritzer die Gasschläuche, was einen Flaschenbrand mit zur Folge hatte. Die Acetylenflasche explodierte hierbei.	Arbeiten in Bereichen mit besonderen Gefahren Gasschläuche	sehr großer Sachschaden
Bei Abrissarbeiten entzündete sich eine Rohrleitung für Schwefelwasserstoffgas. Dies hatte einen Brand zur Folge.	Arbeiten in Bereichen mit besonderen Gefahren; Bereiche mit Brand- und Explosionsgefahr	Sachschaden
Bei Änderungsarbeiten an einer Heizungsanlage trat aus einem Acetylenschlauch Gas aus. Der Schlauch befand sich in einem schlechten Zustand. Infolge dessen kam es zu einer Explosion.	Bereiche mit Brand- und Explosionsgefahr Prüfungen	Schweißer tödlich verunglückt

Bei Schadensfällen im Zusammenhang mit brennbaren Gasen ist im Zeitraum von 40 Jahren eine starke Abnahme zu erkennen.

Die Ursachen liegen zum einen in der verringerten Anwendung von Acetylenentwicklern, zum anderen in der Verwendung von Sicherheitseinrichtungen gegen Flammendurchschlag.

Weiterhin ist festzustellen, dass es in einer Vielzahl von Fällen zu einer schlagartigen Explosion mit nicht berechenbaren Folgen kommt. Meist entsteht erheblicher Sachschaden und es treten schwere Verletzungen von Personen, zum Teil mit Todesfolge auf.

Dies wäre jedoch vermeidbar, wenn bei diesen Verfahren nicht so unachtsam und ohne nachzudenken gehandelt werden würde.

Durch ordnungsgemäße Kontrollen, Pflege und Wartung der Geräte und Armaturen könnte man Gefahrenquellen und somit das Risiko von Unfällen minimieren. Ebenso durch in regelmäßigen Abständen wiederkehrende Auffrischungen des zum Schweißen notwendigen theoretischen Wissens. Dabei sollte verschärft auf die Gefahren, sowie die Verantwortung eines jeden Einzelnen eingegangen werden.

Zu Verarbeitungsprozessen von lösemittelhaltigen Produkten, aus denen brennbare Gase austreten können, teilt die BG-Bau Prävention, Referat Gefahrstoffe mit: „Damit wird noch einmal deutlich gemacht, dass lösemittelhaltige Bitumenanstriche nicht in Räumen eingesetzt werden dürfen und der Einsatz von Brennern im Zusammenhang mit diesen Produkten lebensgefährlich (grob fahrlässig) ist."

Im Allgemeinen sollte in der Ausbildung von Schweißen und bei Unterweisungen verstärkt auf die Risiken bei diesen Arbeit hingewiesen werden, da alle Heißverfahren von vorn herein die Gefahr darstellen, dass eine leistungsfähige und nicht zu unterschätzende Zündquelle vorhanden ist.

3.2.10 Entzündung mehrerer Stoffe gleichzeitig [30]

In den einzelnen Wirtschaftsbereichen ist es keine Seltenheit gleichzeitig mehrere Stoffe verschiedener Art, am Arbeitsort vorzufinden. Auf Grund der unterschiedlichen Charakterisierung der Substanzen können bei Schweißarbeiten Entzündungen der Stoffe gleichzeitig auftreten. Die Entstehung von Dämpfen, Gasen, Explosionen und hohen Temperaturen sowie die Brandgefahr spielt dabei eine besondere Rolle.

Die Entwicklung neuer Materialien- und Stoffkombinationen setzt entsprechende Kenntnisse und eine komplexe sowie intensive Ausbildung voraus, die, auf Grund zeitlicher und finanzieller Situationen, nicht immer realisierbar ist. Somit ist die Unkenntnis darüber eine zusätzliche Gefahr bei schweißtechnischen Arbeiten. Im Baubereich kommt hinzu, dass viele Baustoffe trotz hoher Brandgefahr verarbeitet werden.

Eine große Rolle spielt auch die Gefahr der Routine und die Missachtung von Weisungen und Sicherheitsmaßnahmen am Arbeitsort. Vor Beginn der Schweißarbeiten, außerhalb von Schweißwerkstätten, ist eine Kontrolle der Umgebung und eine Beseitigung brandgefährlicher Stoffe im Arbeitsbereich eine zwingende Maßnahme. Stets sind Löschmittel und Löscheinrichtungen vorzuhalten, gegebenenfalls auch Brandposten oder Brandwachen zu stellen.

Tabelle 50 zeigt einen steigenden Anteil der Schadensfälle durch Entzündung mehrerer Stoffe gleichzeitig in einem 40-jährigen Zeitraum.

Die folgenden Fallbeispiele sollen einen Einblick darüber geben, welche Folgen durch Unachtsamkeit und Vorschriftsmissachtung auftreten.

Tabelle 50: Anteil der Beispiele Entzündung mehrerer Stoffe gleichzeitig an der Gesamtzahl der ausgewerteten Schadensfälle

Zeiträume	70er Jahre	80er Jahre	90er Jahre	seit 2000
Ausgewertete Beispiele	602	621	815	733
Anteil Entzündung mehrerer Stoffe gleichzeitig	6,0 %	9,0 %	11,0 %	13,0 %

Fallbeispiele

42. Bsp.: Feuer auf einem Sporthallendach

An der Sporthalle einer Realschule wurden Reparaturarbeiten im Dachbereich durchgeführt. Die zuständigen Dachdecker, welche die Schweißarbeiten durchführten, merkten nicht, wie der Funkenflug ein Feuer entfachte. Holz und Isoliermaterial entzündeten sich und es wurden rund 50 Quadratmeter Dachfläche zerstört.

Die Feuerwehr war rechtzeitig vor Ort und konnte Schlimmeres verhindern. Durch die Löscharbeiten, wodurch ein Wasser-Teer- Gemisch entstand, wurde zusätzlich der Hallenboden in Mitleidenschaft gezogen. Es sind keine Personen zu Schaden gekommen.

Materialspezifische Gefährdungen

Verstöße gegen die Sicherheitsbestimmungen:
- Arbeiten in Bereichen mit besonderen Gefahren,
- Bereiche mit Brand- und Explosionsgefahren,
- Fehlende Sicherheitsmaßnamen.

43. Bsp.: Zwei Verletzte bei einem Wohnhausbrand

In einem bereits bezogenen Rohbau kam es zu einem Brand. Das Feuer brach im Heizungsraum aus, in dem ein 50-jähriger Mann Flexarbeiten durchführte. Durch den Funkenflug gerieten unter anderem dort gelagertes Dämmmaterial und Farbe in Brand. Bei dem Versuch, das Feuer zu löschen, zog sich der Mann eine Rauchgasvergiftung zu und musste ebenso wie eine anwesende 32-jährige Mitbewohnerin zur stationären Behandlung in ein Krankenhaus gebracht werden. Die Feuerwehr war schnell vor Ort und löschte den Brand. Das Haus blieb weiter bewohnbar.

Verstöße gegen die Sicherheitsbestimmungen:
- Arbeiten in Bereichen mit besonderen Gefahren,
- Bereiche mit Brand- und Explosionsgefahren,
- Fehlende Sicherheitsmaßnamen.

44. Bsp.: Und immer wieder – Feuer auf dem Dach

Auf einem Flachdach eines dreigeschossigen Wohn/Geschäftsgebäudes wurden Bitumenbahnen verschweißt. 2–3 Stunden nach Abschluss der eigentlichen Heißarbeiten brach ein Feuer aus. Als die Feuerwehr eintraf, brannten bereits ca. 150 m² Dachhaut und darunter befindliche Isolations- und Verschalungsmaterialien. Das Feuer wurde noch rechtzeitig bemerkt, die Feuerwehr konnte schnell eingreifen und das Feuer somit auf den Brandausbruchbereich begrenzen. Bei diesem Schaden kam hinzu, dass die bauausführende Firma es offensichtlich mit den geforderten Sicherheitsvorschriften, auch in Bezug auf den Arbeitsschutz, nicht so genau nahm. Es herrschte eine brandgefährliche Unordnung im gesamten zu sanierenden Dachbodenbereich. Weiterhin waren dort unsachgemäß gelagerte Baumaterialien in großer Menge vorzufinden.

Abb. 82:
verbranntes Dachstück des Wohn/Geschäftsgebäudes

Darstellung von Bränden und Unfällen durch genannte Verfahren

4. Brand durch Lötarbeiten an einem Rohr

Der Mitarbeiter einer Installationsfirma sollte in einem Wohngebäude Lötarbeiten an einem Rohr vornehmen. Seitens des Geschäftsführers der Firma wurden keine Untersuchungen hinsichtlich der Brennbarkeit der die Lötstelle umgebenden Stoffe angestellt. Er gab weder mündliche Sicherheitsanweisungen an seinen Mitarbeiter noch war eine Betriebsanweisung oder ein Schweißerlaubnisschein vorhanden.

Der Mitarbeiter begann mit den Lötarbeiten, dabei entzündete sich brennbarer Dämmstoff und andere Materialien. Das Gebäude erlitt einen großen Schaden, der wegen Unterversicherung nur zum Teil von der Feuerversicherung reguliert werden konnte. Der Eigentümer verklagte daraufhin den Geschäftsführer und den Mitarbeiter auf Zahlung des Differenzbetrags. Beide Gerichte gaben ihm Recht. Die Beklagten wurden zu gesamtschuldnerischer Haftung verurteilt.

Verstöße gegen die Sicherheitsbestimmungen:
- Arbeiten in Bereichen mit besonderen Gefahren,
- Bereiche mit Brand- und Explosionsgefahren,
- Fehlende Sicherheitsmaßnamen.

In der folgenden Tabelle 51 sind weitere Beispiele zum Sachverhalt aufgeführt. Die Auswertung der Beispiele zeigt, dass Brände bei Schweißarbeiten in Verbindung mit der Entzündung von mehreren Stoffen gleichzeitig seit den 70er Jahren im Wachsen begriffen sind. Zu diesen

Tabelle 51: Weitere Beispiele zu Schweißerbränden mit mehreren Stoffen gleichzeitig

Sachverhalt	Verstoß gegen die Sicherheitsbestimmungen	Schaden
Ein Bootsbesitzer führte Schweißarbeiten am Bugstrahlruder seines Sportbootes durch. Der Stahlbootkörper erhitzte sich dabei so stark, dass im Inneren des Bugbereiches mehrere Stoffe in Brand gerieten.	Arbeiten in Bereichen mit besonderen Gefahren; Bereiche mit Brand- und Explosionsgefahr	Sachschaden
Bei Schweißarbeiten kam es zu einem Brand an einer als Vorbau ausgeführten Loggia. Die Holzverkleidung und das Isolationsmaterial fingen Feuer. Es breitete sich im Erdgeschoss und im Geschoss darüber aus.	Arbeiten in Bereichen mit besonderen Gefahren; Bereiche mit Brand- und Explosionsgefahr	Sachschaden
Ein Mann führte vor seinem Haus Flexarbeiten durch. Der Funkenflug setzte einen Busch in Brand. Das Feuer entzündete das Vordach und die Isolierung. Es breitete sich auf dem Dachstuhl aus.	Arbeiten in Bereichen mit besonderen Gefahren; Bereiche mit Brand- und Explosionsgefahr	Sachschaden

Materialspezifische Gefährdungen

Sachverhalt	Verstoß gegen die Sicherheitsbestimmungen	Schaden
Durch Schweißarbeiten brannten ca. 2 qm Dachkonstruktion, Dachpappe und Isoliermaterial in einem im Ausbau befindlichen Dachgeschoß eines 4-geschossigen Wohngebäudes. In diesem Bereich waren zuvor Dachdeckertätigkeiten durchgeführt worden.	Arbeiten in Bereichen mit besonderen Gefahren; Bereiche mit Brand- und Explosionsgefahr	Sachschaden
Ein Schwelbrand von ca.100 qm Dämmmaterial und Teilen der Dachkonstruktion eines 3-geschossigen Wohnblocks. Auslösung durch Schweißarbeiten bei Dachdeckertätigkeiten.	Arbeiten in Bereichen mit besonderen Gefahren; Bereiche mit Brand- und Explosionsgefahr	Sachschaden

gehören zahlreiche Kombinationen von Kunststoffen mit anderen Materialien.

Schweißtechnische Arbeiten in Bereichen in denen verschiedenartige Materialien vorliegen, stellen eine größere Gefahr dar, als das Vorhandensein von nur einer entzündlichen Stoffart. Durch die Rauch- und Gasentwicklung von beispielsweise diversen Kunststoffen kann auch ein erhöhtes Gesundheitsrisiko auftreten.

Aus den beschriebenen Fallbeispielen gehen in den meisten Fällen Sachschäden hervor. Besonders zu erwähnen ist hier das Aufbringen von Bitumenschweißbahnen im Dachbereich. Durch die Unachtsamkeit bezüglich des Funkenflugs und der Erwärmung durch die Flamme geraten hier verschiedene Materialien gleichzeitig in Brand, wie Dämmstoffe, Holz, Kunststoffe, Isolier- und Verschalungsmaterialien. Wie eingangs erwähnt, können die unterschiedlichen Eigenschaften, bei gleichzeitigem auftreten, ein erhöhtes Gefahrenpotential darstellen.

Das Lagern von entzündlichen/leicht entzündlichen Stoffen am Arbeitsplatz, wie Baumaterialien und brennbare Flüssigkeiten, können bei Schweißarbeiten zur Gefahr werden. Hierbei ist es wichtig die entsprechenden Stoffe zu entfernen, abzudecken oder Brandposten während bzw. Brandwachen nach dem Schweißen zu stellen.

Die Schwerpunkte der verletzten Vorschriften liegen hauptsächlich in den Punkten 3.6 „Arbeiten in Bereichen mit besonderen Gefahren", 3.8 „Bereiche mit Brand- und Explosionsgefahr" der BGR 500 Kapitel 2.26. Die Ursachen dafür sind oft die unzureichende Begutachtung der Umgebung, eine fehlende Betriebsanweisung/ Schweißerlaubnis sowie die Unachtsamkeit der Schweißer:

Punkt 3.8.6 Die Versicherten dürfen mit schweißtechnischen Arbeiten erst beginnen, wenn ihnen vom Unternehmer die Schweißerlaubnis nach Punkt 3.8.2 oder die Betriebsanweisung nach Punkt 3.8.4 ausgehändigt und die darin festgelegten Sicherheitsmaßnahmen durchgeführt sind.

3.2.11 Sauerstoffüberschuss und -mangel [3]

Der sichere Umgang mit Sauerstoff gehört heutzutage zum Stand der Technik. Sicherheit verwirklicht sich jedoch auch auf diesem Gebiet nicht von selbst, sondern erfordert detaillierte Kenntnisse über die Eigenschaften von Sauerstoff.
Der Sauerstoffgehalt der Luft beträgt 21 Vol.%. Gefährdungen setzen jedoch schon bei wenigen Prozenten Abweichung ein Tabelle 52. Eine arbeitsbedingte Gefährdung besteht durch Sauerstoffüberschuss, wenn der Sauerstoffgehalt 23 Vol.% übersteigt, und durch Sauerstoffmangel, wenn der Sauerstoffgehalt < 17 Vol.% beträgt. Erhöhte oder verminderte Sauerstoffkonzentrationen sind durch die Sinnesorgane des Menschen nicht wahrnehmbar. Sauerstoff verbindet sich mit nahezu allen Elementen, Edelgase ausgenommen. Verbrennungsvorgänge werden in Sauerstoff oder in mit Sauerstoff angereicherter Luft begünstigt. Im Vergleich zur Luft sind folgende Einflüsse des Sauerstoffs zu berücksichtigen:

- die Zündtemperaturen der Stoffe liegen niedriger,
- die erforderlichen Zünderenergien sind wesentlich geringer,
- die Verbrennungstemperaturen und -geschwindigkeiten erreichen höhere Werte.

Tabelle 52: Wirkungen von Sauerstoffmangel und -überschuss

Sauerstoffgehalt in Vol.%	Wirkung
≤ 3	schnelles Ersticken
6 ... 8	schnelle bzw. sofortige Bewusstlosigkeit
11 ... 14	stark verminderte Leistungsfähigkeit; Störungen im zentralen Nervensystem
15 ... 16	Benommenheit; Ohnmacht möglich
17	untere Gefahrengrenze
21	Sauerstoffgehalt der Luft
23	obere Gefahrengrenze
24	Verdopplung der Verbrennungsgeschwindigkeit gegenüber Luft
27	schnelles Verbrennung verschiedener Materialien
28	helles Aufflammen von Baumwolle
30	helles Aufflammen von Leinen
35	helles Aufflammen von Wolle
40	Entzündung von Stoffen, die mit feuerhemmenden Materialien imprägniert sind, wenn sie an der Zündstelle Ölverschmutzungen aufweisen; Zehnfache Verbrennungsgeschwindigkeit gegenüber Luft
≥ 50	Explosionsartige Verbrennung

Neben den Verbrennungseigenschaften ist aber auch der physikalische Aspekt der Speicherung von komprimiertem Sauerstoff in Druckgasflaschen von sicherheitstechnischer Bedeutung. Schwere und tödliche Arbeitsunfälle ereigneten sich in verschiedenen Wirtschaftsbereichen.

Materialspezifische Gefährdungen

Sie sind überwiegend auf Sauerstoffanreicherungen in der Kleidung zurückzuführen. Das Entflammen und intensive Abbrennen der Kleidung führt zu großflächigen Hautverbrennungen. Bei Schweiß-, Schneid- und verwandten Verfahren können Sauerstoffanreichnungen aus
- normal ablaufenden Brennschneid- oder Flammarbeiten (ein Teil des Schneidsauerstoffs wird chemisch nicht gebunden und strömt in den Arbeitsraum),
- der Explosion von Sauerstoffschläuchen infolge von Brenngasübertritt und Flammenrückschlag,
- Undichtigkeiten an Flaschen- und Brennerventilen, Sicherheitseinrichtungen und Schlauchanschlüssen, Schläuchen und Schlauchverbindungen,
- unkontrolliertem Ablassen bzw. Ausströmen von Sauerstoff,
- unzulässiger Verwendung von Sauerstoff zur Luftverbesserung, Kühlung oder zum Betreiben von Arbeitsmitteln,
- Spielerei und Neckerei

resultieren.

Nicht außer Acht gelassen werden darf, dass Sauerstoff etwas schwerer als Luft ist und sich deshalb in Vertiefungen bzw. Fußbodennähe in höherer Konzentration ansammeln kann.

Schadensfälle, wie Ausbrennen von Sauerstoffarmaturen, Flaschenventilen und Rohrflanschen, sind unter anderem auf ungeeignete Werkstoffe, Gleitmittel und Dichtungen zurückzuführen. Alle mit Sauerstoff in Berührung kommenden Arbeitsmittel und -gegenstände sind öl- und fettfrei zu halten bzw. vor dem Zusammenbau sorgfältig zu entfetten. Hierfür finden organische Lösungsmittel Verwendung, die allerdings auch zur Gefahr werden können, wenn sie in Brand geraten. Dabei ist die Entstehung giftiger Gase möglich. Zu den wichtigsten Zündquellen, die in Verbindung mit Sauerstoffanreicherungen Unfälle und Schadensfälle auslösen, gehören

- offene Flammen und Schweißspritzer,
- kinetische Energie von Rost- und Schmutzteilchen in Ventilen und Armaturen (Erwärmung durch Reibung und Aufprall),
- Druckstöße (z. B. durch ruckartiges Öffnen der Flansche), die zu Temperaturerhöhungen führen, die die Zündtemperatur verschiedener Stoffe erreichen,
- Anziehen unter Druck stehender, undichter Anschlüsse mit einem Schraubenschlüssel (Reibung und feine Spanbildung),
- Rauchen.

Sauerstoffmangel kann durch Sauerstoffverbrauch bei Schweiß- und Flammverfahren, sonders in relativ kleinen Räumen und in Behältern, sowie durch Ausströmen von Schutzgasen (z. B. Argon, Kohlendioxid, Stickstoff) entstehen. Es muss besonders beachtet werden, dass Atemschutzgeräte zwar vor Schadstoffen in der Luft, aber nicht vor Sauerstoffmangel schützen. Schutzgase, auch als Formiergase bezeichnet, kommen als Hilfsstoffe sowohl bei einigen Schweißverfahren (MAG,

MIG, WIG) als auch bei Dichtigkeitsprüfungen an Rohrleitungen und Behältern zur Anwendung.
Unfälle und Schadensfälle lassen sich durch Einhaltung folgender Regeln bzw. Forderungen weitestgehend vermeiden:
- kein Sauerstoff zum Belüften, Verbessern der Atemluft, Kühlen, Wegblasen von Schmutz und Antreiben von Geräten anstelle Druckluft (z. B. Farbspritzgeräte oder Druckluftbohrmaschinen) sowie Aufpumpen von Reifen verwenden,
- keine undichten Sauerstoffgeräte und -schläuche verwenden,
- unter Druck stehende Verbindungen nicht mit dem Schraubenschlüssel nachziehen,
- mit Sauerstoff in Berührung kommende Arbeitsmittel und -gegenstände, Kleidung und Körperteile (z. B. Hände) öl- und fettfrei halten; nur zugelassene Gleit- und Entfettungsmittel verwenden,
- Sauerstoffabsperrvorrichtungen langsam, nicht ruckartig öffnen,
- vereiste Armaturen nur mit warmer Luft, heißem Wasser oder Dampf auftauen, wobei diese Medien ölfrei sein müssen,
- nie so flämmen, dass der Flämmstrahl, der einen großen Sauerstoffüberschuss hat, zurückstauen kann,
- bei zu erwartendem Sauerstoffüberschuss Rauchverbot einhalten,
- Brennerventile in vorgeschriebener Reihenfolge bedienen, um Brenngasübertritte in Sauerstoffschläuche zu vermeiden,
- die Zündung und Ablage von Autogengeräten muss außerhalb von Behältern und engen Räumen erfolgen,
- ausreichende Be- bzw. Entlüftung an den Arbeitsplätzen gewährleisten,
- ausschließlich für Sauerstoff zugelassene Arbeitsmittel verwenden.

Hinsichtlich der Kleidung ist zu beachten, dass die Art der Kleidung zwar keinen absoluten Schutz gegen ein Entflammen bietet, dass aber schwerentflammbare Schutzanzüge noch ihre Wirksamkeit behalten, wenn andere Kleidung bereits in Brand gerät. Die Imprägnierung der Kleidung ist nach den Vorschriften der Hersteller zu erneuern, da die Wirksamkeit beim Waschen nachlässt. Besonders gefährlich ist Unterwäsche aus Kunstfasern, da dieses Material nicht nur brennt, sondern in die Haut einbrennt und somit die Schwere der Brandverletzungen bedeutend vergrößert. Ein Kleiderbrand kann durch Hin- und Herwälzen der brennenden Person am Boden sowie durch Überwerfen einer Decke erstickt werden. Mit Sauerstoff angereicherte Kleidung ist gründlich zu lüften. Es ist zu beachten, dass sich Sauerstoff in der Unterwäsche besonders lange hält.

Fallbeispiele

45. Bsp.: Zerknall einer Sauerstoffflasche

Beim Beladen eines Lieferwagens mit Sauerstoffflaschen kippte eine gefüllte Flasche auf der Verladerampe um. Es herrschte eine Außentemperatur von -20 °C. Die Flasche zerknallte, zertrümmerte dabei die Holzpritsche des Lieferwagens vollständig und beschädigte die Hinterachse. Die bereits verladenen acht Flaschen wurden vom Fahrzeug geschleudert. Zwei Arbeiter erlitten Verletzungen durch herumfliegende Holzstücke. Glücklicherweise wurden sie nicht von einem der Einzelteile der zerknallten Flasche getroffen.

Verstöße gegen die Sicherheitsbestimmungen:
- Sauerstoffflaschen nicht vor Umfallen gesichert.

46. Bsp.: Tödlicher Unfall infolge Missachtung der Arbeitsanweisung und des Rauchverbots

In einem Sauerstoffwerk sollte ein Schlosser Falschenventile für Sauerstoffflaschen instandsetzen. Es hatte jahrelang alle Schulungen über sicherheitstechnisch richtiges Verhalten besucht und am Antihavarietraining teilgenommen. Es lag eine Weisung vor, dass die Handwerker vor dem Herausschrauben der Flaschenventile den restlichen Sauerstoff über eine Rückgasrohrleitung in den Sauerstoffgasometer ablassen sollten. Der Schlosser missachtete diese Anweisung; er ließ den Sauerstoff in die Werkstatt strömen. Dann zündete er trotz Rauchverbots in der Werkstatt eine Pfeife an. Im gleichen Moment stand er in hellen Flammen und stürzte zu Boden. Er erlitt tödliche Verbrennungen.

Ein Mitarbeiter eilte mit der Decke zur Hilfe, um den Kleiderbrand zu ersticken. Seine Kleidung fing aufgrund der erhöhten Sauerstoffkonzentration ebenfalls Feuer, so dass er selbst schwer verletzt wurde.

Verstöße gegen die Sicherheitsbestimmungen:
- Missachtung des Rauchverbots,
- betriebliche Weisung, Sauerstoff nicht in die Werkstatt, sondern in den Sauerstoffgasometer leiten, nicht beachtet.

47. Bsp.: Sauerstoffanreicherung in der Arbeitskleidung

Ein mit Verschrottungsarbeiten beauftragter Mitarbeiter führte Brennschneidarbeiten durch. Anstatt der Arbeitsschutzkleidung für Schweißer trug er einen Schlosseranzug. Durch ein defektes Sauerstoffventil am Brenner und vermutliches Halten des Brenners in Körpernähe gelangte Sauerstoff in die Kleidung. Plötzlich stand der gesamte Oberkörper des Schweißers in Flammen. Kopflos lief er davon. Mitarbeiter brachten den Schweißer zu Fall und erstickten die Flammen durch Wälzen des Körpers am Boden. Der Verunglückte erlitt großflächige Verbrennungen und verstarb an den Unfallfolgen. Begünstigt wurde der Unfall durch die leichtbrennbare Arbeitskleidung.

Verstöße gegen die Sicherheitsbestimmungen:
- Sauerstoff konnte sich mit Arbeitsanzug anreichern (defektes Sauerstoffventil, kein schwerentflammbarer Schutzanzug),
- Dichtigkeit der Ventile nicht geprüft.

48. Bsp.: Explosion einer Sauerstoffringleitung

In einer Produktionshalle zerstörte eine Explosion die Sauerstoffringleitung an vier Stellen. Als wahrscheinliche Ursache ist anzunehmen, dass ein Acetylenübertritt in die Sauerstoffleitung durch nicht vollständiges Schließen von Ventilen und durch Druckabfall in der Sauerstoffleitung erfolgt war. Ein Flammenrückschlag zündete das Acetylen-Sauerstoff-Gemisch. Der Schaden war groß. Außer der Leitung wurden Ventile beschädigt und $\approx 100\ m^2$ Fensterscheiben zerstört. In Auswertung des Schadensfalles wurde neben anderen Maßnahmen der Einbau einer Pufferbatterie festgelegt, um einen Druckabfall beim Wechsel der Batteriewagen zu vermeiden.
Es sind zahlreiche Sauerstoffschlauchexplosionen aus ähnlichen Ursachen bekannt.

Verstöße gegen die Sicherheitsbestimmungen:
- Ventile nicht vollständig geschlossen.

49. Bsp.: Unkontrolliertes Ausströmen von Sauerstoff in einer Grube

Nach mehr als zweistündiger Unterbrechung von Autogenschweißarbeiten stieg der Schweißer wieder in eine Montagegrube und zündete den Brenner. Er stand plötzlich in Flammen. Aus dem nicht richtig geschlossenen Ventil war während der Arbeitspause Sauerstoff in die Grube geströmt. Der Schweißer erlitt lebensgefährliche Verbrennungen am Unterleib und an den Beinen.

Verstöße gegen die Sicherheitsbestimmungen:
- Sauerstoffventil am Brenner nicht vollständig geschlossen,
- Brenner trotz längerer Arbeitsunterbrechung in der Montagegrube belassen und gezündet,
- Ventile für Brenngas und Sauerstoff an der Entnahmestelle nicht geschlossen.

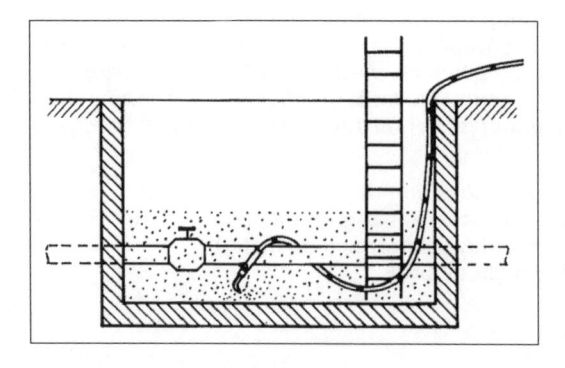

Abb. 83: Sauerstoffanreicherung in einer Grube infolge eines nicht vollständig geschlossenen Brennerventils

50. Bsp.: Spielerei mit Sauerstoff

An einem heißen Sommertag kam ein Gießereiarbeiter auf die Idee, sich einen Sauerstoffschlauch zwecks Kühlung in die Hose zu stecken. Ein neben ihm stehender Mitarbeiter rauchte eine Zigarette und warnte den Mitarbeiter vor den möglichen Folgen. Dieser war jedoch davon überzeugt, dass Sauerstoff nicht brenne, und forderte den Raucher auf, die Zigarette an den geöffneten Hosenbund zu halten. Dieser Aufforderung kommt der später Angeklagte auch nach. Verpuffungsartig entzündete sich die Hose. Einige Mitarbeiter rissen sofort die brennende Hose vom Leib und verhinderten so das Schlimmste. Trotzdem musste sich der Arbeiter mit Verbrennungen ersten und zweiten Grades am Unterleib und an den Beinen in stationäre Behandlung begeben. Der Verursacher wurde wegen fahrlässiger Körperverletzung zu einer Geldstrafe verurteilt. Er hatte weiterhin die Kosten für die ärztliche Behandlung zu tragen. Unregelmäßige und oberflächliche Unterweisungen zum Arbeits- und Brandschutz in der Gießerei waren Anlass für eine Gerichtskritik.

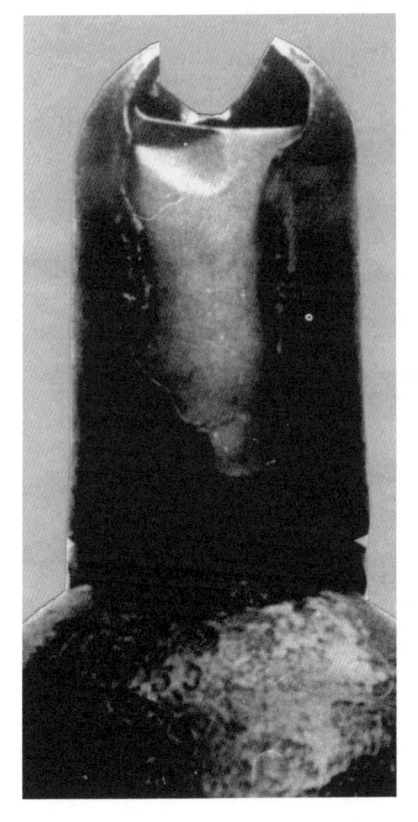

Verstöße gegen die Sicherheitsbestimmungen
- Absichtliche Sauerstoffanreicherung in der Kleidung.

51. Bsp.: Selbstentzündung von Öl durch Sauerstoff

Auf Montagebaustellen kann es durch Krane, Fahrzeuge, Spannpressen usw. mitunter zur Verunreinigung der Montagebenen mit Öl oder Fett kommen. Beim Nachziehen der Autogenschläuche sind dann Verunreinigungen der Schläuche mit diesen Stoffen möglich. Nach Wartungs- und Pflegearbeiten an einem Kran überschwenkte dieser Sauerstoffflaschen, wobei Öl auf die Kappe einer undichten Flasche tropfte. Das Öl entzündete sich. Durch die Flammen wurde die Kappe abgeschmolzen.

Abb. 84:
Anschmelzen einer Sauerstoffflaschenkappe infolge Undichtigkeit des Ventils und Ölverschmutzung der Kappe

Darstellung von Bränden und Unfällen durch genannte Verfahren

Verstöße gegen die Sicherheitsbestimmungen:
- Geräteteile für Sauerstoff mit Öl in Berührung gekommen.

52. Bsp.: Bei Dichtigkeitsprüfung erstickt

Prüfer eines Montagebetriebes waren damit beschäftigt, Dichtigkeitsprüfungen an Silos und Rohrleitungen durchzuführen. Da der Investitionsauftraggeber zur Sicherung des Anfahrbetriebes die vorfristige Übergabe der Anlage forderte, wurde die begonnene Dichtigkeitsprüfung mit Luft abgebrochen. Die Spülung und Prüfung des Systems erfolgte nunmehr mit Stickstoff, obwohl bekannt war, dass es noch Undichtigkeiten an verschiedenen festen und lösbaren Verbindungen gab. Infolge Stickstoffanreicherung erstickten ein Facharbeiter und ein Auszubildender. Der zuständige Betriebsleiter und der Montageleiter mussten sich vor Gericht verantworten und wurden zu einer Freiheitsstrafe von 15 bzw. 18 Monaten verurteilt.

Verstöße gegen die Sicherheitsbestimmungen:
- keine Vorkehrungen zum Schutz der Mitarbeiter getroffen,
- keine Unterweisung durchgeführt.

Weitere Beispiele sind in den Tabellen 53 und 54 enthalten.

Tabelle 53: Beispiele für Unfälle und Brände beim Umgang mit Sauerstoff

Sachverhalt	Verstoß gegen die Sicherheitsbestimmungen	Schaden
Eine nicht gesicherte Sauerstoffflasche fiel um. Das Ventil brannte ab. Die Flasche flog wie eine Rakete durch die Werkstatt und durchschlug zweimal das Dach, siehe Abb. 85.	Sauerstoffflasche nicht vor Umfallen gesichert	Sachschaden; Erhebliche Gefährdung von Menschen
Bei Anwärmarbeiten rutschte infolge ungenügender Befestigung der Sauerstoffschlauch von der Tülle. Die Hose des Schweißers geriet in Brand.	Sauerstoffschlauch nicht genügend gesichert	Verbrennungen 1. und 2. Grades
An einer Sauerstoff-Versorgungsanlage kam es infolge zu schnellen Aufdrehens des Absperrventils am Sauerstoffflaschen-Transportanhänger zum schlagartigen Ausbrennen des Großdruckminderers und weiterer Anlagenteile. Der beim Aufdrehen entstandene Druckstoß verursachte eine Kompressionswärme, die die Gummimembran des Druckminderers entzündete.	Sauerstoff-Versorgungsanlage nicht nach Bedienungsvorschrift in Betriebs gesetzt	Sachschaden

Materialspezifische Gefährdungen

Sachverhalt	Verstoß gegen die Sicherheitsbestimmungen	Schaden
Zur Spülung eines Härtereiofens wurde Sauerstoff verwendet, da kein Stickstoff zur Verfügung stand. Mit dem prozessbedingt entstandenen Wasserstoff bildete sich ein explosibles Gasgemisch, das zur Zündung kam und den Deckel des Ofens zusammen mit einem Mitarbeiter gegen die Decke schleuderte.	Unzulässiges Verwenden von Sauerstoff zum Spülen	Tödlicher Unfall
Zur Begutachtung der Wurzellage stieg 3 h nach den Schweißarbeiten ein Schweißer in ein Rohr mit großem Durchmesser. Das Rohr war mit Argon gefüllt, um die Nahtwurzel vor Oxydation zu schützen. Der Schweißer erstickte, da sich das Formiergas noch nicht verflüchtigt hatte.	Rohr vor dem Einsteigen nicht gespült	Tödlicher Arbeitsunfall

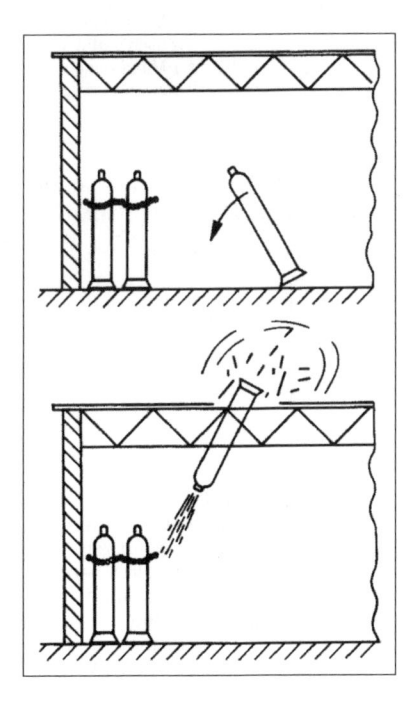

Abb. 85:
Nicht gesicherte Sauerstoffflasche wurde zu einem Geschoss

Darstellung von Bränden und Unfällen durch genannte Verfahren

Tabelle 54: Schwere Arbeitsunfälle durch Kleiderbrände infolge Sauerstoffanreicherung an Arbeitsplätzen

Arbeitsplatz	Grund der Sauerstoffzuführung	Zündung durch	Unfallfolgen
Kessel	Verbesserung der Luft	Elektroschweißen	2 Mitarbeiter tödlich verletzt
Lagerraum eines Öltankers	Erfrischung wegen großer Hitze	Elektroschweißen	2 Mitarbeiter tödlich verletzt
Leitungskanal	Defekte Sauerstoffleitung	Bolzenschweißen	2 Mitarbeiter tödlich verletzt
Autoreparaturwerkstatt	Erfrischung wegen zu großer Hitze	Autogenschweißen	1 Mitarbeiter tödlich verletzt
Werkstatt	Neckerei; Sauerstoff in der Hosenbein eines Arbeiters geleitet	Glühendes Russteilchen am heißen Brenner	1 Mitarbeiter schwer verletzt
Werkstatt	Neckerei; Sauerstoff unter den Rock eines Mädchens geleitet	Glühendes Russteilchen am heißen Brenner	1 Schwerverletzte (Dauerinvalidität)
Sauerstoffreduzierstation	Ausströmen von Sauerstoff durch Undichtigkeit am Reduzierventil	Rauchen	2 Mitarbeiter tödlich verletzt
4,50 m tiefer Schacht	Geruchsbelästigung durch Wicklungsbrand am Elektromotor	Rauchen	2 Mitarbeiter tödlich verletzt
Sauerstoffwerk	Betriebsbedingtes Abblasen von Sauerstoff	Rauchen	1 Mitarbeiter tödlich verletzt, 1 Mitarbeiter schwer verletzt

3.2.12 Bitumenschweißbahnen [31]

Die typischen Gefahren beim Verarbeiten von Bitumenschweißbahnen werden in Abb. 86 und Tabelle 55 veranschaulicht. Das Hauptrisiko besteht in der Brandgefahr.

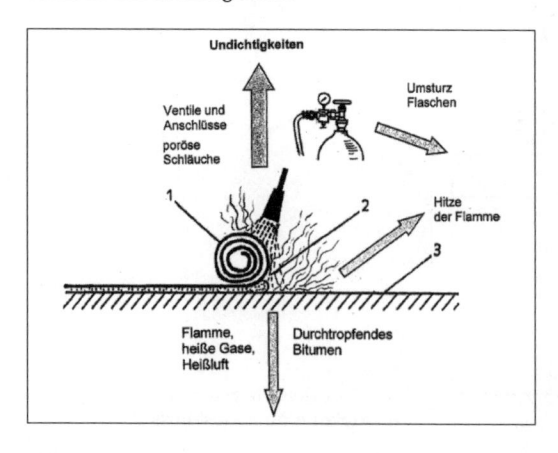

Abb. 86:
Typische Gefährdungen beim Verlegen von Bitumenschweißbahnen
1 Schweißbahn,
2 Gasflamme,
3 Untergrund
   (Dach, Decke, Wand)

Tabelle 55: Gefährdungen und Sicherheitsmaßnahmen beim Verlegen von Bitumenschweißbahnen

Gefährdungen durch	Sicherheitsmaßnahmen
Fehlhandlungen	
Falsche Beurteilung von Brand- und Explosionsgefahren am Arbeitsplatz, insbesondere auf oder unter Dächern, hinter Drempeln, bei Ablagerung brennbarer Materialien in unmittelbarer Nähe sowie beim Vorhandensein von Hohlräumen in Wänden und Decken mit möglicher Kaminwirkung	Festlegung von Sicherheitsmaßnahmen im Schweißerlaubnisschein; Schwerpunkte: Erfassen der Brand- und Explosionsgefährdeten Bereiche, Bereitstellung von Löschmitteln, Einsatz von Brandposten und Brandwachen, Durchführung von Nachkontrollen
Ungenügende Sicherung von Gasflaschen gegen Um- und Herabfallen	Sichere Aufstellung bzw. Ablage, z. B. in Metallkörben
Beschädigung von Schläuchen und elektrischen Kabeln durch unsachgemäßes Verlegen (Überfahren, scharfe Kanten)	Schutz vor Beschädigungen durch ordnungsgemäßes Verlegen und gute Arbeitsorganisation
Falsche Bedienung der Geräte	Richtige Gasdruckeinstellung und Brennerführung
Nichtbenutzung von PSA	Benutzung von Schutzhandschuhen, geeignetem Schuhwerk und ggf. von PSA gegen Absturz
Zu langes oder dichtes Anlegen der Wärmequelle am Werkstück, dann kommt es zur Überhitzung des Materials	Richtiges Erhitzen des Materials
Arbeitsablauf	
Absturzgefahren	Gestaltung absturzsicherer Arbeitsplätze (Gerüste, Schutzgeländer, sichere Leiterzugänge)
Explosionsgefahren durch Bildung zündfähiger Gas-Luft-Gemische	Beachtung der schnellen Erreichbarkeit von Explosionsgrenzen in geschlossenen Räumen
Vergiftungs- und Erstickungsgefahren	Einsatz von Absauganlagen, ggf. Einsatz von Sicherungsposten

Bitumenschweißbahnen finden sowohl im Neubau als auch bei der Sanierung breite Anwendung. Im letzteren Falle spielen unbekannte Umgebungsbedingungen (z. B. verdeckte brennbare Bauteile) sowie Risse, Fugen und andere Öffnungen zu benachbarten Räumen eine nicht zu unterschätzende Rolle. Überwiegend laufen die Arbeiten im Freien ab, was bezüglich Lüftung von Vorteil ist. Die in großem Umfang auf Dächern auszuführenden Arbeiten erfordert das Berücksichtigen und Bekämpfen von Absturzgefahren.

Das hohe spezifische Gewicht des häufig benutzten Brenngases Propan stellt beim Arbeiten auf Dächern, von seltenen Ausnahmen abgesehen, keine Gefahr dar. Ein solcher Ausnahmefall trat ein, als bei Windstille von einem undichten, in unmittelbarer Nähe der Dachrinne abgelegten Brenner Propangas durch ein Fallrohr zum Erdboden gelangte und dort zu einer Verpuffung führte, als sich ein Arbeiter eine Zigarette anzündete.

Erstickungs- und Explosionsgefahren verbinden sich auf Grund vorgenannter Eigenschaft des Propans beim Einsatz in tiefer gelegenen Räumen und Gruben. Dort ist die Anwendung nicht zulässig.

Der umfangreiche Einsatz der Bitumenschweißbahnen bei Dachdeckerarbeiten verdeutlicht als spezielles Arbeitsschutzproblem, für Absturzsicherheit zu sorgen und Fluchtwege für den Fall einer schnellen Brandausbreitung freizuhalten.

Der Brandschutz wird einerseits durch die Arbeitstemperaturen der Aufschweißgeräte und zum anderen durch die Entzündungstemperaturen von Stoffen, die in der Nähe der Arbeitsorte sein können, bestimmt.

Die Arbeitstemperaturen lassen sich wie folgt grob einordnen:
- Offene Gasflammen   > 900 °C
- Verdeckte Gasflammen   600 bis 800 °C
- Elektrische Heißluft   < 400 °C

Bei diesen Temperaturen kann es zur Entzündung einer Vielzahl von Stoffen kommen, z. B. Papier, Pappe, Holz, Folien und Schaumstoffe, Textilien, Anstrichstoffe, Lösungsmittel, Stroh und Heu. 400 ausgewerteten Schadensfällen aus dem letzten Jahrzehnt nahm Holz mit etwa 50 % die vordere Position ein. Es folgten Papier/Pappe mit rd. 20 % sowie Kunststoffe und Stroh/Heu mit jeweils über 10 %. Bei dem Holz handelt es sich überwiegend um Konstruktionsmaterial der Dächer. Beachtenswert ist der Anteil von Verpackungsmaterial von auf Dächern abgelegten Baustoffen. Brände von Heu und Stroh betreffen überwiegend Erntegut. Diese Stoffe sind aber auch als Wärmedämmmaterial in Drempeln und Zwischendecken sowie als Vogelnistplätze in Gesimsen anzutreffen.

In einem Viertel der Fälle spielten bei der Brandentstehung Öffnungen, besonders Ritzen zwischen Brettern, eine maßgebliche Rolle. Durch sie gelangten Flammen, heiße Gase und abgeschmolzenes Bitumenmaterial in angrenzende Räume. Eine „unrühmliche" Rolle spielen hierbei gefüllte Scheunen. Aber auch die Ritzen selbst können Ort der Brandentstehung sein, insbesondere der Schwelbrände, die bei rd. der Hälfte aller Brände in Erscheinung traten. Verheerende Schäden stehen mit der Brandausbreitung durch Kamin- oder Schlotwirkung in Verbindung, Abb. 87. Ein markantes Beispiel stellt der Berliner Dom dar, wo die Ausbreitung des Feuers in Hohlräumen unter der Kupferbeplanung in sehr kurzer Zeit die gesamte Kuppel erfasste und einen Millionenschaden nach sich zog.

Bitumenbrände sind im Anfangsstadium relativ leicht zu bekämpfen. Wird der Brand durch andere Materialien forciert, dann ist mit erheblichen Freisetzungen von Rauch und Ruß (20 % der Fälle) zu rechen, die innerhalb von Gebäuden zu Unfallgefahren führen. Insgesamt lässt sich

Materialspezifische Gefährdungen

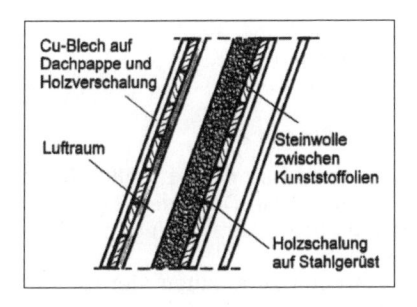

Abb. 87:
Brandausbreitungsmöglichkeit
durch Kaminwirkung in Lufträumen
unterhalb der Dachhaut
(Beispiel: Kupferbeplanktes Turmdach)

feststellen, dass das Verlegen von Bitumenschweißbahnen nicht selten unter Bedingungen stattfindet, die das Ausstellen von Schweißerlaubnisscheinen notwendig machen.

Fallbeispiele

53. Bsp.: Feuerschaden in Millionenhöhe an einer Kirche durch Dachabdichtungsarbeiten

Beim Erhitzen der Dachdichtungsbahn auf dem Flachdach der Sakristei mittels eines Anwärmbrenners geriet die Dachkonstruktion der Kirche in Brand.

Die Flamme des Anwärmbrenners, mit dem die Dachbahnen gefügig zum späteren miteinander Verschweißen gemacht wurden, schlug in den Hohlraum des Kirchendaches.

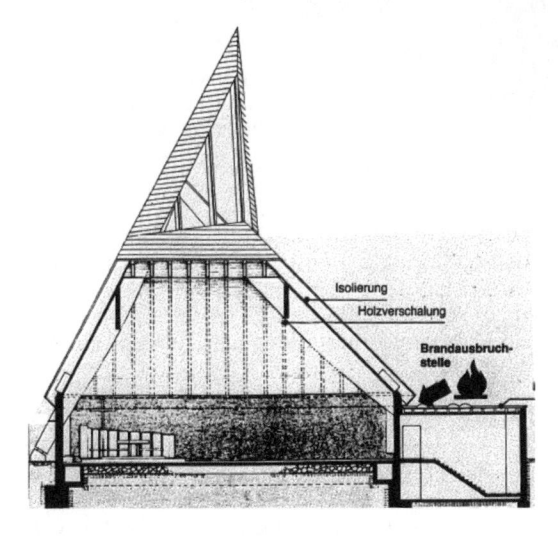

Abb. 88:
Brandausbruchstelle
beim Erhitzen von
Dichtungsbahnen
mittels Anwärmbrenner

Verstoß gegen Sicherheitsbestimmungen
- Arbeiten in Bereichen mit besonderen Gefahren,
- Bereiche mit Brand- und Explosionsgefahren

54. Bsp.: Flämmarbeiten lösten einen Großbrand aus

Ein folgenschwerer Brand entstand am Vormittag des 11. Juli 2001 in einer Wohnanlage in Jenbach/Tirol. Während am Dach des Gebäudes Flämmarbeiten durchgeführt wurden, kam es zum Brand einer mit Teerbelag bedeckten Dachhaut, siehe Abb. 89.

Von sieben am Dach gelagerten Gasflaschen zerknallten vier im Abstand von ca. 10 Sekunden als Feuerball weit sichtbar. Teile der Flaschen wurden in 400 m Entfernung gefunden. 88 Bewohner wurden obdachlos, Gebäudeschaden ca. 50 Mio. Euro.

Verstoß gegen Sicherheitsbestimmungen
- siehe 53. Fallbeispiel.

Abb. 89: Großbrand durch Flämmarbeiten

55. Bsp.: Brand der Sofiensäle in Wien

Am 16. August 2001 sollte ein Arbeiter auf der Baustelle Sofiensäle – Wien Restarbeiten von am 14. August verlegten Flämmbahnen durchführen.

Die Aufgabe bestand darin, die letzten Teilstücke Abdichtung unter ein Traufblech zu führen um den Übergang zum Blechdach regensicher abzuschließen.

Während der Arbeiten entdeckte er kurz vor Mittag leichten Rauch unter dem Anschlussblech hervorsteigen. Er versuchte mit Wasserkübeln und Feuerlöscher (die erst aus den unteren Stockwerken geholt werden mussten) die vermeidliche Brandstelle zu löschen. Das gelang nicht, man konnte den eigentlichen Brandherd nicht finden.

Trotz Feuerwehreinsatz brannte das Gebäude binnen kurzer Zeit völlig aus. Ungeklärt bleibt nach vier Gutachten, wann das Feuer wirkliche entzündet wurde – es kann bereits am 14. August entstanden und zwei Tage in der Dachstuhlkonstruktion dahinglimmte oder aber auch erst am 16. August entstanden sein. Das Gericht sprach den Dachdeckermeister für schuldig, den Brand fahrlässig (mit) verschuldet zu haben.

Verstoß gegen Sicherheitsbestimmungen
- siehe 53. Fallbeispiel,
- Bereitstellen geeigneter Feuerlöscheinrichtungen,
- Überwachen durch einen Brandposten während der Arbeiten,
- Wiederholte Kontrolle durch eine Brandwache im Anschluss an die schweißtechnischen Arbeiten.

Abb. 90:
Sofiensäle in Wien vor dem Brand

56. Bsp.: Brand im historischen Lokschuppen des Verkehrsmuseums Nürnberg

Die Außenstelle des Nürnberger Verkehrsmuseums ist am Abend des 17. Oktober 2005 in Brand geraten und bis auf die Mauern abgebrannt. Das Feuer war gegen 20 Uhr im historischen Lokschuppen auf dem Bahngelände ausgebrochen, in dem die Fahrzeuge des Verkehrsmuseums ausgestellt sind und konnte erst gegen 24 Uhr gelöscht werden.
Noch wenige Stunden vor dem Brand hatten Arbeiter Bitumen mit offenem Feuer erhitzt und auf dem Dach des rund 100 Jahre alten Lokschuppens Bitumenschweißbahnen verschweißt.
Gutachter des Bayrischen Landeskriminalamtes untersuchten die Überreste der Halle. Da der Lokschuppen und die historischen Loks jedoch völlig zerstört wurden, lasse sich die Stelle, an der das Feuer ausbrach, nicht mehr eingrenzen, siehe Abb. 91.

Verstoß gegen Sicherheitsbestimmungen
- siehe Fallbeispiel 53 und 55.

Unfallgefahren bei der Verlegung von Bitumschweißbahnen sind eng mit Brandgefahren gekoppelt. Deshalb ist es wichtig, in den Bereichen

Darstellung von Bränden und Unfällen durch genannte Verfahren

Abb. 91:
Blick von der Drehscheibe auf den ausgebrannten Lokschuppen

mit Brand- und Explosionsgefahr brennbare Materialien zu beseitigen oder, wenn dies nicht möglich ist, gegen Entzündung zu sichern. Es sind Vorkehrungen für einen effektiven Einsatz von Löschmitteln zu treffen. Der hohe Anteil von Schwelbränden belegt die Notwendigkeit von zeitlich nicht zu knapp bemessenen Nachkontrollen. Der Arbeitsplatz „Dach" erfordert sichere Fluchtwege sowie ausreichende Sicherheitsmaßnahmen gegen Absturz.

Zur Bekämpfung von Bitumenbränden in der Entstehungsphase sind Pulverlöscher gut geeignet. Beim Einsatz von Wasser als Löschmittel sollte nach Möglichkeit mit dem Sprühstrahl gearbeitet werden.

Folgende Unfallverhütungsvorschriften der gewerblichen Berufsgenossenschaften sollten besonders beachtet werden:
a) BGR 500 Berufsgenossenschaftliche Regeln Kapitel 2.26 Schweißen, Schneiden und verwandte Verfahren
b) BGV D 34 Verwendung von Flüssiggas
c) BGV C22 Bauarbeiten.

Außerdem sei auf die Richtlinien des Verbandes der Sachversicherer (VdS):
- VdS 2008 Schweiß-, Löt- und Trennschleifarbeiten und auf die vom Landesamt für Verbraucherschutz Sachsen-Anhalt herausgegebene Vorschrift. Sicheres Verlegen von Bitumenschweißbahnen mit Propanaufschweißbrennern [41]

verwiesen.

Für Unterweisungen zum Brandverhalten typischer Materialien kann die Beispielsammlung zu Bränden bei Schweiß-, Schneid- und verwandte Arbeiten herangezogen werden [7].

Materialspezifische Gefährdungen

Tabelle 56: Stichpunktartige Darstellung – 10 weitere Beispiele

1. Großbrand durch Feuerarbeiten auf dem Dach	Beim Verlegen von Schweißbahnen kam es zu einen Glimm- und Schwelbrand auf dem Dach eines Sporthallenvorbaus. Die Arbeiter hatten die Baustelle verlassen, so dass sich daraus ein Brand entwickelte, der auch mehrere Gasflaschen zur Explosion brachte. Die Trümmer einer zerborstenden Gasflasche und die dabei entstandene Druckwelle schlugen ein 6 m² großes Loch in die Außenwand.
2. Großfeuer vernichtete Sportpalast in Madrid	Durch Abdichtarbeiten mit dem Gasbrenner an der Dachhaut des Sportpalastes geriet die 41 Jahre alte Arena zum Einsturz und wurde völlig zerstört. Schaden: über 100 Mio. €
3. Immer diese Dachdecker	Schweißarbeiten auf dem Dach eines Staufener Industriebetriebes setzten diesen in Brand. Arbeiter brachten sich und die Gasflaschen noch rechtzeitig in Sicherheit. Schaden: 0,5 Mio. €
4. Munition im Feuer	Beim Lösen einer Schweißbahn mit einem Gasbrenner vom Flachdach eines Schützenhauses geriet die darunter liegende Holzkonstruktion in Brand. Die im Raum lagernde Munition konnte gerettet werden. Schaden: 1 Mio. €
5. Evangelische Kirche in Ilvesheim (BW) in Brand geraten	Am 10. März 2000 kam es beim Aufbringen von Bitumenschweißbahnen auf dem Dach der Kirche zum Brand. Es entstanden Schäden am Dachstuhl und Wasserschäden in der Kirche. Schaden: 100 T €
6. Die Schule brennt	Am 7. November 2000 brach ein Brand in einer Schule verursacht durch Flämmarbeiten im Dachbereich aus. Dabei entzündeten sich auch Hartschaumplatten. Schaden: 20 Mio. €
7. Schwimmhalle in Mönchengladbach durch Großfeuer zerstört	Am 23. Juli 2001 brannte das 8 Mio. € teure Hallenbad bis auf die Grundmauern nieder. Ein Dachdecker hatte sog. Schweißbahn-Ohren an der Lichtkuppel mit einer Lötlampe abdichten wollen. Es hatte weder Schutzmaßnahmen vorher noch einen Brandposten gegeben.
8. Großbrand in einem Supermarkt	Am 4. August 2001 brach in einem Supermarkt in Redditch ein Brand aus. Ursache waren Schweißarbeiten an Bitumenbahnen auf dem Dach (6.700 m²). Der Brand breitete sich schnell über die Isolierung und den ungeschützten Dachraum aus.
9. Stadtbrand in Rottenburg – Altstadt in Flammen	Am 6. Juli 2005 war es am Dachstuhl eines mittelalterlichen Gasthauses durch Flämmarbeiten zum Brand gekommen, der sich rasch ausbreitete. Schaden: 6–8 Mio. €
10. Im Kindergarten Hasselfelde brannte Dachstuhl ab	Am 21. Juli 2006 brannte beim Aufbringen von Bitumenschweißbahnen auf dem Flachdach des Kindergartens der Dachstuhl ab. Schaden: 50 T €

1. Unfälle und Brände bei den sog. „Feuerarbeiten" ereignen sich, wie Schadensfallauswertungen der Verfasser seit mehr als vier Jahrzehnten belegen, vor allem auf dem Reparatursektor auf welchem – im Gegensatz zur Neufertigung in stationären Produktionsstätten – traditionelle, handwerkliche Fertigungsverfahren dominieren. Auf Grund dieser technologischen Tatsache haben sich die Sachschadensfallstrukturen in diesen 40 Jahren kaum verändert – mit einer markanten Ausnahme, dem massierten Auftreten der Brände in Verbindung mit Bitumenschweißbahnen. Vielleicht werden sie von manchem Dachdecker noch nicht richtig ernst genommen. Sie verdienen es aber!
2. Manche Unternehmer von Dacharbeitsfirmen scheinen die Wichtigkeit des Schweißerlaubnisscheines noch nicht erkannt zu haben.
Zwar ist mit einem Schweißerlaubnisschein noch kein Brand gelöscht worden, aber durch den Schweißerlaubnisschein mit Durchsetzung der darin festgelegten Maßnahmen sind schon viele Brände und Explosionen verhindert worden.
3. Strategisch gesehen kommt es darauf an, Verfahren mit hohen Arbeitstemperaturen, wie sie für das Arbeiten mit offenen Flammen zutreffen, durch Verfahren mit geringerer Energiefreisetzung abzulösen. Positive Erfahrungen damit wurden z. B. in den skandinavischen Ländern bereits gesammelt.

3.3 Industriezweigspezifische Gefährdungen [3]

Die im Abschnitt 3.2. ausgewerteten Beispiele charakterisieren das Brandverhalten einer Reihe von Stoffen. In den einzelnen Bereichen der Wirtschaft und Gesellschaft sind in der Regel typische Materialien, die bei Schweißarbeiten in Brand geraten können, vorhanden, sei es als Arbeitsgegenstand, als Lagergut oder Bestandteil von Bauwerken. Deshalb gibt es im Brandgeschehen, das auf Schweiß-, Schneid- und verwandte Verfahren zurückzuführen ist, wesentliche Unterschiede, die von folgenden Bedingungen beeinflusst werden:
- der Anwendung der verschiedenen thermischen Verfahren.
- den Anteilen stationärer und mobiler Schweißarbeitsplätze
- dem allgemeinen Qualitätsniveau der Betriebsleiter und der Führungskräfte sowie der Schweißer und Brennschneider.
- dem vorherrschenden Arbeits- und Schichtregime,
- der Wertkonzentration der Produktionsanlagen und Einrichtungen und
- der Anzahl der durch Brände und Explosionen gefährdeten Personen.

Es ist notwendig, die spezifischen Besonderheiten der jeweiligen Bereiche bezüglich des Brandschutzes möglichst genau zu kennen, um typische Gefährdungen mit
- praxisnahen Unterweisungen, Arbeitsaufträgen und Einweisungen,
- ausreichenden Sicherheitsmaßnahmen im Schweißbereich sowie

- sachgerechten Festlegungen über Brandposten, Brandwache und Nachkontrollen

wirksam zu begegnen.

3.3.1 Bauwesen [3]

Die Bauwirtschaft stellt in Deutschland eine Schlüsselrolle der Wirtschaft dar.
Dem steht eine schlechte Unfall- und Schadensbilanz gegenüber. Die Bauwirtschaft ist ein Wirtschaftsbereich mit sehr hohen Unfallquoten. So steht die Bau- Berufsgenossenschaft im Jahr 2000 mit ca. 90 meldepflichtigen Unfällen pro 1000 Vollarbeiter an der Spitze und weit über dem Durchschnitt von 38,6 Unfällen aller Berufsgenossenschaften. Etwa 1/3 aller tödlichen Arbeitsunfälle der gewerblichen Wirtschaft ereignen sich in der Bauwirtschaft. Eine überdurchschnittliche Unfallschwere ist kennzeichnend für Montage-, Demontage- und Abbruchprozesse. Die Ursachen dafür sind vielseitig. Besondere Bedeutung muss aber den typischen Besonderheiten der Bauprozesse beigemessen werden.
Eigene Untersuchungen zum Brand- und Unfallgeschehen bei Schweißarbeiten zeigen ein ähnliches Bild. So steigen die Brände und Unfälle der ausgewerteten Beispiele im Bauwesen seit den 70er Jahren stark an.

Tabelle 57: Anteil Bauwesen zu den ausgewerteten Beispielen

Beispiele \ Jahrzehnt	70er Jahre	80er Jahre	90er Jahre	ab 2000
ausgewertete Beispiele	602	621	815	733
Anteil im Bauwesen	17,9 %	22,7 %	24,8 %	29,5 %

Die auffälligste Entwicklung der Brände und Explosionen zeigt sich beim Aufbringen von Bitumenschweißbahnen. Von den 80er zu den 90er Jahren erhöht sich der Anteil bei diesem Verfahren um mehr als das Zehnfache, die Angaben für das laufende Jahrzehnt bestätigen die Tendenz. Das Verfahren ist ein markantes Beispiel dafür, dass neue Verfahren keineswegs zwangsläufig sicherer sind als traditionelle, insbesondere bei Nichteinhaltung der Verarbeitungsvorschriften in Verbindung mit lösemittelhaltigen Bitumenvoranstrichen Kapitel. 3.2.12. Schweiß-, Schneid- und verwandte Verfahren gehören im Bauwesen zu den Schwerpunkten des Arbeits- und Brandschutzes. Die Anwendungsgebiete der Verfahren sind sehr vielseitig.
Im folgenden sollen die Bereiche Rohbau, Ausbau, Reparaturen und Rekonstruktion sowie Arbeitsmittelinstandsetzung näher betrachtet werden.
In der Vorfertigung sind Brände bei planmäßigen Schweiß- und Schneidarbeiten innerhalb des Fertigungsprozesses selten. Sie treten

vielmehr bei Reparatur- und Instandsetzungsarbeiten an Schalungsformen, Arbeitsmitteln und Bauwerken auf. Dabei handelt es sich bei den in Brand geratenen Materialien vorrangig um Schalungsöl und Holz bei der Fertigteilproduktion sowie um Kunststoffe, Papier, Pappe, Holz und Isolationsmaterial von Kabeln bei der Fertigung von Leichtbauteilen. Die dominierenden Verfahren sind das Lichtbogenhand- und Schutzgasschweißen sowie das Brennschneiden.

Bei Schweißarbeiten im Rohbau bestehen Gefährdungen durch noch vorhandene Öffnungen in Decken und Wänden, fehlende Türen und Fenster. Diese Öffnungen können die brandgefährdeten Bereiche beträchtlich erweitern (z. B. über mehrere Geschosse).Die Gefährdung wird noch dadurch verstärkt, dass in rohbaufertigen Gebäuden oftmals von anderen Partnern Materialien gelagert werden, die häufig brennbar sind .Zu einem Brand kommt es dann meistens bei Restarbeiten im Rohbauprozess.

Bei Ausbauarbeiten sind insbesondere folgende Gefährdungen möglich:

- Bildung gefährlicher Dampf-Luft-Gemische bei der Verarbeitung brennbarer Flüssigkeiten
- Entzündung brennbarer Bauteile bzw. Baustoffe bei der Heizungsinstallation aufgrund eines zu geringen Abstandes zwischen der Schweißnaht und den Wänden bzw. Decken.
- Entzündung brennbarer Stoffe durch Schweißspritzer, die durch Öffnungen in den Wänden und Decken oder durch Rohre gelangen.

Außer den genannten thermischen Verfahren ist bei Ausbauarbeiten auch das Löten und Anwärmen von Bedeutung. Im Deckenbereich sind Dachpappe, Teer und Isoliermaterialien besonders zu beachten.

Bei der Rekonstruktion ereignen sich viele Brände während Heizungsdemontagen und Neuverlegungen. Grundsätzlich ist die Situation wie bei Ausbauarbeiten. Hinzu kommen jedoch spezifische Gefährdungen, dass Wohnhäuser, Büros usw. bereits bezogen sind und die Raumausstattung mit brennbaren Stoffen (z. B. Möbel, Gardinen, Akten) mitunter nicht geräumt oder wirksam gegen Entzündung gesichert wird. Darüber hinaus ist nicht immer Erkennbar ob und in welcher Tiefe unter Putzflächen brennbare Materialien eingebaut sind (z. B. Holz, Leichtbauplatten, Kunststoffe). Auch bei Rekonstruktionen werden häufig Löt- und Anwärmarbeiten durchgeführt.

Die Auswertung der Bauschäden zeigt deutlich, dass Sorglosigkeit und Fahrlässigkeit, besonders Inkonsequenz bei der Einhaltung und Kontrolle der Sicherheitsvorschriften, die häufigsten Ursachen für derartige Schäden sind.

Die Beispiele lassen erkennen dass die Einhaltung der vorgeschriebenen Technologien sowie die gewissenhafte und vollständige Ausfüllung der Schweißerlaubnisscheine und die strikte Befolgung der darin festgelegten Arbeitsbedingungen untrennbare Bestandteile der Arbeits- und Brandsicherheit sind. Die geschilderten Schadensfälle sollen den Leitern sowie den Schweißern und Brennschneidern in der Praxis helfen, zielgerichtet zur Erhöhung der Arbeits- und Brandsicherheit in den Unternehmen und auf den Baustellen beizutragen.

Beispiele für Unfälle, Brände und Explosionen

57. Bsp.: Abbrand von Mehrschichtelementen

In der Nähe einer Hallenfassade, bestehend aus Dreischicht-Verbundplatten (Al-Schaumpolystyrol-Al) waren E-Schweißarbeiten durchzuführen. Falsche Einschätzung der Brandgefahr führte zu grober Unaufmerksamkeit während des Schweißens. Dabei berührte der Schweißer mit der Elektrode die Aluminiumhaut des Verbundprofils was zur kurzzeitigen Bildung eines Lichtbogens führte. Die Aluminiumhaut schmolz durch, das Schaumpolystyrol entzündete sich und vernichtete einen Teil der Fassade. Beschädigt wurden weiterhin Stahlteile der Wandkonstruktion sowie das vor der Fassade stehende Rohrgerüst bis zu einer Höhe von 16 m.

Abb. 92:
Abbrand von Al-Verbund Bauteilen

Der Schweißerlaubnisschein war zwar ausgestellt, aber ohne Eintragung entsprechender Maßnahmen. Die Erlaubnis war am Schreibtisch ausgestellt worden und nicht an der Arbeitsstelle.
Der verantwortliche Mitarbeiter des Hauptauftragnehmers, der die Erlaubnis erteilte, und der Schweißer hatten die Sicherheitserfordernisse missachtet, sie wurden zu einer hohen Ordnungsstrafe verurteilt. Gegen den Montagemeister wurde eine Disziplinarmaßnahme ausgesprochen.

Verstöße gegen die Sicherheitsbestimmungen:
- Brandgefährdung falsch eingeschätzt,
- Schweißerlaubnis formal, ohne Ortsbesichtigung erteilt,
- Sicherheitsmaßnahmen im Schweißbereich weder festgelegt noch realisiert,
- Arbeitsaufnahme erfolgte trotz Erkennens der Gefahr.

58. Bsp.: Großbrand in einem Baumaschinenreparaturbetrieb

In einer Reparaturhalle ohne räumliche Trennung des Waschplatzes für Ersatzteile vom Reparaturbereich wurde geschweißt. Vor Beginn des Schweißens von Streben an einen Bagger versuchte der Schweißer zwei im Abstand von nur 1,50 m lagernde Fässer mit brennbaren Flüssigkeiten wegzuschieben. Das gelang ihm nicht, da die Fässer gefüllt waren. Er streute deshalb als Sicherheitsmaßnahme Sand auf die Flüssigkeitslache an den Fässern und stellte sich mit dem Rücken zu den Fässern, da er der Meinung war, dass sein Körper die Funken abhalten könne. Schweißspritzer entzündeten die Flüssigkeitslache auf dem Fußboden. Die Flammen heizten ein Fass so auf, dass der Verschluss durch den Überdruck herausgetrieben wurde. Meterhohe Stichflammen erfassten zunächst das Ersatzteillager und dann die gesamte Reparaturhalle. Bei den Untersuchungen stellte sich heraus, dass es keine Betriebsanweisung für Schweißarbeiten und den Umgang mit brennbaren Flüssigkeiten gab.

Der Betriebsleiter und der Leiter für Beschaffung wurden auf Bewährung und zu Geldstrafen, der Schweißer zu einer Freiheitsstrafe von 1 Jahr und der Werkstattleiter zu einer Freiheitsstrafe von 6 Monaten verurteilt.

Verstöße gegen die Sicherheitsbestimmungen:
- Keine Betriebsanweisung,
- Brennbare Stoffe nicht aus dem Schweißbereich entfernt.

59. Bsp.: Beim Aufbringen von Bitumenschweißbahnen Dachgaube in Brand gesetzt

Im unteren Bereich einer Dachgaube wurde mit dem Schweißbrenner Bitumenfolie aufgebracht. Es entzündeten sich Holzspäne und alte Dachpappe, die sich unterhalb der Schweißbahnen befanden zu einem Schwelbrand. Mit Ausbreitung nach oben auf die Keilbohle und dahinter befindliche Dachsparren kam es zum offenen Brand.

Verstöße gegen die Sicherheitsbestimmungen:
- Weder Schweißerlaubnis noch Betriebsanweisung für Brandgefährdeten Bereich
- Keine Sicherheitsmaßnahmen.

Industriezweigspezifische Gefährdungen

Abb. 93: Ausgebrannte Dachgaube

Tabelle 58: Beispiele für Unfälle und Brände im Bauwesen

Sachverhalt	Verstoß gegen die Sicherheitsbestimmungen	Schaden
In einem Produktionsgebäude wurden unter gröblichster Verletzung der Sicherheitsbestimmungen Schweißarbeiten ausgeführt. Die Holzkonstruktion des Bauwerkes hatte sich produktionsbedingt mit Schalungsöl vollgesaugt. Öldurchtränkte Sägespäne lagen auf dem Fußboden. Trotzdem wurde ohne Schweißerlaubnis, ohne Bereitstellung von Löschmitteln, ohne Abdeckung und ohne Brandwache geschweißt.	Brandgefährdeter Bereich – Schweißerlaubnis fehlte; keine Sicherheitsmaßnahmen; keine Aufsicht gestellt; keine Maßnahmen zur Brandbekämpfung	Großer Sachschaden sowie Produktionsausfall
Bei der Anwendung von Propangasschnellerhitzern und Warmluftwerfern ließ sich die Schutzkappe einer 30-kg-Druckgasflasche infolge Vereisung nicht öffnen. Man setzte einen 27er Ringschlüssel an und half mit Hammerschlägen gegen den Schlüssel nach. Plötzlich flog die Schutzkappe mit dem Flaschenventil weg. Da beide Rechtsgewinde haben, bewirkte das Eis die Übertragung der Kraft von der Schutzpappe auf das Ventil. Es kam zu einer Explosion.	Auftauarbeiten nicht mit direkter Erwärmung durchgeführt	Schwerer Massenunfall (Verbrennungen 3. Grades); Beschädigung von Fertigteilen, Türen und Fenstern
Im Erdgeschoß eines bereits bezogenen Hochhauses wurde an Heizungsrohren geschweißt. Schweißspritzer entzündeten 100 m^2 Schaumpolystyrenplatten. Der Brand entwickelte sich innerhalb von 15 Sek. zu vollen Intensität. Bis zum 3. Geschoss gab es Russablagerungen von 2 bis 3 mm.	Ungenügende Sicherheitsmaßnahmen im Schweißbereich	Groß

Darstellung von Bränden und Unfällen durch genannte Verfahren

Fortsetzung von Tabelle 58: Beispiele für Unfälle und Brände im Bauwesen

Sachverhalt	Verstoß gegen die Sicherheitsbestimmungen	Schaden
Ein Schweißer arbeitet an einer Heißwasserleitung im 2. Geschoß eines Wohngebäudes. Schweißspritzer fielen durch Deckendurchbrüche in das 1. Geschoß und setzten dort die Wohnungseinrichtung in Brand. Zur gleichen Zeit wurde im Erdgeschoß PVC-Fußbodenbelag aufgeklebt. Dort verursachten Schweißspritzer eine Explosion des Kleber-Dampf-Luft-Gemisches. Dabei erlitten alle Mitarbeiter schwere Verbrennungen.	Öffnungen nicht abgedichtet; keine Sicherheitsmaßnahmen im Brandgefährdungsbereich	Schwerer Massenunfall; große Sachschäden

Abb. 94:
Brand in einem Wohngebäude
1 Hundekorb,
2 Fußbodenbelag

3.3.2 Land- und Forstwirtschaft [32]

Aufgrund des hohen Mechanisierungsgrades in der Land- u. Forstwirtschaft, ist das Schweißen unverzichtbar geworden. Das betrifft sowohl die Nutzung der Landmaschinen sowie auch die Wartung und Reparatur von landwirtschaftlichen Nutzeinheiten. Darunter fallen mobile Technik, wie Traktoren, Mähdrescher, Pflüge, Frontlader u. ä. Gerätschaften sowie Ställe, Käfige, Futter- und Siloanlagen. Zur Anwendung kommen meistens Gas- und Lichtbogenhandschweißen sowie das Schutzgasschweißen und Brennschneiden, welche leicht entflammbare Materialien bei Unachtsamkeit schnell entzünden können. Hierzu gehören Stroh, Heu, Futtermittel und verwendete Holzbauteile.

Letzteres ist in der Landwirtschaft schon durch die häufige Verwendung von Holzböden in Kuh- und Schweineställen gegeben. Auch das vermehrte Anhäufen von großen Mengen Staub in Scheunen ist zunehmend explosionsgefährlich und in diesem Zusammenhang nicht vernachlässigbar, genauso wie die Gefahr der Staubexplosionen in Kornspeichern und Mühlen. Auch in diesem Bereich sind vielfach die Bedingungen für eine schnelle Brandausbreitung in der Anfangsphase gegeben. Eine besondere Brandgefahr besteht in der Land- u. Forstwirtschaft noch bei der mobilen Instandsetzung von technischem Gerät direkt vor Ort auf hochentzündlichen, staubtrockenen Feldern und in Wäldern. An den Arbeitsmitteln bzw. bei der Reparatur bestehen durch Öl, Treibstoff und Waschmittel bedeutende Gefahrenquellen. Ein noch zu berücksichtigendes Gefahrenpotential im Brandfalle ist die nicht vorhersehbare Reaktion der Tiere in den Stallungen. Sie reagieren anders als normal, scheuen sich vor Lärm und offenem Feuer und können durch ihr Verhalten, den Menschen als Retter verletzen oder gar töten. Zudem muss bei Schweißarbeiten in der Nähe von Tieren damit gerechnet werden, dass evtl. Augenverblitzungen auftreten oder auch das Fell in Brand geraten kann.

Dazu zwei Beispiele: Im Zoo von Bratislava wurden Schweißarbeiten am Elefantengehege durchgeführt. Aufgrund ungewöhnlicher Augenschmerzen in der Nacht riss sich ein Elefant los und stampfte alles nieder, was ihm im Weg stand – Er hatte sich die Augen verblitzt.
Im Bergzoo Halle/Saale wurden Schweißarbeiten an einem Freiflug-Vogelkäfig ausgeführt. Am morgen lagen einige Vögel tot oder stark geschädigt auf dem Käfigboden. Sie hatten sich die Augen verblitzt und waren in der Nacht vor Augenschmerzen gegen die Gitterstäbe geflogen – Übrigens den Tauben geschah nichts, ihre Augen sind immun gegen UV-Strahlen.
Insgesamt ist festzustellen, dass ungenügendes Entfernen von Stoffen mit hoher Zündbereitschaft aus dem Schweißbereich, Schweißen ohne Schweißerlaubnis, unzureichende oder unterlassene Unterweisung der Schweißer, fehlende Brandwachen und Löschmittel sowie unterlassene Nachkontrollen zu den Hauptursachen der Brände im Bereich der Landwirtschaft zählen. [3]
Betrachtet man die ausgewerteten Schadensfälle im Zeitraum von 40 Jahren, so ergibt es in den einzelnen Jahrzehnten einen fast gleichmäßigen, prozentualen Anteil in der Land- und Forstwirtschaft.
Fachspezifische Bestimmungen werden von den Berufsgenossenschaften, den Sachversicherern und den Gemeinde Unfallversicherungen deklariert, um die Arbeit sicherer zu gestalten, Unfälle zu verhindern

Tabelle 59: Prozentualer Anteil der Brände in der Land- und Forstwirtschaft

Jahre	70er	80er	90er	Ab 2000
Anzahl untersuchter Fälle	602	621	815	733
Anteil Land- u. Forstwirtschaft	6,8 %	7,7 %	6,8 %	6,0 %

und präventiv Sicherheitsmaßnahmen durchzusetzen. Dabei unterliegt das Schweißen in der Land- und Forstwirtschaft der BGR 500 – *Kapitel 2.26 – Schweißen, Schneiden und verwandte Verfahren (auszugsweise in Kap. 1.3.).*

Die folgenden Beispiele zeigen, dass am häufigsten gegen die BGR 500 Kapitel 2.26 Teil 2 3.8 verstoßen wurde. Diese sagt aus, dass bei schweißtechnischen Arbeiten außerhalb dafür eingerichteter Werkstätten mit dem Vorhandensein von Bereichen mit Brand- und Explosionsgefahr gerechnet werden muss.

Orte außerhalb dafür eingerichteter Werkstätten sind in der Landwirtschaft, Stallungen, Felder, Güllegruben, Silos und Lager. Dabei werden oft ergänzenden Sicherheitsmaßnahmen im Falle des Vorhandenseins einer möglichen Brand- und Explosionsgefahr unbeachtet gelassen:

- Unvollständiges oder kein Entfernen leicht entzündlicher Stoffe aus Bereichen mit Brand- und Explosionsgefahr,
- Kein Abdecken vorhandener leicht entzündlicher Stoffe im Gefahrenbereich,
- Keine Bereitstellung von Feuerlöscheinrichtungen,
- Kein Vorhandensein eines Brandposten während der Schweißarbeiten bzw. Brandwache danach.

Ebenso kommt es vor, dass der Schweißer nicht im Besitz einer Schweißberechtigung und Schweißerlaubnis ist. Dadurch folgen evtl. unsachgemäßer Umgang mit Schweißgeräten, Kabeln und Zubehör. Das Entstehen von Verletzungen durch falsche Arbeitskleidung ist eher selten, genauso wie die Missachtung von Weisungen. Trotz vorhandener Arbeits- und Brandschutzvorschriften sowie der BGR 500 ereignen sich noch viele Unfälle und Brände. Diese können durch weiteres Schulen des Personals im Umgang mit schweißtechnischen Arbeiten und deren Sicherheitsbestimmungen verringert werden. Zudem sollten Strafen für Verantwortliche, die fahrlässig oder grob fahrlässig Sicherheitsvorschriften umgehen, vollzogen werden. Derartige Maßnahmen hätten einen abschreckenden Charakter. Auch die Missachtung von Weisungen sollte härter geahndet werden. Mit der zunehmenden Bedeutung der Arbeits- und Brandsicherheit in vielen Branchen, ist man auf dem richtigen Weg.

Fallbeispiele

60. Bsp.: Brand im Stallgebäude in Rhede-Krommert

Am 5. 3. 2008 kam es gegen 9.05 h zu einem Brand in einem Stallgebäude auf einem Hofgelände an der Straße Hagensfeld in Rhede-Krommert. Im Stallgebäude wurden ca. 64 Jungbullen gehalten, die noch scheinbar rechtzeitig aus dem Stallgebäude getrieben werden konnten. Bei Eintreffen der Feuerwehr war bereits das gesamte Stallgebäude in Brand geraten. Die Feuerwehr löschte den Brand, bei dem ein Gebäudeschaden in Höhe von ca. 100.000 Euro entstanden war. Da die Tiere augenscheinlich verletzt waren, wurde das Kreisveterinäramt in Borken informiert. Ein Mitarbeiter des Kreisveterinäramtes ordnete die Tötung des gesamten Tierbestandes an. Nach den polizeilichen Ermittlungen kam es in Folge von Schweißarbeiten in dem Stallgebäude zu dem Brand. Die Arbeiten hatte der Landwirt selber durchgeführt.

Verstöße gegen die Sicherheitsbestimmungen
- keine Schweißerlaubnis und Schweißberechtigung,
- Brandlasten nicht beachtet u. entfernt (Heu, Stroh oder Spinnenweben),
- keine ergänzenden Sicherheitsmaßnahmen getroffen, wie z. B. Abdecken von Brandlasten oder Bereitstellung von geeigneten Feuerlöscheinrichtungen.

Abb. 95:
Strohballen als Zündquelle

61. Bsp.: Maschinenhalle brannte nieder in Grosskarolinenfeld

Beim Brand einer zu einem landwirtschaftlichen Anwesen gehörenden Maschinenhalle in Alsterloh entstand nach ersten Schätzungen ein Sachschaden von rund 150.000–200.000 Euro. Die etwa 30 x 10 Meter große Halle brannte völlig nieder. Die darin befindlichen Maschinen konnten bei Brandausbruch von den Eigentümern noch größtenteils geborgen werden. Nach bisherigen Erkenntnissen der Kripo Rosenheim ist der Brand offensichtlich durch Fahrlässigkeit entstanden. An einem Abgasrohr eines Ofens in der Maschinenhalle wurden Schweiß- und Flexarbeiten durchgeführt. Kurz nach Beendigung der Arbeiten ist in diesem Bereich auch das Feuer ausgebrochen. Löschversuche durch den 24-jährigen Sohn des Geschädigten scheiterten und die Halle brannte bis auf die Grundmauern nieder. Die verständigten Feuerwehren konnten aber ein Übergreifen des Feuers auf die angrenzenden Stallungen verhindern.

Verstöße gegen die Sicherheitsbestimmungen:
- keine ergänzenden Sicherheitsmaßnahmen eingeleitet,
- keine Schweißerlaubnis, keine Schweißberechtigung,
- Brandlasten nicht beachtet und entfernt.

Abb. 96:
Schweißarbeiten entzünden brennbares Material

62. Bsp.: Schwelbrand in Lagerhalle in Zeil am Main

Bei einem Schwelbrand in der ehemaligen Zuckerfabrik in Zeil ist ein Schaden in Höhe von min. 600.000 Euro entstanden. Personen kamen glücklicherweise nicht zu Schaden. Nachdem der Brand in der etwa 100 x 30 Meter großen Halle gegen 6.30 Uhr entdeckt worden war, hatte die Feuerwehr in der Folgezeit zirka 110 Einsatzkräfte aus Zeil und Umgebung eingesetzt. Das Feuer war an der Ostseite der etwa 15 Meter hohen Halle entstanden, in der in mehreren Silos rund 7000 Tonnen Hackschnitzel von Zuckerrüben, so genannte Zuckerrübenpellets, gelagert waren. Die große Rauchentwicklung erschwerte die Löscharbeiten. Erst als es unter Zuhilfenahme von Radladern gelungen war, den Brandherd ins Freie zu schaffen, konnte Entwarnung gegeben werden. Geprüft wird, ob das Feuer im Zusammenhang mit Schweißarbeiten entstanden ist, die derzeit von ausländischen Firmen zu Abbruchzwecken durchgeführt werden. Die Schadenssumme bezieht sich in erster Linie auf die in der Halle gelagerten Zuckerrübenpellets. Auch das Gebäude wurde in Mitleidenschaft gezogen. Der dabei entstandene Schaden ist im Vergleich jedoch wesentlich geringer.

Verstöße gegen die Sicherheitsbestimmungen:
- Missachtung einer vorhandenen Gefahr; Wanddurchbruch vor Beginn der schweißtechnischen Arbeiten nicht sachgerecht abgedeckt, Abb. 97.
- Brandlasten (Zuckerrübenschnitzel) nicht abgedeckt.

Abb. 97:
Offensichtlicher Wanddurchbruch leitet Schweißspritzer weiter

63. Bsp.: Brand durch Auftauarbeiten an einer Wasserleitung

Drei Personen wurden beauftragt, eingefrorene Wasserleitungen in einem Stall aufzutauen. Die Auftauarbeiten sollten laut Anweisungen mit warmem Wasser erfolgen. Zur Beschleunigung der Arbeiten nahm ein Mitarbeiter einen Autogenschweißbrenner zur Hilfe. Durch die Flammen fingen Spinnenweben Feuer (s. Abb. 98). Sie wirkten wie eine Zündschnur. Über einen Deckendurchbruch gelangte das Feuer in den Dachboden, der nicht aufgeräumt war und dem Feuer weitere Nahrung bot. Bei dem Brand entstand ein großer Schaden. Der Verursacher wurde zu einer Freiheitsstrafe von 6 Monaten auf Bewährung beurteilt.

Verstöße gegen die Sicherheitsbestimmungen:
- Anweisung, die Auftauarbeiten durch indirekte Erwärmung durchzuführen, nicht befolgt,
- Schweißerlaubnis fehlte,
- keine Sicherheitsmaßnahmen in dem Bereich mit Brand- und Explosionsgefahr.

Abb. 98: Spinnenweben als Brandweiterleitung

Tabelle 60: Weitere Beispiele für Unfälle und Brände in der Landwirtschaft

Sachverhalt	Ursachen	Verletzte Vorschrift	Schaden
In Brand geratene Bauteile einer Trocknungsanlage nach Schweißarbeiten	Fahrlässigkeit Gefahren nicht beachtet	BGR 500 Kapitel 2.26 – 3.8 Bereiche mit Brand- und Explosionsgefahr	Kein größerer Sachschaden
Brand eines Rinderstalles nach Schweißarbeiten	Fahrlässigkeit Gefahren nicht beachtet	BGR 500 Kapitel 2.26 – 3.8 Bereiche mit Brand- und Explosionsgefahr	40.000 € 1 Person verletzt
Brand in Schweinestall nach Schweißarbeiten	Fahrlässigkeit Gefahren nicht beachtet keine Schweißerlaubnis	BGR 500 Kapitel 2.26 – 3.8 Bereiche mit Brand- und Explosionsgefahr – 3.2 Beschäftigungsbeschränkungen	20.000 €

Darstellung von Bränden und Unfällen durch genannte Verfahren

Fortsetzung von Tabelle 60: Weitere Beispiele für Unfälle und Brände in der Landwirtschaft

Sachverhalt	Ursachen	Verletzte Vorschrift	Schaden
Scheunenbrand durch Entzündung von Güllegase bei Schweißarbeiten	Fahrlässigkeit Offensichtliche Gefahr nicht beachtet	BGR 500 Kapitel 2.26 – 3.6 Arbeiten in Bereichen mit besonderen Gefahren – 3.9 Behälter mit gefährlichen Inhalt	30.000 € 1 Person erlitt erhebliche Verbrennungen
Feuer in Obstlagerhalle nach Schweißarbeiten	Fahrlässigkeit Offensichtliche Gefahr nicht beachtet	BGR 500 Kapitel 2.26 – 3.8 Bereiche mit Brand- und Explosionsgefahr	100 € (Holzkisten)
Brand einer Scheune mit Schweinestall nach Schweißarbeiten	Fahrlässigkeit Vorhandene Gefahr nicht beachtet	BGR 500 Kapitel 2.26 – 3.8 Bereiche mit Brand- und Explosionsgefahr	200.000 €
Schweißarbeiten lösten Brand in Kälberstall aus	Fahrlässigkeit Offensichtliche Gefahr nicht beachtet	BGR 500 Kapitel 2.26 – 3.8 Bereiche mit Brand- und Explosionsgefahr	300.000 € 20 Jungkälber verendet
Brand Roggenmühle – Schweißarbeiten als Ursache	Fahrlässigkeit einer Fremdfirma Vorhandene Gefahr absichtlich übersehen Sicherheitsvorschriften; nicht eingehalten	BGR 500 Kapitel 2.26 – 3.8 Bereiche mit Brand- und Explosionsgefahr	Einsturz des Gebäudes
Dachdeckerarbeiten lösen Feuer aus – Holzbalken beim Bitumenbahnen aufbringen in Brand geraten	Fahrlässigkeit Vorhandene Gefahr nicht beachtet	BGR 500 Kapitel 2.26 – 3.8 Bereiche mit Brand- und Explosionsgefahr	1 Person mit Rauchvergiftung ins Krankenhaus
Brand bei einer Molkerei durch Schweißarbeiten – Holzverschalung fing an zu brennen	Fahrlässigkeit Vorhandene Gefahr missachtet	BGR 500 Kapitel 2.26 – 3.6 Arbeiten in Bereichen mit besonderen Gefahren – 3.7 Enge Räume, – 3.9 Behälter mit gefährlichem Inhalt	100.000 €

3.3.3 Bergbau und Metallurgie [3]

Das in den Breichen Bergbau und Metallurgie erreichte Niveau im Arbeits- und Brandschutz ist bemerkenswert hoch, was sich nicht zuletzt auch in der geringen Häufigkeit von Bränden infolge von Schweiß- und Schneidarbeiten äußert. Im Durchschnitt von 40 Jahren ~ 2 % der untersuchten Unfälle und Brände. Einige typische Beispiele sollen jedoch nachfolgend verdeutlichen, dass die Ursachenstruktur dieser Brände

weitestgehend mit denen in anderen Bereichen der Wirtschaft und Gesellschaft übereinstimmt.
Im Bergbau sind folgende Schweißarbeiten charakteristisch:
- Reparaturen an Arbeitsmitteln über und unter Tage sowie
- Reparaturen an und in Gebäuden sowie baulichen Anlagen.

In der Metallurgie sind neben Reparaturen an Arbeitsmitteln und Gebäuden noch die Schrottaufbereitung durch Brenn- oder Schmelzschneiden und die Verwendung von Sauerstoffpflanzen im Schmelzbereich von Bedeutung. In diesen Anwendungsgebieten liegen vorwiegend in Brand geratende Materialien. Zu ihnen gehören Öl- und Fettverunreinigungen an Maschinen und Anlagen, Gummigurte der Fördergeräte sowie Isolierungen von Rohren und Kabeln. Eine Analyse der Entstehungsbrände an Bandanlagen ergab, dass in 17 % der Fälle die Zündung durch große Wärme (40.000 kJ · kg^{-1} Gummi), die großen Rauchmengen und die daraus resultierenden Sichtbehinderungen sind besonders unter Tage für die Brandausbreitung, -bekämpfung und -folgen maßgebend.

Im Untertagebereich kommt es vor allem beim Bandbetrieb darauf an, funktionsfähige Feuerlöschgeräte in ausreichender Anzahl zur Verfügung zu haben. Im Schweißbereich sind insbesondere Kabelkanäle zu beachten, was sich auch in der Einstufung in brand- und explosionsgefährdete Bereiche sowie in der Freigabe der Arbeitsstätten widerspiegeln muss. Ordnungsgemäße Schweißerlaubnisscheine, richtiges Erfassen des Schweißbereiches und vorschriftsmäßiges Arbeiten an Behältern mit gefährlichem Inhalt und in engen Räumen schalten die häufigsten Ursachen aus.

Fallbeispiele

64. Bsp.: Brand an einem Tagebau-Großgerät

In einem Tagebau wurden an einem Absetzer Nietköpfe abgebrannt. Herabfallende glühende Teile, Funken und Spritzer setzten das unter der Arbeitsstelle verlaufende Schmutzband und die elektrotechnische Anlage in Brand. Im Schweißerlaubnisschein waren der Schweißbereich unvollständig und die Sicherheitsmaßnahmen nicht ausreichend eingetragen. Die Nachkontrollen erfolgten nur mangelhaft. An der Arbeitsstelle brannte wegen fehlender Glühlampen kein Licht. Es entstand ein großer Sachschaden. Als Sanktionen kamen Freiheitsstrafen auf Bewährung und Geldstrafen sowie materielle Verantwortlichkeit zur Anwendung.

Verstöße gegen die Sicherheitsbestimmungen:
- Brandgefährdeter Bereich,
- Schweißerlaubnisschein unvollständig ausgefüllt,
- Schweißbereich nicht eindeutig bestimmt,
- Sicherheitsmaßnahmen im Schweißbereich ungenügend (z. B. Abdecken des Schmutzbandes und der elektronischen Anlage),
- mangelhafte Wirksamkeit der Brandwache.

65. Bsp.: Brand an einem Ladegerät

Im Grubenbetrieb eines Kali- und Steinsalzbetriebes waren Schweißarbeiten an einem Ladegerät erforderlich. Die Schweißerlaubnis wurde formal ausgestellt, elementare Gefährdungen nicht erkannt. Obwohl das Gerät mit Hydrauliköl und Schmierfett verunreinigt war, wurde es nicht gesäubert. Auch der Schweißer kam seinen Pflichten nicht nach, indem er in dieser Situation die Arbeiten aufnahm. Schlagartig entflammte das Ladegerät. Pulverlöscher, die eingesetzt werden sollten, erwiesen sich als funktionsuntüchtig oder leer. Unklarheiten gab es auch bei der Handhabung. Dadurch konnte sich der Brand ungehindert ausbreiten.

Verstöße gegen die Sicherheitsbestimmungen:
- Schweißerlaubnis ohne Ortsbesichtigung und Festlegung von Sicherheitsmaßnahmen ausgestellt,
- kein Brandposten gestellt,
- Handfeuerlöscher nicht funktionstüchtig.

66. Bsp.: Brand in einem Aufbereitungsgebäude bei der Rekonstruktion

Während Rekonstruktionsarbeiten sollten in einem ehemaligen Aufbereitungsgebäude eines Spatwerkes nicht mehr benötigte technische Anlagen entfernt werden. Wegen Betriebsstillstand war das Gebäude als nichtbrandgefährdet eingestuft worden. Zwei Mitarbeiter erhielten den Auftrag, zur Vorbereitung der Demontage eines Elevators die Blechverkleidung des Elevatorschachtes durch Brennschneiden zu entfernen. Der Elevator bestand aus einem Gummi-Taschenförderer (4 mm Gummi mit unterseitiger Textilbeschichtung). Im Schweißerlaubnisschein war eine Brandwache vorgesehen. Als Löschmittel wurden ein Eimer Wasser und Handfeuerlöscher bereitgestellt. Beim Abbrennen der Verschraubung gelangten Schweißspritzer in den Elevatorschacht und die Gummitaschen des Förderers. Infolge starker Kaminwirkung des Schachtes breitete sich der Brand sehr schnell aus und griff auch auf das Dach über. Die Brandbekämpfung durch beide Mitarbeiter blieb ohne Erfolg. Die freiwillige Feuerwehr löschte schließlich den Brand. Gegen den verantwortlichen Leiter und die beiden Schweißer kamen Disziplinarmaßnahmen zur Anwendung.

Verstöße gegen die Sicherheitsbestimmungen:
- Brandgefährdung – ungenügende Sicherheitsmaßnahmen im Schweißbereich,
- unzureichende Kontrollen während der Arbeiten,
- unzureichende Löschmittel für eine wirksame Brandbekämpfung.

67. Bsp.: Brand in einem Walzwerk

Bei Schrott-Brennschneidarbeiten mit einem Lichtbogen in 2,20 m Entfernung von einem Kabelkanal gelangten Schweißspritzer durch die undichte Kanalabdeckung und entzündeten mit Emulsions- und Öldämpfen benetzte Kabel. Als aus dem Kanal Rauch aufstieg, nahm man die Brandbekämpfung zunächst mit einem Kohlendioxidlöscher auf, allerdings ohne Erfolg, wodurch jedoch wertvolle Zeit zur Alarmierung der Feuerwehr versäumt wurde. Die Feuerwehr rückte 20 Minuten nach Brandausbruch an und löschte den Brand. Auf 25 m Länge waren 150 Steuer- und Leitungskabel verbrannt. Es entstand ein großer Sachschaden und Produktionsausfall.

Der Arbeitsbereich war für Schweiß- und Schneidarbeiten freigegeben. Die Einstufung des Raumes berücksichtigte jedoch nicht angemessen die Gefährdung, die von Undichtigkeiten an der Kabelabdeckung ausging. Das betraf auch die Freigabe. Als Konsequenz sprach der Betriebsleiter für den Raum ein Schweißverbot aus. Die Gutachten und Freigabe wurden überarbeitet, ebenso die Betriebsanweisung.

Verstöße gegen die Sicherheitsbestimmungen:
- Mängel in den betrieblichen Festlegungen bezüglich der freigegebenen Objekte zur Ausführung von Schweißarbeiten,
- ungenügende Sicherheitsmaßnahmen im Schweißbereich,
- ungenügende Maßnahmen zur sofortigen Brandbekämpfung.

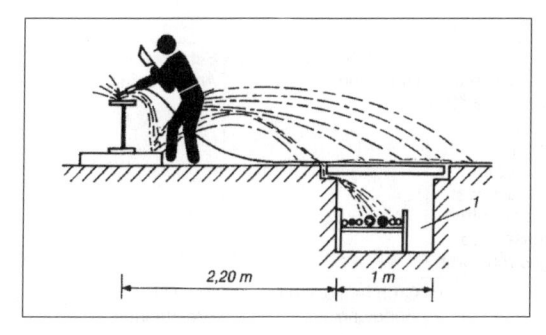

Abb. 99:
Entzündung von Kabeln in einem Kabelkanal,
1 Kabelkanal

68. Bsp.: Stahlwerksgerüst in Vollbrand [33]

Beim Schweißen von Haken an die Dunstabzugshaube der Filteranlage am Walzgerüst ist der Brand mit einer Stichflamme ausgebrochen. Zwei Gasflaschen explodierten, große Mengen brennbare Öle und Fette sowie Maschinenbetriebsstoffe gerieten in Brand und bildeten eine schwarze Wolke. Drei Mitarbeiter des Reparaturteams konnten sich selbst in Sicherheit bringen und wurden auf Verdacht durch Rauchindikation in Krankenhäuser gebracht. Schaden in Millionenhöhe und Produktionsausfall.

Verstöße gegen die Sicherheitsbestimmungen:
- im Stahlwerk fehlte ein Schweißerlaubnisschein,
- im Schweißbereich befanden sich Gasflaschen, brennbare Öle und Fette,
- brennbare Stoffe nicht beseitigt.

Weitere Beispiele sind in Tabelle 61 enthalten.

Tabelle 61: Beispiele für Unfälle und Brände im Bergbau und in der Metallurgie

Sachverhalt	Verstoß gegen die Sicherheitsbestimmungen	Schaden
Durch Schweißarbeiten entzündeten sich in einem Hüttenwerk Papier und Pappe. Der Brand griff auf ein Steuerkabel für einen Erdgasschnellschlussschieber über, was zur Folge hatte, dass die Stranggussanlage den Gießbetrieb abbrechen musste.	Zulässigkeit der Arbeiten nicht geprüft; Schweißerlaubnis fehlte	Sachschaden; Produktionsausfall
An einer Knüppelputzmaschine sollte der Aufnahmeflansch für eine Schleifscheibe ausgewechselt werden. Da er sich trotz Anwärmens nicht löste, entschlossen sich die Reparaturschlosser zum Abbrennen. Herabtropfendes Metall gelangte durch einen Schlitz zur Kabelführung im Maschinenbett. An der Kabelisolierung entwickelte sich ein Schwelbrand, der nach 6 h entdeckt und mit 2 Pulverlöschern gelöscht wurde.	Schweißerlaubnis fehlte; keine Sicherheitsmaßnahmen im Schweißbereich; keine Brandwache gestellt; keine Nachkontrollen durchgeführt	Gering
In der Halle eines Stahlwerkes sollte eine Gießpfanne durch Schweißen repariert werden. Ein Schlosser ging in den Geräteraum, um die Gasschläuche zu holen. Beim Betätigen des Lichtschalters ereignete sich eine Explosion. Der im Raum befindliche Acetylenschlauch war außerhalb des Raumes an einer geöffneten Trockenvorlage angeschlossen, so dass Acetylen in den Raum geströmt war.	Grob fahrlässige Handlung	Schwerer Arbeitsunfall
Für Farbspritzarbeiten in einem Walzwerk füllte ein Mitarbeiter Lackfarbe und Verdünnung in ein 5-l-Glas. Damit sich die Farbe besser spritzen lässt, stellte er das Glas auf eine Kupferplatte und erwärmte sie mit dem Schneidbrenner. Das Glas zersprang, die Farbe spritzte auf die Kleidung des Mitarbeiters und die Umgebung entzündete sich. Eine besondere Gefährdungssituation entstand dadurch, dass der Raum verschlossen war und Hilfe von außen nicht herein konnte.	Grob fahrlässige Handlung	Schwerer Arbeitsunfall
Der Schweißer eines Grubenbetriebes legte den geöffneten Schneidbrenner auf eine Werkzeugkiste und ging zu den Gasflaschen, um den Druck zu regulieren. Währenddessen strömte Gas durch einen Spalt in die Kiste. Beim Zünden des Brenners explodierte die Kiste	Schneidbrenner falsch abgelegt	Schwerer Arbeitsunfall

3.3.4 Energiewirtschaft [3]

Sowohl bei der Neufertigung als auch bei Reparatur- und Rekonstruktionsarbeiten von Anlagen der Energiewirtschaft spielt die Schweiß- und Schneidtechnik eine große Rolle. Besonders zu beachten ist, dass neben den unmittelbaren Schäden (Unfälle, Brände) die sekundären Wirkungen in Form von Unterbrechungen der Energieversorgung (Strom, Wärme) außerordentlich groß sein können.

Von den 1970 bis 2009 ausgewerteten 2.771 Unfällen und Bränden entfallen im Durchschnitt 3,6 % auf die Energiewirtschaft.

Zu den charakteristischen Schwerpunkten der Brandgefährdung in der Energiewirtschaft gehören:
- Schweiß- und Schneidarbeiten in Arbeitsstätten
  - Unvollständiges oder unterlassenes Beseitigen der Stoffe mit hoher Zündbereitschaft und anderer brennbarer Gegenstände aus dem Schweißbereich,
  - Ungenügende Beachtung oder Unterlassung der auf dem Schweißerlaubnisschein festgelegten und für die Brandgefährdung notwendigen Sicherheitsmaßnahmen im Schweißbereich;
- Erlaubnis für Schweiß- und Schneidarbeiten
  - Fehlende Schweißerlaubnis, unvollständiges Ausfüllen der Schweißerlaubnisscheine, Erteilung der Schweißerlaubnis ohne Besichtigung des Arbeitsplatzes,
  - Unzureichende oder unterlassene Einweisung und Unterweisung der Schweißer und Brennschneider über die Gefährdungen und Einhaltung der Sicherheitsmaßnahmen;
- Brandposten bzw. -wache bei Schweiß- und Schneidarbeiten
  - Versäumte Einteilung von Brandposten bzw. -wachen oder Beauftragung ungeeigneter, mit den Gefahren und notwendigen Handlungen zur Alarmierung bzw. Brandbekämpfung nicht genügend vertrauter Personen als Brandposten bzw. -wache.

In Brand geraten vor allem Kohle oder Kohlenstaub. Kennzeichnend für Kohlebrände ist die zeitliche Verzögerung des offenen Brandausbruches, das heißt, Glimm- oder Schwelbrände können sich wesentlich später als nach dem Richtwert von 6 h für Nachkontrollen zu einem Großbrand ausweiten. Das ist bei der Festlegung von Nachkontrollen besonders zu beachten. Kohlenstaub kann zu sehr gefährlichen Staubexplosionen führen. Zu beachten ist beim Befeuchten von brandgefährdeten Bereichen, dass sich Staub nur langsam durchfeuchtet, das heißt, er kann in trockenen Zustand auf einer Wasseroberfläche schwimmen und seine Zündfähigkeit behalten.

Auch bei Arbeiten an Gasrohren ist mit Explosionsgefährdung zu rechnen. Das gilt auch für außer Betrieb gesetzte Rohrabschnitte, in denen die Gasreste zur Bildung explosibler Gemische ausreichen können. In der Energiewirtschaft sind zahlreiche Rohre isoliert. Brände von Isolationsmaterial gehören mit zu typischen Erscheinungen im Brandgeschehen.

Große Sicherheit kann nur durch eine konsequente Einhaltung der Arbeits- und Brandschutzbestimmungen erreicht werden. Eine Analyse der Brandschäden in Betrieben der Energiewirtschaft und beim Bau von Energieversorgungsanlagen ergibt, dass vor allem Probleme bei der Schweißerlaubniserteilung und Sicherung der brandgefährdeten Bereiche von Bedeutung sind. Aufgewirbelter Staub ist schon in relativ geringer Menge zündwillig, wobei für das Aufwirbeln schon der Gasstrom aus dem Brenner ausreicht. Kohlenstaub muss deshalb gründlich entfernt werden. Zur Verhinderung von Schwelbränden sind die Nachkontrollen über 6 h hinaus durchzuführen.

Fallbeispiele

69. Bsp.: Brand einer Bekohlungsanlage

Bei Schweiß- und Schneidarbeiten an Rohrleitungen entzündeten herabfallende Funken und Spritzer Rohbraunkohlereste auf einem Förderband. Die Glutnester führten zum Durchbrennen und Zerreißen des Förderbandes sowie zu einer schnellen Brandausbreitung auf die gesamte Bekohlungsanlage. Erst 24 h nach Beendigung der Schweißarbeiten wurde der Brand bemerkt. Der Gesamtschaden an Gebäuden, Anlagen und Ausrüstungen betrug mehrere Millionen. Der unvollständig ausgefüllte Schweißerlaubnisschein wurde ohne Ortsbesichtigung unterschrieben, obwohl Staubexplosionsgefährdung und Stoffe mit hoher Zündbereitschaft vorhanden waren. Ein Brandposten sowie Nachkontrollen wurden nicht gefordert.

Verstöße gegen die Sicherheitsbestimmungen:
- Brand- und explosionsgefährdete Bereiche,
- Schweißerlaubnis ohne Ortsbesichtigung erteilt,
- keine Sicherheitsmaßnahmen im Schweißbereich festgelegt,
- Schweißer nicht eingewiesen,
- Kein Brandposten gestellt,
- Keine Nachkontrollen gefordert.

70. Bsp.: Explosion in einem Transformatorenbehälter

Beim Aufstellen eines großen Transformators in einem Industriebetrieb zeigte sich, dass der Transformatorenbehälter undicht war. Das Loch in der Behälterwand sollte durch Schweißen geschlossen werden. Nach dem Entfernen des Transformatorrahmens wurden die Ölreste an den Wänden und am Boden nicht beseitigt. Das wäre jedoch die Grundvoraussetzung für die Aufnahme von Schweißarbeiten gewesen. Beim Schweißen entzündeten sich die Öldämpfe, und es ereignete sich eine starke Explosion, der der Schweißer zum Opfer fiel.

Verstöße gegen die Sicherheitsbestimmungen:
- keine Sicherheitsmaßnahmen im Schweißbereich veranlasst, insbesondere die Entfernung der Ölreste,
- kein Brandposten gestellt.

71. Bsp.: Brand an einem Kabelausführungsmast

Beim Schweißen eines 15-kV-Kabelendverschlusses auf einem Kabelausführungsmast wurde durch Herunterfallen von glühenden Aluminiumteilchen auf den nicht von brennbaren Stoffen geräumten Boden am Fuß des Masters Gras entzündet. Durch schnellen Einsatz der Feuerwehr konnte der Brand gelöscht und der Schaden gering gehalten werden. Es wurde versäumt, die Schweißstätte von Gras und Unterwuchs zu befreien bzw. die gesamte Fläche mit nichtbrennbarem Material abzudecken und Löschmittel bereitzustellen. Der Verursacher wurde zur Verantwortung gezogen.

Verstöße gegen die Sicherheitsbestimmungen:
- keine Sicherheitsmaßnahmen im Schweißbereich veranlasst, insbesondere die Entfernung brennbarer Stoffe,
- kein Brandposten gestellt,
- keine Löschmittel bereitgestellt.

72. Bsp.: Brand in einer Umformstation

In einer Umformerstation der Fernwärmeversorgung musste rohrseitig eine Pumpe angeschlossen werden. Für den Transport der Pumpe war es notwendig, einen Teil des Rohrgeländers abzubrennen. In der entferntesten Ecke des 15 m x 15 m großen Raumes lagerten Holzkisten mit elektrischen Geräten, die sich während der Abwesenheit des Monteurs durch Funken entzündeten, Abb. 100. Hauptursache dafür war das Nichtbeachten der Brandgefährdung im Schweißbereich und das Unterlassen der Kontrolle nach dem Brennschneiden. Es entstand ein großer Sachschaden.

Verstöße gegen die Sicherheitsbestimmungen:
- die bei Brandgefährdung erforderlichen Sicherheitsmaßnahmen im Schweißbereich nicht veranlasst (z.B. Entfernen oder Abdecken der Holzkisten),
- kein Brandposten gestellt,
- keine Nachkontrollen festgelegt.

Weitere Beispiele sind in Tabelle 62 enthalten.

Abb. 100:
Brand von in Holzkisten verpackten elektrischen Geräten in einer Umformstation

Darstellung von Bränden und Unfällen durch genannte Verfahren

Tabelle 62: Beispiele für Unfälle und Brände in der Energiewirtschaft

Sachverhalt	Verstoß gegen die Sicherheitsbestimmungen	Schaden
In einem Heizkraftwerk wurden während der turnusmäßigen Reparatur an einem Dampferzeuger Panzerbleche im Inneren durch Brennschneiden ausgewechselt. Infolge ungenügender Sicherheitsvorkehrungen kam es zu einem Kohlemühlenbrand. Die Kohlemühle wurde nicht mit Wasser ausgespritzt, das heißt, es erfolgte keine Entfernung der Staubschichten bzw. Glutnester.	Keine Sicherheitsmaßnahmen im Schweißbereich	Kein Schaden, nur Gefährdung
Beim Schweißen eines Leitbleches an einem Kokstransportband kam es zur Entzündung des mit Koksstaub vermischten Gummiabriebes durch Schweißspritzer. Löschmittel standen nicht bereit. Der Brand zerstörte in einer Länge von 80 m das Gummitransportband und die Elektroinstallation. Weiterhin traten durch Ausglühungen an der Stahlkonstruktion Verwerfungen ein. Der Holzfußboden wurde ebenfalls in Mitleidenschaft gezogen.	Keine Sicherheitsmaßnahmen im Schweißbereich; Keine Brandposten gestellt; Keine Löschmittel bereitgestellt	Groß
Bei Brennschneidarbeiten an Heizungsrohren in einem Kesselhaus in 50 cm Entfernung von einer Zwischendecke mit Holzbalken kam es zu einem Brand. Er griff auf das Pappdach sowie auf Lagergut (Maschinen, Holzkohle) über. Der Hauptmechaniker hatte 4 Schweißerlaubnisscheine blanko unterschrieben. Der Schweißer hatte einen nicht ausgefüllten Schweißerlaubnisschein unterschrieben.	Schweißerlaubnis ohne Ortsbesichtigung und Einweisung ausgestellt; Keine Sicherheitsmaßnahmen festgelegt	Großer Sachschaden und 2 Verletzte (Feuerwehrleute)
Mit einem Propanlötgerät wurde die Vergussmasse zum Nachfüllen von 5-kV-Endverschlüssen erwärmt. Zur gleichen Zeit reinigte ein anderer Mitarbeiter die Kabelendverschlüsse mit Waschflüssigkeit getränkten Putzlappen. Die Putzlappen fingen Feuer und entzündeten die Plastisolierung des Kabels.	Sicherheitserfordernisse im Schweißbereich nicht genügend beachtet	Gering

3.3.5 Chemische Industrie [3]

In der Chemischen Industrie liegen die Schwerpunkte der schweißtechnischen Aufgaben auf den Gebieten der Rekonstruktion, Reparatur und Instandhaltung.

Die brennbaren Materialien sind außerordentlich vielfältig und umfassen alle Stoffgruppen (siehe Abschn. 3.2.). Der Anteil der ausgewerteten

2.771 Unfälle und Brände lag in der chemischen Industrie in den 70er Jahren bei 5,5 %, in den 80er Jahren bei 4,2 %, in den 90er Jahren bei 2,8 % und ab 2000 nur noch bei 1,4 %, also stark fallend. Obwohl die Autogentechnik, das Lichtbogenhand- und Schutzgasschweißen vorherrschen, werden viele andere Verfahren, bedingt durch die Werkstoffvielfalt an chemischen Anlagen, angewandt. Viele Rohstoffe und Erzeugnisse der Chemischen Industrie sind nicht nur brennbar, sondern auch explosibel. Bei Bränden und Explosionen kommt es in vielen Fällen zu Vergiftungen und Umweltschädigungen mit bedeutendem Ausmaß. Als Gefahrenquelle ist weiterhin zu beachten, dass sich durch Effekte, die in anderen Wirtschaftsbereichen aus sicherheitstechnischer Sicht nahezu bedeutungslos (z. B. Diffusion und Korrosion) zündwillige Dampf- oder Gas-Luft-Gemische bilden können. Den zahlreichen Gefährdungen stehen Schweißer und Fachpersonal (schweißtechnische Führungskräfte) gegenüber, die eine hohe fachliche Qualifikation haben. Ebenso verfügen die Chemiewerke über Feuerwehren mit hohem Ausbildungsstand.

Die Vielfalt der Brandschutzprobleme durch Schweiß- und Schneidarbeiten in der chemischen Industrie kann hier nur angedeutet werden. Zu den Besonderheiten gehört die dominierende Stellung des Dreischichtbetriebes. Das erleichtert einerseits die Kontrollen und die zufällige Entdeckung von Bränden, die in größerer zeitlicher Verzögerung zu den ausgeführten Schweißarbeiten zum Ausbruch kommen, bringt aber andererseits auch die Gefahr mit sich, dass zu jedem Zeitpunkt des Brandausbruchs oder Eintritts einer Explosion eine größere Anzahl Mitarbeiter betroffen werden kann.

Neben strikter Einhaltung der Vorschriften spielen bei der Verhütung von Bränden, Unfällen und Explosionen fachspezifische Kenntnisse (auch der Schweißfachkräfte) über die zur Anwendung kommenden Verfahren, die zu verarbeitenden Rohstoffe und die zu erzeugenden Produkte eine wesentliche Rolle. Das heißt, an das chemische und physikalische Fachwissen der Betriebsleiter und anderen Führungskräfte werden große Anforderungen gestellt.

Ebenso ist es von großer Bedeutung, dass alle Räume hinsichtlich der Brand- und Explosionsgefährdung realistisch eingestuft werden und dass eine Aktualisierung erfolgt, wenn Veränderungen in der Nutzung der Räume eintreten. Das Antihavarietraining hat in Chemiebetrieben einen großen Stellenwert. Die Mitarbeiter müssen mit der Handhabung von Atemschutzgeräten beim Auftreten giftiger Gase vertraut sein. Die vielfältigen Brandmöglichkeiten erfordern den sicheren Einsatz der richtigen Feuerlöschgeräte. Verstärkt gilt es, anstelle thermischer vorrangig mechanische Füge- und Trennverfahren anzuwenden bzw. die zu schweißenden Teile auszubauen und in für Schweißarbeiten freigegebenen Arbeitsstätten zu schweißen. Gefahren beim Arbeiten an Behältern mit gefährlichem Inhalt sind durch Sachkenntnis und Konsequenz bezüglich der Durchsetzung sicherheitstechnischer Maßnahmen auszuschalten.

Fallbeispiele

73. Bsp.: Tankexplosionen

Ein Schweißer schweißte an der Außenwand eines großen Tanks, der ein Fluorwasserstoffsäuregemisch enthielt. Die Schweißtemperaturen verursachten die Entzündung des Tankinhaltes, und es kam zu einer Explosion; die den Tank von der Grundplatte riss. Der Schweißer wurde getötet, der Tank zerstört.

Abb. 101:
Unvorschriftsmäßig durchgeführte Schweißarbeiten an einem Ammoniaktank

In ähnlicher Weise ereignete sich die Explosion eines Ammoniaktankes mit ≈ 8 m Durchmesser und 10 m Höhe. Der Tank war zu ≈ 4/5 mit flüssigem Ammoniak gefüllt, den übrigen Raum nahmen Ammoniakdämpfe ein. Ein Rohr führte vom Tankoberteil zu einem Wasserschacht. Bei Elektroschweißarbeiten in diesem Bereich kam es zur Entzündung der im Rohr befindlichen Ammoniakgase, Abb. 101. Die Explosion war so stark, dass der Tank von der Grundplatte gerissen wurde. Er flog in die Luft, erreichte eine Höhe von 30 m und schlug jenseits eines Verwaltungsgebäudes auf den Erdboden auf und wurde vollständig zerstört. Vier Anstreicher, die von einem Gerüst aus an dem Tank arbeiteten, erlitten durch das flüssige Ammoniak Verletzungen.

Verstöße gegen die Sicherheitsbestimmungen:
- Behälter mit gefährlichem Inhalt – Zulässigkeit der Arbeiten nicht geprüft,
- Aufsicht eines Sachkunden fehlte,
- keine Sicherheitsmaßnahmen festgelegt,
- Behälter bzw. Rohrleitung weder entleert noch Rückstände beseitigt.

74. Bsp.: Entzündung von Verpackungsmaterial an einer Abfüllanlage

In einem Chemiebetrieb der Leichtindustrie kam es zu einem folgenschweren Brand, der durch Schweißarbeiten hervorgerufen wurde. Die Arbeiten waren in einem größeren Produktionsraum, in dem eine Abfüllanlage (Fließstraße) für Geschirrspülmittel stand, erforderlich. Der Raum war nach betrieblichen Unterlagen als brandgefährdet eingestuft. Bei Elektroschweißarbeiten an Rohren unterhalb der Decke in 4 m Höhe fielen Schweißspritzer auf die unter der Schweißstelle befindlichen nicht abgedeckten Kartons. Der Entstehungsbrand wurde vom Schweißer nicht bemerkt, da er seinen Arbeitsplatz zur Mittagspause verlassen hatte. Über eine gefüllte Kartonrutsche, die zum nächsten Geschoss führte, breitete sich der Brand schnell aus. Er erfasste im oberen Geschoss mehrere 100 Kartons und entflammte schließlich brennbare chemische Stoffe. Es entstand ein großer Schaden. Weiterhin traten Produktionsausfall und dadurch bedingt Unregelmäßigkeiten in der Versorgung der Bevölkerung auf.

Es wurde festgestellt, dass der Schweißerlaubnisschein mangelhaft ausgestellt war. Die Sicherheitsmaßnahmen waren nur ungenügend festgelegt (z. B. keine Entfernung der Kartons aus dem Schweißbereich, keine Sicherung des Gerüstbodens des Schweißarbeitsplatzes, der aus brennbarem Material bestand, kein Abschluss des Arbeitsraumes zum oberen Geschoss).

Verstöße gegen die Sicherheitsbestimmungen:
- Schweißerlaubnisschein unvollständig ausgefüllt,
- ungenügend Sicherheitsmaßnahmen im Schweißbereich festgelegt.

75. Bsp.: Entzündung von ausströmendem Wasserstoff

In einem Chemietrieb wurden Schweißarbeiten an Behältern im 4. Geschoss eines Spezialgebäudes durchgeführt. Im ersten Geschoss befanden sich eine Wasserstoffrohrleitung mit einer undichten Absperrvorrichtung sowie elektrische Kabel mit PVC-Isolierung. Eine Schweißerlaubnis lag vor. Als Sicherheitsmaßnahmen wurden Luftanalysen im 3. und 4. Geschoss durchgeführt. Beim Schweißen fielen Schweißspritzer durch die Bühnen des Gebäudes und entzündeten den ausströmenden Wasserstoff und die Kabelisolierung. Die Schweißer flüchteten. Das Feuer zerstörte die elektrischen Leitungen und die Rohrleitung. Es kam zur Explosion und Brandausbreitung.

Verstöße gegen die Sicherheitsbestimmungen:
- Brand- und explosionsgefährdeter Bereich – Zulässigkeit der Arbeiten nicht geprüft,
- unvollständige Sicherheitsmaßnahmen im Schweißbereich,
- keine Brandwache gestellt.

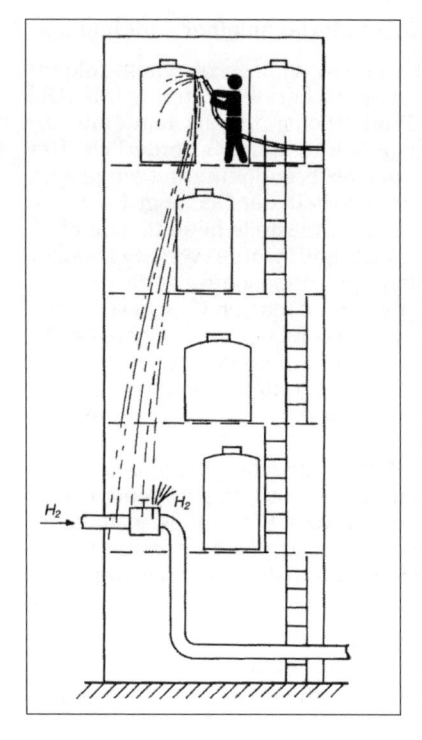

Darstellung von Bränden und Unfällen durch genannte Verfahren

Abb. 102:
Entzündung von ausströmendem Wasserstoff

Weitere Beispiele sind in Tabelle 63 und 64 enthalten.

Tabelle 63: Schadensfälle in der chemischen Industrie an Tanks und Behältern

Sachverhalt	Verstoß gegen die Sicherheitsbestimmungen	Schaden
An einem Lagerwerk (Festdachtank) sollten technische Veränderungen vorgenommen werden. Der Tank war mit einer brennbaren Flüssigkeit der Gefahrklasse A III gefüllt (Flammpunkt > 55 °C ... 100 °C). Die Schweißwärme hatte dazu geführt, dass zunächst partiell der Flammpunkt überschritten wurde (Verdampfung), beim Überschreiten der Zündtemperatur ereignete sich die Explosion. Bei der Explosion wurden Teile des Daches weggeschleudert. Darauf befindliche Mitarbeiter erlitten schwere Verletzungen.	Behälter mit gefährlichem Inhalt nicht beachtet; keine Sicherheitsmaßnahmen festgelegt; keine Überwachung der Arbeiten durch Sachkundigen	Schwerer Massenunfall; großer Sachschaden

Industriezweigspezifische Gefährdungen

Sachverhalt	Verstoß gegen die Sicherheitsbestimmungen	Schaden
Im Fertigungsbereich einer Rohgummiherstellung war der zur Beschickung der Anlage benötigte Fahrstuhl defekt. Die zur Behebung des Defektes durchgeführten Brennschneidarbeiten erfolgten ohne Schweißerlaubnis. Im Schweißbereich lagerten Gefäße mit brennbaren Chemikalien, der Boden wurde mit Wasser befeuchtet. Der Schweißer und Brandposten gingen gleichzeitig frühstücken. Es entstand ein Schwelbrand, der auf die Chemikalien und einen Elektromotor übergriff.	Brandgefährdeter Bereich – Schweißerlaubnis fehlte; brennbare Stoffe aus dem Schweißbereich nicht entfernt, Verletzung der Kontrollpflicht durch Brandposten	Gering
Bei Rekonstruktionsarbeiten in einem Chemiebetrieb wurde eine Ölwanne demontiert. Brennschneidspritzer setzten Ölreste in Brand. Eine Schweißerlaubnis lag nicht vor. Der Mitarbeiter besaß auch keine Fertigkeiten für die Brennschneidarbeiten.	Fertigkeit fehlte; Schweißerlaubnis fehlte; keine Sicherheitsmaßnahmen im Schweißbereich;	Sachschaden
Ein Schweißer wollte aus einem Fass zwei Kalkfässer machen und begann ohne Wissen seines Meisters mit dem Brennschnitt. Das Fass mit der Aufschrift „Feuergefährlich" explodierte mit großer Stichflamme. Im Fass befand sich Methylethylketon, wovon Reste ein zündwilliges Gemisch bildeten.	Auftrag fehlte; Schweißarbeiten an Behälter mit gefährlichem Inhalt ohne Aufsicht eines Sachkundigen ausgeführt	Verletzung von 2 Mitarbeitern; Zerstörung vieler Fensterscheiben

Tabelle 64: Beispiele für Unfälle und Brände in der chemischen Industrie

Sachverhalt	Verstoß gegen die Sicherheitsbestimmungen	Schaden
In einem Waschmittelwerk befand sich im 2. Geschoss des Produktionsgebäudes ein Natriumnitritlager. Es war mit Maschendraht eingezäunt. Die Lagerung des Natriumnitrits erfolgte in Papiersäcken auf Flachpaletten mit einer Stapelhöhe von 80 cm. In 2 cm Höhe und 50 cm Entfernung von der Einzäunung wurden Brennarbeiten an einem Rohr durchgeführt. Der Schweißerlaubnisschein war unvollständig und ohne Ortsbesichtigung ausgestellt. Das Lager geriet in Brand.	Schweißarbeiten im brandgefährdeten Bereich; Schweißerlaubnisschein unvollständig und ohne Ortsbesichtigung ausgestellt; ungenügende Sicherheitsmaßnahmen	Sachschaden; Produktionsausfall; Gefährdung von Menschen durch toxische Wirkung der Verbrennungsprodukte

Fortsetzung von Tabelle 64: Beispiele für Unfälle und Brände in der chemischen Industrie

Sachverhalt	Verstoß gegen die Sicherheitsbestimmungen	Schaden
In einer Sauerstoffgewinnungsanlage ereignete sich ein schweres Explosionsunglück. Als Ursache wurde ein Schwelbrand infolge vorangegangener Schweißarbeiten ermittelt. Der Schwelbrand hatte sich unter Stahlblechen auf dem Holzboden entwickelt. Durch auslaufenden flüssigen Sauerstoff explodierte das schwelende Holz infolge Zündung durch den noch andauernden Schwelbrand.	Schweißarbeiten im brand- und explosionsgefährdeten Bereich; Ungenügende Sicherheitsmaßnahmen im Schweißbereich; keine Nachkontrollen durchgeführt	Zahlreiche Todesopfer und schwerer Sachschaden
Beim Aufbau einer Absackanlage in einem Stahlskelettbau wurden Brennschneidarbeiten an Silos ausgeführt. Schweißspritzer entzündeten Dämmwolle und Schaumstoffe an den Decken- und Wandteilen der Absackanlage sowie die gesamte elektrische Anlage.	Schweißarbeiten im brandgefährdeten Bereich; Schweißerlaubnis fehlte; keine Sicherheitsmaßnahmen im Schweißbereich	Gering
Kurz nach Beginn der autogen durchgeführten Schweißarbeiten an der Heizschlange eines Rührreaktors, entzündeten herabfallende Schweißperlen die im Leckageeimer befindlichen brennbaren Dämpfe. Die Flammen zündeten die trotz einer 1½stündigen Dampfspülung im Reaktor vorhandene explosiven Dämpfe. Der Schweißer erlitt dabei Verbrennungen im Gesicht, Augen und beiden Händen [34].	Zu kurze Dampfspülzeit (Freimessung); Leckageeimer mit brennbarem Inhalt hätte entfernt werden müssen, Gefährdungsbeurteilung fehlte	Verletzung des Schweißer; Produktionsunterbrechung, Sachschäden

3.3.6 Maschinen-, Anlagen- und Apparatebau [3]

Beispiele für Brände, die sich in der unmittelbaren Fertigung von Maschinen, Apparaten und Behältern bzw. ihren Teilen ereigneten, konnten bei den Untersuchungen nicht gefunden werden. Dagegen gibt es bei der Aufstellung, Montage, Komplettierung und Demontage eine Reihe von Bränden durch Schweiß- und Schneidarbeiten. Das Ursachengefüge weist bei den untersuchten Fällen eine weitestgehende Gemeinsamkeit auf, und zwar ungenügende Sicherheitsmaßnahmen im Schweißbereich. Bei den in Brand geratenden Materialien handelt es sich vorrangig um Kunststoffteile der Konstruktion sowie um Hilfsmaterialien, wie Verpackung, Gerüste und Abdeckplanen. Bezüglich der zur Anwendung kommenden Verfahren sind vor allem das Elektroschweißen, das Gas- und Schutzgasschweißen sowie das Thermische Trennen zu nennen.

Von den 1970 bis 2009 ausgewerteten 2.771 Unfällen und Bränden entfallen etwa 4 % auf den Maschinen-, Anlagen- und Apparatebau. Neben der prinzipiellen Voraussetzung, den Schweißbereich richtig zu bestimmen und notwendige Sicherheitsmaßnahmen durchzusetzen, ist beim Aufstellen von Maschinen, Anlagen und Apparaten folgendes besonders zu beachten:
- Einhaltung der Baustellenordnung, hier kann es unter Umständen erforderlichen werden, sich mit ausländischen Partnern und Arbeitskräften abzustimmen,
- Berücksichtigung von Gefahren, die aus der laufenden Produktion in Industrieanlagen kommen können, wenn in deren Nähe Montagen unter Anwendung thermischer Verfahren erfolgen sollen.
- Beachtung der Spezifik von Maschinen, Anlagen und Apparaten, da sie die Merkmale enger Räume bzw. Behälter mit gefährlichem Inhalt erfüllen können.

Fallbeispiele

76. Bsp.: Brand bei der Montage eines Bioreaktors

An einem im Bau befindlichen Biorealtor kam es bei Schweiß- und Schneidarbeiten zu einem Brand. Bei dem Reaktor handelte es sich um einen zylindrischen Tank mit 11,30 m Durchmesser und 6,95 m Höhe. Im Innern war der Behälter mit einer 2 mm dicken gewebekaschierten Polyethylenfolie ausgekleidet. Ferner verkleidete man gerade die Außenwände und das Dach mit Polyurethanschaum (25 ... 30 mm). Den Reaktor umgaben außen allseitig Holzrüstungen, zusätzlich war die Rüstung noch mit Zeltplanen verhangen. Am Brandtag kam es bereits mehrmals zu Entstehungsbränden an den Zeltplanen, die von den dort arbeitenden Mitarbeitern gelöscht wurden. Bei Brennschneidarbeiten an einer Druckleitung (NW 1 400) fielen Metalltropfen auf eine unter der Arbeitsstelle befindliche Zeltplane. Der Brand entwickelte sich über eine Holzbohle zur PUR-Isolierung hin. Der Brand erfasste sehr schnell die PUR-Außenfläche, die Rüstung und Zeltplanen in voller Ausdehnung sowie die Innenverkleidung des Reaktors. Es entstand eine großer Schaden. Erforderliche Sicherheitsmaßnahmen wurden gröblichst missachtet. Außerdem wurde kein Brandposten eingesetzt. Gegen die Verursacher des Brandes kam das Strafrecht zur Anwendung. Proteste der Staatsanwaltschaft ergingen an den Investitionsauftraggeber und den auf der Großbaustelle tätigen Montagebetrieb.

Verstöße gegen die Sicherheitsbestimmungen:
- Brandgefährdeter Bereich,
- unzureichende Sicherheitsmaßnahmen im Schweißbereich (brennbare Stoffe nicht entfernt oder geschützt),
- kein Brandposten eingesetzt.

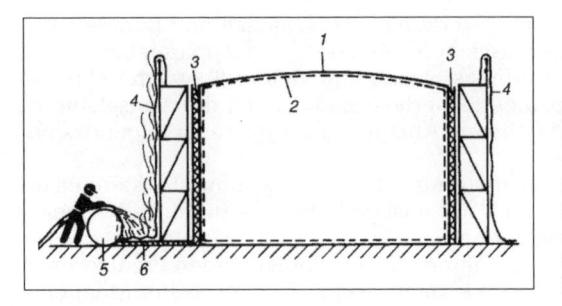

Abb. 103:
Brand eines Bioreaktors;
1 Tank aus Stahlblech,
2 Polyethylenfolie,
3 Polyurethanschaum,
4 Zeitplane,
5 Druckleitung,
6 Holzbohle

77. Bsp.: Verpuffung beim Schweißen eines Behälters

Auf einer Montagebaustelle mussten Verlängerungsrohre an Rohrstutzen von Kondensgefäßen geschweißt werden. Nach dem Anschluss eines Rohres überprüfte der Schweißer die Geradlinigkeit, indem er ≈ 20 cm vom Rohrende entfernt, den Rohrverlauf betrachtete. In diesem Augenblick ereignete sich eine Verpuffung mit Stichflammenaustritt aus dem Rohr. Die Flamme traf das linke Auge und die linke Gesichtshälfte des Schweißers, was eine stationäre Behandlung in einer Augenklinik erforderlich machte. Für die Entstehung des zündwilligen Gemisches im Rohr und im Behälter gibt es folgende Möglichkeiten:
- Ansammlung von Acetylen in zündwilliger Konzentration,
- Bildung von Pyroluseproduktion aus dem Anstrichmaterial des Gefäßes, einschließlich Stutzen,
- Zusammenwirken beider Möglichkeiten.

Als Zündquelle wirkte die heiße Schweißnaht.

Verstöße gegen die Sicherheitsbestimmungen:
- Behälter mit gefährlichem Inhalt,
- Anstrichmaterial im Schweißnahtbereich des Gefäßes und Stutzens nicht entfernt,
- keine Überwachung der Schweißarbeiten durch einen Sachkundigen.

78. Bsp.: Brand bei der Montage einer Zellstoffentwässerungsmaschine

Auf der Baustelle einer neuen Zellstofffabrik wurde durch unsachgemäße Schweißarbeiten während der Montage einer Zellstoffentwässerungsmaschine ein Großbrand verursacht. Der Schaden betrug 0,5 Millionen EURO. Durch den Brand verzögerte sich die Inbetriebnahme des Zellstoffwerkes um annähernd ein halbes Jahr, was sich als Produktionsausfall wirtschaftlich noch weitaus stärker bemerkbar machte als der unmittelbare Brandschaden. Seitens der Baustellenleitung waren ordnungsgemäße organisatorische Voraussetzungen für den Brandschutz geschaffen worden, die der ausführende Montagebetrieb jedoch permanent ignorierte.

Verstöße gegen die Sicherheitsbestimmungen:
- Schweißerlaubnis fehlte,
- keine Sicherheitsmaßnahmen im Schweißbereich.

79. Bsp.: Tödliche Verbrennungen eines Gasschweißers [16]

Ein 29-jähriger Schlosser, langjährig als Gasschweißer tätig, führte im oberen Teil einer neu errichteten Werkhalle Montageschweißarbeiten an einer neuen Sauerstoffleitung aus. Wie üblich musste dazu die Schweißnaht in Zwangsposition, bei eingeschränkter Zugänglichkeit zur Schweißstelle im Hebekorb eines Hubwagens, stehend ausgeführt werden.

Beim Schweißen brennt plötzlich die Oberbekleidung des Schweißers und es ertönt sein Hilferuf. Herbeigelaufene Arbeitskollegen versuchten am Hubwagen von Boden aus die Absenkung des Hebekorbs, scheitern aber infolge Unkenntnis der Bedienung. So kann nur der brennende Schweißer selbst die Absenkung mit seinem Fußschalter erreichen. Nachdem er auf dem Hallenboden angekommen ist, wird seine brennende Kleidung mit Wasser gelöscht.

Mit Verbrennungen dritten und vierten Grades wird der Verletzte mit einem Hubschrauber in ein Spezialkrankenhaus für die Behandlung von großflächigen Brandwunden geflogen. Dort stirbt er trotz aller Hilfsmaßnahmen nach einigen Stunden.

Verstöße gegen die Sicherheitsbestimmungen:
- Schweißer trug keine nach DIN EN ISO 11612 Schuzbekleidung: Kleidung zum Schutz gegen Hitze und Flammen,
- Alleinarbeitsplatz: Brandposten hätte gestellt werden müssen.

Weitere Beispiele sind in Tabelle 65 dargestellt.

Tabelle 65: Beispiele für Unfälle und Brände im Maschinen-, Anlagen- und Apparatebau

Sachverhalt	Verstoß gegen die Sicherheits-bestimmungen	Schaden
Bei Brennschneiarbeiten an einer Hallenkranbahn entzündeten herabfallende Schweißspritzer alte Fensterholzrahmen. Die Flammen erreichten die ausgetrockneten Holzdachbinder. Das Dach brannte innerhalb kurzer Zeit ab. Ein Brandposten war nicht eingesetzt.	Brandgefährdeter Bereich; Schweißerlaubnis fehlte; keine Sicherheitsmaßnahmen im Schweißbereich; kein Brandposten	Sehr groß

Fortsetzung von Tabelle 65: Beispiele für Unfälle und Brände im Maschinen-, Anlagen- und Apparatebau

Sachverhalt	Verstoß gegen die Sicherheitsbestimmungen	Schaden
An einer Entzunderungsanlage wurden Brennschneidarbeiten durchgeführt. Dabei entzündete sich die Gummiauskleidung und brannte aus. Der Schweißerlaubnisschein war nur formal ausgestellt worden, der Schweißer wurde nicht eingewiesen. Es war kein Brandposten gestellt.	Brandgefährdeter Bereich; keine Sicherheitsmaßnahmen im Schweißbereich; kein Brandposten	Groß
Unter dem Dach einer Fertigungshalle wurde eine Anlage montiert. Dabei waren Schweißarbeiten erforderlich. Schweißspritzer entzündeten ≈ 2 m unter der Schweißstelle die Isolierschicht der Maschinen.	Brandgefährdeter Bereich; keine Sicherheitsmaßnahmen im Schweißbereich; kein Brandposten	Geringer Sachschaden
In einem Werk für Anlagen- und Gerätebau wurden Brennschneidarbeiten an einem Stahlprofil ausgeführt. Dabei wurden Schweißspritzer in horizontaler Richtung weggeschleudert. Sie drangen durch Ritzen in eine Holzkiste ein und entzündeten Pappe, Papier, Wolle und elektrische Kabel.	Ungenügende Sicherheitsmaßnahmen im Schweißbereich	Geringer Sachschaden
Beim Schutzgasschweißen mit Schweißrobotern entzündeten sich Staub und andere brennbare Stoffe in der Entlüftungs- bzw. Absauganlage. Bei dem Feuer entstand Schaden an der Gebäudefassade und erheblicher Maschinenschaden.	Brandgefährdeter Bereich bei ungenügender Reinigung und Wartung der Entlüftungs- bzw. Absauganlage	~ 100.000 €

3.3.7 Schiffbau [3]

Der Schiffbau ist ein schweißintensiver Industriezweig mit vielfältiger Schweiß-, Brennschneid- und thermischen Richtarbeiten, die teilweise in der Nähe brandgefährdeter Stoffe und Materialien durchgeführt werden müssen. Der Hauptanteil der Schweiß- und Schneidarbeiten wird in Schweißwerkstätten und Hallen mechanisiert oder automatisiert durchgeführt. Aber auch der Anteil der Arbeiten, der vorwiegend manuell auf der Helling, am Ausrüstungskai oder bei Reparaturen im Dock anfällt, ist beachtlich. Das Schweißen erfolgt zu 60 % bei der Vorfertigung und zu 40 % bei der Montage. Die Hauptverfahrensanteile sind das Schutzgasschweißen, das Elektrodenhandschweißen, das UP-Schweißen sowie das Gas- und Widerstandschweißen.
Die Auswertung von 2.771 Schadensfällen ab den 70er Jahren zeigt einen Durchschnitt von 3 % im Schiffbau.

Beim Neubau von Schiffen stellt die Vielzahl Öffnungen eine spezifische Gefahrenquelle dar, die den Schweißspritzern unkontrollierte Wege ermöglichen. Teilweise liegen beengte räumliche Bedingungen vor, die die Gefahr der Bildung explosibler Gas- und Dampfgemische begünstigen. Zu den in Brand geratenden Materialien gehören Farbe und Lösungsmittel sowie Werkstoffe des Ausbaus (z. B. Holz, Wärmedämmstoffe, Fußbodenbeläge und Textilien). Bei Reparaturarbeiten kommen als brennbare Materialien noch Öl und Waschflüssigkeiten hinzu.

Die Schweißwerkstätten und Montagehallen sind als Arbeitsstätten für Schweißarbeiten freigegeben. Das gilt auch für Neubauschiffe auf freier Helling.

Auffallend ist, dass die meisten Brände auf der freien Helling und bei Reparaturarbeiten entstanden sind. Hier liegen die Schwerpunkte für die Brandverhütung und Unterweisung. Nur wenige Brände treten in der Schiffbauhalle direkt auf. Von besonderer Bedeutung ist, dass funktionstüchtige Alarmsysteme vorhanden sind. Zu den wichtigsten Maßnahmen zur Gewährleistung des Brandschutzes zählen:

- richtige Bestimmung des Schweißbereiches, Feststellung der Gefährdungen und Einhaltung der notwendigen Sicherheitsmaßnahmen,
- Nichtaufnahme oder keine Weiterführung der Schweißarbeiten, wenn die erforderlichen Sicherheitsmaßnahmen nicht realisiert sind oder veränderte Bedingungen auftreten, die andere oder zusätzliche Sicherheitsmaßnahmen erfordern,
- Gewährleistung der Kontrollen und, soweit erforderlich, Brandwache bzw. -posten,
- ausreichende Befähigung der Arbeitskräfte.

Zur Gewährleistung und systematischen Verbesserung des Arbeits- und Brandschutzes beim Schweißen, Schneiden und bei verwandten Verfahren im Schiffbau wurden aufgrund des technologischen Ablaufes und des Baugeschehens beim Bau und bei der Reparatur von Schiffen spezifische Festlegungen getroffen.

Sie betreffen zum Beispiel:
- Arbeiten in Schiffsräumen,
- Arbeiten während der Bebunkerung und der Probefahrt,
- Schweiß- und Schneidarbeiten auf Reparatur- und Garantieschiffen,
- Schweißerlaubnis und Verantwortung bei Arbeiten in den Werfthäfen,
- Schweißarbeiten an Werftanlagen.

Wenn es trotz aller Bemühungen um die Brandsicherheit zu einem Großbrand auf einem im Wasser liegenden Schiff kommt, ist bei der Brandbekämpfung mit Löschwasser unbedingt die Stabilität des Schiffes zu beachten, da sonst die Gefahr des Kenterns besteht.

Fallbeispiele

80. Bsp.: Brandkatastrophe beim Ausbau des Flugzeugträgers „USS Constellation CV A-64"

Das 79.000-t-Schiff lief 1960 vom Stapel. Zwei Monate später brach ein Brand aus, der große Menschenopfer (50 Tote, Hunderte Verletzte) und erhebliche materielle Schäden (50 Millionen Dollar, acht Monate Verzögerung der Indienststellung) forderte. Bis zum Zeitpunkt der Katastrophe war es bereits innerhalb eines Jahres zu 42 Bränden gekommen, was Mängel in der Organisation des Brandschutzes verdeutlicht.
Zu dem Großbrand kam es folgendermaßen. Im Hangardeck des Schiffes war zeitweilig ein Kraftstofftank mit 1.900 l Inhalt aufgestellt. Beim Anstoßen eines Hebefahrzeuges gegen eine Stellage mit Stahlplatten verrutschten diese und rissen dabei ein Ventil vom Kraftstofftank ab. Der ausfließende Kraftstoff lief in darunterliegende Decks, wo geschweißt wurde. Dort entzündete er sich. Der Brand griff schnell um sich, erfasste das Hangar- und Flugdeck und breitete sich vom Brandherd bis zum Vor- und Achterschiff aus. Die Querschotten stellten kein Hindernis für die Brandausbreitung dar, da die Kabeldurchlässe noch nicht abgedichtet waren. Lagernde hölzerne Bauhilfsmaterialien, aufgestellte Holzgerüste, Lager- und Baubuden begünstigten die Brandausbreitung ebenso wie die nicht voll funktionsfähige Kommandoanlage. Der Befehl „Alle Mann von Bord" konnte von vielen Arbeitern nicht gehört werden. Die Brandbekämpfung erfolgte Durch Feuerwehren der Stadt und der Werft. 150.000 m³ Löschwasser beendeten nach 12 h den Brand und hinterließen neben den Brandschäden auch große Wasserschäden. Ein großer Teil der Ausrüstung des Schiffes (z. B. Kabel, Rohre, Geräte, mechanische Anlagen) war zerstört. Die 45 mm dicken Stahlplatten des Flugdecks waren auf 190 m Länge wellenförmig deformiert (bis zu 250 mm Durchbiegung). Ähnlich stellte sich die Situation auf dem Hangardeck dar, wo 31 mm dicke Stahlplatten verlegt waren. Die Platten mussten teilweise gerichtet, teilweise erneuert werden.
Die Katastrophe führte zu einer Präzisierung der Brandschutzbestimmungen für den Bau und die Modernisierung amerikanischer Schiffe.

Verstöße gegen die Sicherheitsbestimmungen:
- Mangelhafte Organisation des Brandschutzes,
- funktionsuntüchtige Alarmierungssysteme.

81. Bsp.: Tödliche Verbrennungen durch unkontrolliertes Austreten von Sauerstoff beim Brennschneiden

Während der Ausführung von Rohrverlegungsarbeiten an Bord eines Binnenschiffes (Stauraum unter dem Hauptdeck – enge Räume) ereignete sich ein Entstehungsbrand, in dessen Folge ein Mitarbeiter tödlich verletzt wurde und ein weiterer Mitarbeiter schwere Hautverbrennungen erlitt. Bei der Durchführung von Brennschneidarbeiten rutschte der Sauerstoffschlauch vom Handstück des Brenners. Nach dem Schließen der Druckmindererventile befestigte der Brennschneider den Schlauch wieder, öffnete die Ventile und zündete den Brenner. Dabei fing der Brennschneider Feuer und erlitt tödliche Verbrennungen.

Verstöße gegen die Sicherheitsbestimmungen:
- Schlauchanschluss mangelhaft befestigt,
- erneute Arbeitsaufnahme in der sauerstoffangereicherten Luft.

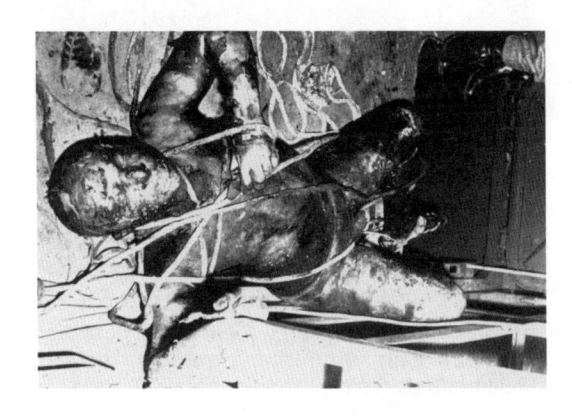

Abb. 104:
Tödliche Verbrennungen eines Brennschneiders

82. Bsp.: Brand in einem Laderaum

Im Laderaum eines Schiffes am Liegeplatz wurden an einem Containereinweiser Elektroschweißarbeiten durchgeführt. Dabei gelangten Schweißspritzer und Funken in einen unter dem Arbeitsplatz stehenden schadhaften Farbcontainer und entzündeten Putzlappen und Schlauchmaterial. Der Laderaum war als nichtbrandgefährdet eingestuft und für Schweißarbeiten freigegeben, der Farbcontainer aber vor Beginn der Schweißarbeiten nicht entfernt worden. Der Schweißer bekam eine Rüge ausgesprochen.

Verstöße gegen die Sicherheitsbestimmungen:
- Brandgefährdung am Arbeitsplatz nicht beseitigt,
- brennbare Stoffe im Schweißbereich nicht entfernt oder gesichert,
- Arbeitsaufnahme durch den Schweißer ohne Kontrolle des Schweißbereiches.

83. Bsp.: Explosion in Bremerhavener Werft [17]

Nicht Schweißarbeiten, sondern eine adiabatische Verdichtung (Zustandsänderung) des Acetylengases verursacht durch einen sehr schnellen Druckanstieg innerhalb einer Anschlussarmatur zum Flaschenbündel erhitzte des Acetylen so stark, dass es zu einer Zerfallsreaktion innerhalb des Anschlusses kam. Die Zerfallsreaktion setzte sich in das Rohrsystem fort und zerstörte einen Acetylen-Hochdruckentwickler. Das führte zum Brand des austretenden Acetylengases mit einer Kettenreak-

Abb. 105a:
Zerstörte Acetylenversorgungsanlage

Abb. 105b:
Explodierte Gasflaschen

tion zum Zerknall von 82 der insgesamt 84 Acetylenflaschen und zur Zerstörung der zentralen Acetylengasversorgungsanlage.

Anmerkung: Bei Acetylenflaschenbränden ist zu beachten, dass die brennenden Gasflaschen aus sicherer Entfernung gekühlt und das ausströmende Gas am Flaschenhals weiter brennen gelassen wird.
Bei Flaschenbündeln ist es kritischer, weil jedoch immer nur die Gasflaschen an den Außenseiten genügend gekühlt werden können.

Weitere Beispiele sind in Tabelle 66 dargestellt.

Tabelle 66: Beispiele für Unfälle und Brände im Schiffbau

Sachverhalt	Verstoß gegen die Sicherheitsbestimmungen	Schaden
Zum Wechseln der Gummiauskleidung in der Strahlkabine einer Plattenentzunderungsanlage war ein Abweiser durch Brennschneiden zu entfernen. Funkenflug und herabtropfendes flüssiges Metall führten zum Brand.	Arbeitsauftrag durch den Meister ohne Schweißerlaubnisschein erteilt	Gering
Ohne Schweißerlaubnis wurden am Steuerhaus eines Überführungsprahms Schweißarbeiten durchgeführt. Dabei entzündeten sich die mit Polystyren isolierte Wand und $\approx$ 0,5 m² Isolierung.	Schweißerlaubnis fehlte; Brennbare Stoffe nicht aus dem Schweißbereich entfernt	Gering
Während des Wolfram-Inert-Gasschweißens an einem Türwinkel fielen Tropfen durch eine Bohrung und entzündeten eine Schaumstoffmatte und elektronische Geräte.	Schweißberechtigung fehlte; Öffnungen nicht abgedichtet	Gering

Sachverhalt	Verstoß gegen die Sicherheitsbestimmungen	Schaden
Beim Brennschneiden von Kabeldurchbrüchen im Bereich der Kombüse entzündete sich durch Funkenflug ein Kühlschrank und brannte völlig aus.	Brennbare Gegenstände aus dem Schweißbereich; nicht entfernt keine Brandwache; keine Nachkontrollen	Gering
Während Brennschneidarbeiten zur Demontage der Krananlage auf einem Motorschiff fielen Funken durch die Radarkabelführung und entzündeten Netze. Obwohl im Schweißerlaubnisschein eine Brandwache und Nachkontrollen angeordnet waren, wurden diese nicht ausgeführt, so dass ein Schwelbrand entstand.	Öffnungen ungenügend abgedichtet; keine Brandwache; keine Nachkontrollen	Gering
Im Inneren eines Schiffsneubaues waren drei Arbeitskräfte mit Anstreicharbeiten beschäftigt. Durch Lösungsmitteldämpfe bildete sich ein explosibles Gasgemisch, das mit einer riesigen Stichflamme verpuffte. Die Zündung erfolgte durch Schweißarbeiten, die in der Nähe durchgeführt wurden.	Fehlende Löschmittel; brennbare Stoffe nicht aus dem Schweißbereich entfernt bzw. gesichert	1 Toter, 2 Schwerverletzte; Sachschaden

3.3.8 Sonstige Industriezweige [3]

Thermische Trenn- und Fügeverfahren nehmen in Industriebetrieben vor allem bei Rekonstruktions- und Reparaturarbeiten an der Bausubstanz, an Anlagen der technischen Gebäudeausrüstung sowie an Produktionsanlagen eine wichtige Stellung ein. Hervorzuheben sind besonders Arbeiten an Heizungsanlagen mit den typischen Gefährdungen des Schweißspritzerdurchtritts durch Wand- und Deckenöffnungen sowie durch die Rohre.

Brennbare Stoffe kommen in großer Vielfalt hauptsächlich in Form von

- Rohstoffen, Halbzeugen und Fertigerzeugnissen, einschließlich erzeugnistypischer Verpackung,
- Abfällen und Verunreinigungen (z. B. Öle, Fette, Späne, Staub) sowie
- Konstruktionsteilen der Bauwerke (z. B. Holz, Kunststoffe) vor.

Ein großer Teil der Schweiß- und Schneidarbeiten muss außerhalb der Werkstätten und Produktionsbereiche, die für solche Arbeiten freigegeben sind, vorgenommen werden. Das setzt für brand- und explosionsgefährdete Bereiche, in denen die Brand- und Explosionsgefahr nicht beseitigt werden kann, die Erteilung der Schweißerlaubnis voraus.

Für Schweiß- und Schneidarbeiten bei Rekonstruktions- und Reparaturarbeiten in Industriebetrieben sind folgende Gefährdungen bzw. Ursachen charakteristisch:

- Verstöße gegen die Bestimmungen zur Erteilung der Schweißerlaubnis, fehlende Schweißfertigkeiten und falsche Bestimmung des Schweißbereiches,
- Ungenügende Realisierung der auf dem Schweißerlaubnisschein festgelegten Maßnahmen, besonders unterlassenes Entfernen oder Sichern brennbarer Materialien im Schweißbereich, fehlende Löschmittel, unterlassene Nachkontrollen,
- Nichterkennen oder Unterschätzen brennbarer Bauteile in der Baukonstruktion, die sich vor allem durch Wärmeübertragung entzünden können.

Von den Verfahren her betrachtet, überwiegen beim Zustandekommen der Brände das Autogenschweißen und -schneiden, aber auch E-Hand- und Schutzgasschweißen.

Die entscheidenden Aktivitäten zur Verhütung von Bränden stellen die umfassende, sorgfältige Überprüfung der Arbeitsstellen hinsichtlich der Brand- und Explosionsgefahren vor Erteilung der Schweißerlaubnis und die gewissenhafte Einhaltung der im Schweißerlaubnisschein festgelegten Sicherheitsmaßnahmen dar. Die Brandgefahr durch Wärmeübertragung in Rohren lässt sich mit wärmeableitenden Pasten sowie Wärmeschutzfolien vermindern. An Wänden und Decken mit unbekannter Beschaffenheit sollten Probebohrungen oder ähnliche Maßnahmen durchgeführt werden. Bestandsunterlagen über zu verändernde Bausubstanz sind, soweit vorhanden, rechtzeitig aus Archiven bereitzustellen. Die Führungskräfte sind durch klare betriebliche Regelungen, Qualifizierungen und Unterweisungen zur Wahrnehmung ihrer Verantwortung zu befähigen.

Fallbeispiele

84. Bsp.: Brand in einem Steingutwerk

An der Lagerhalle des Steingutwerkes wurden von einem Schweißer und einem Elektriker Brennschneidarbeiten an Winkelprofilen eines Schleppdaches durchgeführt. Durch einen Spalt zwischen dem unter dem Schleppdach befindlichen Schiebetor und der Lagerwand fielen glühende Metallteilchen in das Lager und entzündeten dort Holzwolle, Stroh und Schilfmatten. Der Brand griff schnell auf das Dach, bestehend aus Holzsparren, Dachpappe und Schindeln über. Der Schaden war sehr hoch. Der Schweißerlaubnisschein war nicht ordnungsgemäß ausgefüllt, und eine Ortsbesichtigung hat nicht stattgefunden. Der Schweißer hat den Elektriker ohne entsprechende Fertigkeiten brennschneiden lassen.

Verstöße gegen die Sicherheitsbestimmungen:
- Arbeiten im Brandgefährdeten Bereich,
- keine Befähigung zum Brennschneiden
- fehlende Ortsbesichtigung vor Erteilung der Schweißerlaubnis,
- Schweißerlaubnisschein unvollständig ausgefüllt.

Industriezweigspezifische Gefährdungen

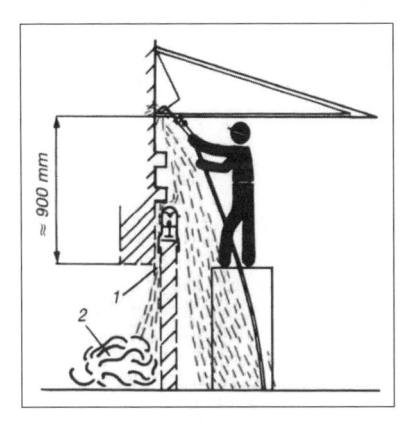

Abb. 106:
Großbrand infolge Brennarbeiten an einem Schleppdach
1 Spalt (15 ... 20 mm),
2 Holzwolle

Abb. 107:
Brand in einem Steingutwerk
1 Schweißstelle

85. Bsp.: Brand im Lager einer Schuh- und Lederwarenfabrik

Ein ≈ 100jähriges sechsgeschossiges Gebäude, das zu einer Malzfabrik gehörte, wurde durch Rekonstruktion in ein Lager umfunktioniert. Die Nutzung für diesen Zweck erfolgte bereits während der Rekonstruktion. In diesem Zusammenhang machten sich Demontagearbeiten an Einbauten erforderlich. Dabei handelte es sich unter anderem um Trichter, die von der Decke in das 5. Geschoss ragten. Sie sollten durch Brennschnitt entfernt werden. Die Arbeiten übernahm ein Baubetrieb, ohne dass ein Vertrag oder schriftlicher Arbeitsauftrag vorlag. Die Decke des 5. Geschosses (zugleich Fußboden des 6. Geschosses) bestand aus Holzbalken und 35 mm dicken Bohlen, der Fußboden des 5. Geschosses aus Beton, siehe Abb. 108. Bei dem im 6. Geschoss lagernden Gut handelte es sich um Schuhschäfte aus Kunststoff sowie um Fertigerzeugnisse, also leichtentzündliches und brennbares Material.

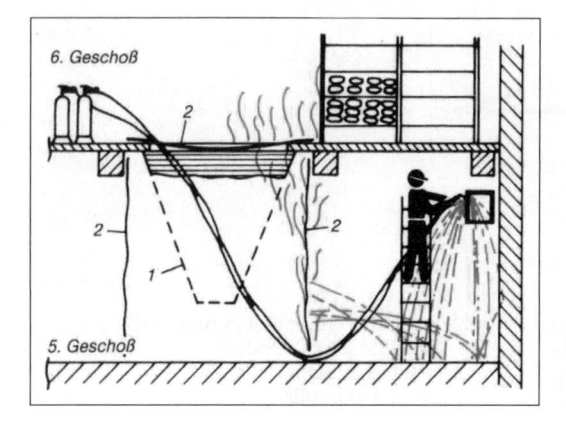

Darstellung von Bränden und Unfällen durch genannte Verfahren

Abb. 108:
Großbrand in einer
Schuh- und
Lederwarenfabrik
1 abgebrannter Trichter,
2 Planen

Bei der Ausstellung des Schweißerlaubnisscheines kam es zu Kompetenzüberschreitungen. Er war unvollständig ausgefüllt und enthielt auch keine Angaben zum Schweißbereich. Die Angaben zu den Sicherheitsmaßnahmen beschränkten sich auf das 5. Geschoss. Der Schweißer und die Brandwache wurden vor Ort nicht eingewiesen.
Die Brennschneidarbeiten begannen. Nach einer Arbeitspause bemerkten der Schweißer und die Brandwache, dass die Abdeckplanen, die zum Schutz des 6. Geschosses im Bereich bereits abgebrannter Trichter angebracht waren, brannten. Beide Mitarbeiter rannten in das 6. Geschoss, um die Löscharbeiten aufzunehmen. Eine starke Rauchentwicklung veranlasste den Schweißer zur Umkehr. Die Brandwache versuchte zu löschen. Dabei nahm sie eine tödliche Dosis Kohlenmonoxid auf. Neben den brennbaren Produkten befanden sich im 6. Geschoss ein Acetylenentwickler und eine Sauerstoffflasche, die für die Brennarbeiten benutzt wurden.
Der Brand vernichtete die lagernden Produkte sowie das Gebäude. Neben dem Tod eines Mitarbeiters entstand ein Sachschaden in Millionenhöhe.
Das Gericht verurteilte die Angeklagten wegen fahrlässiger Verursachung eines Brandes zu folgenden Strafen:
- den ehemaligen Betriebsdirektor zu einer Freiheitsstrafe von 2 Jahren und 10 Monaten und Schadenersatz,
- den Sicherheitsingenieur zu einer Freiheitsstrafe von 2 Jahren und Schadenersatz,
- den Gruppenleiter Instandhaltung zu einer Freiheitsstrafe von 2 Jahren und 3 Monaten und Schadenersatz,
- den ausführenden Schweißer zu einer Freiheitsstrafe von 2 Jahren auf Bewährung und Schadenersatz in Höhe eines Monatseinkommens.

Verstöße gegen die Sicherheitsbestimmungen:
- Zulässigkeit der Arbeiten nicht geprüft,

- keine Ortsbesichtigung vor Erteilung der Schweißerlaubnis durchgeführt,
- keine Einweisung vorgenommen,
- Schweißerlaubnisschein nicht ordnungsgemäß ausgefüllt.

86. Bsp.: Brand in einem Betrieb der metallverarbeitenden Industrie

Eine Wärmebehandlungsstraße, die dazu diente, Federn für Fahrzeuge zu biegen und zu härten, war wegen Rekonstruktionsarbeiten außer Betrieb gesetzt. Dabei machten sich Elektroschweißarbeiten im Bereich der Absaughauben erforderlich. Um Baufreiheit zu schaffen, führte der Investbauleiter selbst diese Arbeiten durch.
Er besaß die erforderlichen Schweißerqualifikation, aber keinen gültigen Schweißerlaubnisschein. Eine weitere wesentliche Unterlassung war, dass eine Brandwache, die unter den gegebenen Bedingungen notwendig gewesen wäre, fehlte. Schweißspritzer setzten Ölrückstände an der Absaughaube in Brand. Der Brand breitete sich über die Absaugrohre auf die Dachkonstruktion der 60 m x 25 m großen Produktionshalle sowie auf eine weitere Wärmebehandlungsstraße aus. Die sofort alarmierte betriebliche und örtliche freiwillige Feuerwehr brachten den Brand schnell unter Kontrolle, es entstand aber ein beträchtlicher Sachschaden. Wegen fahrlässiger Verursachung eines Brandes mussten sich der Bauleiter vor dem Gericht verantworten. Er wurde zu einer Freiheitsstrafe von 8 Monaten auf Bewährung verurteilt. Außerdem musste er Schadenersatz leisten.

Verstöße gegen die Sicherheitsbestimmungen:
- Schweißerlaubnis fehlte,
- keine Brandwache gestellt.

87. Bsp.: Brand in einem Betrieb der metallverarbeitenden Industrie

Im 2. Obergeschoss eines Massivgebäudes wurden Rekonstruktionsarbeiten durchgeführt. Dabei war ein Stahlrohr (20 mm x 1 mm), das bisher als Kabelführung für die Beleuchtung gedient hatte, mit einem Brennschnitt zu entfernen. Durch einen Luftspalt zwischen dem Rohr und der Wand gelangten die Spritzer in einen Nebenraum, der als Lager für Gießereimodelle diente. Die Spritzer entzündeten Zelluloidtafeln und Holzwolle. Sofort eingeleitete Löschmaßnahmen (Handfeuerlöscher und Wasser) führten zunächst zum Ersticken der Flammen. Kurz darauf ereignete sich jedoch eine Verpuffung, bei der flüssiges, wiederentflammtes Zelluloid im ganzen Raum verspritzt wurde und das Lager in Brand setzte. Nun wurde die Feuerwehr alarmiert, die den Brand nach ≈ 2 h gelöscht hatte. Die Brandbekämpfung wurde durch starke Rauchentwicklung beim Verbrennen des Zelluloids erschwert. Es entstand großer Sachschaden. Gegen die Verantwortlichen wurden strafrechtliche Maßnahmen eingeleitet. Hauptursache dieses Schadenfalles waren ungenügende Beurteilung und Festlegung des Schweißbereiches sowie eine formale Ausstellung des Schweißerlaubnisscheines.

Verstöße gegen die Sicherheitsbestimmungen:
- Schweißerlaubnisschein ohne Ortsbesichtigung ausgestellt,
- keine Einweisung vorgenommen,
- ungenügende Sicherheitsmaßnahmen im Schweißbereich (ungenügende Beachtung von Nebenräumen).

88. Bsp.: Brand und Explosion in einem Getränkebetrieb

Bei der Generalreparatur der Pasteurisieranlage eines Getränkebetriebes waren Schweiß- und Malerarbeiten im gleichen Raum erforderlich. Im Raum befanden sich sechs Mitarbeiter. Schweißspritzer entzündeten ausgelaufene, leichtbrennbare Flüssigkeit und ein 200-l-Fass mit Waschflüssigkeit. Infolge der explosionsartigen Verbrennung erlitten ein Mitarbeiter schwere und ein weiterer Mitarbeiter leichte Brandverletzungen. Der durch den Brand entstandene Schaden war groß. Durch das Vorhandensein des 200-l-Fasses und die Entnahme brennbarer Flüssigkeiten für Reinigungsarbeiten war Brand- und Explosionsgefahr vorhanden, die vor Beginn der Arbeiten hätte beseitigt werden müssen.

Verstöße gegen die Sicherheitsbestimmungen:
- Brand- und Explosionsgefahr im Schweißbereich nicht beachtet,
- Sicherheitsmaßnahmen im Schweißbereich fehlten (Entfernen der brennbaren Flüssigkeit und des Fasses mit Waschflüssigkeit).

89. Bsp.: Arbeitsunfall bei der Wärmebehandlung eines geschlossenen Hohlkörpers

Zwei Mitarbeiter fertigten aus einem Stahlrohr mit 16 mm Durchmesser Rohrringe mit 300 mm Länge an. Die Technologie sah Zuschneiden des Rohres auf Länge, Reinigung der Rohrstücke durch Ausdampfen (Konservierung im Anlieferungszustand mit Fettschicht), Warmbiegen, Schweißen des Rohrstoßes, Bohren einer Öffnung und Warmrichten des Ringes vor. Nach dem Verschweißen des Ringes wurde versäumt, die Bohrung (2,5 mm Ø) einzubringen. Der Ring wurde in einen Schraubstock gespannt und mit einer Autogenflamme auf Rotglut erwärmt. Beim Richten zerplatzte der Ring, wobei ein Mitarbeiter im Gesicht Verbrennungen erlitt.
Mögliche Ursachen sind:
- Bildung von Pyrolyseproduktion des Fettes, die zusammen mit der Luft im Rohr ein zündwilliges Gemisch bildeten,
- Überdruck im Rohr durch die Temperaturerhöhung,
- Festigkeitsverlust des Rohrmaterials infolge der hohen Temperatur,
- Überdruck durch verdampfendes Restwasser.

Verstöße gegen die Sicherheitsbestimmungen:
- Abweichung von der vorgegebenen Technologie (Nichtausführung der Entlüftungsbohrungen).

Weitere Beispiele sind in Tabelle 67 dargestellt.

Industriezweigspezifische Gefährdungen

Tabelle 67: Beispiele für Unfälle und Brände in sonstigen Industriezweigen

Sachverhalt	Verstoß gegen die Sicherheitsbestimmungen	Schaden
In einem Betrieb der Kunststoffverarbeitung erfolgten Schweißarbeiten zur Montage eines Windfanges an einem Geländer. Einem Kabelschacht, in dem sich auch Ölreste, Gummiabtrieb und Papier befanden, wurde bei der Ausstellung des Schweißerlaubnisscheines keine Beachtung geschenkt. 2 h nach Beendigung der Arbeiten brach dort ein Brand aus.	Kabelschacht nicht in den Schweißbereich einbezogen; brennbare Stoffe nicht entfernt; keine Nachkontrollen durchgeführt	Gering
Zum Auswechseln eines Warmwasserspeichers wurden Brennschneidarbeiten in der Nähe von Holzkonstruktionen durchgeführt. Es wurde weder der Schweißbereich noch Sicherheitsmaßnahmen oder Nachkontrollen festgelegt. Aus einem Schwelbrand entwickelte sich nach 6 h ein Großbrand, der die Produktionshalle und Nebenanlagen vernichtete.	Schweißerlaubnis fehlte; keine Sicherheitsmaßnahmen im Schweißbereich; keine Brandwache gestellt; keine Nachkontrollen durchgeführt	Sehr groß
Bei Schneidarbeiten an einem Brückenkran kam es durch Funkenflug zu einem nichtbemerkten Schwelbrand von Putzlappen, die mit Waschflüssigkeit und Fett getränkt waren. In der Mittagspause brach infolgedessen ein Brand aus und erfasste die Krankabine.	keine Sicherheitsmaßnahmen im Schweißbereich; brennbare Stoffe nicht entfernt; keine Nachkontrollen durchgeführt	Gering
In einem Betrieb wurde eine Heizungsanlage repariert. Ein Rohr, das durch mehrere Räume führte, senkte sich infolge Wärmeeinwirkung und stieß im anliegenden Lagerraum einen Behälter mit brennbarer Flüssigkeit um. Die unter der verschlossenen Tür durchlaufende Flüssigkeit wurde durch Schweißspritzer gezündet, Abb. 109.	Angrenzende Räume nicht in den Schweißbereich einbezogen; ungenügende Sicherheitsmaßnahmen (brennbare Flüssigkeiten im Nebenraum)	Gering
Bei der Reparatur einer Filteranlage wurde mit Epoxidharz geklebt. Um das Trocknen zu beschleunigen, nahm man ein Gasschweißgerät zu Hilfe. Während dieser Arbeit ereignete sich eine Verpuffung.	Unzulässige Verwendung des Schweißgerätes für die Trocknung	Geringer Sachschaden und Produktionsausfall

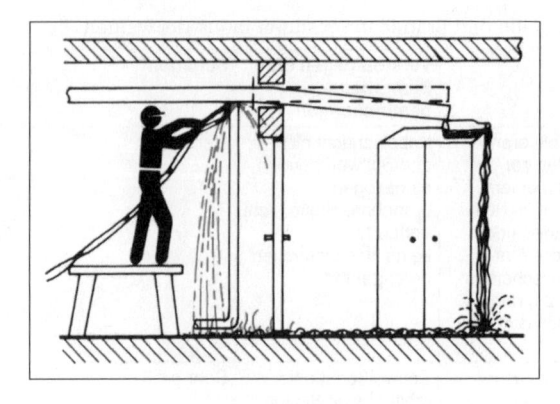

Darstellung von Bränden und Unfällen durch genannte Verfahren

Abb. 109:
Umsturz einer Flasche mit brennbarer Flüssigkeit infolge thermischer Formveränderung eines Rohres

3.3.9 Handwerks- und Kfz-Betriebe [18]

Schweiß- und Schneidearbeiten sind fester Bestandteil des Handwerks. Über 15 % der ausgewerteten Brände im In- und Ausland ereigneten sich in den Bereichen Handwerk und Kfz. Zu den häufigsten Anwendungsbereichen zählen Heizungsinstallationen, Reparaturarbeiten und Kfz-Instandsetzungen. Zur Anwendung kommen dabei unterschiedliche Verfahren wie Löten, Trennschleifen, Brennschneiden, E-Hand-, Gas- und Schutzgasschweißen.

Weitere Faktoren sind die verwendeten Materialien bzw. Materialien, die für das Handwerk und Kfz-Werkstätten typisch sind. So sind Öle, Kraftstoffe und Textilien, die mit diesen Flüssigkeiten getränkt bzw. verschmutzt sind, in Kfz- Betrieben oft Ursache für die Entstehung von Unfällen und Bränden. Für den Bereich des Handwerkes sind es hauptsächlich Holz, Kunststoffe und Dämmmaterialien.

Die Tabelle 68 zeigt die Entwicklung des Unfall- und Brandgeschehens im Handwerk und Kfz-Bereich auf Basis der ausgewerteten Beispiele:

Tabelle 68: Entwicklung des Unfall- und Brandgeschehens im Handwerk und Kfz-Bereich auf Basis der ausgewerteten Beispiele

Jahre		70er	80er	90er	ab 2000	Ges. bis 2009
Anzahl untersuchter Fälle		602	621	815	733	2.771
Anteil	Handwerk	8,1 %	3,5 %	6,8 %	8,0 %	6,5 %
	Kfz	13,9 %	10,8 %	7,8 %	5,9 %	9,3 %

Diese positive Entwicklung liegt u. a. an den verbesserten Technologien aber auch an der Verschärfung der Sicherheitsvorschriften und den damit verbundenen Schulungen durch Qualifizierungen der Mitarbeiter in Klein- und Mittleren Betrieben. Ein weiterer Faktor ist der Austauschbau an Stelle von Schweißarbeiten. Leider basiert dennoch der größte Teil der Unfälle und Brände auf der Missachtung von Sicherheitsvorschriften und der Unachtsamkeit bei der Ausführung schweißtechnischer Arbeiten. Bei der Auswertung der recherchierten Fälle ist es auffallend, dass der größte Teil der Unfälle und Brände hätte vermieden werden können, wenn die offensichtlichen Gefahrenpotentiale beachtet und erkannt worden wären. In Abb. 110 werden die hauptsächlichen Gefahren der ausgewerteten Unfälle und Brände dargestellt:

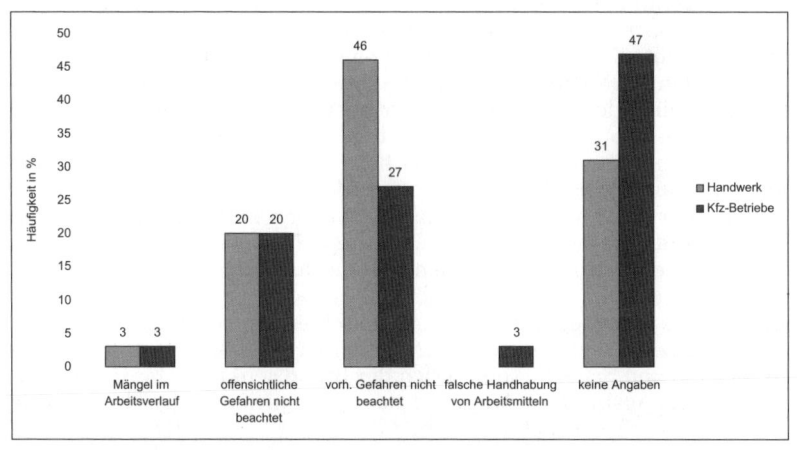

Abb. 110: Gefahrenpotentiale der ausgewerteten Unfälle und Brände im Handwerk und Kfz-Bereich ab 2000

Fallbeispiele

90. Bsp.: Explosion und Brand eines Heizöltanks

In einem Tanklager in Hamburg kam es 2004 zu einer Verwechslung eines bereits stillgelegten mit einem noch im Betrieb befindlichen Tank. Eine externe Firma hat irrtümlicherweise versucht einen noch im Betrieb befindlichen Tank mit einem Schneidbrenner zu öffnen. Zu diesem Zeitpunkt befanden sich noch Reste eines leichten Heizöls im Tank, die in Brand gerieten. Die Schweißer bemerkten den Brand und informierten ihren Vorgesetzten. Während ihrer Abwesenheit entzündete sich das entstandene Heizöl-Luft-Gemisch im Tank und explodierte wenige Minuten später.

Ursache war die Verwechslung eines noch im Betrieb befindlichen mit auf dem gleichen Gelände gelegenen stillgelegten Tank. Der Grund für die Verwechslung lag in der falschen Einweisung der externen Schweißer durch einen ebenfalls externen Bauleiter.

Verletzt wurde keiner, es entstand Sachschaden.

Verstöße gegen die Sicherheitsbestimmungen:
- Brandgefährdeter Bereich,
- Behälter mit gefährlichem Inhalt,

- Schweißen unter Aufsicht eines Sachkundigen,
- keine Festlegung der Sicherheitsmaßnahmen vor Beginn der Arbeiten.

91. Bsp.: Feuer hinter einer Leichtbauwand

Bei Sanierungsarbeiten eines mehrstöckigen Bürogebäudes kam es 2007 in Berlin zu einem Brand in einem Toilettenraum. Im Zuge dieser Sanierungsarbeiten wurden die alten Heizkörper des Toilettenraumes ausgetauscht, deren Leitungen durch einen verkleideten Schacht im angrenzenden Büro verliefen. Beide Räume waren durch eine Leichtbauwand voneinander getrennt, vor diese noch eine weitere Leichtbauwand für die neuen Spülbecken gesetzt wurde. Am Tag des Brandes führte ein Arbeiter einer Fachfirma Schweißarbeiten an den Heizungsrohren, die ebenfalls durch diese Wand geführt wurden, durch. Nach einer Schwelldauer von ca. 1,5 h bemerkte ein Mitarbeiter des Bürogebäudes einen leichten Brandgeruch und informierte den Hausmeister, der seinerseits die Feuerwehr alarmierte, die den Brand schnell unter Kontrolle brachte.

Ursache des Brandes war eine Papierkaschierung der Wärmedämmung der alten Leichtbauwand, die durch die Schweißarbeiten in Brand geriet. Durch den Schacht konnte sich der Brand senkrecht bis in die Zwischendecke ausbreiten. Aufgrund des anfänglichen Schwelens wurde der Brand erst 1,5 h später bemerkt.

Abb. 111: Brandentwicklung hinter einer Leichtbauwand

Durch die schnelle Reaktion des Mitarbeiters wurde niemand verletzt und ein größerer Schaden konnte verhindert werden.

Verstöße gegen die Sicherheitsbestimmungen:
- Brandgefährdeter Bereich,
- keine Betriebsanweisung bzw. Schweißerlaubnis,
- keine Sicherheitsmaßnahmen.

92. Bsp.: Drei Leichtverletzte bei Brand im Autohaus

In einem Autohaus in Weidenberg kam es 2006 zu einem Brand, der durch schweißtechnische Arbeiten an einem Pkw ausgelöst wurde. Ein in der Nähe der Schweißstelle abgestellter Kraftstoffkanister fing bei den Schweißarbeiten Feuer und sorgte für eine so enorme Hitzeentwicklung, dass das Auto und Teile der Werkstatt in Mitleidenschaft gezogen wurden. Drei Mechaniker konnten sich noch rechtzeitig in Sicherheit bringen, wurden aber dennoch wegen des Verdachts auf eine leichte Rauchgasvergiftung ins Krankenhaus gebracht. Dabei entstand ein Schaden von ca. 35.000 Euro.

Ursache für den Brandausbruch waren die schweißtechnischen Arbeiten an dem Pkw, die durch Funkenflug den Kraftstoff entzündeten.

Verstöße gegen die Sicherheitsbestimmungen:
- Brandgefährdeter Bereich,
- keine Betriebsanweisung bzw. Schweißerlaubnis,
- keine Sicherheitsmaßnahmen (entfernen des Kraftstoffkanisters).

93. Bsp.: Brand in einer KFZ-Werkstatt in Algesheim

2006 kam es im Zuge von Schweißarbeiten zu einem Brand in der Bodenablaufrinne eines KfZ-Betriebes.

Zum Zeitpunkt des Brandes befanden sich mehrere zu reparierende Pkw in der Werkstatt.

Ein Fahrzeug, an dem die Benzinpumpe ausgebaut wurde, befand sich direkt über der Bodenablaufrinne, die das Benzin auffangen soll.

Ein anderes Fahrzeug, an dem die Schweißarbeiten durchgeführt wurden, befand sich auf einer Hebebühne, die sich ebenfalls in der Nähe der Ablaufrinne befand. Durch Schweißarbeiten an dem einen Pkw entzündeten sich die in der Ablaufrinne entstandenen Benzindämpfe, siehe Abb. 112. Die Flammen breiteten sich über die Bodenrinne bis zum Pkw mit der ausgebauten Benzinpumpe aus. Mitarbeiter versuchten die Flammen mit Hilfe von Feuerlöschern zu bekämpfen, jedoch loderten die Flammen erneut heftig auf. Erst die Feuerwehr konnte den Brand unter Kontrolle bringen.

Ursache für den Brand waren Benzindämpfe, die durch das Ablassen des Benzins aus dem einen Pkw entstanden. Schweißarbeiten an einem weiteren Pkw entzündeten die entstandenen Benzindämpfe und führten so zum Brand. Personen kamen bei dem Brand nicht zu schaden.

Verstöße gegen die Sicherheitsbestimmungen:
- Brandgefährdeter Bereich,
- keine Betriebsanweisung,
- keine Sicherheitsmaßnahmen im Schweißbereich.

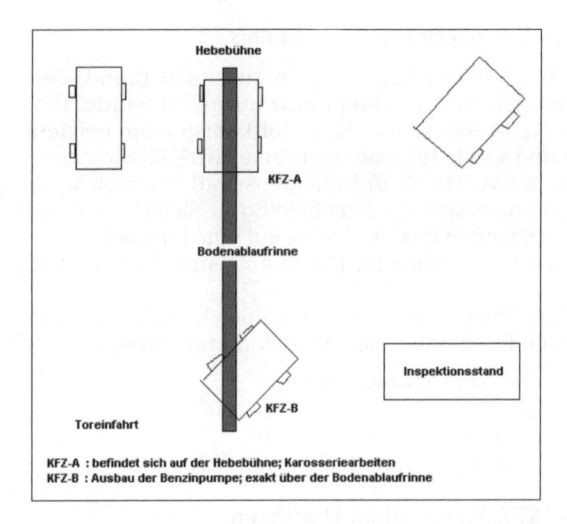

Darstellung von Bränden und Unfällen durch genannte Verfahren

Abb. 112:
Standorte der Pkw's über der Bodenablaufrinne

KFZ-A : befindet sich auf der Hebebühne; Karosseriearbeiten
KFZ-B : Ausbau der Benzinpumpe; exakt über der Bodenablaufrinne

Tabelle 69: Beispiele für Unfälle und Brände aus dem Handwerk und Kfz-Bereich

Sachverhalt	Verletzte Vorschrift BGR 500 Kap. 2.26	Schäden
In Schwaz entzündete sich ein Container mit Lackresten als ein Leasing-Arbeiter nur wenige Zentimeter neben dem Container anfing ein Blech zu schweißen. Es dauert nicht lange und der Funke sprang über. Innerhalb kurzer Zeit brannte der Container lichterloh.	Teil 3.8 Offensichtliche Gefahren wurden nicht erkannt	keine Angaben
In einer Werkstatt in Hatten kam es nach Schweißarbeiten zu einem Brand. Ein 68-jähriger Nutzer führte in der Werkstatt Schweißarbeiten durch und verließ diese dann. Kurze Zeit später bemerkte er das Feuer und konnte die Flammen eigenständig löschen.	Teil 3.8; 3.8.3 keine Brandwache und Kontrolle der Schweißstelle nach Beendigung der Arbeiten	2.000 Euro
Am 12. 7. 2008 kam es in einer Autowerkstatt zu einer Verpuffung. Ein 22-jähriger Kfz-Mechaniker führte am Vormittag Reparaturarbeiten an seinem Auto durch. Nach dem er die Ölwanne gereinigt hatte, führte er Schweißarbeiten durch, wodurch sich die entstandenen Gase entzündeten.	Teil 3.8, 3.8.1, 3.8.2 und ergänzend 3.8.3 Bildung einer explosionsfähigen Atmosphäre → offensichtliche Gefahren nicht beachtet	keine Angaben

Sachverhalt	Verletzte Vorschrift BGR 500 Kap. 2.26	Schäden
Sechs Automechaniker wurden bei einer Verpuffung in einer Autowerkstatt verletzt. Die Mechaniker führten Reparaturarbeiten an einem mit Gas betriebenem Auto durch. Ein Defekt an einem Ventil sollte behoben werden. Bei solchen Arbeiten muss der Tank leer sein, wovon die Männer offenbar ausgingen. Ein folgenschwerer Fehler. Das unbemerkt ausströmende Gas entzündete sich und verletzte die Mechaniker.	Teil 3.8 Mängel im Arbeitsablauf	Keine Angaben
In einer Kfz-Werkstatt entzündeten sich durch Schweißarbeiten, in einer mit Blechen abgedeckten Grube, gelagerte Kartonagen, Spraydosen und Lacke. Beim Eintreffen der Feuerwehr explodierte eine der Spraydosen.	Teil 3.8, 3.8.1, 3.8.2., 3.8.3. Offensichtliche Gefahren nicht beachtet → brennbare Stoffe in direkter Umgebung der Schweißstelle	500 Euro

3.3.10 Transport- und Nachrichtenwesen [3]

Für Instandsetzungsarbeiten an Verkehrsmitteln gelten zunächst die in Abschnitt 3.3.9 dargestellten Sachverhalte. Das betrifft insbesondere die Arbeitsbedingungen, das heißt das Arbeiten in freigegebenen Arbeitsstätten sowie das Vorhandensein von Treibstoffen, Öl und Schmiermitteln als leichtbrennbare Stoffe.

Fahrzeuge erfüllten teilweise auch die Bedingungen enger Räume mit dem dafür zu beachtenden Gefahren der Bildung explosibler Gas- oder Dampf-Luft-Gemische sowie der Sauerstoffanreicherung.

Die großen Abmessungen, insbesondere von Schienenfahrzeugen, verleiten dazu, Schweißstromrückleitungen bei mehreren Schweißstellen nicht laufend neu anzubringen. Hier muss besonders bedacht werden, dass der Strom unkontrollierte Wege nehmen kann. Große Übergangswiderstände sind an angeschraubten Verbindungsstellen von Baugruppen und an Lagern (Rädern) zu erwarten, wo es zum Brand kommen kann. Gefahr besteht insbesondere dabei auch für das Schutzleitersystem.

Brennbare Materialien an Fahrzeugen sind neben den bereits genannten Holz, Dämmstoffe, Textilien (Polster) sowie Fußbodenbeläge. Eine besondere Rolle spielen weiterhin brennbare Transportgüter, wie Öl, Treibstoffe, Schweißgase usw. In Häfen mit Ölumschlag ergibt sich somit eine spezifische Gefährdung.

Im Nachrichtenwesen sind insbesondere Kabelstränge gefährdet. Die Isolierung des Kabels kann in Brand geraten und abschmelzen, was schwerwiegende Folgen für die Kommunikation bzw. Steuerung von Prozessen haben kann. Die relativ große Oberfläche einer Vielzahl von Kabeln innerhalb eines Stranges bietet Schweißperlen gute Angriffsmöglichkeiten. Gefährdet ist oft auch gelagertes Nachrichtenmaterial in rohbaufertigen Bauwerken.

Im Transport- und Nachrichtenwesen sind Unfälle und Brände vorwiegend auf die Verfahren Gasschweißen- und Brennschneiden, Elektrodenhandschweißen, Schutzgas- und Punktschweißen sowie – speziell beim Schienenschweißen – das Gießschmelzschweißen zurückzuführen.

Eine umfassende Berücksichtigung der Sicherheitsmaßnahem, die für Behälter mit gefährlichem Inhalt bzw. enge Räume notwendig sind, schaltet einen großen Teil der bereichstypischen Gefährdungen aus. Das beginnt beim Fahrzeugtank und endet am Großtanklager.

Reparaturwerkstätten sind in der Regel zum Schweißen freigegebene Arbeitsstätten. Die Bedingungen, unter denen eine Schweißerlaubnis erforderlich ist, sind sorgfältig zu prüfen. Die Kabelstränge müssen wirksam gegen Schweißspritzer gesichert werden. Zu den erforderlichen Maßnahmen gehören das Abdecken und Abdichten der Kanäle, die Bereitstellung geeigneter Löschmittel in ausreichender Menge sowie erweiterte Zeiten für Nachkontrollen. Sollte es an Kabelsträngen zu Entstehungsbränden kommen, die zunächst keine Schäden erkennen lassen, so ist die Funktionssicherheit der Kabel sachkundig prüfen zu lassen und eventuell Reparaturen zu veranlassen. In Kabelkanälen kann die Brandausbreitung in der Anfangsphase durch Staub und andere Verschmutzungen beeinflusst werden. Die Lagerung von Nachrichtenmaterial in rohbaufertigen Gebäuden ist mit den anderen Partnern so abzustimmen, dass eine Entzündung in Verbindung mit Schweißarbeiten (z. B. in der Ausbauphase des Gebäudes) sicher ausgeschlossen wird.

Der Anteil der 2.771 ausgewerteten Unfälle und Brände lag im Transport- und Nachrichtenwesen im Durchschnitt bei 3 %.

Fallbeispiele

94. Bsp.: Explosion in einem Kesselwagen

In einem Reichsbahnausbesserungswerk wurden Reparaturarbeiten an einem Kesselwagen ausgeführt. Ein Mitarbeiter schraubte die Absperrhähne im unteren Wagenbereich ab. Ein anderer öffnete den Domdeckel. Da er feststellte, dass sich im Inneren des Kesselwagens Dämpfe befanden, setzte er eine Vollmaske auf und stieg ein. Unterdessen strömte aus den Öffnungen der abgeschraubten Absperrhähne das explosible Gasgemisch. Als ein in der Nähe befindlicher Schweißgenerator in Betrieb gesetzt wurde. entzündete sich das Gemisch vermutlich durch den Abrissfunken. Die Flamme breitete sich in Richtung der höheren Konzentration zum Kesselwagen hin aus, schlug in das Innere des Wagens und löste eine Explosion aus. Dabei wurde auch das Hallendach beschädigt. Der im Kessel befindliche Arbeiter erlitt auf 90 % der Körperoberfläche Verbrennungen ersten und zweiten Grades und verstarb nach drei Tagen.

Verstöße gegen die Sicherheitsbestimmungen:
- Kesselwagen hätte erst in gereinigtem Zustand in die Werkstatt gebracht werden dürfen,
- Befahrerlaubnis fehlte.

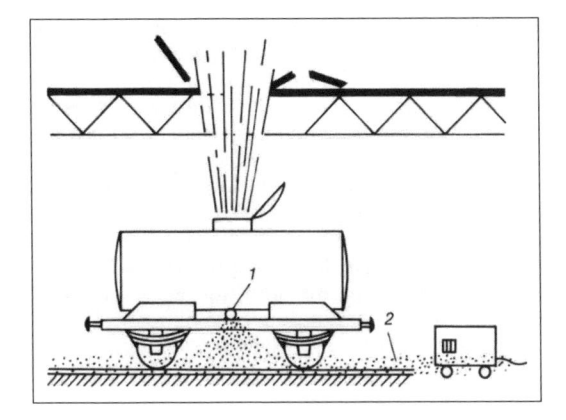

Abb. 113:
Explosion in einem
Kesselwagen
1 Stutzen, von dem der Absperrhahn abgeschraubt wurde,
2 Gas-Luft-Gemisch

95. Bsp.: Brand an einer Oberbau-Großmaschine

An der Hydraulikanlage einer Oberbau-Großmaschine wurden Instandsetzungsarbeiten durchgeführt. Dabei vergaßen die Schlosser, auf dem Führerstand 1 einen Hydraulikschlauch anzuschließen. Anschließend wurden in diesem Bereich Gasschweißarbeiten ausgeführt und zur gleichen Zeit im Führerstand 2 die Maschine zu einem Probelauf gestartet, Abb. 114. Austretendes Hydrauliköl im Führerstand 1 entzündete sich an der Gasschweißflamme, was eine Verpuffung zur Folge hatte. Der Schweißer und die Brandwache erlitten schwere Verbrennungen. Der Führerstand 1 brannte völlig aus, wobei ein großer Schaden entstand.

Verstöße gegen die Sicherheitsbestimmungen:
- Arbeiten zwischen den Reparaturschlossern und dem Leiter mangelhaft abgestimmt,
- Gefährdungen im Schweißbereich unvollständig erfasst,
- Schweißerlaubnisschein unvollständig ausgefüllt.

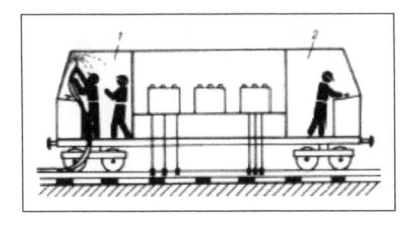

Abb. 114:
Verpuffung und Brand an einer Oberbau-Großmaschine
1 Führerstand 1,
2 Führerstand 2

96. Bsp.: Brand auf einem Straßenbahnhof

Beim Autogenschweißen des Winkelstahls zur Halterung der Kupplung eines Straßenbahnbeiwagens kam es durch ungehinderten Zutritt der Flamme und Spritzer in das Wageninnere zu einem Brand von Sperrholzplatten und Gummibelag. Der Handfeuerlöscher erwies sich als

funktionsuntüchtig, die Betriebsfeuerwehr war nicht einsatzfähig, und die Feuerwache wurde zu spät alarmiert. Der Schlüssel zum verschlossenen Tor der Halle musste erst gesucht werden, so konnte man auch nicht den brennenden Beiwagen aus der Halle ziehen. Die Flammen erfassten die Überdachung. Von hier herabfallende brennende Teile entzündeten einen Triebwagen und zwei weitere Beiwagen.
Der Schaden war sehr hoch. Wegen fahrlässiger Verursachung eines Brandes wurden der Leiter der Inspektion Arbeits- und Produktionssicherheit, der Vorarbeiter und der Schweißer zu einer Freiheitsstrafe von 2 Jahren auf Bewährung und zu Geldstrafen verurteilt. Außerdem wurden sie in Höhe eines Monatseinkommens materiell verantwortlich gemacht. Gegen drei weitere Mitarbeiter fanden Disziplinarverfahren wegen ungenügender Organisierung des Brandschutzes, mangelnder Einsatzbereitschaft der Betriebsfeuerwehr und ungenügender Kontrolle der Feuerlöschgeräte statt.

Verstöße gegen die Sicherheitsbestimmungen:
- Brandgefährdeter Bereich – Schweißerlaubnis fehlte,
- keine Sicherheitsmaßnahmen,
- keine Brandwache gestellt,
- keine funktionstüchtigen Feuerlöschgeräte bereitgestellt.

97. Bsp.: Tödlicher Unfall in einem Tender

Im Wasserteil eines Tenders für Dampflokomotiven waren Kontroll- und Instandsetzungsarbeiten erforderlich. Der Tender bestand aus mehreren Kammern.
Nachdem zunächst Brennschneidarbeiten in der vom Einstieg her gesehen dritten Kammer erfolgten, sollte dort in einem weiteren Arbeitsgang ein Flicken durch Elektrodenhandschweißung eingebaut werden. Der Brennschneider und der Schweißer begaben sich in die 3. Kammer, um den Flicken zunächst anzupassen und dann einzuschweißen. Eine Befahrerlaubnis, eine Be- und Entlüftung sowie eine Brandwache waren nicht vorhanden. Plötzlich sahen andere Arbeiter starken Rauch aus der Einstiegsöffnung des Tenders austreten. Sie alarmierten die Feuerwehr und versuchten trotz starker Wärme- und Rauchentwicklung in den einstieg hineinzuleuchten. Dabei entdeckten sie unmittelbar unter der

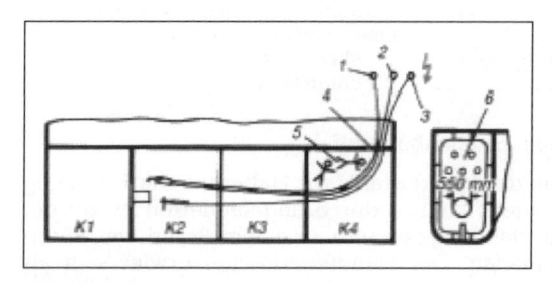

Abb. 115:
Tödlicher Unfall in einem Tender
1 Sauerstoff,
2 Acetylen,
3 E-Schweißgerät,
4 seitlicher Ein- bzw. Ausstieg,
5 Lager der Verunglückten,
6 Draufsicht der Kammer

Einstiegsluke die beiden Arbeiter, die nur noch tot geborgen werden konnten.
Bei der Untersuchung wurde festgestellt, dass die Arbeiter Verbrennungen dritten und vierten Grades erlitten hatten. In den Tenderkammern waren starke Russablagerungen vorhanden. Teilabschnitte der Schweißkabelisolierung, der Autogenschläuche und der Schweißerschutzschirm waren verbrannt. Die Rekonstruktion des Unfalls führte zu folgendem Ergebnis. Gestützt auf Versuche, ist mit hoher Wahrscheinlichkeit anzunehmen, dass am Brennschneidgerät ein Flammenrückschlag erfolgte, der zunächst zur Explosion des Sauerstoffschlauches führte. Dabei ergriff der Brand auch die Arbeitsschutzkleidung der Arbeiter. Das zusätzliche Entzünden des Acetylenschlauches verursachte weitere Temperaturerhöhungen. Den Verletzten gelang noch die Flucht bis in die erste Kammer, wo sie dem Hitzetod erlagen. Durch die zuständige Arbeitsschutzinspektion wurden gegen vier leitende Mitarbeiter des Betriebs Ordnungsstrafen ausgesprochen.

Verstöße gegen die Sicherheitsbestimmungen:
- Schweißarbeiten in engen Räumen – Schweiß- und Befahrerlaubnis fehlten,
- keine Sicherheitsmaßnahmen (Absaugung, schwerentflammbare Schutzanzüge),
- keine Brandwache gestellt.

98. Bsp.: Flaschenbrand während eines Transportes

Ein LKW-Fahrer hatte den Auftrag, mit einem Lastzug Acetylenflaschen auszuliefern. Von einem entgegenkommenden Kraftfahrer wurde er darauf aufmerksam gemacht, dass es auf seinem Anhänger brennt. Er fuhr den Lastzug auf den Mittelstreifen der Straße und stellte fest, dass das Absperrventil einer der 30 doppelschichtig gelagerten und mit Schutzkappen versehenen Druckgasflaschen undicht war und brannte. Es gelang ihm nicht, das Ventil zu schließen, so dass er sich entschloss, den Anhänger vom Fahrzeug abzukuppeln. Doch vorher explodierte die Druckflasche, wobei eine haushohe Stichflamme auftrat. Es brannten das ausströmende Gas einer Druckgasflasche und die hölzerne Ladefläche. Die zerborstene Druckgasflasche glühte, und aus weiteren erwärmten Flaschen strömte Gas aus. Nach wenigen Minuten war die sofort alarmierte Feuerwehr zur Stelle und löschte den Brand. 11 Flaschen wurden entladen und gekühlt. Wichtig ist in derartigen Fällen die Kennzeichnung der Flaschen (z. B. „Druckgasflasche hat gebrannt" oder „Druckgasflasche war Wärmewirkung ausgesetzt").

Verstöße gegen die Sicherheitsbestimmungen:
- unsachgemäßes Abfüllen der Gasflaschen in der Abfüllstelle,
- ungenügendes Schließen des Flaschenventils.

Weitere Beispiele sind in Tabelle 70 enthalten.

Tabelle 70: Beispiele für Unfälle und Brände im Transport- und Nachrichtenwesen

Sachverhalt	Verstoß gegen die Sicherheitsbestimmungen	Schaden
Im Schienenbereich einer Werksbahn führten Gleisbauarbeiter Brennschneidarbeiten aus. Angewiesene Sicherheitsmaßnahmen waren nicht realisiert worden. In der Umgebung der Schweißstelle gerieten Gras und alte Holzschwellen in Brand.	Sicherheitsmaßnahmen im Schweißbereich nicht realisiert (Entfernen oder Abdecken brennbarer Stoffe)	Geringer Sachschaden
An einem Tankzug war die Dieselleitung eingefroren. Als der Fahrer sie mit einer Lötlampe auftaute, kam es zu einer Explosion, wobei der Fahrer tödlich verletzt wurde.	Auftauarbeiten mit offener Flamme	Tödlicher Unfall
In einem Hafengelände führten Schweißarbeiten zur Entzündung von Brennstoff. Zwanzig Tanks wurden durch die Flammen vernichtet. Die Flammen erreichten eine Höhe von 100 m. Der ausfließende Brennstoff breitete sich brennend auf dem Hafenbecken aus. Ein Schiff brannte aus, ein Schwimmkran wurde beschädigt. Gefährliche Luftturbulenzen machten es erforderlich, den Flugverkehr eines 20 km entfernten Flugplatzes umzuleiten. 460 Feuerwehrleute waren im Einsatz. Das Löschen dauerte mehrere Tage.	Ungenügende Sicherheitsmaßnahmen im Schweißbereich	Sehr großer Sachschaden
Bei Schweißarbeiten in einem Zementwerk entstand im Kabelsystem ein Brand. Der Ausfall über zwei Wochen hinaus brachte neben dem direkten materiellen Verlust bedeutende Folgeschäden mit sich, indem die laufenden Aufträge von anderen Firmen übernommen wurden.	Ungenügende Sicherheitsmaßnahmen im Schweißbereich	Mehrer Millionen €
Weil die Schrauben der neu eingesetzten Ventile nach Abschluss der Behälterdichtsheitsprobe eines Tankzuges zu lang waren, wurden sie mit einem Winkelschleifer gekürzt. Der Funkenflug entzündete das Gasgemisch, der Behälter explodierte	Behälter mit gefährlichem Inhalt; Schweiß- und Schleifarbeiten unter Aufsicht eines Sachkundigen	Hoher Sachschaden, 3 Verletzte

3.3.11 Handel, Verwaltung, Kunst, Gesundheits- und Bildungswesen [20]

Unter den Bereich Verwaltung, Kunst, Gesundheits- und Bildungswesen fallen alle Schadensfälle, die in Gebäuden oder Einrichtungen aufgetreten sind, deren Nutzung in einen der vier Überbegriffe einzuordnen ist.
Brände in Verwaltungsgebäuden öffentlicher Träger, Firmen oder Vereine bedeuten oft einen schwerwiegenden Informationsverlust. Trotz

der mittlerweile weit verbreiteten mehrfachen Datensicherung kann ein Brand verheerende Konsequenzen nach sich ziehen. Oft können wichtige Daten gar nicht mehr oder nur unter großem Arbeits- und Zeitaufwand wiederhergestellt werden. Dies bedeutet einen wesentlichen wirtschaftlichen Schaden für den Geschädigten. Sind Objekte wie Museen, Theater, historische Gebäude oder Ateliers betroffen, steht meist die Zerstörung ideeller Werte im Vordergrund. Werke von Künstlern fallen Bränden in der Regel unwiederbringlich zum Opfer. Aber nicht allein der Brand ist Grund für den Verlust. Oft nicht beachtet, entstehen Schäden durch Brandgase oder den Einsatz von Löschmittel. So tritt ein Verlust nicht erst bei einem Großbrand ein, sondern kann schon bei Bränden viel kleineren Maßstabes bedeutende Größe erreichen.

Im Bereich des Gesundheitswesens stehen vor allem Krankenhäuser und Seniorenheime im Mittelpunkt der Betrachtung. Neben teurer medizinischer Ausstattung ist hier im Besonderen dem eingeschränkten Handlungsspielraum bei der Patientenversorgung Beachtung zu schenken. Ein selbstständiges in Sicherheit bringen kann in der Regel nicht vorausgesetzt werden, wodurch eine Evakuierung nur schwer und wenn überhaupt, nur unter großem Zeit- und Personaleinsatz durchgeführt werden kann.

Im Bildungswesen werden vor allem Schulen betrachtet. Das Spektrum reicht von kleinen Seminarräumen, die nur wenige Personen fassen bis hin zu Hörsälen und Konferenzräumen, die durchaus über ihr ausgelegtes Fassungsvermögen mit mehreren hundert Personen belegt sein können. Hier stellt sich das Problem der eintretenden Panik, die schon durch kleine und unwesentliche Faktoren ausgelöst werden kann. Des Weiteren trifft man in Schulen oft auf Kinder, deren Verhalten noch weniger berechenbar und auch ihre Auffassung von Gefahr eine andere ist als bei erwachsenen Menschen. So steht in diesem Bereich noch mehr als in anderen der Schutz von Leben im Vordergrund.

Im Zeitraum von 2000 bis Ende 2009 entfallen ca. 14 % der erfassten Ereignisse in den Bereich Verwaltung, Kunst, Gesundheits- und Bildungswesen. Die Entwicklung der Schadensfälle ist keinesfalls rückläufig wie es oftmals angenommen wird, sondern im Gegenteil steigend, wie folgende Grafik veranschaulicht. Dieser Verlauf sollte Anlass dazu geben,

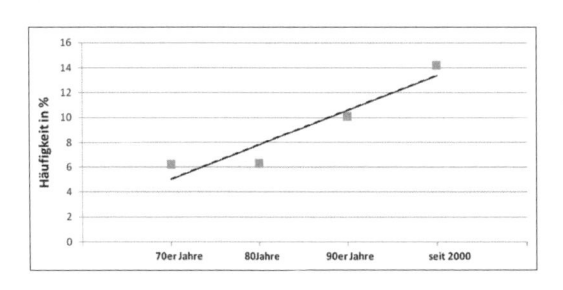

Abb. 116: Prozentualer Anteil von ca. 2.771 untersuchten Bränden durch Schweißen von 1970 bis 2009 im Bereich „Verwaltung, Kunst, Gesundheits- und Bildungswesen"

die aktuellen Verfahrensweisen und Handlungsabläufe zu überdenken und an entsprechenden Stellen zu ändern.
Somit lässt sich feststellen, dass je nach Bereich mit unter unwiederbringliche Güter zu schützen sind und im konkreten Fall das besondere Augenmerk auf die Gesundheit der gefährdeten Personengruppen zu richten ist.
Die hier aufgeführten Schäden und Gefährdungen von Personen wurden durch Schadensfeuer im Zusammenhang mit Schweißarbeiten verursacht. Es ist allerdings auch ein besonderes Augenmerk auf die Gesundheit der Ausführenden zu legen. In diesem Zusammenhang wurde im März 2009 die Technische Regel Gefahrstoffe (TRGS) 528 „Schweißtechnische Arbeiten" veröffentlicht, die eine Weiterentwicklung der BGR 220 „Schweißrauche" darstellt und diese gleichzeitig ersetzt. Bei Technischen Regeln handelt es sich nicht um Rechtsnormen mit gesetzlichem Charakter. Viel mehr dienen sie der Konkretisierung von Gesetzen und Verordnungen, enthalten Empfehlungen sowie technische Vorschläge, mit denen die entsprechenden Gesetze eingehalten werden können. So gibt die TRGS 528 Hinweise zur Gefährdungsanalyse, zu Schutzmaßnahmen und deren Prüfung auf Wirksamkeit. Sowohl die verwendeten Gase als auch die beim Schweißen erzeugten Partikel und gasförmigen Stoffe stellen Gefahrstoffe dar. Sie werden zum Beispiel über die Atemwege aufgenommen und können so schädigende Wirkungen im Körper hervorrufen. Um diesen Gefahren begegnen zu können, werden die verschiedenen Verfahren und verwendeten Stoffe hinsichtlich ihres Gefährdungspotenzials eingestuft und entsprechende Gegenmaßnehmen benannt. Die TRGS 528 unterliegt einer ständigen Aktualisierung durch den Ausschuss für Gefahrstoffe (AGS) und spiegelt daher den Stand der Technik wider. Sollte es zu einem Arbeitsunfall kommen und es kann nachgewiesen werden, dass die Anlage der Technischen Regel entsprach, kann dem Arbeitgeber in der Regel keine Fahrlässigkeit vorgeworfen werden. Es ist darauf zu achten, dass eine Technische Regel gesetzliche Relevanz erreichen kann, wenn sie durch die Bauaufsichtsbehörde eingeführt wird.

Fallbeispiele für Brandschäden im Gesundheitswesen

99. Bsp.: Dämmung auf Kinderklinikdach brannte

Im Dachbereich eines Krankenhauses waren Sanierungsarbeiten notwendig. Dabei wurde durch Schweißen von Bitumenbahnen ein Schwelbrand ausgelöst. Offensichtlich entzündete sich durch die Arbeiten und die dabei freigesetzte Wärme Dämmmaterial in der Zwischendecke. Direkt unter dieser befand sich die Intensivstation der Kinderklinik, was ein besonderes Problem bei der Bekämpfung des Brandes darstellte.
Bei Sanierungen von Bestandsbauten stellt sich immer wieder die Frage nach der vorhandenen Bausubstanz und den verwendeten Baustoffen. So ist oft nicht bekannt, welche Baustoffe in Zwischendecken und Zwischenwänden Verwendung gefunden haben. Es wurde auch in diesem Fall die Gefährdung durch die Dämmung falsch eingeschätzt. In

der BGR 500 Kapitel 2.26 steht unter Punkt 3.8.1: „Der Unternehmer hat dafür zu sorgen, dass in Bereichen mit Brand- oder Explosionsgefahr schweißtechnische Arbeiten nur durchgeführt werden, wenn eine Brandentstehung verhindert [2] wird.". Diese allgemeine Formulierung deckt nahezu jedes Ereignis ab. In der Praxis stößt man bei der Umsetzung allerdings an Grenzen bzw. wird der Aufwand, zusätzliche Informationen einzuholen, oft gemieden.

Fallbeispiele für Brandschäden im Bildungswesen

100. Bsp.: Brand auf dem Dach einer Gesamtschule

Während der Sanierung auf dem Vordach einer Schule löste sich eine schwere Plane aufgrund starker Windböen und erfasste eine ungesicherte Gasflasche die zum Verlegen von Bitumenbahnen auf das Dach gebracht worden war. Durch die Plane kippte die Flasche und flog ungünstig auf eine Kante, wodurch das Ventil abriss, das gesamte Gas entwich und sich entzündete. Unter dem Dach befand sich eine Schulklasse, von der acht Kinder und ihre Lehrerin mit Atembeschwerden in ein Krankenhaus eingeliefert werden mussten. Der Bauarbeiter am Brenner erlitt Verbrennungen im Gesicht. Laut Polizeiangaben entstand ein Schaden in Höhe von ca. 50.000 Euro.

Auch für diesen Vorfall lässt sich in der BGR 500 Kap. 2.26 unter dem Punkt 3.12.5 Folgendes nachlesen: „Der Unternehmer hat dafür zu sorgen, dass Einzelflaschenanlagen und Flaschenbatterieanlagen gegen Umfallen gesichert sind, soweit sie nicht durch ihre Bauart sicher sind."[2]. An diesem Fall zeigt sich besonders deutlich, dass sich im Laufe der Zeit Fehler wie das Verwenden ungesicherter Flaschenanlagen in der Praxis eingeschlichen haben. Gerade die Tatsache, dass selten Unfälle in diesem Zusammenhang auftreten, wiegt Verantwortliche in einer trügerischen Sicherheit. Das Abschlagen eines Flaschenventils ist

Abb. 117:
Brandstelle auf dem Vordach des Schulgebäudes

sicherlich keine alltägliche Situation, dennoch birgt diese große Gefahren und darf auf keinen Fall vernachlässigt werden.

101. Bsp.: Feuer über dem Chemieraum

Im Zuge der Sanierung einer Realschule sollte eine neue Dachkonstruktion errichtet werden. Der Unterbau der neuen Dachkonstruktion bestand aus Holz und der entsprechenden Schalung, die mit Bitumenbahnen abgedichtet wurde. Als erste Schicht wurden Aluminiumbleche verlegt, die anschließend verschweißt werden mussten. Da man sich der Brandgefahr bewusst war, wurden nach Angaben der Ausführenden Aluminiumbleche beim Schweißen untergelegt. Der Brand brach an einer Stelle aus, wo kurz zuvor geschweißt worden war. Der Schweißer meldete den Brand seinen Arbeitskollegen, nachdem er vom Dach gestiegen war. Aus der Beschreibung lässt sich eindeutig ableiten, dass der Schweißer ohne Brandposten gearbeitet hat. Auch ein selbstständiger Löschversuch war nicht möglich, weil keine Löschmittel auf dem Dach vorgehalten wurden, obwohl in der BGR 500 Kap. 2.26 unter Punkt 3.8.3 eindeutig festgelegt wird: „Können durch das Entfernen brennbarer Stoffe und Gegenstände eine Brandentstehung nicht verhindert werden, hat der Unternehmer ergänzende Sicherheitsmaßnahmen in einer Schweißerlaubnis schriftlich festzulegen und für deren Durchführung zu sorgen. Bereitstellen geeigneter Feuerlöscheinrichtungen nach Art und Umfang. Hier zeigt sich, dass sich zum Arbeitsende und einem bis dato unfallfreiem Verlauf die Aufmerksamkeit der Ausführenden nachlässt und das, obwohl man sich im Vorhinein der Gefahr durch Entzündung der Unterkonstruktion bewusst war.

Fallbeispiele für Brandschäden im Verwaltungswesen

102. Bsp.: Schweißarbeiten verursachen Brand im Staatsarchiv Münster

Wie bei vielen anderen Fallbeispielen waren beim Brand des Staatsarchivs in Münster Dacharbeiten für die Brandentstehung ursächlich. Der Notruf, der durch Anwohner abgesetzt wurde, ging bei der Leitstelle um 18.50 Uhr ein. Hier kam es erst einige Stunden nach den eigentlichen Arbeiten zum Brandausbruch. Dieser Sachverhalt verdeutlicht eindringlich, wie wichtig eine Nachkontrolle bei Heißarbeiten ist. Über die Lichtkuppel des Archivs fand das Feuer seinen Weg in ein Büro. Nur das schnelle Reagieren der Anwohner verhinderte einen größeren Schaden. Durch das schnelle Handeln der Einsatzkräfte konnte der Verlust wichtiger Unterlagen und Bücher vermieden werden. Gerade Archive beherbergen durch die Speicherung von Informationen in Papierform eine enorme Brandlast. Hätte man das Übergreifen der Flammen nicht verhindern können, wären viele Informationen von einem auf den anderen Moment verloren gegangen. An dieser Stelle sei beispielhaft auf den Brand der Herzogin Anna Amalia Bibliothek in Weimar verwiesen, bei der das mögliche Ausmaß solcher Brände drastisch zu Tage trat. Vorschriftsverletzungen sind in diesem Fall gegen die BGR 500, Kapitel 2.26 [2] zu den Punkten 3.8 „Bereiche mit Brand- und Explosionsgefahr", Punkt 3.8.2 „Keine Schweißerlaubnis", Punkt 3.8.3 „Keine Brandwache" sowie gegen die Empfehlung „Sicheres Verlegen von Bitumenschweißbahnen mit Propanaufschweißbrennern" des Landesamtes für Verbraucherschutz Sachsen-Anhalts [41] abzuleiten.

Fallbeispiele für Brandschäden im Bereich Kunst und Kultur

103. Bsp.: Großbrand im Schloss Michelfeld

Nachdem eine Dachdeckerfirma Schweißarbeiten an dem 250 Jahre alten Dachstuhl des denkmalgeschützten Schlosses durchgeführt hatte, bemerkten die Arbeiter gegen 11 Uhr ein Feuer. Der Dachstuhl brannte vollkommen aus und es entstand ein Schaden in Höhe von ca. 400.000 Euro. Außerdem mussten durch Einsatzkräfte wertvolle Antiquitäten aus dem Gebäude in Sicherheit gebracht werden.

Abb. 118: Baustellenbereich der Dacharbeiten während der Löscharbeiten

Gerade bei alter Bausubstanz sind Schweißarbeiten besonders gefährlich. In heißen Sommern trocknen die ungedämmten Dachstühle alter Gebäude immer weiter aus und sind so bei Unachtsamkeit leichter zu entzünden. Weiterhin begünstigt über Jahre hinweg abgelagerter Staub und Holzmehl, die bei Arbeiten aufgewirbelt werden können, die Brandentstehung. Gerade bei historischen Bauten fanden teilweise auch leicht entzündlich Materialien Verwendung. Hier hätte eine intensivere Nachkontrolle in kürzeren Abständen und ebenso das Bereithalten geeigneter Löschmittel, wie es durch die BGR 500 Kap. 2.26 im Punkt 3.8.3 gefordert wird, helfen können.

Weitere charakteristische Fallbeispiele sind in Tabelle 71 dargestellt.

Tabelle 71: Beispiele für Brände und Explosionen in dem Bereich „Verwaltung, Kunst, Gesundheits- und Bildungswesen"

Sachverhalt	Vorschriftsverletzung BGR 500 Kapitel 2.26 Pkt.:	Schaden
Bei Schweißarbeiten in einem Krankenhaus wurde ein 10 cm großes Loch in der Wand übersehen. Nach Entzündung des Fugenmaterials kam es durch den Kamineffekt zu einer starken Brandausbreitung.	– 3.8.2 (3) Abdichten von Öffnungen zu benachbarten Bereichen nicht beachtet	Hoch
Zum Sanieren des Daches einer Dreifachturnhalle war das Verschweißen von Bitumenbahnen erforderlich. Nach Arbeitsende der Baufirma kam es zum Brandausbruch.	– 3.8.3 (5) wiederholte Kontrolle durch eine Brandwache im Anschluss an die schweißtechnischen Arbeiten hat nicht stattgefunden.	Hoch; Ermittlung wegen fahrlässiger Brandstiftung
Durch Schweißarbeiten am Dach der Berliner Philharmonie wurde Isoliermaterial in der Zwischendecke entzündet.	– 3.8.3 (1) Abdecken verbliebener brennbarer Stoffe und Gegenstände oder anderer geeigneter Maßnahmen wurden nicht getroffen.	Hoch; Betriebsausfall
Durch das Verschweißen von Bitumenbahnen sollte das Stahlbetonfundament eines Kindergartens, der ansonsten in Holzbauweise ausgeführt war, abgedichtet werden, dadurch wurde ein Brand verursacht.	– 3.8.3 (5) wiederholte Kontrolle durch eine Brandwache im Anschluss an die schweißtechnischen Arbeiten hat nicht stattgefunden.	700.000 Euro; Ermittlung wegen fahrlässiger Brandstiftung
Bei Erweiterungsarbeiten einer Berufsschule kam es zu einem Dehnungsfugenbrand, der erst mehrere Tage nach den Schweißarbeiten bemerkt und aufwendig mit flüssigem Stickstoff gelöscht werden konnte.	– 3.8.3 (5) Kontrolle durch eine Brandwache im Anschluss an die schweißtechnischen Arbeiten hat nicht stattgefunden.	Hoch (aufwendige Brandbekämpfung)

Es ist auffällig, dass Arbeiten mit Bitumenschweißbahnen in allen Bereichen in den letzten Jahren einen überproportionalen Anteil an der Entstehung von Bränden haben. Das mag sicherlich daran liegen, dass in dem hier untersuchten Bereichen oft dieses Verfahren eingesetzt wird. Abgesehen von den eingesetzten Techniken treten bestimmte Fehler dennoch gehäuft auf. In vielen Situationen müssen daher weitere Sicherungsmaßnahmen ergriffen werden, wie sie in der neuen Vorschrift [41] und in der BGR 500 festgelegt sind. In Abbildung 119 ist die Verteilung der Vorschriftenverletzungen in Bezug auf solche geforderte Maßnahmen dargestellt:

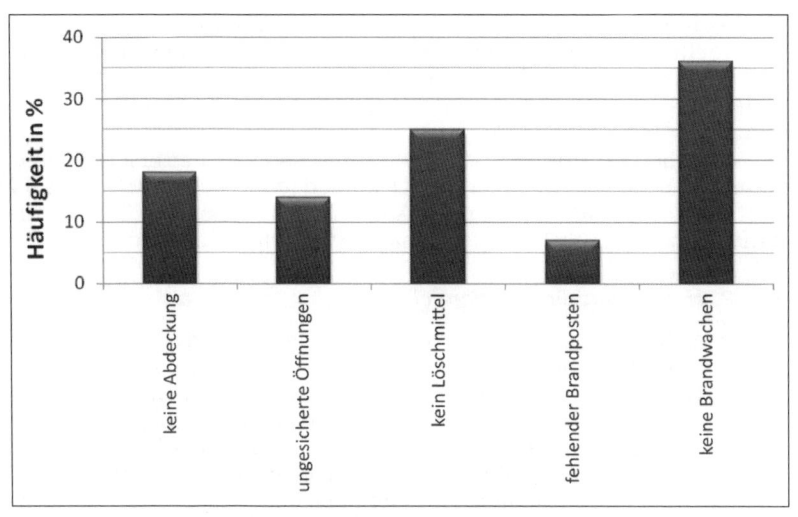

Abb. 119: Fehlende Sicherheitsmaßnahmen bei vorhandenen brennbaren Stoffen nach BGR 500 Kap. 2.26 Punkt 3.8.3, die zu Bränden geführt haben.

Ein wesentlicher Grund dafür, dass diese Punkte nicht eingehalten werden, liegt sicherlich in der Kontrolle der Durchführung beziehungsweise im mangelnden Gefahrenbewusstsein der Führungs- und Arbeitskräfte, die teilweise auch unter Zeitdruck arbeiten. Allerdings darf dies kein Grund dafür sein, die eigene und die Sicherheit Dritter zu vernachlässigen.

Oftmals sind sich die Verursacher von Unfällen und Bränden nicht der Folgen bewusst, sowohl was die strafrechtliche Seite als auch die das Schadensausmaßes angeht. Wie schon einleitend erwähnt, geht es in den Bereichen nicht rein um Sachwerte. In aller Regel sind im Gesundheitswesen Menschenleben gefährdet und meist handelt es sich um Personen, die in ihrer Bewegung eingeschränkt sind oder auf Grund ihres Alters dazu neigen, Gefahren falsch einzuschätzen.

Die besonderen Bedingungen der Brandgefährdung in den Bereichen des Gesundheits- und Bildungswesen sowie der kulturellen Einrichtungen erfordern spezifische Festlegungen für die Einweisung der Schweißer, die Durchführung der Schweißerunterweisungen, die Erteilung der Schweißerlaubnis mit Brandwachen und -posten.

Vor Beginn der Schweiß- und Schneidarbeiten müssen sich die Verantwortlichen eingehend mit den örtlichen Gegebenheiten vertraut machen. Aufsichtspersonen (Brandposten und Brandwachen) sind vor allem über das Entstehen von Schwelbränden sowie die Brandbekämpfung zu unterweisen.

Nachkontrollen sollten über einen längeren Zeitraum gewissenhaft durchgeführt werden. Insbesondere ist zu prüfen, ob mögliche Komplikationen bei der Evakuierung der Gebäude (z. B. Krankenhäuser, Pflegeheimen) die zum Zeitpunkt der Arbeiten belegt sind, auftreten können.

Die Versicherten dürfen mit schweißtechnischen Arbeiten erst beginnen, wenn ihnen der Unternehmer die Schweißerlaubnis nach Abschnitt 3.8.2 oder die Betriebsanweisung nach Abschnitt 3.8.4 ausgehändigt und die darin festgelegten Sicherheitsmaßnahmen durchgeführt sind.

3.3.12 Hobby- und Freizeitbereich [42]

Immer mehr Schweiß- und verwandte Arbeiten finden daheim in den eigenen vier Wänden statt: ob im Hobbykeller oder in der Garage. Zahlreiche Gefahren, meist offensichtlicher Art (verbliebene brennbare Gegenstände oder Flüssigkeiten, etc.) lauern auf heimischen Grund und Boden. Als Ursache für die steigende Anzahl an Schadensfällen im Hobby- und Freizeitbereich, Abb. 120, sind einerseits die gesunkenen Preise für Schweißgeräte zu nennen, die jedermann ohne Vorlage eines Berechtigungsnachweises im Baumarkt erwerben kann. Hinzu kommt, dass die Bedienungsanleitungen der Geräte nicht hinreichend zur Kenntnis genommen werden, obwohl in diesen oftmals auf die Sicherheitsmaßnahmen gegen die weit verbreitetsten Unfallursachen eingegangen wird. Andererseits ist ein Teil der Bevölkerung nicht mehr willens bzw. nicht mehr in der Lage professionelle Handwerker zu bezahlen und greift somit selbst zu gekauften oder geliehenen Gerät, oftmals ohne jegliche Ausbildung. Dabei werden in vielen Fällen die Sicherheitsvorschriften nicht lückenlos beachtet, was Brände zur Folge haben kann, die neben Sachschäden mitunter Verletzte und Tote nach sich ziehen. Neben den direkten Auswirkungen sollte man bedenken, welche Risiken sich durch semiprofessionelle Schweißarbeiten an Kraftfahrzeugen und Motorrädern für den Straßenverkehr ergeben. Im Gegensatz dazu verringert sich die Zahl der Schadensfälle im Bereich der professionellen „Kfz-Reparatur" zusehend. Zum einen durch immer weiterentwickelte Sicherheitseinrichtungen, wie beispielsweise Sicherungen gegen Flammendurchschlag bzw. schaumbildende Mittel zur Kontrolle der Dichtigkeit von Anschlüssen und Schläuchen. Zum anderen durch das Ersetzen schadhafter Fahrzeugpartien durch Neuteile, was wiederum dazu führt, dass Schweißverfahren seltener Anwendung finden und somit auch weniger Schadensfälle entstehen können.

Das Hauptfehlverhalten der Schadenverursacher ist die Nichtbeachtung vorhandener oder offensichtlicher Gefahren, wie beispielsweise Materialeinlagerungen im direkten Arbeitsbereich, wobei die Materialarten sehr vielfältig seien können (Holz, Lacke, Benzin, etc.). Dies führte dazu, dass bei der Auswertung der Schadensfälle der Punkt „Mehrere Stoffe gleichzeitig" aufgenommen wurde, welcher seit den 70er Jahren auffällig ansteigt. Dazu gehören zahlreiche Kombinationen von Kunststoffen mit anderen Stoffen. Nicht selten handelt es sich dabei um Müllsäcke,

Industriezweigspezifische Gefährdungen

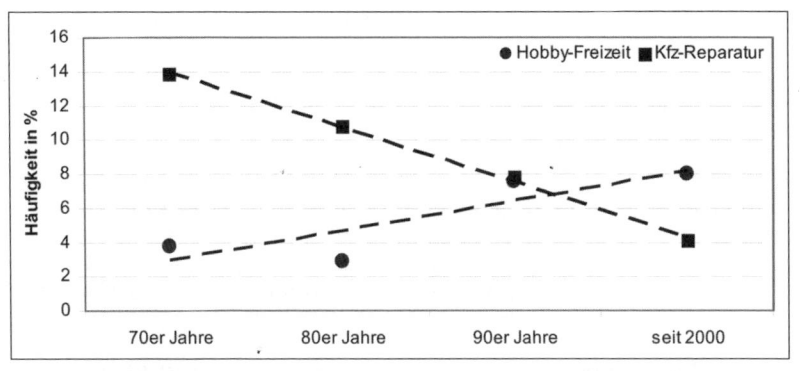

Abb. 120: Entwicklung der Schadensfälle im Bereich „Freizeit/Hobby" und „Kfz-Reparatur"

die in der Garage gelagert werden, aber oftmals fälschlicherweise nicht als potentiell gefährlich eingestuft werden. Während Gefahren in dieser Stoffgruppe zunehmen, führen anfangs erwähnte Sicherheitseinrichtungen dazu, dass zahlreiche Unfälle durch „Brennbare Gase" vermieden werden können. Des Weiteren können unsachgemäße Handhabung der Arbeitsmittel sowie Unachtsamkeiten bei der Wartung und Pflege dieser Gefahrensituationen hervorrufen.

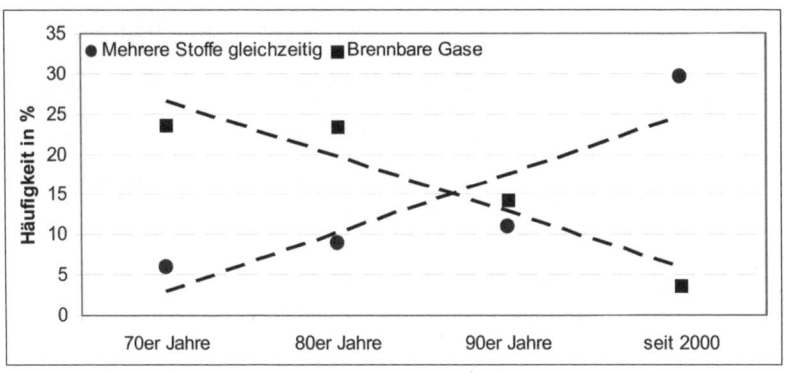

Abb. 121: Entwicklung der entzündeten Materialarten „Mehrere Stoffe gleichzeitig" und „Brennbare Gase".

Da die Schadensfälle im Bereich „Freizeit-Hobby" bezüglich Schadensausmaß geringere Summen annehmen als in anderen Bereichen, wie beispielsweise der chemischen Industrie, sind in diesen Fällen vor allem die rechtlichen Bestimmungen des Versicherungsvertragsgesetzes und der Allgemeinen Feuerversicherungsbedingungen von Interesse, auf welche im Folgenden näher eingegangen wird. Im privaten Versicherungssektor gelten alle gesetzlichen, behördlichen sowie vertraglich vereinbarte Sicherheitsvorschriften.

Versicherungsvertragsgesetz (VVG) vom 23. 11. 2007

- § 81 Herbeiführung des Versicherungsfalles

1. Der Versicherer ist nicht zur Leistung verpflichtet, wenn der Versicherungsnehmer vorsätzlich den Versicherungsfall herbeiführt.
2. Führt der Versicherungsnehmer den Versicherungsfall grob fahrlässig herbei, ist der Versicherer berechtigt, seine Leistung in einem der Schwere des Verschuldens des Versicherungsnehmers entsprechenden Verhältnis zu kürzen.

Allgemeine Bedingungen für die Feuerversicherung (ABF 2008) vom 1. 1. 2008

- § 16 Keine Leistungspflicht aus besonderen Gründen

1. Vorsätzliche oder grob fahrlässige Herbeiführung des Versicherungsfalles
   a) Führt der Versicherungsnehmer den Versicherungsfall vorsätzlich herbei, so ist der Versicherer von der Entschädigungspflicht frei. Ist die Herbeiführung des Schadens durch rechtskräftiges Strafurteil wegen Vorsatzes in der Person des Versicherungsnehmers festgestellt, so gilt die vorsätzliche Herbeiführung des Schadens als bewiesen.
   b) Führt der Versicherungsnehmer den Schaden grob fahrlässig herbei, so ist der Versicherer berechtigt, seine Leistung in einem der Schwere des Verschuldens des Versicherungsnehmers entsprechenden Verhältnis zu kürzen.
2. Arglistige Täuschung nach Eintritt des Versicherungsfalles

Der Versicherer ist von der Entschädigungspflicht frei, wenn der Versicherungsnehmer den Versicherer arglistig über Tatsachen, die für den Grund oder die Höhe der Entschädigung von Bedeutung sind, täuscht oder zu täuschen versucht.
Ist die Täuschung oder der Täuschungsversuch durch rechtskräftiges Strafurteil gegen den Versicherungsnehmer wegen Betruges oder Betrugsversuches festgestellt, so gelten die Voraussetzungen des Satzes 1 als bewiesen.

Fallbeispiele

104. Bsp.: Hilfsbereiter Nachbar setzt Dach in Brand

Unentgeltlich wollte der Verursacher seinem Nachbarn bei der Abdichtung eines Flachdachs durch Verlegen von Bitumenschweißbahnen helfen. Durch unzureichende Abdeckung der Holzkonstruktion geriet das Dach in Brand, was einen Schaden von ca. 15000 Euro verursachte. Dieser wurde von der Feuerversicherung der Hauseigentümer beglichen, jedoch wollte sich diese das Geld von dem Helfer bzw. dessen Haftpflichtversicherung wiederholen. Allerdings führte diese an, dass eine Haftung bei Gefälligkeiten und unentgeltlichen Arbeiten ausgeschlossen sei. Das es sich hierbei um einen Trugschluss handelt, bestätigte auch das Oberlandesgericht Hamm, denn auch Tätigkeiten im Bereich der Nachbarschaftshilfe sind Aufträge und wenn nicht eindeutig ein Haftungsausschluss vereinbart wurde, hat die Haftpflichtversicherung des Verursachers, auch bei Fahrlässigkeit, den Schaden zu regulieren. Wird jedoch auf grobe Fahrlässigkeit entschieden, so ist der Versicherer laut VVG § 81 und AFB § 16 berechtigt, seine Leistung zu kürzen.

105. Bsp.: Pkw nach Schweißarbeiten ausgebrannt

Zur Beseitigung eines Unfallschadens an seinem Pkw hatte der Verursacher Schweißarbeiten am Radkasten durchgeführt. Nachdem diese beendet waren, hat er sich, nach eigenen Angaben, davon überzeugt, dass die Schweißstellen abgekühlt waren und verließ daraufhin die auch als Werkstatt genutzte Garage. Ein aufmerksamer Passant bemerkte wenig später den entstehenden Rauch. Glücklicherweise konnte die alarmierte Feuerwehr den Übergriff der Flammen auf das Gebäude verhindern und somit hielt sich die Schadensumme durch den ausgebrannten Pkw in Grenzen.

Abb. 122:
Ausgebrannter Innenraum des Pkw

Ein Gutachter entdeckte eine handtellergroße ausgeglühte Metallfläche am Radkasten, an der das Feuer entstanden seien soll. Die Trennung des

Abb. 123:
Brandentstehungsort – Der Radkasten

Radkastens und der Fahrgastzelle ist nur durch ein Blech gewährleistet. Problematisch dabei ist das Dämmmaterial auf der Rückseite, welches durch das erhitzte Blech einen Glimmbrand innerhalb der Fahrgastzelle ausgelöst hat.
Nachdem die Brandursache geklärt wurde, muss nun entschieden werden, ob es sich um grobe Fahrlässigkeit handelt oder nicht. Im Falle der groben Fahrlässigkeit kann der Versicherer wiederum seine Leistungen minimieren. Maßgebend sind § 81-2 des Vertragsversicherungsgesetzes und § 16-1 b der AFB 2008.

Weitere Beispiele für Schadensfälle durch Schweiß- und Schneidarbeiten im Hobby- und Freizeitbereich in Tabelle 72

Tabelle 72: Beispiele für Unfälle, Brände und Explosionen in dem Bereich „Hobby und Freizeit".

Sachverhalt	Brandursachen	Schaden
Bei Schweißarbeiten an einem Warmwasserspeicher entstandene Funken entzündeten die Schaumstoffummantelung woraufhin der gesamte Heizungskeller in Brand geriet.	Funkenflug nicht beachtet Brennbare Stoffe weder geschützt noch beseitigt	Ein leicht Verletzter und ein Sachschaden von 15.000 €
Gehbehinderter führte, in seinem Rollstuhl sitzend Schweißarbeiten an jenem durch, ohne vorher die Batterie abzuklemmen, welche in der Folge in Brand geriet.	Schweißstromrückleitung nicht beachtet	Ein Schwerverletzter und ein Sachschaden von 10.000 €
Bei Schweißarbeiten an einem Pkw verursachten Schweißfunken einen Garagenbrand. Mehrere Gasflaschen durch die Feuerwehr vor dem Explodieren gesichert.	Funkenflug nicht beachtet Brennbare Stoffe weder geschützt bzw. beseitigt Aufstellen von Gasflaschen in der Garage verboten	Geringer Sachschaden
Ein Schweißer wollte ein nicht mehr genutztes Bullauge mit einem Blech zuschweißen. Die Funken entzündeten die Styropor-Isolierung, die Holzverkleidung sowie einige Möbeleinbauten.	Funkenflug nicht beachtet Brennbare Stoffe nicht abgedeckt oder beseitigt	Ein leicht Verletzter und ein Sachschaden von 5.000 €
Schweiß- und Flexarbeiten an einem stillgelegten Pkw lösten ein Feuer in einer Hobbywerkstatt aus, welche total ausbrannte.	Funkenflug nicht beachtet	Vier verletzte Personen und ein Sachschaden von 40.000 €

Die Fallbeispiele verdeutlichen, dass Feuerarbeiten und Brandgefahr in einem Atemzug genannt werden müssen. Menschen sind hierbei verletzt worden oder erstickt bzw. verbrannt, ferner fallen Sachwerte und unwiederbringliche Kulturgüter den Flammen zum Opfer. Brände werden insbesondere durch fahrlässiges Verhalten verursacht, wobei elementare Sicherheitsvorschriften außer Acht gelassen werden. Da die geltenden Vorschriften vielfach unbekannt sind, ist sich der Ausführende über straf- und zivilrechtliche Konsequenzen nicht im Klaren.

Angesichts dieses Sachverhalts und der Anzahl der Schadensfälle kommt die Frage auf, ob die Durchführung von Lehrgängen auch für Heimwerker sinnvoll ist. Beispielsweise bietet die VdS Schadensverhütung GmbH Schulungen zum Thema „Brandschutz bei feuergefährlichen Arbeiten" für koordinierendes und ausführendes Personal an. Die in diesen Lehrgängen vermittelten praktischen und auch rechtlichen Werkzeuge verbunden mit einer Abschlussprüfung mit Befähigungsnachweis, wären ein großer Schritt, um unfallfreies Arbeiten im Hobby- und Freizeitbereich zu gewährleisten.

In Schweden und Finnland wird seit 1990 erfolgreich ein System genutzt, das nur Personen mit zertifizierter Zusatzausbildung befähigt, Feuerarbeiten durchzuführen. Seit Einführung dieses Modells ist es gelungen, die Brandfälle durch Feuerarbeiten in diesen Ländern um 80 % zu senken. Bis zur Umsetzung dieser Idee in Deutschland oder Europa ist es noch ein langer Weg und weitere Gesetze und Richtlinien müssen erlassen werden.

Fakt ist, dass Unfälle und Brände in dem Bereich „Hobby und Freizeit" stetig zunehmen. Vorrangig sollten grundlegende Arbeitsvoraussetzungen, wie das Entfernen oder Abdecken brennbarer Gegenstände gewissenhaft umgesetzt werden und es sollte sich eine gewisse sicherheitsbewusste Mentalität bei den Ausführenden entwickeln, nach der die Hobbykeller und Garagen vor der Ausführung von Schweißarbeiten umfassend hinsichtlich der Arbeitssicherheit sowie Unfall-, Brand- und Explosionsgefahren überprüft werden.

4. Ursachen von Unfällen und Bränden infolge von Schweiß- und Schneidarbeiten – typische Gefährdungen und Brandverläufe

Unfälle, Schadensfälle, einschließlich Brände haben in der Regel nicht nur eine Ursache, sondern ein Ursachengefüge, bestehend aus Ursachenfaktoren und Ursachenketten.
Ziel derartiger Untersuchungen ist es, möglichst viele Ursachenfaktoren und ihr Zusammenwirken zu erfassen. Das ist am Einzelbeispiel oftmals nicht mit der gewünschten Genauigkeit möglich. Untersuchungen an einer größeren Anzahl von Beispielen ergeben unter Anwendung der Statistik klare Konturen zu den Ursachengefügen.
Grundsätzlich kann man davon ausgehen, dass bei der Anwendung von Unfällen und Bränden

- verfahrensspezifische Parameter (Art des Verfahrens, Arbeitsgegenstände)
- stoff-, unfall- und brandspezifische Parameter (geometrische und zeitliche Bedingungen)
- arbeits- und organisationsspezifische Parameter (Arbeitsstellen, Art der Arbeiten, Arbeitsabläufe, Sicherheitsmaßnahmen)

entscheidende Informationen zur Unfall- und Brandentstehung liefern.
Ein Arbeitsunfall ist eine Schädigung eines Mitarbeiters im Arbeitsprozess, die durch ein plötzlich eintretendes, von außen wirkendes Ereignis hervorgerufen wird.

4.1 Ursachen von Unfällen – typische Gefährdungen

Die Entwicklung meldepflichtiger Arbeitsunfälle in Deutschland ist im Kap. 1.5, Abb. 6 und die Entwicklung der Schweißerunfälle ab 2002 im Kap. 1.5, Abb. 7 dargestellt.
Abb. 7 zeigt auszugsweise Unfälle im Betrieb Beruf: Schweißer, Brennschneider, Löter (Deutschen Gesetzlichen Unfallversicherung- Gewerbliche Berufsgenossenschaften 2008), die ab 2002 einheitlich in Europa geführt wird [45].
Die Systematik der Unfallstatistik ermöglicht es, Unfallhergänge und Verletzungsfolgen nach Schwerpunkten zusammenzufassen und auszuwerten Tab. 73.
Nach 1c und d liegt der erste Schwerpunkt der Verletzungen beim Umgang mit Werkstücken, Handwerkzeugen und Schweißmaschinen. Hier handelt es sich um Unfallhergänge wie:

- Handverletzungen, Risswunden und Verbrennungen an Werkstücken und Werkzeugen
- Quetschungen, Prellungen beim Bedienen von Schweißmaschinen und -geräten.

Als Verletzungsfolgen sind überwiegend
- Handverbrennungen, Handriss- und Quetschwunden
- Verbrennungen der Haare, des Gesichts und der Augen.

Bei den Handverletzungen darf davon ausgegangen werden, dass kein oder kein geeigneter Handschutz getragen wurde.

Nach 1b und 1d ist der zweite Schwerpunkt gekennzeichnet durch schnelle, schlagartige Bewegung kleiner Teile und Partikel, die den Unfall auslösen. Schweißspritzer, -perlen, -schlacke u. ä. – kleine unfallauslösende Gegenstände fliegen mit erheblicher Geschwindigkeit und Energie durch die Luft und führen die Verletzungen herbei.

Tabelle 73: Arbeitsunfälle im Betrieb – Beruf: Schweißer und Brennschneider Deutsche Gesetzliche Unfallversicherung – Gewerbliche BG [45] (Auszug)

(Von den 10.895 Arbeitsunfällen: Schweißer, Brennschneider, Löter stehen folgende Unfälle an vorderster Stelle)

	Unfälle	Art und Gegenstand der Verletzung
1a		Nach Art der Verletzung:
	3.993	Unfälle durch Zerreißungen, Wunden
	1.481	Unfälle durch Erschütterungen, Oberflächenprellungen
	1.258	Unfälle durch Verbrennungen, Verätzungen, Strom, usw.
	davon 699	Unfälle durch Verbrennungen 1. und 2. Grades
1b		Nach verletzten Körperteilen:
	3.696	Unfälle durch Handverletzungen, hauptsächlich Risswunden und Verbrennungen
	2.881	Unfälle durch Kopfverletzungen, hauptsächlich Augenverletzungen
	1.072	Unfälle durch Fußverletzungen, Knöchelverletzungen
1c		Nach dem Gegenstand der Verletzungen:
	5.100	Unfälle an Maschinen, Erzeugnissen, Gegenständen und Stoffen
	1.712	Unfälle an ortsfesten Maschinen und Ausrüstungen
	1.299	Unfälle an Gebäuden und baulichen Anlagen
	1.422	Unfälle an Handwerkzeugen und -maschinen
1d		Nach dem Gegenstand der Verletzungen detailliert:
	2.134	Unfälle an Werkstücken und Werkzeugen
	1.286	Unfälle durch Partikel, Spritzer, Stäube
	879	Unfälle an Elektrischen Schweißapparaten
	236	Unfälle an Widerstandsschweißmaschinen
	210	Unfälle an Autogenschweißgeräten und Brennschneidmaschinen
	283	Unfälle an Trennschleifmaschinen
	15	Unfälle an Plasmatrennmaschinen (2008 erstmalig ausgewiesen, Laserschweiß- und -trennanlagen sind nicht erfasst)

In der Regel weiß der Beschäftigte vor Beginn seiner Arbeit, nicht zuletzt auch aufgrund eigener Erfahrung, um diese Gefahren. Auch die Gefahrenabwehr durch technische und organisatorische Schutzmaßnahmen sowie durch Benutzung geeigneter persönlicher Schutzausrüstungen und die Maßnahmen zum Schutz Dritter sind ihm bekannt. Er ignoriert zu oft diese Erfahrungen und Maßnahmen, die diese Art der Unfälle begünstigen:

- Manche Augenverletzung durch Lichtbogenstrahlung tritt ein, weil ein falsches Augenschutzmittel gewählt wurde, d.h., dass beim Schweißen die falsche Filterstufe des Schutzglases gewählt wurde.
- Die entsprechenden Unfälle an Schweißmaschinen, besonders bei Punktschweißmaschinen und -zangen, zeigen, dass dem Tragen geeigneter persönlicher Schutzausrüstungen nicht die notwendige Beachtung geschenkt wird.
- Auch beim Brenn- und Plasmaschneiden wird oft die Benutzung einer Schweißerbrille als nicht notwendig angesehen. Ferner gehört die Verblitzung die beim Lichtbogenschweißen eintritt, wenn für Heftarbeiten keine Schutzschilde benutzt werden zu den Verletzungsfolgen dieses Schwerpunktes. Eine weitere Unsitte ist das Abschlagen noch heißer Schlacke. Sie trägt zu einem hohen Anteil der Augenverletzungen bei.
- An vorderster Stelle bei den schweren Verletzungen stehen die Unfälle beim Überkopfschweißen. Es zeigt sich, dass bei diesen Unfällen die verwendeten persönlichen Schutzausrüstungen nicht geeignet waren, z.B. keine schwerentflammbaren Schutzanzüge und entsprechende Unterwäsche bzw. Kopfschutz.
- Weitere Unfälle dieses Schwerpunktes treten bei Richt- und Rüstarbeiten ein. Splitter von Hämmern, Meißeln und Schleifwerkzeugen, zurückschnellende Bauteile, die nicht ausreichend befestigt sind, sollen hier beispielgebend als unfallauslösend genannt werden.

4.2 Unfälle in Verbindung mit Bränden

Unfälle in Verbindung mit Bränden, Verpuffungen und Explosionen sind ein dritter Schwerpunkt.

Jährlich ereignen sich etwa 3500 Arbeitsunfälle, deren Ursache Brände und Explosionen sind.In der Regel sind es schwere Personenschäden, manchmal sogar mit Todesfolge.

Im Jahr 2008 ereigneten sich 6 Todesfälle und 2007 3 Todesfälle infolge von Schweiß- und Schneidarbeiten. Von den 2.771 untersuchten Schadensfällen waren ca. 30 % mit Unfällen verbunden.

Zu Brand- bzw. Explosionsfällen beim Schweißen kommt es in der Regel, weil der Funkenflug der Schweißspritzer, -perlen oder -schlacke unterschätzt wird. Sie erreichen auf direktem Wege nicht beräumtes, brennbares Material oder ungenügend gesicherte Bauteile. So können diese heißen Teilchen z.B. Benzin, Lösemitteldämpfe explosionsartig in Brand setzen.

Ursachen von Unfällen und Bränden infolge von Schweiß- und Schneidarbeiten

Der Weg von Schweißspritzern kann auch einer Odyssee gleichen, wenn er über Durchbrüche, Ritzen und Rohrleitungsstränge führt. Zu den Unfallursachen in Verbindung mit Bränden zählen auch die im Pkt. 4.1 und 4.4 dargestellten Ursachen.

Mangelnde Umsicht und der Glaube die Situation zu beherrschen und deshalb auf die Beachtung der Sicherheitsmaßnahmen verzichten zu können, sind die eigentlichen Unfallauslöser.

Umsicht, Ordnung am Arbeitsplatz, Anwendung entsprechender technisch-organisatorischer Sicherheitsmaßnahmen, die Benutzung geeigneter persönlicher Schutzausrüstungen sowie der Schutz Dritter sind geeignet, die Brand- und Unfallzahlen zu senken.

4.3 Berufskrankheiten

Die Anzahl der Todesfälle infolge Berufskrankheiten von 1990 bis 2008 zeigt Abb. 124.

Die tödlich wirkenden Berufskrankheiten gehen meist auf Erkrankungen der Atemwege auf Grund organischer Stäube zurück, vor allem Silikose und Asbestose.

Obwohl diesbezüglich langfristig entsprechende Maßnahmen eingeleitet wurden (Sandstrahl- und Asbestverbot) bewegen sich die Todesfälle auf fast gleichmäßig hohem Niveau.

Die bei Schweißern am häufigsten auftretenden anerkannten Berufskrankheiten seit 1990 sind in Abb.125 dargestellt.

- Lärmschwerhörigkeit   Bk-Nr. 2301 mit durchschnittlich 68 %
- Erkrankung der Atemwege   Bk-Nr. 4103-05 mit durchschnittlich 25 %
- Obstruktive Atemwegserkrankung   Bk-Nr. 4301-02 mit durchschnittlich 6 %

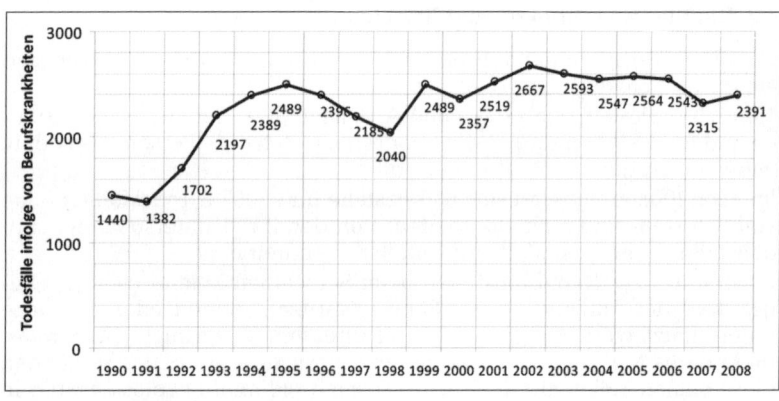

Abb. 124: Anzahl der Todesfälle infolge Berufskrankheiten 1990 bis 2008

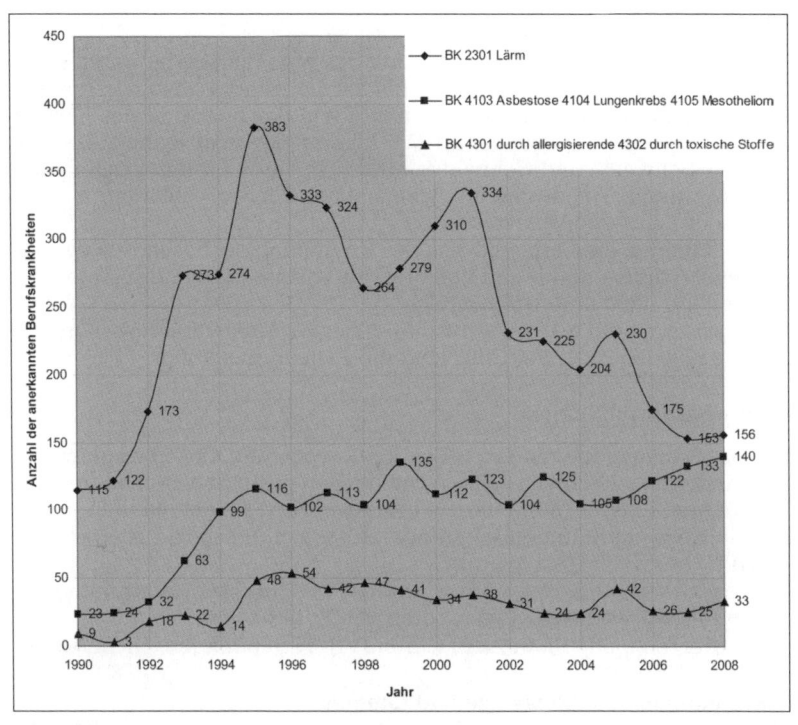

Abb. 125: Die häufigsten bei Schweißern auftretenden anerkannten Berufskrankheiten

Vergleicht man die Zeiträume 1990–1998 und 1999–2008, so ergibt es im Durchschnitt bei

- Lärmschwerhörigkeit   Bk-Nr. 2301   ein Absinken von ca. 72 % auf 59 %
- Erkrankung der Atemwege   Bk-Nr. 4103-05   ein Anstieg von ca. 14 % auf 33 %
- Obstruktiven Atemwegserkrankung   Bk-Nr. 4301-02   ein weiterer Anstieg von ca. 4 % auf 8 %.
- Hauterkrankungen   Bk-Nr. 5101   betragen zwischen 1–7 und 14–21 Fälle,
- Erkrankungen durch Chrom Bk-Nr. 1103   betragen zwischen 1–6 Fälle pro Jahr und bei
- Erkrankungen durch Nickel Bk-Nr. 4109   betragen zwischen 1–7 Fälle pro Jahr.

Ab 1. 7. 2009 wurde die Lungenfibrose (durch extreme und langjährige Einwirkung von Schweißgasen und Schweißrauchen) als Bk-Nr 4115 in die Bk- Liste aufgenommen und anerkannt.

Lärmschwerhörigkeit [46]

Beruht auf einem bleibenden Schaden des Innenohres, der durch chronische Überforderung infolge erheblicher Lautstärke zustande kommt. Das Ausmaß der Schwerhörigkeit hängt von der Intensität des Lärmes und seiner Einwirkungsdauer ab. Wir können davon ausgehen, dass die meisten Schweiß- und Schneidverfahren in ihrer Lärmintensität über 85 dB(A) liegen. Damit sind die Arbeitsplätze der Schweißer und Brennschneider Lärmarbeitsplätze.

Hinzu kommen die Lärmeinflüsse der Umgebung, insbesondere im Maschinen-, Schiffs-, Stahl- und Behälterbau, so dass dieser hohe Anteil bei Schweißern nicht ungewöhnlich ist.

Besorgniserregend war das Anwachsen der Lärmschwerhörigkeit in den Jahren 1990 bis 2001. Seit 2002 sind die Zahlen rückläufig.

Atemwegserkrankungen

Die bei Schweißarbeiten entstehenden Rauche und Gase bestehen aus Gefahrstoffen mit teilweise unterschiedlichen gesundheitsschädigenden Wirkungen. Entsprechend ihrer Wirkung werden sie eingeteilt in:
- atemwegs- und lungenbelastende Stoffe z. B. Eisenoxid Aluminiumoxid
- toxische oder toxisch-irritative Stoffe, z. B. Fluoride, Magnesiumoxid, Kupferoxid, Aldehyde (beim Löten mit Flussmitteln)
- krebserzeugende Stoffe, z. B. Chrom(VI)-Verbindungen, Nickeloxide.

Erkrankungen der Atemwege und Lungen

Hierbei handelt es sich um:
- Asbeststaublungenerkrankungen (Asbestose) oder durch Asbeststaub verursachte Erkrankung des Rippenfells,
- Lungenkrebs in Verbindung mit Asbestose: durch Asbeststaub verursachte Erkrankung des Rippenfells bei Nachweis der Einwirkung einer kumulativen Asbeststaubfaserdosis am Arbeitsplatz von mindestens 25 Faserjahren.
- Durch Asbest verursachtes Mesotheliom des Rippen-, Bauchfells oder des Herzbeutels, welche bei Schweißern besonders in den letzten Jahren immer häufiger auftreten.

Die Ursachen liegen darin, dass einige Schweißer in der Vergangenheit über längere Zeit ihre Arbeit bei der Einatmung von Asbeststaub ausgeführt haben und die Latenzzeit (30er Regel nach Selikoff) erreicht haben.

Der Anteil dieser Art der Berufskrankheit bei Schweißern liegt bei 25 %, wobei die Asbeststaublungenerkrankung 1993 steil anstieg. Obwohl die Verwendung von Asbest verboten bzw. bei Instandhaltungs-, Abbruch- und Sanierungsarbeiten sehr stark reglementiert ist und die Ursachen für derartige Erkrankungen bekannt sind, werden diese, oft unheilbaren Erkrankungen, noch einige Jahre auftreten.

Obstruktive Atemwegserkrankungen werden hervorgerufen durch:

- allergische Stoffe (einschließlich Rhinopathie) BK 4301 und
- chemische irritativ oder toxisch wirkende Stoffe BK 4302,

die zur Unterlassung aller Tätigkeiten gezwungen haben und die für die Entstehung, die Verschlimmerung oder das Widerauftreten der Krankheiten ursächlich waren oder sein können.
Bei Schweißern können die Ursachen solcher Erkrankungen sowohl in der häufigen und langzeitigen Überschreitung der Arbeitsplatzgrenzwerte (AWG nach TRGS 900) bzw. dem Stand der Technik für Gefahrstoffexposition bei schweißtechnischen Arbeiten entsprechend Tabelle 2 (TRGS 528) liegen.
Langfristige – in der Regel jahrelange – Einwirkung AWG Wert oder Tabelle 2 überschreitender Konzentrationen von Schweißrauch, Chrom, Nickel, Stickoxiden, Ozon (Reizgase) können dazu führen. Der Verlauf berufsbedingter obstruktiver Lungenkrankheiten entspricht weitgehend dem bei außerberuflicher Krankheitsentstehung. Abhängig vom Erkrankungsstadium kann es nach Beendigung der Schadstoffexposition sowohl zur Besserung als auch zum weiteren Fortschreiten der Erkrankung kommen. Beim Raucher ist der Erfolg dann zu erwarten, wenn in Verbindung mit dem Arbeitsplatzwechsel das Rauchen aufgegeben wird.
Aus eigenen Untersuchungen geht hervor, dass obstruktive Atemwegserkrankungen bei Schweißern in Deutschland durch allergische Stoffe in Einzelfällen (bis 5 Fälle pro Jahr), jedoch häufiger durch chemisch – irritativ oder toxisch wirkende Stoffe (1 bis 13 Fälle pro Jahr) auftreten. Insgesamt beträgt der Anteil dieser BK bei Schweißern ca. 4–8 %.
Die obstruktiven Atemwegserkrankungen entstehen ausschließlich durch längerfristige Einatmung der o.g. Stoffe und können am wirksamsten vermieden werden:

- durch schadstoffarme Schweißverfahren, z.B. UP.-Schweißen, WIG-Schweißen von un- und niedriglegierten Stählen,
- durch Absaugen an der Entstehungsstelle mit Hilfe von Einzelplatzabsaugung, Hochvakuumanlagen mit speziellen Erfassungselementen, auch Schutzschirm- oder brennerintegriert,
- durch Tragen von Atemschutz (z.B. belüftete Helme oder Hauben).

400 bis 500 anerkannte Berufskrankheiten bei Schweißern im Jahr stellen Einschnitte in das Leben von Schweißern und Mitarbeiter dar, die von Lärmschwerhörigkeit (oft verbunden mit sozialer Isolierung) bis zu schwerer Erkrankung der Atemwege und der Lunge mit Todesfolge reichen.
Die Ursachen dieser Erkrankungen sind nicht in unmittelbarer Gegenwart zu suchen, sondern liegen meist viele Jahre zurück. Die Frage bleibt aber: reichen die gegenwärtigen Maßnahmen und das Verhalten der Schweißer dazu aus, um zukünftige Berufskrankheiten zu vermindern oder zu vermeiden?

4.4 Ursachen von Bränden und Explosionen

Brände ereignen sich vor allem bei nichtstationären Schweiß- und Schneidarbeiten, das heißt bei Bau- und Montagearbeiten (28 %), Abbrüchen und Demontagen (17 %) sowie Instandsetzungen und Rekonstruktionen (37 %). Bei solchen Arbeiten sind daher auch die wenigen gebräuchlichen Verfahren der Fügetechnik mit ihren jeweils charakteristischen Zündquellen an der Brandentstehung beteiligt: Gasschweißen, Lichtbogenhand- und Schutzgasschweißen, Brennschneiden, Flammenlöten und in geringem Umfang auch andere thermische Verfahren, z. B. Betonschneiden mit der Sauerstofflanze, Auftauarbeiten mit Gasschweiß- oder Wärmegeräten, Dacharbeiten mit der Flamme.

Abb. 126 zeigt das Ablaufschema der Entstehung eines Brandes durch Schweißen, Schneiden und verwandte Verfahren. Obwohl die Anwendung des autogenen Schweißens und Brennschneidens in der Wirtschaft nur ca. 20 % erreicht, beträgt der Anteil dieser Verfahren an Bränden ca. 80 %. Das ist auch international bestätigt.

Bei Zündquellen, die bei ca. 75 % der untersuchten Fälle eindeutig bestimmt waren, ergibt sich folgende Verteilung:

- glühende Partikel und herabfallende Teile ca. 50 %,
- Wärmequellen (Flammen, Lichtbogen) ca. 20 %,
- Verfahrensstörungen ca. 3 %,
- Wärmestau ca. 2 %.

Auf den „Funkenflug" als Zündquelle wird immer dann geschlossen, wenn sich die Brandausbruchstelle in größerem Abstand vom Arbeitsplatz befindet. Bereiche seitlich, unterhalb, aber auch oberhalb der Arbeitsstelle wurden als Zündort angegeben.

Analysen von Bränden bei Schweißarbeiten, die in verschiedenen Bereichen der Wirtschaft und Gesellschaft entstanden sind, zeigen, dass am häufigsten die Sicherheitsmaßnahmen in brandgefährdeten Bereichen nicht eingehalten werden.

Weitere charakteristische Ursachenfaktoren für Brände bei Schweißarbeiten sind:

- fehlende Kenntnisse und Fertigkeiten für das anzuwendende Verfahren,
- nicht erteilte Schweißerlaubnis oder unvollständige bzw. fehlerhaft ausgefüllte Schweißerlaubnisscheine für brandgefährdete Bereiche,
- unsachgemäßes Bedienen und Benutzen von Geräten und Anlagen der Autogentechnik (Brenner, Gasschläuche, Armaturen, Druckgasflaschen, Entwickler), durch fehlende und unvollständige Betriebsanweisungen,
- fehlende oder nicht einsatzbereite Feuerlöschgeräte und -vorrichtungen,
- fehlende oder unqualifizierte Aufsicht (Brandposten) bzw. fehlende Kontrollen durch Brandwachen.

Ursachen von Bränden und Explosionen

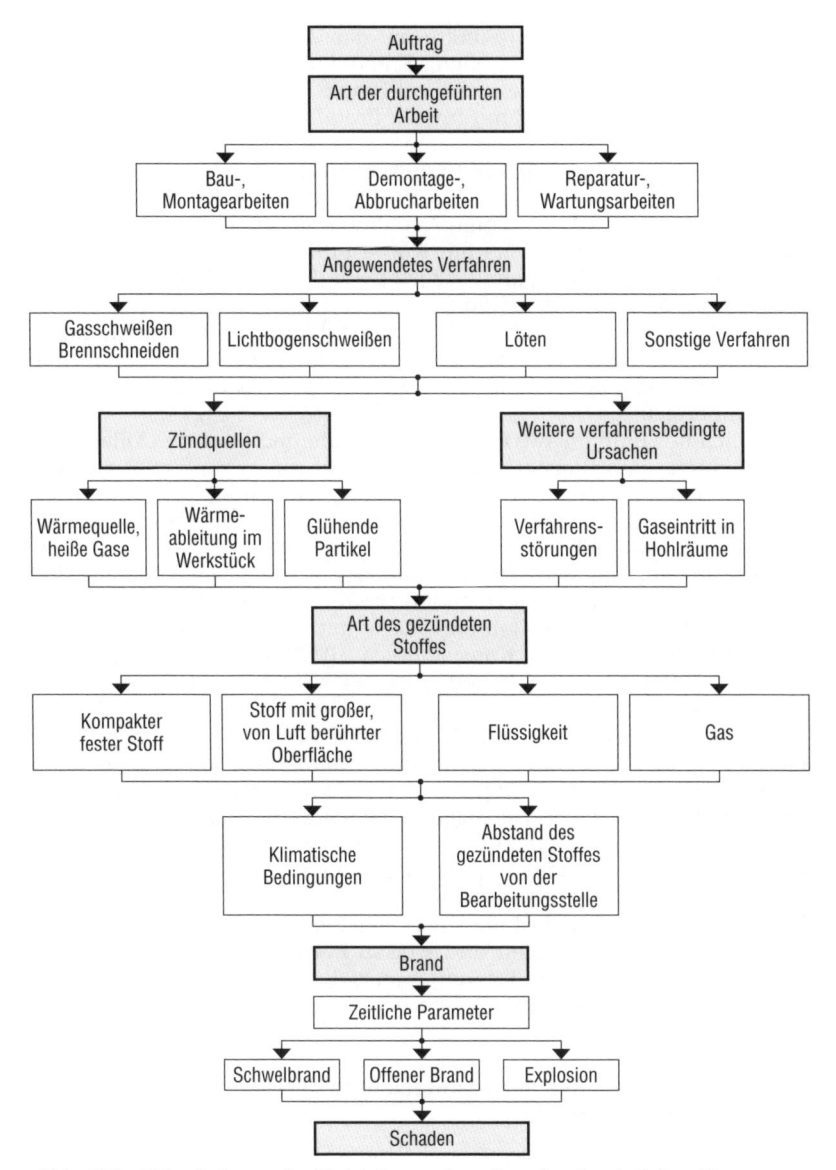

```
                    ┌──────────────┐
                    │   Auftrag    │
                    └──────┬───────┘
                    ┌──────▼───────┐
                    │ Art der durchgeführten │
                    │     Arbeit   │
                    └──────┬───────┘
         ┌─────────────────┼─────────────────┐
         ▼                 ▼                 ▼
    ┌─────────┐      ┌──────────┐       ┌──────────┐
    │ Bau-,   │      │Demontage-,│      │Reparatur-,│
    │Montage- │      │Abbruch-  │      │Wartungs- │
    │arbeiten │      │arbeiten  │      │arbeiten  │
    └─────────┘      └──────────┘       └──────────┘
                    ┌──────────────┐
                    │ Angewendetes Verfahren │
                    └──────┬───────┘
```

Ablauf: Auftrag → Art der durchgeführten Arbeit → (Bau-, Montagearbeiten | Demontage-, Abbrucharbeiten | Reparatur-, Wartungsarbeiten) → Angewendetes Verfahren → (Gasschweißen Brennschneiden | Lichtbogenschweißen | Löten | Sonstige Verfahren) → Zündquellen (Wärmequelle, heiße Gase; Wärmeableitung im Werkstück; Glühende Partikel) / Weitere verfahrensbedingte Ursachen (Verfahrensstörungen; Gaseintritt in Hohlräume) → Art des gezündeten Stoffes (Kompakter fester Stoff | Stoff mit großer, von Luft berührter Oberfläche | Flüssigkeit | Gas) → Klimatische Bedingungen / Abstand des gezündeten Stoffes von der Bearbeitungsstelle → Brand → Zeitliche Parameter → (Schwelbrand | Offener Brand | Explosion) → Schaden

Abb. 126: Ablaufschema der Entstehung eines Brandes durch Schweißen

Bezüglich der verletzten Punkte in der Unfallverhütungsvorschrift BGR 500 Kapitel 2.26 Schweißen, Schneiden und verwandte Verfahren, nimmt der Pkt. 3.8. Bereiche mit Brand- und Explosionsgefahr mit über 86 % die Spitzenstellung für die Brandursachen ein, siehe hierzu Kap. 1.

Die Missachtung einschlägiger Brandschutzbestimmungen ist sicherlich einer der wichtigsten Gründe für die Brandentstehung. Zwar enthielt etwa die Hälfte der Akten keine Angaben über die getroffenen Sicherheitsmaßnahmen, aber immerhin wurde in den meisten Fällen festgestellt, dass keinerlei Maßnahmen zur Abwendung der Zündgefahren getroffen waren, siehe hierzu Kap. 1.

Als Tendenz fällt in den letzten Jahren der steigende relative Anteil der Brände durch Schweißen im Bauwesen (Bitumenschweißbahnen) und im Freizeitbereich auf. Demgegenüber sinken die Anteile im produzierenden Bereich.

Bezüglich der Brandauswirkung auf Gebäude und bauliche Anlagen ist zu beachten, dass Baustoffe und -teile nicht nur verbrennen, sondern auch versagen können. Stahl verliert mit zunehmender Temperatur seine Tragfähigkeit, so dass sowohl Stahl- als auch Stahlbetonkonstruktionen zerstört werden können.

Für die Entstehung von Bränden und das Ausmaß der Schäden sind insbesondere die zuerst gezündeten Stoffe von Bedeutung. Hier nehmen brennbare Flüssigkeiten und -Gase mit 30 % eine Spitzenposition mit fallender Tendenz ein. Kunststoffe ca. 10 %, Holz ca. 14 %, Textilien ca. 6 % und Papier ca. 4 % liegen etwa zwischen 4 bis 14 %, siehe auch Kap. 1 Tab. 8.

Es ist zu berücksichtigen, dass Dämmstoffe in Form von Mineralfaserplatten, die im allgemeinen als nichtbrennbar angesehen werden, dann in Brand geraten können, wenn sie mehr als 13 % organische Bindemittel enthalten. Der wichtigste sicherheitstechnische Kennwert brennbarer Flüssigkeiten, der Flammpunkt, verliert seine Bedeutung, wenn sich die Flüssigkeit auf einem Trägerwerkstoff als Film ausgebreitet hat und wie an einem Docht verdampfen kann.

Der Arbeits- und Brandschutz sowie der Schutz vor Explosionen sind eng miteinander verbunden und weisen hinsichtlich der prinzipiellen Art und Weise der Lösung der Aufgaben viele Gemeinsamkeiten auf. Sie werden häufig auch unter dem Oberbegriff Arbeits- und Produktionssicherheit zusammengefasst.

4.5 Fehleinschätzungen der Brandgefahren durch Schweißer-Psychologie

Brandschäden durch Schweiß- und Brennschneidarbeiten sind selten auf technische Mängel zurückzuführen – Verursacher hierfür ist meistens der Mensch, der Schweißer!. Er hat bei seiner Arbeit durch die Gerätetechnik die Gewalt über das Feuer. Wer mit dieser Gewalt umgeht, verfügt auch über die Möglichkeit Unfälle, Brände und andere Schäden zu verhüten.

Personen, die fortwährend diese feuergefährlichen Arbeiten durchführen, handeln nach der Erfahrung, dass die meisten der entstehenden Partikel – ohne einen Brand zu erzeugen – von selbst erlöschen. Züngelt gelegentlich eine Flamme auf, so wird diese kaum registriert oder am Entstehungsort erstickt. Kommen diese o.g. zusätzlich einwirkenden Gefährdungen noch hinzu, begünstigen diese die Brandgefahr beim Schweißen und Brennschneiden.

Zu den Bedingungen, die Brände, aber auch Unfälle begünstigen gehören weiterhin:

- ungenügendes Gefahrenbewusstsein, – mangelnde Kenntnisse und Fertigkeiten aufgrund ungenügender Qualifikation,
- falsche Bewertung von Sicherheitsrisiken infolge Unkenntnis, Leichtsinn und Verantwortunglosigkeit,
- sich ändernde Umgebungsbedingungen bei mobilen Schweißarbeitsplätzen z. B. bei Bau-, Reparatur- und Demontagearbeiten.

Obwohl umfangreiche Vorschriften und Richtlinien auf dem Gebiet des Arbeits- und Brandschutzes für Schweißen, Schneiden und verwandte Verfahren vorliegen, und auch Unterweisungen darüber durchgeführt werden, entstehen immer wieder Unfälle und Brände, die meist auf die Nichtbeachtung elementarer Sicherheitsgrundsätze und -bestimmungen zurückzuführen sind. Subjektive Faktoren haben beim gegenwärtigen Entwicklungsstand der Schweiß- und Schneidtechnik noch einen wesentlichen Einfluss auf das Sicherheitsniveau.

Sowohl die Leiter als auch die Schweißer und Brennschneider sind für die Einhaltung der Vorschriften des Arbeits- und Brandschutzes zur Sicherheit im Betrieb und auf den Baustellen verantwortlich. Die Führungskräfte müssen vor allem grundlegende technische, organisatorische und personelle Voraussetzungen für ein sicheres Arbeiten schaffen. Sie sind für die Anleitung, Einweisung und Unterweisung der Versicherten verantwortlich. Die Schweißer und Brennschneider haben ihre Fachkenntnisse umfassend und verantwortungsbewusst anzuwenden. Sie laden große Schuld auf sich, wenn sie Gefahren erkennen und diese trotzdem ignorieren. Für alle Beteiligten gilt es, mit Wissen, Können und Verantwortung, Unfälle, Brände und andere Schäden zu verhüten!

Analysiert man die bei Schweißarbeiten entstandenen Unfälle und Brände unter dem Gesichtspunkt der Verantwortlichkeit, dann fällt auf, dass sehr häufig sowohl Schweißer/Brennschneider als auch Leiter gleichzeitig zur Verantwortung gezogen wurden.

Durch folgende Maßnahmen kann man den Ursachen und begünstigenden Faktoren für die Brandentstehung und -ausbreitung wirksam begegnen:

- Festlegung der Aufgaben und Verantwortung für den Gesundheits- und Brandschutz,
- Ausstattung der Führungskräfte mit den für ihren Verantwortungsbereich zutreffenden aktuellen Vorschriften, Richtlinien und Verordnungen,

- Erarbeitung betrieblicher Regelungen und Weisungen zur Untersetzung von Vorschriften für spezifische betriebliche Bedingungen, Betriebsanweisung, Gefährdungsbeurteilung,
- fachgerechte Einstufung und Kennzeichnung der Produktionsstätten in Brand- und explosionsgefährdete Bereiche und Präzisierung bei Nutzungsänderung,
- Erarbeitung und Einhaltung von Reinigungs- und Instandhaltungsplänen sowie Plänen für das Antihavarietraining,
- Ausstattung der Unternehmen und Einrichtungen mit Feuerlöschgeräten sowie sorgfältiges Prüfen und Entscheiden der Erfordernisse zum Einbau automatischer Brandwarn- und -meldeanlagen sowie Feuerlöschanlagen,
- wirksame Kontrolle der Einhaltung der Vorschriften und betrieblichen Festlegungen,
- Lösung offener Probleme bezüglich Brandsicherheit beim Schweißen/Brennschneiden,
- Befähigung und Sensibilisierung der Schweißer/ Brennschneider mit dem Ziel: Null Unfälle, Null Brände!

Die ausgeprägten subjektiven Komponenten im Arbeits- und Brandschutz der Schweißtechnik geben den Anleitungen und Unterweisungen einen besonderen Stellenwert:

- Unzureichendes Wissen und Können durch fehlende oder mangelhafte Unterweisungen erhöhen das Risiko von Arbeitsunfällen und Bränden.
- Die Bedienungsvorschriften für Maschinen, Anlagen, Geräte und Feuerlöscher müssen den Versicherten ausreichend bekannt sein.
- Die Mitarbeiter sind zu richtigem Verhalten bei Unfällen und im Brandfall zu befähigen.
- Die Versicherten sind regelmäßig zu sicherheitstechnischen Problemen fachkundig zu unterweisen. Dabei ist zu beachten, dass selbst inhaltlich und methodisch gut gestaltete Unterweisungen nicht den gewünschten Erfolg haben, wenn der Unterweisende bzw. Leiter zwar Richtiges lehrt, aber Unzulässiges duldet.

5. Verantwortlichkeiten und Sorgfaltpflichten der Schweißaufsicht – Sicherheit durch Unterweisung

Die oberste Verantwortung für die Sicherheit im Betrieb hat immer der Unternehmer. Das ergibt sich aus dem Gesetz und der Rechtsprechung.
Es ist eine wesentliche Aufgabe jeder Unternehmensleitung, eine funktionierende Organisation zu schaffen und aufrechtzuerhalten. Ist die Organisation mangelhaft und hat jemand aus diesem Grund einen Schaden erlitten, so kann das Unternehmen unmittelbar wegen eines sogenannten Organisationsverschulden schadensersatzpflichtig gemacht werden. Das bedeutet die Sicherheit muss immer gewährleistet sein.
Werden diese Maßnahmen mangelhaft wahrgenommen, setzt sich das Unternehmen dem Vorwurf des Organisationsverschuldens aus. Die Rechtsprechung hat dazu folgende einfache Grundsätze aufgestellt:
Eine Unternehmensorganisation genügt nur dann den rechtlichen Anforderungen, ist nur dann „gerichtsfest", wenn der Unternehmensaufbau und die Betriebsabläufe transparent und präzise geregelt sind (natürlich auch dokumentiert) und die Durchführung von Kontrollmaßnahmen gewährleistet ist.
Durch Stichprobenkontrollen muss der Unternehmer seiner Überwachungs- und Kontrollpflicht nachkommen. Diese Verpflichtung besteht auch dann, wenn die Arbeiten von Fremdfirmen durchgeführt werden.
Der Unternehmer kann Führungskräfte in seine Gesamtverantwortung, auch für den Arbeits- und Brandschutz einbinden. Durch Übertragung von Unternehmerpflichten wird die Verantwortung auf die im Unternehmen eingesetzten Führungskräfte aufgeteilt, d. h. sie werden in die Unternehmerverantwortung im zugewiesenen Verantwortungsbereich einbezogen. Dies wiederum erfordert eine transparente Unternehmensorganisation mit klaren Regelungen durch die Zuweisung von Aufgaben, Kompetenzen und der damit verbundenen Abgrenzung der Verantwortung der einzelnen Führungskräfte im Unternehmen.
Aufgaben und Kompetenzen müssen transparent und präzise festgelegt und abgegrenzt sein, damit die Verantwortung der einzelnen Führungskraft feststeht. Fehlen diese Voraussetzungen, bleibt die gesamte Verantwortung beim delegierenden Unternehmer. In einem gut organisierten Unternehmen darf es keine Bereiche geben, für die keine Führungskraft zuständig ist. Alle Verantwortungsbereiche müssen klar voneinander abgegrenzt sein. Eine Freidelegierung von Verantwortung gibt es aber unter keinen Umständen für den Unternehmer.
Im Idealfall liegt Personal-, Disziplinar- und Fachverantwortung in einer Hand. Dann werden fachliche sowie personalrechtliche Entscheidungen auf dem Dienstweg von ein und derselben Person getroffen.
Diese Kombination ist nicht überall gegeben. Nicht selten hat der Mitarbeiter zwei unmittelbare Vorgesetzte: Eine Führungskraft mit Personal-/Disziplinverantwortung (personeller Vorgesetzter) und einen

Fachvorgesetzten. Der Umfang der Verantwortung lässt sich hier klar abgrenzen. Fachaufgaben müssen in einem Unternehmen häufig von der Personal-/Disziplinarverantwortung getrennt und anderen Stellen in der betrieblichen Hierarchie zugewiesen werden.

Der Unternehmer muss dafür sorgen, dass die Zuständigkeit bei einer solchen Konstellation klar abgegrenzt sind. Jeder Mitarbeiter muss wissen, wer sein unmittelbarer Fach- und Personalvorgesetzter ist. Fehlt eine solche Regelung, bleibt die umfassende Verantwortung für die Arbeitssicherheit bei der zuständigen übergeordneten Führungskraft, in letzter Instanz also beim Unternehmer [43].

Besondere Bedeutung hat diese Unterscheidung bei der Regelung der speziellen Verantwortung für die Schweißaufsicht:

5.1 Schweißaufsicht und Arbeitssicherheit

Die betriebliche Stellung der Schweißaufsicht kann unterschiedlich geregelt sein:

- Schweißaufsicht als Leiter eines Fertigungsbereiches mit Weisungsbefugnis in diesem Bereich.

  Ist die Schweißaufsicht als Leiter eines Fertigungsbereiches eingesetzt, können ihr Unternehmerpflichten im Arbeitsschutz übertragen werden. Sie verfügt über fundierte Kenntnisse um den sicheren Einsatz von Schweißverfahren und Schweißern im Unternehmen zu organisieren, Gefährdungen auszuschließen und ist mit Weisungsbefugnis ausgestattet.

- Schweißaufsicht im Rahmen einer betrieblichen Zulassung z. B. für Stahlbauten (Eignungsnachweis) u. Ä. ist unabhängig von der Fertigung und hat gegenüber den in der Fertigung tätigen Schweißern keine Personalverantwortung und damit keine Weisungsbefugnis.

  Die DIN EN ISO 14731:2006-12 (D) legt die qualitätsbezogene Verantwortung und die Aufgaben, einschließlich der Koordinierung der schweißtechnischen Tätigkeiten der Schweißaufsicht fest. Hierin ist für die Schweißaufsicht eine Übertragung von Unternehmerpflichten im Arbeitsschutz nicht vorgesehen.

Jeder Unternehmer mit schweißtechnischer Fertigung ist auf der sicheren Seite, wenn er die Schweißaufsicht seines Unternehmens beratend in die Arbeits- und Brandschutzorganisation seines Unternehmens einbezieht.

5.2 Pflichten des Arbeitgebers

Die Grundpflichten des Arbeitgebers sind in Kap. 1. und im Sozialgesetzbuch VII Gesetzliche Unfallversicherung dargestellt.

Dabei ist dem Arbeitgeber dringend zu raten, seinen Führungskräften, die im Produktions-, Organisations- und Aufsichtsbereich eine Vorgesetztenstellung einnehmen, grundsätzlich wie alle übrigen Rechte und Pflichten, die Pflichten des Arbeitsschutzes im Arbeitsvertrag zu übertragen.

Konkretisiert sind die in BGV A 1 Grundsätze der Prävention § 3 „Beurteilung der Arbeitsbedingungen, Dokumentation, Auskunftspflichten" formulierten Forderungen:
(1) Der Unternehmer hat durch eine Beurteilung der für die Versicherten mit ihrer Arbeit verbundenen Gefährdungen entsprechend § 5 Abs. 2 und 3 Arbeitsschutzgesetz zu ermitteln, welche Maßnahmen nach § 2 Abs. 1 erforderlich sind.
(2) Der Unternehmer hat Gefährdungsbeurteilungen insbesondere dann zu überprüfen, wenn sich die betrieblichen Gegebenheiten hinsichtlich Sicherheit und Gesundheitsschutz verändert haben.
(3) Der Unternehmer hat entsprechend § 6 Abs. 1 Arbeitsschutzgesetz das Ergebnis der Gefährdungsbeurteilung nach Abs. 1,die von ihm festgelegten Maßnahmen und das Ergebnis ihrer Überprüfung zu dokumentieren.
(4) Der Unternehmer hat der Berufsgenossenschaft alle Informationen über die im Betrieb getroffenen Maßnahmen des Arbeitsschutzes auf Wunsch zur Kenntnis zu geben [44].

Die Gefährdungsbeurteilung besteht aus:
- einer systematischen Feststellung und Bewertung von relevanten Gefährdungen und
- der Ableitung entsprechender Maßnahmen.

Die aus der Gefährdungsbeurteilung abgeleiteten Maßnahmen sind auf ihre Wirksamkeit hin zu überprüfen und gegebenenfalls an sich ändernde Gegebenheiten anzupassen. Die für Schweißarbeiten einschlägigen Gefährdungen und Belastungsarten sind im Kap. 1.4.3 dargestellt und erläutert.
Während in Deutschland bereits 97 % der Großunternehmen eine Gefährdungsbeurteilung durchführen, tun dies nur 54 % der Unternehmen mit 10 bis 49 Beschäftigten und lediglich 30 % der Unternehmen mit bis zu 9 Beschäftigten. (Quelle: Europäische Agentur für Sicherheit und Gesundheitsschutz am Arbeitsplatz – EU-OSHA, Stand 2005.)
Die Gefährdungsbeurteilung ist auch für Betriebe mit unter 10 Beschäftigten sinnvoll und zu empfehlen; dies entspricht auch dem europäischen Arbeitsrecht. Die Anforderungen an eine Dokumentation sind für diese Unternehmen im Regelfall erfüllt, wenn der Unternehmer zur Durchführung der Gefährdungsbeurteilung eine Hilfe nutzt, die die zuständige Berufsgenossenschaft oder die Arbeitsschutzbehörde zur Verfügung stellt, an der Regelbetreuung oder an einem alternativen Betreuungsmodell teilnimmt.
Für die Dokumentation des Ergebnisses der Gefährdungsbeurteilung, der festgelegten Maßnahmen und deren Überprüfung ist keine einheitliche Form vorgeschrieben. Zur Unterstützung halten die Berufsgenossenschaften Handlungshilfen zur Durchführung der Dokumentation für den Unternehmer bereit.
Die Gefährdungsbeurteilung darf nur von fachkundigen Personen durchgeführt werden. Verfügt der Arbeitgeber nicht selbst über die entsprechenden Kenntnisse, so hat er sich fachkundig beraten zu las-

Verantwortlichkeiten und Sorgfaltpflichten der Schweißaufsicht

sen. Fachkundige Personen sind der Betriebsarzt und die Fachkraft für Arbeitssicherheit. Der Arbeitgeber kann auch bei der Festlegung der Maßnahmen eine Gefährdungsbeurteilung übernehmen, die ihm der Hersteller oder Inverkehrbringer mitgeliefert hat, sofern er seine Tätigkeit entsprechend den dort gemachten Angaben und Festlegungen durchführt.

Die Berufsgenossenschaften stellen auch Material für die Erarbeitung von Gefährdungsbeurteilungen – Leitfaden für die Gefährdungsbeurteilung – sowie auch Mustergefährdungsbeurteilungen für das Schweißen zur Verfügung:

Z. B. BGI 593 Gefährdunsbeurteilung beim Schweißen,
BGI 534 Schutzgasschweißen in engen Räumen,
in den Broschüren zur Gefährdungsbeurteilung
Metallbearbeitung und -verarbeitung 02 Arbeitsbereich Schweißen,
Heizung-, Klima- und Lüftungstechnik 03 Autogenschweißen
Maschinenbau 06 Schweißen,
in der DVD Prävention 2009/10 Sicherheit und Gesundheit bei der Arbeit [47].

In Verbindung mit den Gefährdungsbeurteilungen sind für Verhaltensregeln und Schutzmaßnahmen entsprechende Betriebsanweisungen zu erarbeiten. Diese sollten auf einer Seite übersichtlich am Arbeitsplatz ausgehängt sein.

In der BGI 578 „Sicherheit durch Betriebsanweisung" sind die Grundlagen und in [48] Entwürfe dafür enthalten.

Ein Beispiel für eine Betriebsanweisung: Schweißtechnische Arbeiten mit Brandgefahr nach Kap. 2.26; BGR 500 ist im Kapitel 1.3 dargestellt Abb. 3/2.

Weitere Schweißtechnische Betriebsanweisungen:
BGI 553 Elektroschweißen
BGI 554 Gasschweißen
BGI 855 Lichtbogenschweißen mit umhüllten chrom-nickelhaltigen Stabelektroden im Behälterbau
BGI 534 Schutzgasschweißen in engen Räumen.

5.3 Sicherheit durch Unterweisung

(1) Der Unternehmer hat die Versicherten über Sicherheit und Gesundheitsschutz bei der Arbeit, insbesondere über die mit der Arbeit verbundenen Gefährdungen und die Maßnahmen zu ihrer Verhütung, entsprechend § 12 Abs. 2 Arbeitsschutzgesetz sowie bei einer Arbeitnehmerüberlassung entsprechend § 12 Abs. 2 Arbeitsschutzgesetz zu unterweisen; die Unterweisung muss erforderlichenfalls wiederholt werden, mindestens aber einmal jährlich erfolgen; sie muss dokumentiert werden.

(2) Der Unternehmer hat den Versicherten die für ihren Arbeitsbereich oder ihre Tätigkeit relevanten Inhalte der geltenden Unfallverhü-

tungsvorschriften und BG-Regeln sowie der einschlägigen staatlichen Vorschriften- und Regelwerke in verständlicher Weise zu vermitteln.

Unterweisungen sind also neben der Erbringung der Rechtssicherheit für den Arbeitgeber das entscheidende Instrument, um diese persönliche Sicherheitskompetenz zu erreichen.
Unterweisungen können mehr als Wissensenvermittlung sein. Sie können auch dazu dienen, zusammen mit den Beschäftigten nach Lösungen für verschiedene Probleme zu suchen. Dieser Ansatz hat den Vorteil, dass die Verantwortung für gefundene Lösungswege von allen Betroffenen gemeinsam getragen wird.

Welche Rechtsvorschriften fordern Unterweisungen?
- Arbeitsschutzgesetz, § 12 „Unterweisungen"
- Betriebssicherheitsverordnung § 9 „Unterrichtung und Unterweisung"
- Betriebsverfassungsgesetz § 81(1) „Unterrichts- und Erörterungspflicht des Arbeitgebers"
- BGV A 1, § 4 „Unterweisung des Versicherten"

Erstunterweisungen sind zwingend bei Berufsanfängern und Neulingen im Betrieb. Wiederholungsunterweisungen müssen in regelmäßigen Zeitabständen erfolgen. Unterweisungen aus besonderen Anlass sind obligatorisch bei Arbeitsplatzwechsel, neuen Arbeitsverfahren, Unfall- oder Beinaheunfall.

Unterweisungsplan
Die Gefährdungsbeurteilung enthält alle auftretenden Gefährdungen und demzufolge die anzuwendenden technischen, organisatorischen und persönlichen Schutzmaßnahmen für die jeweiligen Tätigkeiten oder Arbeitsplätze. Diese Informationen aus der Betriebsanweisung und der Gefährdungsbeurteilung des Arbeitsplatzes sind den Beschäftigten differenziert zu vermitteln:
- Rechte und Pflichten der Beschäftigten
- Persönliche Schutzausrüstungen
- Verhalten bei Unfällen und im Brandfall
- Erste Hilfe
- Ordnung und Sauberkeit.

Wer unterweist?
- Der Unternehmer ist grundsätzlich für die Organisation, Durchführung und Wirksamkeitskontrolle der Unterweisung verantwortlich.
- Direkte Vorgesetzte der jeweiligen Beschäftigten: z.B. Vorarbeiter, Meister, Teamleiter, leitende Angestellte sind für regelmäßige Unterweisungen verpflichtet.
- Weitere Personen sind einzubeziehen: Fachkraft für Arbeitssicherheit, Betriebsarzt, Schweißaufsicht, Feuerwehr.

Ziel der Unterweisung:
- Was sollen die Unterwiesenen nach der Unterweisung wissen, können, wollen?
- Dazu gibt es viele vorgedachte Konzepte von Wissenschaftlern und Praktikern. Auf die betrieblichen Probleme muss der Unterweisende selbst eingehen.
- Jede Unterweisung wird durch geeignete und aktuelle Unterweisungshilfsmittel lebendiger und überzeugender gestaltet. Visuelle Hilfsmittel wie Flipshart, Pinnwand, Funktionsmodelle, Folien, Lehrfilme, Internet und Beamer sind dazu geeignet.
- Enthält die Unterweisung praktische Übungen, Gruppenarbeiten oder Trainingsaspekte wird die Aufmerksamkeit und der Lerneffekt erhöht.
- Die Vorbildwirkung des Unterweisenden und die Motivation der zu Unterweisenden ist ein weiterer Faktor zur Wirksamkeit der Unterweisung: Stellen sie als Unterweisender die Frage: „Welchen persönlichen Nutzen haben sie davon, wenn sie sich so verhalten, wie ich es Ihnen in der Unterweisung beigebracht habe?"
- Testfragen oder eine Lernerfolgskontrolle sowie die Dokumentation sollte die Unterweisung abschließen.
- Ein Lob an der richtigen Stelle wirkt sehr motivierend und wird dazu führen, dass sich Unterwiesene auch in Zukunft richtig verhalten.

An Hand eines Beispiels „Plasmaschneiden" soll gezeigt werden, wie auf der Grundlage von Betriebsanweisung, Abb. 127, und Gefährdungsbeurteilung, Abb. 128 a–e, eine Erstunterweisung anschaulich aufgebaut und durchgeführt werden kann. Die Erstunterweisung sollte am besten am Arbeitsplatz bzw. in einem Raum mit technischen Hilfsmitteln durchgeführt werden.

Sicherheit durch Unterweisung

| Firma: ((Namen der Firma hier einsetzen)) | **Betriebsanweisung** | Nummer: 13.00 |

1. Anwendungsbereich

Plasmaschneiden im Werkstattbereich

2. Gefahren für Mensch und Umwelt

Abtropfende oder wegfliegende heiße (z. T. glühende) Werkstoff- oder Schlackepartikel
Wärmeübertragung durch das Werkstück in Nachbarbereiche
Wärme- und optische Strahlung, elektromagnetische Wirkung
Elektrische Gefährdung, Schadstoffe, Lärm
Umgang mit Gasflaschen auch Sauerstoff und Kühlflüssigkeit

3. Schutzmaßnahmen und Verhaltensregeln

Arbeitsgeräte, Schneidwerkstoffe und Hilfsmittel auswählen und auf Mängel prüfen
Vor Einschalten der Anlage Werkstück anschließen und erden
Brennerkopf bei angeschalteter Anlage nicht berühren
Berührungsschutz mit Sicherheitsschaltung
Tragen üblicher isolierender und schwerentflammbarer Schweißerkleidung
keine brennbaren Stoffe und Flüssigkeiten
Blendschutz mittels Schweißerschutzschild und Schutzgläser ab Stufe 11 benutzen
Schneidbereich so gestalten, dass Reflexion und Übertragung von UV Licht reduziert werden
Verwendung von Trennwänden
Oberflächen dunkel gestalten
Gute Belüftung:
Entstehende Gase und Rauche sind abzusaugen
Beim Schneiden von galvanisch verzinktem Material spezielle Atemmaske tragen
Die Wirksamkeit der Lüftungsanlage muss durch Messung der Konzentration gesundheitsschädlicher Stoffe am Arbeitsplatz vom Betreiber der Anlage nachgewiesen werden
Lärmschutzwände aufstellen bzw. Gehörschutz tragen
Feuerlöscher entsprechend den Brandschutzvorschriften in unmittelbarer Nähe am Arbeitsplatz anbringen
Gasflaschen senkrecht stellen und gegen Umfallen sichern
Bei Verwendung von Sauerstoff Explosionsschutzsicherung anbringen, öl- und fettfrei halten

4. Verhalten im Brandfall — Notruf: 112

Arbeiten einstellen und Brand Löschen
In der Nähe befindliche Personen warnen
Feuerwehr alarmieren bzw. Feueralarm veranlassen

5. Verhalten bei Unfällen – Erste Hilfe — Notruf:112

▶ Brennende Kleidung mit Löschdecke bedecken
▶ Ersthelfer und Aufsichtführende informieren
▶ Verletzte betreuen

6. Erforderliche Arbeitsmittel, Entsorgung

▶ Löscheinrichtungen entsprechend dem möglichen Brandfall (Art und Menge des Löschmittels)
▶ Hilfsmittel zum Abdecken
▶ Für die Entsorgung ist der Brandschutzbeauftragte zuständig.

| Datum: | Unterschrift: |

Verantwortlichkeiten und Sorgfaltpflichten der Schweißaufsicht

Gefährdungen und Maßnahmen (Dokumentation)

☐	Arbeitsbereich: Werkstatt
☐	Berufsgruppe/Person: Schweißer
☐	Tätigkeit: Plasmaschneiden

Infor-mation	Ermittelte Gefährdungen und deren Beschreibung	Gefährdungen bewerten			
		Risiko			Handl.-bedarf ja/nein
		G	M	K	
1	Vor Inbetriebnahme: ▪ Werkstück-Erdung ▪ Zustand der Anlage ▪ Luftzufuhr ▪ Sauerstoffzufuhr ▪ Schaltung ▪ Brennerkopf			☒ ☒ ☒ ☒ ☒ ☒	Ja Ja Ja Ja Ja Ja

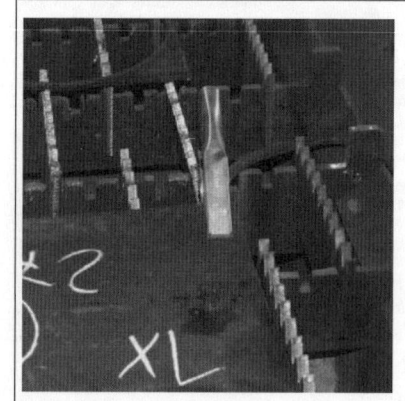

Anlage: Erdung Werkstück

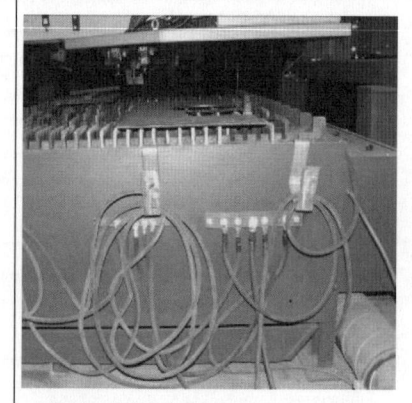

▪ Zustand der elektr. Anlagen
▪ Kabel u. Brenner prüfen

Sicherheit durch Unterweisung

Maßnahmen	Bearbeiter/ Berater	Termin	wirksam	
		Erledigt	ja	nein
Vor Einschalten der Anlage:				
■ Werkstück anschließen und erden	Schweißer	täglich	☒	
■ Zustand der elektrischen Anlagen, Kabel und Brenner überprüfen	Schweißer	täglich	☒	
■ Luftzufuhr über Druckregler zwischen 6–8 bar einstellen	Schweißer	täglich	☒	
■ Bei Verwendung von Sauerstoff am Druckminderer Eyplosionsschutzsicherung anschließen. Öl- und Fettfrei halten	Schweißer	bei Bedarf	☒	
■ Reihen- und Parallelschalten der Anlage verboten	Schweißer	bei Bedarf	☒	
■ Brennerkopf bei eingeschalteter Anlage nicht berühren	Schweißer	bei Bedarf	☒	

■ Druckregler 6–8 bar einstellen
(Sauerstoff – Explosionsschutz)

■ Brennerkopf beim Einschalten nicht berühren
■ Reihenschaltung verboten

279

Verantwortlichkeiten und Sorgfaltpflichten der Schweißaufsicht

Information	Ermittelte Gefährdungen und deren Beschreibung	Gefährdungen bewerten			Handl.-bedarf ja/nein
		Risiko			
		G	M	K	
2	Bogenstrahlen, Spritzer und Funken (Augenverletzungen, Verbrennungen)	☒			ja

- Schweißer in Schutzkleidung
- Schutzhelm oder Schutzhaube
- feuerhemmende Trennwand

Sicherheit durch Unterweisung

Maßnahmen	Bearbeiter/ Berater	Termin	wirksam	
		Erledigt	ja	nein
■ Tragen üblicher isolierender und schwer entflammbarer Schweißerschutzkleidung mit Lederschürze, Hand- u. Sicherheitsschuhen (ZH 1 700)	Schweißer	täglich	☒	
■ Schutzhelm oder Schweißerschutzhaube tragen	Schweißer	täglich	☒	
■ Schutzschilder mit seitlichen Schutz und Schutzgläsern ab Stufe 11 benutzen	Schweißer	täglich	☒	
■ nach Schweißvorgang Schutzbrille (ZH 1 703)	Schweißer	täglich	☒	
■ Benachbarte Arbeitsplätze gegen Blendung und Spritzer schützen (Stellwände und Vorhänge)	Schweißer	täglich	☒	

■ Schutzgläser mit seitlichem Schutz
■ nach Schneidvorgang Schutzbrille

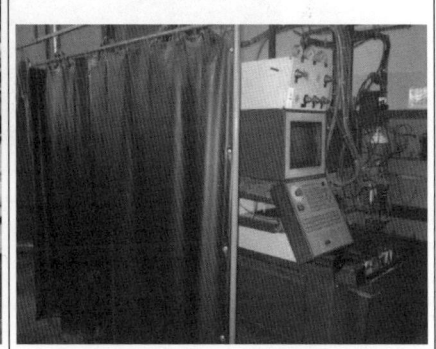

■ benachbarte Arbeitsplätze gegen Blendung u. Spritzer schützen (Stellwände u. Vorhänge)

Verantwortlichkeiten und Sorgfaltpflichten der Schweißaufsicht

Infor-mation	Ermittelte Gefährdungen und deren Beschreibung	Gefährdungen bewerten			Handl.-bedarf ja/nein
		Risiko			
		G	M	K	
3	Brand- und Explosionsgefahr ■ entzündliche und brennbare Stoffe ■ Brandgefahr ■ Druckgasflaschen ■ Explosionsgefahr		☒		Ja

■ Entfernen brennbarer Stoffe aus dem Arbeitsbereich

Sicherheit durch Unterweisung

Maßnahmen	Bearbeiter/ Berater	Termin	wirksam	
		Erledigt	ja	nein
■ Entzündliche bzw. brennbare Stoffe/Gegenstände aus dem Arbeitsbereich entfernen	Schweißer	täglich	☒	
■ Im Arbeitsbereich Feuerlöscher installieren	BSB	erledigt	☒	
■ Druckgasflaschen geschützt und sicher aufstellen	Schweißer	täglich	☒	
■ Nicht in Räumen schneiden die explosionsgefährdet sind	Schweißer	täglich	☒	

■ Feuerlöscher im Arbeitsbereich installieren

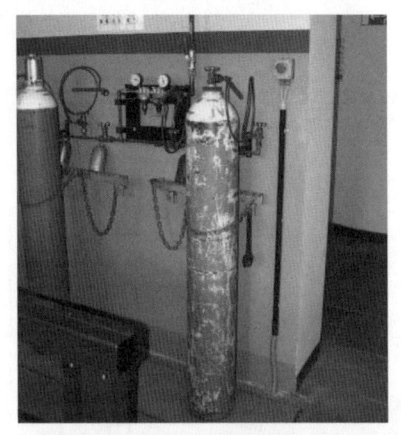

■ Druckgasflaschen geschützt u. gesichert aufstellen

Verantwortlichkeiten und Sorgfaltpflichten der Schweißaufsicht

Infor-mation	Ermittelte Gefährdungen und deren Beschreibung	Gefährdungen bewerten			
		Risiko			Handl.-bedarf ja/nein
		G	M	K	
4	Lärm ab 80 dBA ■ Lärmbereich	☒			Ja
5	Schadstoffe: Stäube, Rauch, Dämpfe	☒			Ja

■ Arbeitsbereich abgrenzen

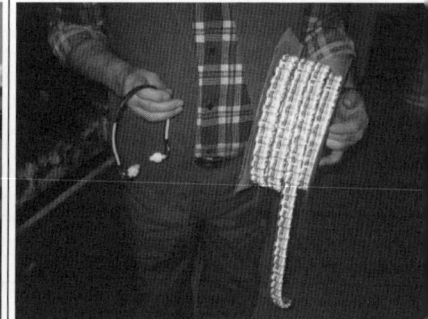

■ Gehörschutz tragen

Sicherheit durch Unterweisung

Maßnahmen	Bearbeiter/ Berater	Termin	wirksam	
		Erledigt	ja	nein
Arbeitsbereich abgrenzen	Schweißer	täglich	☒	
Gehörschutz tragen (ZH 1 706)	Schweißer	täglich	☒	
Gute Belüftung		Bei Einrichtung	☒	
Entstehende Stäube, Rauche, Dämpfe sind abzusaugen (Messung der Konzentration sind nachzuweisen)	Instand- Haltung (SIFA)	Bei Einrichtung	☒	
Beim Schneiden von galvanisch verzinktem Material spezielle Atemmaske tragen	Schweißer	bei Bedarf	☒	

- gute Belüftung (Umluft)
- Absaugung
- Absaugung in Kammern

Verantwortlichkeiten und Sorgfaltpflichten der Schweißaufsicht

Infor-mation	Ermittelte Gefährdungen und deren Beschreibung	Gefährdungen bewerten			Handl.-bedarf ja/nein
		Risiko			
		G	M	K	
6	Beendigung der Arbeit: ■ Anlage abschalten ■ Auflagetisch beräumen		☒ ☒		Ja Ja

- Anlage richtig abschalten
- auch Stromquelle abschalten

Sicherheit durch Unterweisung

Maßnahmen	Bearbeiter/ Berater	Termin Erledigt	wirksam ja	nein
Anlage vorschriftsmäßig abschalten	Schweißer	mehrmals	☒	
Beim Beräumen des Arbeitstisches heiße Werkstücke, scharfe Kanten, abspringende Schlacke beachten	Schweißer	täglich	☒	

- Beräumen des Tisches
- Säubern der Anlage

6. Technische, organisatorische, persönliche Arbeitsschutzmaßnahmen für Schweißer – Wirksamkeit, Bewertung, Erkenntnisse

Arbeitsschutzgesetz (Auszug) [49] **Allgemeine Grundsätze**

Der Arbeitgeber soll
- die verbleibende Restgefährdung für Leben und Gesundheit minimieren
- die Gefahren an der Quelle bekämpfen
- den Stand der Technik (z. B. DIN-Normen, technische Regeln) Arbeitsmedizin sowie sonstige gesicherte arbeitswissenschaftliche Erkenntnisse berücksichten
- eine ganzheitliche Betrachtung des Arbeitsplatzes durchführen
- kollektive von individuellen (TOP-Prinzip) Schutzmaßnahmen durchführen
- geeignete Anweisungen erteilen (z. B. Betriebsanweisungen)
- geschlechterspeziefische Regelungen nur aus zwingenden biologischen Gründen zulassen.

Gefahren sind an der Quelle, d. h. mit technischen Maßnahmen zu entschärfen. Wo sie nicht allein zum Ziel führen, müssen ergänzende organisatorische und personen-bezogene Maßnahmen in dieser Reihenfolge hinzukommen (T O P-Prinzip).

Das T-O-P-Prinzip

1. T = Technische Arbeitsschutzmaßnahmen
   z. B. Kapselung, Gerüste, Absperrungen

2. O = organisatorische Arbeitsschutzmaßnahmen
   z. B. Zutrittsbeschränkungen, Schichtregelungen, Vorsorgeuntersuchungen, Unterweisungen

3. P = persönliche Arbeitsschutzmaßnahmen
   z. B. Sicherheitsschuhe, Handschuhe, Schutzhelme

Technische, organisatorische, persönliche Arbeitsschutzmaßnahmen für Schweißer

Ausgewählte Technische Maßnahmen	Wirksamkeit/Bewertung
Sicherheitseinrichtung gegen Gasrücktritt u. Flammendurchschlag	hohe Wirksamkeit; Verminderung von Schlauch-, Flaschen- und Brennerbränden sowie Explosionen
Brenner-Ablegeeinrichtung mit Gasabsperrung	hohe Wirksamkeit; dort wo die Ablegeeinrichtung angebracht und genutzt wird
Wasserabdeckung beim ■ autogenen Brennschneiden ■ Plasmascheiden	hohe Wirksamkeit durch Ableitung der Spritzer, Gase und Dämpfe ins Wasserbad
Freie Lüftung nur kurzzeitig und für raucharme Verfahren,	ausreichende Wirksamkeit bei konsequenter Nutzung,
Technische Lüftung durch Ventilatoren und Zuluft	ausreichende Wirksamkeit bei temperierter Warmluftzufuhr
Absaugung an der Entstehungsstelle	
■ stationäre Absaugung für stationäre Arbeitsplätze,	ausreichende Wirksamkeit bei dosierter Gasableitung nach unten,
■ mobile Absauggeräte mit zwangsweiser Nachführung	ausreichende Wirksamkeit bei stetiger Nachführung der Erfassungselemente
■ Schutzschilde und Schweißbrenner mit integrierter Absaugung	ausreichende Wirksamkeit bei konsequenter Nachführung
Lüftungsmaßnahmen in engen Räumen (Brände u. Elektrounfälle)	hohe Wirksamkeit durch Bewusstheit der hohen Gefährdung
Arbeitsplätze durch Aufstellen von Stellwänden oder Vorhängen zum Abschirmen	ausreichende Wirksamkeit, wenn Stellwände u. Vorhänge als nicht störend empfunden werden
Schutzmaßnahmen gegen Brand- und Explosionsgefährdung,	
■ Beseitigen brennbarer Materialien aus Schweißbereich,	hohe Wirksamkeit bei konsequenter Beachtung,
■ Löschmittel z. B. Eimer Wasser, Feuerlöscher	hohe Wirksamkeit durch löschen in der Anfangsphase und an der Entstehungsstelle
Lärmschutzmaßnahmen,	
■ Kennzeichnung der Lärmbereiche ab 85 dB(A),	hohe Wirksamkeit bei ständiger Kontrolle,
■ Gebotsschild: Gehörschutz tragen nur mit Gehörschutz arbeiten,	ausreichende Wirksamkeit bei ständiger Kontrolle,
■ Mechanische Verriegelung der Plasmaschneidanlagen und Brennermechanismen	hohen Wirksamkeit: nur 15 Unfälle bei Plasmaschweißen und -schneiden

Technische, organisatorische, persönliche Arbeitsschutzmaßnahmen für Schweißer

Ausgewählte organisatorische Massnahmen	Wirksamkeit/Bewertung
Vor Arbeitsbeginn Gasschläuche, Armaturen, Schweiß- und -stromleitungen auf einwandfreien Zustand überprüfen	Wirksamkeit mittel, wird nicht immer durchgeführt
Schweißerlaubnisschein ■ Abdecken brennbarer Teile ■ Abdichten von Öffnungen in benachbarte Bereiche, ■ Entfernen aller entbehrbaren Personen ■ Überwachung durch Brandposten ■ Kontrolle nach Beendigung der Arbeiten durch Brandwache ■ Bereitstellen geeigneter Feuerlöscher	Der SES ist die wichste organisatorische Maßnahme zur Brandverhütung beim Schweißen und Schneiden ■ ungenügendes Gefahrenbewusstsein ■ mangelnde Kenntnisse und Fertigkeiten ■ falsche Bewertung der Sicherheitsrisiken ■ sich ändernde Umgebungsbedingungen führen zur Unterlassung oder falscher Ausfüllung des SES und damit zu Bränden
Die Versicherten dürfen mit Schweißarbeiten erst beginnen, wenn ihnen vom Unternehmer die Schweißerlaubnis oder die Betriebsanweisung erteilt wurde und die darin festgelegten Sicherheitsmaßnahmen durchgeführt sind	Wirksamkeit differenziert, in organisatorisch gut geführten Unternehmen ist die Durchsetzung gesichert, in vielen anderen Unternehmen nicht
Betriebsanweisung sie ist in verständlicher Form und Sprache dem Versicherten bekannt zu machen	Wirksamkeit mittel, sie ist wichtig für die Sicherheit und Bedienung der Geräte und Anlagen, auch bei Arbeiten in Behältern und engen Räumen
Gefährdungsbeurteilung ■ gewissenhafte Erarbeitung ■ Gefährdungen ermitteln und bewerten ■ Massnahmen festlegen und umsetzen	Wirksamkeit differenziert, konsequente Umsetzung in Unterweisung, Kontrolle bei Begehungen
Unterweisungen Die Unterweisung umfasst neben der Vermittlung von Wissen, Fähigkeiten und Fertigkeiten auch Aspekte der Motivation und Mitarbeiterführung	Wirksamkeit mittel, abhängig von Qualität der Unterweisung und der Erreichung persönlicher Sicherheitskompetenz der Schweißer

Technische, organisatorische, persönliche Arbeitsschutzmaßnahmen für Schweißer

Ausgewählte persönliche Schutzausrüstungen	Wirksamkeit/Bewertung
Arbeitskleidung ■ hochgeschlossene Kleidung und Schuhe ■ Körper ausreichend bedeckt ■ mit nicht entzündlichen oder leichtentzündlichen Stoffen verunreinigt ■ keine Gegenstände mit besonderen Gefahren	vertretbare Wirksamkeit bei bestimmungsgemäßer Benutzung, besonders beim Überkopfschweißen Gefährdungen durch Eindringen der Spritzer in Unterwäsche bei nicht hochgeschlossener Kleidung und Schuhen. Jährlich ereignen sich über 3000 Arbeitsunfälle in Verbindung mit Bränden.
Handschutz: Schweißerhandschuhe mit Stulpen im Handgelenk und Unterarmen	unzureichende Wirksamkeit, besonders durch Fehlverhalten der Schweißer, jährlich über 3000 Handverletzungen
Fußschutz: Sicherheitsschuhe mit hochgezogenem Schaft oder Gamaschen	unzureichende Wirksamkeit, besonders durch ungenügendes Tragen, jährlich über 1000 Fuß- und Knöchelverletzungen
Augen- und Gesichtsschutz: Schutzbrille, -schilde, -schirme, -hauben mit Schweißschutzfiltern gegenüber optischer Strahlung	unzureichende Wirksamkeit, besonders durch ungenügende Benutzung, jährlich ca. 3000 Kopf- und Augenverletzungen
Kopfschutz: Industrieschutzhelme; bei Schweißarbeiten über Schulterhöhe ist schwer entflammbare Kopfbedeckung zu tragen	unzureichende Wirksamkeit, besonders durch eigenwillige Benutzung: jährlich ca. 3000 Kopf- u. Augenverletzungen
Gehörschutz: Stöpsel aus Watte bis 100 dB(A), darüber aus polymeren Stoff geeignet bis 120 dB(A) bei Schweißarbeiten über Schulterhöhe schwer entflammbaren Gehörschutz tragen	vertretbare Wirksamkeit; durch subjektive Nutzung jährlich über 150 bis 300 anerkannte Berufskrankheiten
Atemschutz: Schlauchgeräte ■ Behältergeräte unter Anwendung von Druckluft ■ Filtergeräte oder Filtergeräte mit Gebläse	vertretbare Wirksamkeit, besonders bei williger Einstellung zur Trageverträglichkeit; aber jährlich über 100 anerkannte Berufskrankheiten, oft gar mit Todesfolge.
Spezielle Schutzkleidung für die Bedienung von Laserschweiß- und -schneidanlagen	hohe Wirksamkeit, durch persönliche Sicherheitskompetenz der Schweißer; bisher noch keine Arbeitsunfälle

Aus den Maßnahmen und Analysen im Zeitraum von 40 Jahren ergeben sich folgende Erkenntnisse:

Die Entwicklung des Gesundheits-, Arbeits- und Brandschutzes hat mit der rasanten Entwicklung der Schweißtechnik nicht Schritt gehalten.

z. B.: ca. 10.000 Schweißerunfälle/a ≙ 1 % der meldepflichtigen Arbeitsunfälle (ca. 1 Mio./a)
d. h. ein Schweißer verursacht 2-mal öfter einen Arbeitsunfall als die übrigen Versicherten (bei 168000 Schweißern in Deutschland)

ca. 500 anerk. Bk Schweißer/a ≙ 4 % der anerkannten Berufskrankheiten gesamt
d. h. ein Schweißer erleidet 9-mal öfter eine Berufskrankheit als die übrigen Versicherten

ca. 10–15 Tausend durch Schweißen verursachte Brände/a ≙ 5 % der Gesamtzahl der Brände/a
d. h. ein Schweißer verursacht 11-mal öfter einen Brand als die übrigen Versicherten

ca. 23 Mio. EURO durch Schweißen verursachte Brandschäden ≙ 8 % der Gesamtschadenssumme/a
d. h. ein Schweißer verursacht einen 2-mal größeren Schaden durch Schweißen und Schneiden als die Versicherten im Durchschnitt

Der Schweißer verfügt mit dem Lichtbogen und der Flamme über ein gefährliches Werkzeug.
Achtet er auch genügend darauf, dieses Werkzeug weniger gefahrbringend einzusetzen?
Bei 90 % aller Schweißerunfälle und 95 % aller Brände durch Schweißarbeiten ist der Mensch (Schweißer und/oder Leiter) der Verursacher.

Aus der Gemeinsamen deutschen Arbeitsschutzstrategie z. B.:
Die Festlegung vorrangiger Handlungsfelder und von Eckpunkten in Arbeitsprogrammen müssten Schweißer und Brennschneider auf Grund der Fakten an vorderster Stelle stehen:

Forderungen:
1. Einheitliches Lehrmaterial im Gesundheits-, Arbeits- und Brandschutz in der Schweißerausbildung in Kursstätten. SL-n, SLV-n, Berufsschulen mit Prüfungen (nicht als 5. Rad am Wagen mit über 20 Jahre altem DVS-Lehrmaterial)
2. Durchsetzung von Lehrprogrammen für den Arbeits- und Brandschutz an Fachhochschulen und Universitäten mit Abschlussprüfungen (nicht Sitzübungsscheinen).

3. Optimierung der Arbeitsbedingungen für Schweißer und Brennschneider.
Grundlegende Verbesserungen der Unterweisungen bezüglich Motivation zum Gesundheits-, Arbeits- und Brandschutz (es geht um meine Gesundheit)
Vermittlung von Wissen, Können, Wollen, auf der Grundlage von Betriebsanweisungen und Gefährdungsbeurteilungen mit Lernerfolgskontrollen bzw. Prüfungen.
4. Die Maßnahmen der Berufsgenossenschaften, Versicherungen, Gewerbeaufsichtsämter und Brandschutzorgane reichen nicht aus, die Arbeitsunfälle, Berufskrankheiten der Schweißer sowie die durch Schweißen verursachten Brände wirkungsvoll zu senken. Hier ist eine verstärkte Beratung, Kontrolle und Anwendung der Bußgeldvorschriften erforderlich.
5. Weitere Schlussfolgerungen und Maßnahmen sind in den einzelnen Kapiteln dargestellt.

7. Verhaltensweisen bei Arbeitsunfällen und im Brandfall

7.1 Verhalten im Brandfall

Entstehen trotz aller Sicherheitsmaßnahmen Brände oder Explosionen, sind umgehend Maßnahmen zur Minimierung deren Auswirkungen einzuleiten. Da als Folge von Explosionen neben den durch den Explosionsdruck unmittelbar entstehenden Schäden in der Regel Folgebrände zu erwarten sind, liegt das Hauptaugenmerk auf der Brandbekämpfung.

Folgende Punkte bedürfen im Brandfall einer genaueren Betrachtung:
- Alarmierung
- Löschen brennender Personen
- Löschen von Entstehungsbränden
- Rettungswege
- Flächen für die Feuerwehr

Alarmierung

Um möglichst rasch eine ausreichende Anzahl Einsatzkräfte zum Unfallort entsenden zu können, ist die Mitteilung der folgenden Informationen an die Rettungs- bzw. Feuerwehrleitstelle erforderlich:
- Wo hat sich der Unfall ereignet?
- Was ist geschehen?
- Wie viele Personen sind betroffen?
- Welche Art von Verletzungen/Gefährdungen liegt vor?

Es ist außerdem wichtig, dem Disponenten eine Rückrufnummer mitzuteilen (um beispielsweise das Auffinden der Gefahrenstelle zu erleichtern) und weitere Nachfragen abzuwarten, bevor das Gespräch beendet wird.

Löschen brennender Personen

Im Ernstfall sollten auch brennende Personen mit Feuerlöschern gelöscht werden, da die Anwendung von Löschdecken bei panisch davonlaufenden Betroffenen erschwert wird. In einigen Arbeitsbereichen, z. B. Laboratorien, stehen zwar Notduschen zur Verfügung, in den meisten Unternehmen werden jedoch lediglich Löschdecken und Feuerlöscher vorgehalten.

Folgende Hinweise müssen bei der Verwendung eines Feuerlöschers beachtet werden:
- Die zu löschende Person ist aufzufordern, stehen zu bleiben, Augen und Mund zu schließen.
- Der erste Löschimpuls ist auf Brust und Schulter zu richten, um Hals und Kopf vor den emporzüngelnden Flammen zu schützen.
- Danach wird der Löschstrahl weiter nach unten und zu den Seiten geführt.

Grundsätzlich muss die Gebrauchsanleitung des Feuerlöschers beachtet werden. Zudem ist ein gewisser Abstand zu der zu löschenden Person einzuhalten (in der Regel zwei bis drei Meter), und der Strahl sollte nicht für längere Zeit auf einer Stelle des Körpers verweilen, um zu starkes Auskühlen zu verhindern. Bei Pulver- und Kohlendioxidlöschern ist darauf zu achten, dass der Löscher nicht auf das Gesicht gerichtet wird, damit kein Löschmittel eingeatmet wird.

Löschen von Entstehungsbränden

Die richtige Auswahl ist neben der korrekten Anwendung der Löscher für den Löscherfolg von entscheidender Bedeutung. Die folgenden Bilder zeigen, welche Löschertypen für welche Brandarten (Brandklassen) eingesetzt werden können.

Tabelle 74: Brandklassen [50]

Brandklasse	Symbol	Brandstoff	Erscheinungsbild	Beispiele
A	A	feste, nicht schmelzende Stoffe	Glut und Flammen	Holz, Papier, Textilien, Kohle, nichtschmelzende Kunststoffe
B	B	Flüssigkeiten, schmelzende feste Stoffe	Flammen	Lösungsmittel, Öle, Wachse, schmelzende Kunststoffe
C	C	Gase	Flammen	Propan, Butan, Acetylen, Erdgas, Methan, Wasserstoff
D	D	Metalle	Glut und Flammen	Natrium, Magnesium, Aluminium
F	F	Speisefette und -öle in Frittier- und Fettbackgeräten	Flammen	Speisefett, Speiseöl

Verhalten im Brandfall

Tabelle 75: Eignung verschiedenartiger Löscher für die Brandklassen

Brandklasse:	A	B	C	D	F
Löschertyp:					
Pulverlöscher ABC	X	X	X	–	X
Metallbrandpulver	–	–	–	X	–
Pulverlöscher BC	–	X	X	–	X
CO_2-Löscher	–	X	–	–	–
Wasserlöscher	X	–	–	–	–
Schaumlöscher	X	X	–	–	–
Fettbrandlöscher	–	X	–	–	X

Bei der Anwendung eines Feuerlöschers zur Entstehungsbrandbekämpfung muss wie folgt vorgegangen werden:
- Feuer in Windrichtung angreifen
- Von vorne nach hinten und von unten nach oben löschen
- Ausnahme: Tropf- und Fließbrände von oben nach unten löschen
- Nach Möglichkeit mehrere Löscher gleichzeitig einsetzen, nicht hintereinander
- Vorsicht vor Wiederentzündung, Glutnester immer mit Wasser nachlöschen
- Eingesetzte Feuerlöscher zeitnah nachfüllen lassen.

Richtig löschen

| Feuer in Windrichtung angreifen | Flächenbrände vorn beginnend ablöschen | Aber: Tropf- und Fließbrände von oben nach unten löschen |
| Genügend Löscher auf einmal einsetzen – nicht nacheinander | Vorsicht vor Wiederentzündung | Eingesetzte Feuerlöscher nicht mehr aufhängen. Feuerlöscher neu füllen lassen |

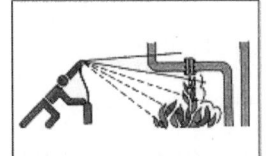

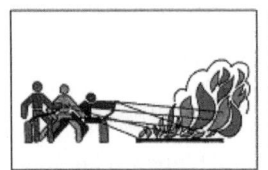

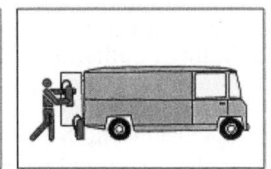

Abb. 129: Richtiges Löschen von Bränden mittels Feuerlöscher [51]

Dabei sind zu elektrischen Anlagen bis 1000 Volt mindestens folgende Sicherheitsabstände einzuhalten:

Tabelle 76: Mindestabstände [51]

Löschertyp:	Abstand [m]
Pulverlöscher ABC	1,0
CO_2-Löscher	1,0
Wasserlöscher, Sprühstrahl	1,0
Wasserlöscher, Vollstrahl	3,0
Schaumlöscher	3,0

Rettungswege

Soweit erforderlich, sind Wege von der Unfallstelle in einen sicheren Bereich frei zu räumen, sodass die Rettungsmannschaft bzw. die Feuerwehr ungehindert zur Gefahrenstelle vordringen kann.

Flächen für die Feuerwehr

Das direkte Umfeld des Gefahrenbereichs ist freizuhalten, ebenso wie die laut jeweiligem Baurecht vorzuhaltenden Flächen für die Feuerwehr, sodass diese bei Bedarf ihre Geräte platzieren kann.

7.2 Verhalten bei Arbeitsunfällen

Es ist evident, dass den Belangen des Arbeitsschutzes gerade im Hinblick auf Schweiß-, Schneid- und Lötarbeiten ein besonderer Stellenwert beigemessen werden sollte. Selbst wenn an der Arbeitsstelle keine unmittelbare Brand- oder Explosionsgefahr besteht, liegt bei Heißarbeiten doch stets ein erhöhtes Verletzungsrisiko vor. Besonders gilt dies für entblößte Körperstellen, die durch umherfliegende Partikel mit teilweise hoher thermischer und kinetischer Energie verwundet werden können. Wird zudem ungeeignete (oder im ungünstigsten Fall keine) persönliche Schutzausrüstung verwendet, so erhöht sich das Gefährdungspotenzial noch um die Gefahr von Verblitzungen, schwerwiegender mechanischer Augenverletzungen, Schweißgasvergiftungen und Verbrennungen durch entflammte Kleidung. Im Zusammenhang mit Schweiß- und Schneidarbeiten ereigneten sich im Jahr 2008 – neben einer großen Zahl von Unfällen mit den bereits genannten Folgen – immerhin sechs Todesfälle in Deutschland (siehe Kapitel 4).

Wie auch bei rein mechanischen Arbeiten ist natürlich ebenso mit Riss- und Quetschwunden sowie Prellungen und dergleichen zu rechnen. Da es sich aber hierbei nicht um für Heißarbeiten spezifische Unfallfolgen handelt, soll im Rahmen des vorliegenden Beitrags lediglich auf das Verhalten beim Eintreten der typischen akuten Verletzungsmuster und -verläufe eingegangen werden, die im Wesentlichen fünf Kategorien zugeordnet werden können, jedoch teilweise dieselben Sofortmaßnahmen (Maßnahmen der „Ersten Hilfe") erforderlich machen:

- Verletzungen der Hände/Arme
- Verletzungen des Gesichts/der Kopfhaut
- Verletzungen der Augen
- Verletzungen/Erkrankungen der Atemwege
- Sonstige Verletzungen durch brennende Kleidung

In den ersten beiden Kategorien sind sowohl mechanische (vor allem durch Werkstoffsplitter verursachte) als auch thermische Verletzungen (Verbrennungen) sowie Kombinationen beider Verletzungsmuster von Bedeutung.

Verletzungen der Augen müssen hinsichtlich der Sofortmaßnahmen wiederum in zwei wesentliche Varianten unterschieden werden: das Eindringen von Fremdkörpern in die Hornhaut sowie Reizungen bzw. Verblitzungen.

Die Inhalation toxischer Schweißgase mit Vergiftungssymptomatik indiziert nahezu unabhängig von der Schwere der Symptome dieselben Verhaltensweisen.

Verletzungen in Folge brennender Kleidung müssen hingegen grundsätzlich abhängig von ihrer Schwere beurteilt werden, werfen jedoch zunächst die Frage nach der Löschung des Brandes und im weiteren Verlauf eventuell die Erwägung sekundärer Verletzungen durch Rauchgasinhalation auf.

Wann immer der Unfallhergang, die subjektive Beurteilung der erlittenen Schädigung oder aber das Ausmaß des Schmerz- bzw. Unwohlseinsempfindens dies nahelegen, darf keinesfalls gezögert werden, wenn es um die unverzügliche Inanspruchnahme ärztlicher Hilfe oder gar um das Absetzen eines Notrufs geht. Ganz allgemein sollte die Devise „Better safe than sorry" durch die Sicherheitsverantwortlichen beständig und unmissverständlich kommuniziert werden, sowohl was die Vermeidung von Unfällen, als auch was die Abmilderung ihrer Folgen angeht, wenn diese dennoch eingetreten sind. Denn auch beherzte und kompetente Erste Hilfe vermag eine zeitnahe Versorgung durch qualifiziertes medizinisches Personal nicht zu ersetzen. Im Zusammenhang mit der Verständigung der Rettungsleitstelle sei im Übrigen kurz darauf hingewiesen, dass die Information „Wer meldet?" – häufig noch immer in Erste Hilfe-Kursen usw. als erste der „5 W" gelehrt – getrost zu Gunsten einer zügigen Notfallmeldung vernachlässigt werden darf.

Die folgenden Verhaltensempfehlungen für unterschiedliche Verletzungsmuster sind nicht wie oben konsequent nach der betroffenen Körperregion gegliedert, sondern orientieren sich eher an Art und Umfang der jeweils angemessenen Sofortmaßnahmen.

7.2.1 Verletzungen der Haut durch Werkstoffsplitter

Wunden, die durch von der Arbeitsstelle weggeschleuderte oder sonst wie in die Haut eingedrungene Werkstoffsplitter verursacht wurden, machen in der Regel keine besonderen Maßnahmen erforderlich. Verletzungen dieser Art können leicht schmerzhaft sein, beschränken sich jedoch wegen des geringen Durchdringungsvermögens der feinen Partikel meist auf die oberen Hautschichten. Können Splitter nicht problemlos entfernt werden (vorzugsweise mit einer Pinzette), so sollte ein Arzt konsultiert werden; es empfiehlt sich, die Wunde bis zum Zeitpunkt der Behandlung steril abzudecken. Entzündungen sind, gerade bei während des Arbeitsvorgangs erhitzten Metallsplittern, selten.

7.2.2 Verbrennungen der Haut

Verbrennungen treten in unterschiedlichen Schweregraden auf und reichen von schmerzhaften Rötungen der Haut (Verbrennungen ersten Grades) bis zur vollständigen lokalen Zerstörung des der Hitzeeinwirkung ausgesetzten Gewebes (Verbrennungen dritten Grades). Letztere sind oftmals mit geringeren Schmerzen verbunden, da die unmittelbar in dem verbrannten Gewebe befindlichen Schmerzrezeptoren ebenfalls zerstört sind. Die Schwere solcher Verletzungen aber ist offensichtlich und macht in jedem Fall eine notfallmedizinische Versorgung notwendig. Großflächige Verbrennungen, egal welcher Schwere, können lebensbedrohliche Zustände hervorrufen und bedürfen genauso einer sofortigen notärztlichen Versorgung.

Brandwunden sind überaus anfällig für Infektionen. Zudem leiten aber die primär betroffenen Hautschichten die bei dem Unfall aufgenommene Wärmeenergie rasch in tiefere Regionen ab, was das Ausmaß der Verletzung noch verschlimmern kann. Aus diesem Grunde ist es vor allem geboten, die Wunde unverzüglich zu kühlen. In den wenigsten Fällen stehen Notduschen zur Verfügung, genauso gut aber ist jede Form fließenden, nicht zu kalten Wassers (es besteht die Gefahr der Unterkühlung) geeignet. Lassen die Schmerzen nach, sollte die Wunde mit sterilen Wundauflagen abgedeckt werden, wie sie in jedem Verbandskasten zu finden sind.

Auch der Rachenraum kann Verbrennungen erleiden, wenn der Betroffene beispielsweise einer Stichflamme ausgesetzt wurde und (schreckbedingt) Flammengase eingeatmet hat. Wieder ist eine qualifizierte Notfallversorgung dringend angezeigt. Der Erwähnung lohnt auch, dass Verbrennungen durch elektromagnetische Strahlung beim Laserschweißen entstehen können.

7.2.3 Verhalten bei brennenden Personen

Während brennendes Haar in den meisten Fällen von selbst verlischt oder zumindest leicht gelöscht werden kann, ohne ernste Verletzungen der Haut hervorzurufen, muss bei Personen, deren Kleidung in Brand geraten ist, unverzüglich gehandelt und ein Löschversuch eingeleitet werden. Das Übergießen mit Wasser ist dazu ebenso geeignet wie die Verwendung eines Feuerlöschers oder einer Decke. Da brennende Personen jedoch dazu neigen, panisch umherzulaufen und praktisch nicht für Anweisungen empfänglich sind, erfordert die Hilfeleistung mit Decken häufig ein Niederwerfen des Betroffenen, was zu schweren weiteren Verletzungen führen kann und selbst für den Helfenden eine Gefahr

darstellt. Gelingt das Umlegen der Decke, so ist sie eng an die in Flammen stehenden Körperteile anzupressen, um den Brand zuverlässig zu ersticken.
Für die Benutzung von Feuerlöschern existiert eine Vielzahl von Empfehlungen, die sich mit der Art des Löschmittels in einigen Punkten unterscheiden, z. B. [50]. Um eine brennende Person zu retten oder jedenfalls vor schlimmeren Verletzungen zu bewahren, ist es aber unangebracht, zunächst das Für und Wider des verfügbaren Löschers abzuwägen, um etwa den optimalen Abstand einzunehmen (was selbst bei dessen Kenntnis ohnehin kaum je gelingen wird, sofern sich der Betroffene nicht bereits am Boden wälzt). Prinzipiell ist ein Löscherfolg mit jedem funktionierenden Löscher möglich, und selbst ein Anatmen von bzw. eine Kontamination der Wunden mit Löschpulver ist dem Fortgang der Verbrennung gewiss vorzuziehen. Dabei sollte jedoch versucht werden, zuerst Kopf und Hals vor den Flammen zu schützen, indem z. B. der Rumpf sofort und erst anschließend der übrige Körper – von oben nach unten – abgelöscht wird. Der Löschmittelstrahl sollte zudem nicht mit zu hoher Geschwindigkeit auftreffen (Abstand halten), um die verbrannten Hautpartien nicht zusätzlich zu schädigen, und es ist ratsam, Wasserstrahlen nicht über einen längeren Zeitraum an derselben Stelle verweilen zu lassen, um Unterkühlungen vorzubeugen.
Ist der Brand gelöscht, sind die Kleider des Betroffenen zu entfernen, sofern diese sich ohne Mühe abstreifen lassen und nicht mit der Haut verschmolzen sind. Danach werden die oben zu Verbrennungsverletzungen beschriebenen Maßnahmen durchgeführt.
Das Ablöschen einer brennenden Person ist sicherlich ein Unterfangen, das Überwindung und beherzten Einsatz verlangt. Wie bei allen Maßnahmen der Laienhilfe muss der Helfende der Tatsache gewahr sein, dass ihr Unterlassen (neben etwaigen strafrechtlichen Konsequenzen für ihn selbst) nahezu immer ein schlechteres Ergebnis für den Betroffenen zeitigt als eine noch so mangelhafte Durchführung.

7.2.4 Verletzungen der Augen

Akute Verletzungen der Augen können wiederum durch umherfliegende Partikel und Funken (mechanisch/thermisch) oder aber durch hochenergetische Strahlung (Verblitzung oder „Schweißblende") verursacht werden. In beiden Fällen wird die Hornhaut des Auges angegriffen, und es bedarf zeitnaher ärztlicher Begutachtung. Obgleich nicht lebensbedrohlich, bergen Verletzungen des Auges die Gefahr einer permanenten Beeinträchtigung des Sehvermögens.
Treten während Schweißarbeiten (meist aber einige Zeit später) Schmerzen, Augenrötung, Lichtempfindlichkeit und Fremdkörpergefühl auf, hat das Auge mit hoher Wahrscheinlichkeit eine Verblitzung, eine Schädigung der Hornhaut durch beim Schweißen absorbierte Strahlung, erlitten [52]. Meist verheilt diese bald ohne weitere Komplikationen. Ist tatsächlich ein Fremdkörper in das Auge eingedrungen und ist dieser in der Tränenflüssigkeit beweglich, kann er mit reichlich Wasser aus-

gespült oder ausgetupft werden. Hat jedoch ein Splitter die Hornhaut perforiert und steckt dort fest oder ist eine schwerwiegende thermische Schädigung zu befürchten, sollte das Auge steril abgedeckt (mit Einverständnis des Patienten sogar beide Augen, um Blickbewegungen zu minimieren) und der Patient unverzüglich der Behandlung zugeführt werden. Unsachgemäße Manipulationen sind zu unterlassen, um die Verletzung nicht noch zu verschlimmern [53].

7.2.5 Erkrankungen durch Schadgase

Die Freisetzung und Inhalation verschiedener toxischer Gase und feiner Stäube bei Heißarbeiten kann Reizungs- und Vergiftungserscheinungen hervorrufen. Die Symptomatik variiert zwar mit den jeweils involvierten Stoffen und der bei dem Unfall aufgenommenen Dosis, die akute Vergiftung geht jedoch häufig mit Unwohlsein, Übelkeit sowie Atembeschwerden und gelegentlich mit Bewusstseins- und/oder Kreislaufstörungen einher. Starker Husten kann zwar ein Indiz für die inhalative Aufnahme von Giftstoffen sein, ist jedoch per se kein Hinweis auf eine akute Vergiftung. Bessert sich der Zustand des Betroffenen nicht deutlich nach Verbringung an die frische Luft oder deuten bereits die ersten Symptome auf eine wie auch immer geartete schwere Erkrankung hin, ist die Alarmierung eines Notfallrettungsmittels indiziert.

7.2.6 Weitere Sofortmaßnahmen

Gerade bei schweren Unfällen, die zum Beispiel Brände und Explosionen mit sich bringen, können selbstverständlich Kombinationen (Verbrennung mit Rauchgasintoxikation, ...) oder besonders gravierende Verläufe [54] (Herz-Kreislauf-Versagen als Folge großflächiger Verbrennungen, ...) der besprochenen Verletzungen und Erkrankungen auftreten. Es versteht sich, dass in einem solchen Fall die Therapie akut lebensbedrohlicher Zustände Vorrang genießt (Herz-Lungen-Wiederbelebung vor Behandlung von Brandwunden etc.).

Auf die elementaren Techniken weiterer, allgemeiner lebensrettender Sofortmaßnahmen einzugehen, ist nicht das Anliegen dieses Beitrags. Die Sensibilisierung Beschäftigter hinsichtlich der individuellen Gefahrenpotenziale von Heißarbeiten aber sollte ein gewichtiges Anliegen der Sicherheitsverantwortlichen sein – und das nicht nur mit Blick auf die Eigensicherheit, auf Schutzausrüstung und die Befolgung von Betriebsanweisungen. Die regelmäßige Vermittlung grundlegender Kenntnisse der Ersten Hilfe kann einen wertvollen Beitrag leisten, um auf Kollegen betreffende Arbeitsunfälle in angemessener – und hilfreicher – Weise zu reagieren.

8. Rechtsvorschriften, Versicherung, Haftung, Regress [55]

8.1 Anspruchsübergang auf den Versicherer

In der Regel ist es der Sachversicherer, der gegen den Schädiger regressiert. Dieser kann nicht aus eigenen Rechten gegen den Schädiger vorgehen, sondern er macht vielmehr Ansprüche seines geschädigten Versicherungsnehmers geltend, die nach dem gesetzlichen Forderungsübergang des § 86 Abs. 1 VVG oder aufgrund einer Abtretung auf ihn übergegangen sind.

§ 86 VVG 2008 (Übergang von Ersatzansprüchen)

(1) Steht dem Versicherungsnehmer ein Ersatzanspruch gegen einen Dritten zu, geht dieser Anspruch auf den Versicherer über, soweit der Versicherer den Schaden ersetzt. Der Übergang kann nicht zum Nachteil des Versicherungsnehmers geltend gemacht werden.

(2) Der Versicherungsnehmer hat seinen Ersatzanspruch oder ein zur Sicherung dieses Anspruchs dienendes Recht unter Beachtung der geltenden Form- und Fristvorschriften zu wahren und bei dessen Durchsetzung durch den Versicherer soweit erforderlich mitzuwirken. Verletzt der Versicherungsnehmer diese Obliegenheit vorsätzlich, ist der Versicherer zur Leistung insoweit nicht verpflichtet, als er infolgedessen keinen Ersatz von dem Dritten erlangen kann. Im Fall einer grob fahrlässigen Verletzung der Obliegenheit ist der Versicherer berechtigt, seine Leistung in einem der Schwere des Verschuldens des Versicherungsnehmers entsprechenden Verhältnis zu kürzen; die Beweislast für das Nichtvorliegen einer groben Fahrlässigkeit trägt der Versicherungsnehmer.

(3) Richtet sich der Ersatzanspruch des Versicherungsnehmers gegen eine Person, mit der er bei Eintritt des Schadens in häuslicher Gemeinschaft lebt, kann der Übergang nach Absatz 1 nicht geltend gemacht werden, es sei denn, diese Person hat den Schaden vorsätzlich verursacht.

8.2 Insolvenz des Schädigers

In der Praxis fällt nicht selten vor oder während der Regressbemühungen der Schädiger in Insolvenz. Die Forderung kann zwar zur Insolvenztabelle angemeldet werden; in den meisten Fällen hat die Forderung aber keinen wirtschaftlichen Wert bzw. es verbleibt nur eine geringe Quote. Die Vorschrift des § 110 VVG 2008 kann bei Bestehen einer Haftpflichtversicherung für den Sachversicherer von erheblicher wirtschaftlicher Bedeutung sein.

- **§ 110 VVG 2008 (Insolvenz des Versicherungsnehmers)**

Ist über das Vermögen des Versicherungsnehmers das Insolvenzverfahren eröffnet, so kann der Dritte wegen des ihm gegen den Versicherungsnehmer zustehenden Anspruchs abgesonderte Befriedigung aus der Entschädigungsforderung des Versicherungsnehmers verlangen.

8.3 Direktanspruch gegen Haftpflichtversicherer bei Bestehen einer Pflichtversicherung, § 115 VVG

- **§ 115 VVG 2008 (Direktanspruch bei Pflichtversicherung)**

(1) Der Dritte kann seinen Anspruch auf Schadensersatz auch gegen den Versicherer geltend machen
  1. *wenn es sich um eine Haftpflichtversicherung zur Erfüllung einer nach dem Pflichtversicherungsgesetz bestehenden Versicherungspflicht handelt oder*
  2. *wenn über das Vermögen des Versicherungsnehmers das Insolvenzverfahren eröffnet oder der Eröffnungsantrag mangels Masse abgewiesen worden ist oder ein vorläufiger Insolvenzverwalter bestellt worden ist oder*
  3. *wenn der Aufenthalt des Versicherungsnehmers unbekannt ist.*

Der Anspruch besteht im Rahmen der Leistungspflicht des Versicherers aus dem Versicherungsverhältnis und, soweit eine Leistungspflicht nicht besteht, im Rahmen des § 117 Abs. 1 bis 4. Der Versicherer hat den Schadensersatz in Geld zu leisten. Der Versicherer und der ersatzpflichtige Versicherungsnehmer haften als Gesamtschuldner.

(2) Der Anspruch nach Absatz 1 unterliegt der gleichen Verjährung wie der Schadensersatzanspruch gegen den ersatzpflichtigen Versicherungsnehmer. Die Verjährung beginnt mit dem Zeitpunkt, zu dem die Verjährung des Schadensersatzanspruchs gegen den ersatzpflichtigen Versicherungsnehmer beginnt; sie endet jedoch spätestens nach zehn Jahren von dem Eintritt des Schadens an. Ist der Anspruch des Dritten bei dem Versicherer angemeldet worden, ist die Verjährung bis zu dem Zeitpunkt gehemmt, zu dem die Entscheidung des Versicherers dem Anspruchsteller in Textform zugeht. Die Hemmung, die Ablaufhemmung und der Neubeginn der Verjährung des Anspruchs gegen den Versicherer wirken auch gegenüber dem ersatzpflichtigen Versicherungsnehmer und umgekehrt

8.4 Handwerkerregress bei Durchführung feuergefährlicher Arbeiten

8.4.1 Besteht ein Werkvertrag mit dem Bauunternehmer, richtet sich die Haftung – wenn kein VOB/B Vertrag zugrundeliegt bzw. die VOB/B nicht wirksam vereinbart sind – nach den §§ 631 ff. BGB, insbesondere nach § 634 Ziff. 4 BGB i.V.m. § 280 BGB. Bei einem VOB/B Vertrag ist § 13 Ziff. 7 VOB/B 2006 maßgebend.
Das in § 13 VOB/B 2006 normierte Gewährleistungsrecht ist **Sonderrecht**. An das Recht zur Minderung gemäß § 13 Nr. 6 VOB/B 2006 und

des Schadensersatzes sind höhere Anforderungen geknüpft als an die jeweiligen Ansprüche im Werkvertragsrecht gem. § 631 ff. BGB. Die nach altem Recht vorhandene „Entweder-oder-Lösung", nämlich Minderung oder Nachbesserung auf der einen und Schadensersatz auf der anderen Seite (§ 635 BGB a.F.), ist durch die Neugestaltung des § 634 BGB entfallen. Schadensersatz kann nun auch neben den anderen Gewährleistungsansprüchen geltend gemacht werden. Demgegenüber konnten schon immer die Rechte aus § 13 Nr. 7 VOB/B 2000 neben denen aus Nr. 5 und 6 bestehen.

§ 13 Nr. 7 VOB/B 2006 differenziert nach der Art des Schadens. Der „kleine" Schadensersatzanspruch umfasst nur Schäden an der baulichen Anlage selbst, während darüber hinausgehende Schäden von dem „großen" Schadensersatz erfasst werden. Diese Konzeption kannten die § 633 ff. BGB a.F. in dieser Form nicht. Nach § 635 BGB a.F. konnten nur die nahen Mangelfolgeschäden und die Mangelschäden ersetzt verlangt werden, die entfernten Mangelfolgeschäden nach den Grundsätzen der positiven Vertragsverletzung. Der Schadensersatzanspruch für alle Schäden richtet sich nunmehr nach den §§ 634, 636, 280, 281, 283, 311a BGB.

Oft werden mehrere Ursachen durch mehrere der am Bau Beteiligten gesetzt. Sofern mehrere Ursachen zusammengewirkt haben, genügt grundsätzlich **Mitursächlichkeit** für die Verletzung der Vertragspflicht. Die Verursachungsbeiträge der einzelnen Schädiger haben erst im Rahmen des nachfolgenden Gesamtschuldnerregresses im Innenverhältnis eine Bedeutung (BGH NJW 2002, 2709; vgl. auch BGH VersR 2004, 1562).

Es kommt gelegentlich vor, dass kein schriftlicher Werkvertrag existiert, sondern die Beteiligten auf derartige Unterlagen keinen Wert legen, d.h., es handelt sich um **Schwarzarbeit**. Nach BGH (Urteile v. 24.4.2008, VII ZR 42/07, VII ZR 140/07, VersR 2008, 1124; 1126) gelten Gewährleistungsansprüche auch für Schwarzarbeit. Grundsätzlich ist ein Werkvertrag mit „Ohne-Rechnung-Abrede" wegen Verstoßes gegen ein gesetzliches Verbot gem. § 134 BGB nichtig. Aus diesem Grundsatz der Gesamtnichtigkeit, welcher nicht an seiner grundsätzlichen Gültigkeit verliert, folgt nicht, dass Gewährleistungsrechte nicht bestehen. Es stellt einen Verstoß gegen die Grundsätze von Treu und Glauben dar, wenn der Werkunternehmer sich auf die Gesamtnichtigkeit des Vertrags beruft.

8.4.2 Bei „reinen" Mängeln bedarf es grundsätzlich einer Fristsetzung zur Mängelbeseitigung, vgl. auch § 636 BGB (OLG Düsseldorf BauR 2002, 963). Ähnliches gilt für einen VOB/B-Vertrag. Auch dort ist zu beachten, dass, wenn die Schäden auf das mangelhafte Werk beschränkt sind, es grundsätzlich eines schriftlichen Verlangens des Auftragnehmers zur Mängelbeseitigung bedarf (§ 13 Ziff. 5 VOB/B 2002).

Eine **Fristsetzung ist entbehrlich**, wenn der Unternehmer die Erfüllung verweigert (OLG München NJW-RR 2003, 1602; z.B. auch durch Stellung eines Klageabweisungsantrags) bzw. die Mängel bestreitet (OLG

Köln NJW-RR 2005, 104; BGH NJW 1984, 1460; NJW 2003, 580; OLG Hamm NJW-RR 2004, 1386; abzulehnen die Mindermeinung OLG Düsseldorf BauR 2002, 963 zu einem Bestreiten der Einstandspflicht aus „prozesstaktischen Gründen"), wenn die Nacherfüllung fehlgeschlagen oder dem Besteller unzumutbar ist oder sonstige Gründe vorliegen, die unter Abwägung der beiderseitigen Interessen die sofortige Geltendmachung des Schadensersatzanspruchs rechtfertigen (vgl. §§ 634 Ziff. 4, 636, 280 Abs. 3, 281 Abs. 2 BGB).

Hat der Handwerker grobe Fehler begangen, die das Vertrauen in ihn erschüttern, bedarf es gleichfalls keiner Fristsetzung, vielmehr muss einem solchen Handwerker kein Recht zur Nachbesserung eingeräumt werden.

Der wichtigste Anwendungsfall der fehlenden Notwendigkeit einer Fristsetzung ist es, soweit eine Ausbesserung ohnehin nicht in Betracht kommt, weil der **Schaden bereits eingetreten** ist (vgl. Werner/Pastor, Bauprozess, Rz. 1676 m.w.N.) oder wenn – nach altem Recht – es sich nach den Grundsätzen der positiven Vertragsverletzung um einen entfernten Mangelfolgeschaden handelt. Typischer Fall ist z.B., wenn der Wasserschaden durch eine Nachbesserung nicht mehr hätte verhindert werden können (vgl. auch BGH NJW 1985, 381).

8.4.3 Grundsätzlich hat der Bauunternehmer nach § 4 VOB/B eine Prüfungs- und Anzeigepflicht. Er hat Bedenken gegen die Art, die Güte und die Brauchbarkeit der Ausführung anderer Unternehmer oder der Baustoffe unverzüglich und schriftlich mitzuteilen (s. OLG Celle NJW-RR 2002, 594 zum Umfang der Prüfungs- und Hinweispflicht des Zimmerers gegenüber dem Statiker).

Im Gegensatz zum Architekten betrifft die Prüfungs- und Hinweispflicht nur die von dritter Seite vorgesehenen und durchgeführten Arbeiten, auf die sein Werk aufbaut, nicht die eigene Arbeit des Unternehmers (BGH WM 1987, 140). Hierbei muss ein Sachzusammenhang bestehen, sodass sich die Pflicht nicht auf jeden Mangel der Vorarbeiten bezieht. Die Prüfungspflicht verstärkt sich, wenn die Bauleistung durch Spezialfirmen durchgeführt wurde, während sie sich mindert, ohne ganz zu entfallen, wenn der Unternehmer durch eine fachkundige Person (z.B. Architekt) vertreten wird. Ist die Planung aufgrund der Mängelanzeige des Unternehmers geändert worden, muss er eine erneute Prüfung der vorgesehenen Art der Bauausführung vornehmen. Auch bei einem BGB-Werkvertrag muss der Unternehmer, dessen Leistung auf der Vorarbeit eines anderen gründet, prüfen und erforderlichenfalls Erkundigungen einziehen, ob die Vorleistung als Grundlage für sein eigenes Werk geeignet ist (OLG Koblenz VersR 2005, 1699).

Auch bei **Vereinbarung einer preiswerten Ausführungsart** schuldet der Auftragnehmer eine jedenfalls normale und übliche Qualität bzw. Haltbarkeit seiner Arbeiten. Etwas anderes ergibt sich auch dann nicht, wenn der Auftraggeber eine ungeeignete Ausführungsart vorschreibt und der Auftragnehmer auf die Ungeeignetheit nicht hingewiesen hat (OLG Düsseldorf BauR 2002, 802 zu einem Anstrich von Fenstern).

8.4.4 Bei der Prüfung einer Pflichtwidrigkeit und des Verschuldens ist oftmals der Verstoß gegen **technische Regelwerke** im Regressprozess entscheidend. Insbesondere die Unfallverhütungsvorschriften, berufsgenossenschaftliche Richtlinien, VDE-Bestimmungen, aber auch Sicherheitsvorschriften des VdS, sind heranzuziehen.

Die **Unfallverhütungsvorschriften** – auf die einzelnen Bestimmungen wird im weiteren Verlauf näher eingegangen – wiederum sind für den regressierenden Sachversicherer von großer Bedeutung. Bei allen Vorschriften sind für den Sachversicherer insbesondere die heranzuziehen, welche die Vermeidung von Sachschäden zum Gegenstand haben. Auf diese Vorschriften passt der Begriff „Sicherheitsregeln" (siehe Marburger a. a. O.)

Bei der **Rechtsnatur** ist zwischen den technischen Regeln zu unterscheiden. Die überbetrieblichen technischen Normen sind unverbindliche, private normative Regelungen mit Empfehlungscharakter, jedoch keine Rechtsnormen. Sie haben in der technischen Praxis gleichwohl eine große Verbreitung gefunden und werden zum Teil wie Rechtsnormen angewandt. Die technischen Regeln der öffentlich-rechtlichen technischen Ausschüsse sind aus eigener Kraft keine Rechtsnormen, können jedoch durch Verwaltungsvorschriften oder ministerielle Weisungen verwaltungsintern verbindlich gemacht werden. Unfallverhütungsvorschriften wiederum sind Rechtsnormen, die von den Berufsgenossenschaften als autonomen öffentlich-rechtlichen Körperschaften im Rahmen ihrer Satzungsautonomie erlassen werden. Sie haben allerdings nur einen sehr begrenzten Adressatenkreis, nämlich die Unternehmer als Mitglieder der Berufsgenossenschaften und die Beschäftigten.

In zahlreichen Entscheidungen wird ein Verstoß gegen technische Regeln der Verletzung der im Verkehr erforderlichen Sorgfalt gleichgestellt. Es gibt allerdings Konstellationen, bei denen selbst bei Beachtung der technischen Regelwerke eine Haftung bejaht wird. Es handelt sich bei diesen Ausnahmen oftmals um besondere Gefahrenlagen, die in den Regeln nicht berücksichtigt waren (so kann sich z. B. ein Versorgungsunternehmen nicht darauf berufen, dass die VDE-Bestimmungen für Stahlgittermasten von Hochspannungsleitungen keinen besonderen Kletterabwehrschutz vorschreiben, wenn es einen solchen Mast an einem Ort aufgestellt hat, wo Kinder zu spielen pflegen, da eine Gitterkonstruktion Kinder erfahrungsgemäß zum Klettern anreizt, siehe Marburger a. a. O. mit weiteren Rechtsprechungsnachweisen).

Die **Unfallverhütungsvorschriften** bezwecken **nicht den Schutz dritter Personen**, die nicht zum Kreis der gesetzlich Versicherten gehören, beim Regress des Sachversicherers mithin nicht deren VN als Geschädigte. Dies schließt aber keineswegs aus, die Unfallverhütungsvorschriften zur **Konkretisierung von Sorgfaltspflichten** im Rahmen des § 823 Abs. 2 BGB bzw. § 280 Abs. 1 BGB heranzuziehen (Marburger a.a.O.). Diese Vorschriften haben daher regelmäßig, erst recht bei privaten Arbeiten, keine unmittelbare rechtliche Bindungswirkung (s. BGH VersR 1969, 827 und OLG Frankfurt r+s 1988, 225, wonach Unfallverhütungsvorschriften keine Schutzgesetze i. S. d. § 823 Abs. 2 BGB sind); die technischen Regelwerke sind jedoch als ein **technischer Erfahrungssatz** heranzuziehen. Die DIN-Normen haben z. B. nach OLG Schleswig BauR 2000, 1201 die Vermutung für sich, die anerkannten Regeln der Technik wiederzugeben. Sie haben eine große Bedeutung für die Bestimmung von Sorgfaltspflichten (BGH VersR 2005, 374). Gleiches dürfte für die anderen technischen Regelwerke gelten.

Der BGH führt (allerdings zu einem Fall aus der gewerblichen Tätigkeit) in VersR 1976, 166 aus:

„Brandverhütungsvorschriften sind der Niederschlag langer Erfahrungen von Fachleuten. Sie dürfen nicht nach Gutdünken von einem schweißenden Arbeiter durch andere, von ihm als ausreichend angesehene Maßnahmen ersetzt werden, etwa weil die Befolgung der Vorschriften technische Schwierigkeiten bereiten könnte. Gerade Schweißarbeiten sind wegen der außerordentlich hohen Temperaturen und des in seinem Ausmaß nicht voraussehbaren Verspritzens kaum sichtbarer Schweißperlen und Schweißfunken besonders gefährlich; deshalb müssen die einschlägigen Sicherungsvorschriften streng befolgt werden."

Beispiel 1:

Die Unfallverhütungsvorschriften zur Durchführung von Schweißarbeiten sind nur im gewerblichen Bereich anwendbar, nicht aber z. B. wenn ein Schlosser im privaten Bereich schweißt. Es handelt sich jedoch um einen allgemeinen Erfahrungssatz über die erforderliche Sorgfalt im Umgang mit technischen Anlagen und Geräten. Auch wenn sie keine unmittelbare rechtliche Bindungswirkung entfalten, bilden sie die Grundlage für die Bemessung des im Einzelfall erforderlichen Sorgfaltsmaßstabs (vgl. BGH VersR 1984, 63; Marburger, VersR 1983, 597).

Werden Brandverhütungsvorschriften verletzt, so begründet diese Verletzung bei Eintritt eines Brandes den Anscheinsbeweis für die Ursächlichkeit.

Beispiel 2:

Auf dem Dachboden eines Silogebäudes, das der Lagerung von Getreide dient, hatten Handwerker gelötet sowie auch Zigaretten geraucht. Später brannte das Gebäude nieder. Für beide möglichen Brandursachen haben die Handwerker, sofern sie den Beweis des ersten Anscheins nicht erschüttern, einzustehen, da beide Tätigkeiten in einer feuergefährdeten Betriebsstätte gegen Sicherheitsvorschriften verstoßen oder zumindest nur unter stark erhöhten Vorsichtsmaßnahmen durchzuführen gewesen wären (OLG Köln VersR 1992, 115).

Bei der Auslegung von technischen Bestimmungen sind deren Sinn und Zweck maßgebend, insb. der sicherheitstechnische Zweck der Vorschrift. Das OLG Celle führt in VersR 2007, 253 aus, dass „ebenso wie im Baurecht auch im Haftungsrecht DIN-Normen nicht sklavisch nach ihrem Wortlaut anzuwenden [sind]."

Die **Art des eingetretenen Schadens indiziert regelmäßig ein fahrlässiges Verhalten**, ohne dass der Schadensverlauf bis ins einzelne aufgeklärt werden muss (OLG Hamm VersR 2002, 705, 706; OLG Brandenburg NJW-RR 2004, 97). In der Praxis bejaht die Rechtsprechung bei einem Verstoß gegen einschlägige Regelwerke ein schuldhaftes Handeln, wenn nicht besondere Umstände des Einzelfalls entgegenstehen (OLG Frankfurt r+s 1988, 225; vgl. ferner OLG Düsseldorf DB 2001, 140 zum Großbrand des Flughafens Düsseldorf). Auch vor diesem Hintergrund sind Verstöße gegen technische Regelwerke von besonderer Bedeutung.

Dabei sind z. B. bei vielen Unfallverhütungsvorschriften auch die **Durchführungsanweisungen** mit heranzuziehen. Durchführungsanweisungen, so wörtlich z. B. die Durchführungsanweisung zu den Unfallverhütungsvorschriften „Schweißen, Schneiden und verwandte Verfahren", geben vornehmlich an,

„wie die in den Unfallverhütungsvorschriften normierten Schutzziele erreicht werden können. Sie schließen andere, mindestens ebenso sichere Lösungen nicht aus, die auch in technischen Regeln anderer Mitgliedstaaten der Europäischen Union oder anderer Vertragsstaaten des Abkommens über den Europäischen Wirtschaftsraum ihren Niederschlag gefunden haben können. Durchführungsanweisungen enthalten darüber hinaus weitere Erläuterungen zu Unfallverhütungsvorschriften. Prüfberichte von Prüflaboratorien, die in anderen Mitgliedstaaten der Europäischen Union oder in anderen Vertragsstaaten des Abkommens über den Europäischen Wirtschaftsraum zugelassen sind, werden in gleicher Weise wie deutsche Prüfberichte berücksichtigt, wenn die den Prüfberichten dieser Stellen zu Grunde liegenden Prüfungen, Prüfverfahren und konstruktiven Anforderungen denen der deutschen Stelle gleichwertig sind. Um derartige Stellen handelt es sich vor allem dann, wenn diese die in der Normenreihe EN 45.000 niedergelegten Anforderungen erfüllen."

8.4.5 Der Anspruchssteller hat zunächst die **Schadensursache** nachzuweisen, d. h. die Kausalität zwischen Durchführung der feuergefährlichen Arbeiten und dem Ausbruch des Brandes. Auf den ersten Blick ist dieser Nachweis in vielen Fällen nicht zu führen, insbesondere wenn – wie in „Schweißfällen" nicht selten – der Brand nicht während oder unmittelbar nach Abschluss der feuergefährlichen Arbeiten entsteht, sondern erst viele Stunden später. Gleichwohl ist oftmals dieser Nachweis zu führen.

Es entspricht bereits im Versicherungsvertragsrecht einhelliger Auffassung in Rechtsprechung und Literatur, dass die Brandursache keineswegs positiv nachzuweisen ist; es genügt der Nachweis, dass andere Brandursachen ernsthaft nicht in Betracht kommen. Man spricht in diesem Zusammenhang vom sog. **Eliminationsverfahren** (so z. B. BGH VersR 1993, 1351; weitere Nachweise bei Langheid, VersR 1992, 13 und Günther, r+s 2006, 221; vgl. in technischer Hinsicht z. B. Cicha, Die Ermittlung von Brandursachen, Stuttgart 2004). In diesen Fällen ist der Vollbeweis der Brandursache zu führen.

Beispiel
eines nicht geführten Nachweises durch das Eliminationsverfahren:
Brand in einer Anlage, die Produktionsabfälle aus der Autoindustrie verwertet. Nachweis im Rahmen des Eliminationsverfahrens, dass das angelieferte Teppichmaterial Glutnester enthielt ist nicht zu führen, wenn dies zwar die einzige technische Möglichkeit ist, aber eine Brandstiftung nicht auszuschließen ist, „weil insoweit nicht mit der erforderlichen Nachhaltigkeit und Fachkompetenz ermittelt worden ist (LG Münster, Urt. v. 10. 1. 2007, 10 O 785/04, zitiert nach juris).

Im Werkvertrags- und Deliktsrecht gibt es eine Reihe von Entscheidungen, die für den Nachweis der Ursächlichkeit des Schweißens für einen nachfolgenden Brand den **Anscheinsbeweis** bei einem **örtlich-zeitlichen Zusammenhang** zulassen.

An die Erschütterung des Anscheinsbeweises stellt die Rechtsprechung aufgrund der mit Schweißen verbundenen Gefahren zu Recht hohe Anforderungen. In der Praxis ist dieser Anscheinsbeweis nur selten zu erschüttern. Dies gilt insbesondere, wenn sich der Brand in einem engen örtlich-zeitlichen Zusammenhang mit Schweißarbeiten ereignete (vgl. z. B. BGH VersR 1963, 657; VersR 1974, 750; VersR 1980, 532; VersR 1984, 63; VersR 1997, 205; OLG Düsseldorf r+s 1993, 138 = BauR 1993, 233). In BGH VersR 1984, 63 heißt es zum Anscheinsbeweis zwischen dem Schweißen im oberen Stockwerk eines Gebäudes zu dem Brandausbruch in einem unteren Stockwerk:

„Für den ursächlichen Zusammenhang der Schweißarbeiten an den nach unten hin gegen ihre Gefahren nicht ausreichend gesicherten Steigrohren und dem Ausbruch des Brands im Erdgeschoß spricht, was das Berufungsgericht im Grundsatz nicht verkennt, der Beweis des ersten Anscheins, wenn – wie hier – eine der Brandverhütung dienende UVV verletzt worden ist und der Brand in einem engen Zusammenhang mit den Schweißarbeiten entstanden ist. Die UVV ist nämlich, worauf schon hingewiesen worden ist, Ausdruck der Erfahrung, dass gerade beim Schweißen, das unter einer Entwicklung sehr hoher Wärmeenergie geschieht, in der näheren Umgebung der Arbeitsstelle durch die zum Glühen gebrachten Metallteilchen Brände entstehen können (vgl. BGH VersR 1974, 750). Dieser Erfahrungssatz gilt auch, wenn die Schweißarbeiten zwar nicht in demselben Raum, in dem der Brand dann ausgebrochen ist, sondern in darüberliegenden Räumen, aber dort an einer Stelle ausgeführt worden sind, an der Schmelzgut oder Schweißteile durch Rohre oder andere Öffnungen zu der späteren Brandstelle herabfallen können ... Freilich muss sich der Brand im Einwirkungsbereich der Gefahrenstelle ereignet haben, für die die Vorschrift bestand. Das setzt vor allem einen **zeitlichen und räumlichen Zusammenhang zwischen den Schweißarbeiten und dem Brandausbruch voraus.**"

Beim zeitlichen Zusammenhang gibt es **keine starre Frist.** Selbst wenn der Brand erst viele Stunden nach der Beendigung der feuergefährlichen Arbeiten hervortritt, kann noch ein Anscheinsbeweis zulässig sein (siehe BGH VersR 1963, 657 zu Schweißarbeiten). Auch muss es nicht exakt in demselben Bereich, in dem es zuvor die grds. feuergefährlichen Arbeiten gab, zum Brand kommen (instruktiv OLG Celle VersR 2009, 254). Ist dieser Nachweis des zeitlichen und räumlichen Zusammenhangs zu führen bzw. spricht aus anderen Gründen der Anscheinsbeweis für die Kausalität zwischen feuergefährlichen Arbeiten und Brandausbruch, liegt es an dem Schädiger bzw. dessen Haftpflichtversicherer, diesen **Anscheinsbeweis zu erschüttern.**

Lediglich Vermutungen reichen hierfür nicht aus. Es muss vielmehr die **„ernsthafte Möglichkeit eines anderen Kausalverlaufs"** (BGH VersR 1984, 63) bestehen. Denkbare Möglichkeiten genügen dabei nicht. Der Schädiger muss **konkret** nachweisen, dass z. B. der Schaden auch durch eine fehlerhafte Elektroinstallation, Brandstiftung durch unbekannte Dritte (z. B. durch spielende Kinder, weggeworfene Zigarette eines Arbeitnehmers) oder durch Schweißarbeiten eines anderen Unternehmens entstanden sein kann (vgl. OLG Hamm VersR 2000, 55).
Allein durch die allgemeine, aber nicht bewiesene Behauptung eines Defekts an der Stromversorgung wird der Anscheinsbeweis nicht erschüttert (LG Essen r+s 2002, 207; ähnlich OLG Köln VersR 1992, 115 u. H. a. BGH VersR 1971, 642 und VersR 1978, 945). Streitige Tatsachen, aus denen die Ernsthaftigkeit der anderen Verursachungsmöglichkeit hergeleitet wird, hat der Inanspruchgenommene voll zu beweisen. Der Anscheinsbeweis wird nicht durch die Benennung von Zeugen für einen rein hypothetischen anderen Geschehensablauf erschüttert (OLG Thüringen r+s 2004, 331 für Schweißarbeiten an einem in eine andere Halle führenden offenen Rohr). Wenn der Anscheinsbeweis im Rahmen eines Rechtsstreits widerlegt ist, hat das Gericht ggf. weitergehende Beweisantritte des Geschädigten zu berücksichtigen (OLG Köln, Urt. v. 1. 4. 2003, IVH 2003, 153 zu dem Fall, dass der Anscheinsbeweis, dass brandursächlich eine in der Nähe des Kamins zurückbleibende mit Öl gefüllte Friteuse ist, widerlegt ist, gleichwohl dem weiteren Beweisantritt in Form der Einholung eines Sachverständigengutachtens nachzugehen ist).
Dass sich diese andere Möglichkeit konkret **realisiert** hat, muss hingegen nicht nachgewiesen werden. Es reicht die konkrete (bewiesene) Möglichkeit aus. Feste Prozentsätze können hier nicht gebildet werden. Das OLG Oldenburg hat eine vom Sachverständigen mit lediglich 10 % angenommene Wahrscheinlichkeit einer von außen herbeigeführten vorsätzlichen Brandstiftung als ausreichend angesehen, um den Anscheinsbeweis zu entkräften.

Besonders praxisrelevant ist der Einwand des in Anspruch genommenen Handwerkers, nicht seine (grundsätzlich) feuergefährlichen Arbeiten seien brandursächlich, sondern der Brand hätte durch **einen Defekt an der Elektroinstallation** entstehen können, und der Anscheinsbeweis sei dadurch zu erschüttern. Bei Vorliegen zeitnaher und aussagekräftiger Brandsachverständigengutachten ist dieser Einwand oft zu widerlegen. Probleme können entstehen, wenn keine dezidierte Untersuchung der Elektroinstallation erfolgte, sei es aufgrund der Brandfolgen, sei es, weil der Sachverständige eine (zeit- und kostenintensive) Untersuchung nicht für notwendig hielt (vgl. OLG Köln VersR 1992, 115; LG Itzehoe r+s 2005, 204; LG Essen r+s 2002, 207; BGH VersR 1978, 945 zum jeweils geführten Anscheinsbeweis trotz denktheoretischer Möglichkeit einer technischen Brandursache).

Ergänzend wird in der Rechtsprechung der Anscheinsbeweis auch dann bejaht, wenn **gegen Unfallverhütungsvorschriften verstoßen** wird und ein **Unfall von der Art** im Einwirkungsbereich der Gefahrstelle entsteht, gegen den die Unfallverhütungsvorschriften gerade schützen sollen, das einen Verstoß gegen Unfallverhütungsvorschriften nicht ausreichen lässt, sondern bei einer anderen ernsthaft in Betracht zu ziehenden möglichen Ursache vielmehr einen entsprechend wahrscheinlichen Kausalverlauf verlangt.

Weitere Einzelfälle des *nicht geführten* Anscheinsbeweises:

- Brand in Papiersortieranlage, wobei es an dem ausreichenden zeitlichen Zusammenhang fehlt sowie der Anscheinsbeweis auch wegen **Durchführung von Schweißarbeiten** durch andere Firma zu erschüttern ist (OLG Frankfurt MDR 2006, 1170 = NJOZ 2006, 4525).
- Brandausbruchsbereich und Schweißarbeiten fanden in übereinanderliegenden Räumlichkeiten statt, es waren jedoch **keine Öffnungen zwischen den Stockwerken** vorhanden (OLG Bremen MDR 2002, 699).
- Neben unsachgemäßem Hantieren mit einem Gasbrenner kommen andere Ursachen, wie **Schweiß- und Flexarbeiten eines Dritten oder Kabeldefekt**, ernsthaft in Betracht (OLG Hamm VersR 2000, 55).

In folgenden Fällen wurde der *Anscheinsbeweis geführt:*

Schweißarbeiten

- **Trennarbeiten an einem Rohr,** welches in eine benachbarte Halle führt; keine Erschütterung des Anscheinsbeweises, wenn der Beklagte lediglich vorträgt, ein Zeuge sei zeitweise alleine in der betroffenen Halle gewesen und auch Dritte hätten die Halle betreten und einen Brand legen können (Beschluss OLG Jena r+s 2004, 331).
- Schweißarbeiten an einer **Stoßstange**; im unmittelbaren Brandausbruchsbereich befindet sich keine Elektroinstallation und eine Brandentstehung aus dem Schweißgerät ist auszuschließen (LG Köln Urt. v. 7. 3. 2002, 24 O 287/99).
- Bei Schweißarbeiten werden **Sicherungspflichten versäumt** (BGH VersR 1974, 750; OLG Düsseldorf r+s 1993, 138).

Gasbrennerarbeiten

- Entzündung brennbaren Materials in **unmittelbarer Nähe** eines Ortes, an dem Schweißarbeiten mit Gasbrennern ausgeführt werden (BGH VersR 1980, 532).

Lötarbeiten

- Bei **Verstößen gegen Unfallverhütungsvorschriften** besteht ein Anscheinsbeweis, der nicht erschüttert ist, wenn es keine konkreten Anhaltspunkte (wie z. B. Brandbeschleuniger, Brandsätze) für eine Brandstiftung gibt (OLG Brandenburg NJW-RR 2004, 97).
- Hartlötarbeiten an verlegten **Kupferrohren** in einem hölzernen Wochenendhaus (OLG Hamm NZBau 2000, 80).
- Einsatz einer Lötlampe zum **Auftauen einer eingefrorenen Wasserleitung** (OGH VersR 1973, 975; vgl. zu Auftauarbeiten VdS 2074 2004-04 „Auftauarbeiten an wasserführenden Anlagenteilen" Merkblatt für den Brandschutz).

Flexarbeiten

- Mieter führt in einer Garage mit einer „Flex" **Trennschleifarbeiten an einer Aluminiumplatte** durch und 10 Minuten später kommt es zu einem Brand an der Innenausstattung des in der Garage abgestellten Pkw (LG Essen r+s 2002, 207).

Bitumenschweißarbeiten

- **Aufflammarbeiten einer Dachdeckerfirma** genügen bei zeitlich-räumlichem Zusammenhang zur Brandentstehung für die Erbringung des Anscheinsbeweises; der Versuch, diesen zu entkräften, ist aufgrund der Temperatur der Lockflamme (800 Grad) und des Zündpunkts von Holz (220–320 Grad) vergeblich (LG Berlin, Urt. v. 16. 3. 2007, 28 O 486/03; bestätigt durch Hinweisbeschluss KG Berlin).
- Wird **nicht nachgewiesen**, dass bei Arbeiten auf einem Flachdach **Öffnungen** in diesem vorhanden waren und mit offener Flamme gearbeitet wurde, greift der Anscheinsbeweis gleichwohl, da die Beweiserleichterung ansonsten ins Leere liefe (OLG Celle VersR 2009, 254; vgl. aber OLG Bremen OLGR 2002, 44, das für einen engen örtlichen Zusammenhang übereinanderliegende Räume nicht genügen lässt, sondern das Vorhandensein von Öffnungen verlangt).
- Trotz eingehaltener Brandschutzvorschriften greift bei **Dachdeckerverklebearbeiten mittels Gasbrenners** der Anscheinsbeweis, wenn es in zeitlich-räumlichem Zusammenhang zu einem Brand kommt (OLG Bremen OLGR Bremen 2001, 407)
- Durchführung von Heißklebearbeiten an Bitumenschweißbahnen, wenn sich **brennbare Materialien in unmittelbarer Nähe des Arbeitsortes entzünden**, auch wenn zwischen Beendigung dieser Arbeiten und Brandentstehung **viele Stunde** liegen (LG Leipzig r+s 2000, 164; ähnlich auch OLG Hamm VersR 1987, 1028).
- Im Bereich der Verschweißung von Bitumenbahnen im Gebäudeinneren kommt es zu einem Brand. **Ein technischer Defekt scheidet aus** und die **Möglichkeit einer Brandstiftung** durch einen Dritten mittels von den Handwerkern deponierten Schlüssels stellt eine nur abstrakte Möglichkeit dar (LG Schwerin, Urt. v. 15. 10. 2002, 1 O 86/01).

8.4.6 Der in Anspruch Genommene muss ferner **schuldhaft** gehandelt haben. Wird der Anspruch auf **§ 280 BGB** gestützt, ist zugunsten des Geschädigten von einer **Umkehr der Beweislast** auszugehen, wenn der Brand aus dem Gefahrenkreis des Schädigers hervorgegangen ist und die Sachlage zunächst den Schluss rechtfertigt, dass der Schuldner die ihm obliegende Sorgfaltspflicht verletzt hat (BGH NJW 1987, 1938).

Dieser Nachweis ist von dem Schädiger bei der Durchführung feuergefährlicher Arbeiten nur sehr schwer zu führen, erst recht wenn gegen die einschlägigen Unfallverhütungsvorschriften bzw. berufsgenossenschaftliche Regeln, insbesondere gegen **Ziff. 3.8.3 BGR 500, Kapitel 2.26** *„Schweißen, Schneiden und verwandte Verfahren"* verstoßen wurde (OLG Düsseldorf r+s 1989, 326; BauR 1993, 233; OLG Köln VersR 1992, 115; BGH r+s 1989, 221; ausführlich – gerade zu § 30 VBG 15 – OLG Brandenburg NJW-RR 2004, 97).

Die BGR enthalten eine Fülle von Vorgaben zur Vermeidung von Bränden. Gerade weil die Durchführung solcher Arbeiten ein **enormes Brandrisiko** birgt, wenn diese Vorgaben nicht eingehalten werden, weist die Rechtsprechung zutreffend auf die Bedeutung der Einhaltung dieser Vorschriften hin (instruktiv OLG Brandenburg NJW-RR 2004, 97).

In einer Anlage zu den BGR 500, Teil 2, Kapitel 2.26 werden *„***Anhaltswerte zur Bestimmung durch Funkenflug gefährdeter Bereich***"* annäherungsweise bestimmt. Auch gegen diese Vorgaben wird oftmals verstoßen. Neben dem Funkenflug wird häufig verkannt, welche Temperaturen eine Schweißflamme oder eine sonstige Flamme in beträchtlichem Abstand entwickeln kann.

Bei der Durchführung von **feuergefährlichen Arbeiten an Fahrzeugen** ist insbesondere die ergänzende Regelung bei Fahrzeuginstandhaltung von praktischer Bedeutung. Regelmäßig wird gegen diese Vorgaben, die z. B. in der Regel den Ausbau der Kraftstofftanks vorsehen, verstoßen.

Das Erteilen eines Auftrages ohne Einholung eines sog. **Schweißerlaubnisscheins** (§ 30 Abs. 2, 6) kann gleichfalls zur Haftung führen (vgl. OLG Dresden, Urt. v. 19. 10. 2004, 5 U 863/04 zum Verschulden des Unternehmers bei Beauftragung eines anderen Unternehmers ohne Erteilung eines Schweißerlaubnisscheins).

Die weitreichenden Bestimmungen erklären sich gerade aus der enormen Brandgefährlichkeit von Schweißen, aber auch den anderen beschriebenen feuergefährlichen Arbeiten.

Gerade Arbeiten an Flachdächern durch Verlegung von Bitumen-Schweißbahnen oder Bitumen-Kessel sind sehr gefahrenträchtig. Nach Ziff. 4.2.2.6 der Brandschutzbestimmungen des Hauptverbands der Gewerblichen Berufsgenossenschaften soll *„Löschwasser oder geeignetes betriebsbereites Gerät in ausreichender Menge bereitgestellt"* werden. Nach den Unfallverhütungsvorschriften der Bauberufsgenossenschaft „Heiz-, Flämm- und Schmelzgeräte für Bau- und Montagearbeiten" ist *„beim Kochen und Erwärmen von Bitumen, Teer und ähnlichen Stoffen sicherzustellen, dass die zu erwärmenden und zu kochenden Stoffe sich nicht entzünden oder entzündet werden"*.

Der Unternehmer darf bei erkennbarer Gefährlichkeit die Bitumenheißklebearbeiten nicht durchführen. Er hat ggf. den Auftraggeber auf die Gefährlichkeit hinzuweisen, notfalls den Auftrag abzulehnen. Zu beachten ist, dass nicht selten zwar kostenträchtigere, aber **ungefährliche Verlegungsformen** zur Verfügung stehen, insb. das sog. Kaltklebeverfahren oder das Kaltselbstklebeverfahren.
Die Berufsgenossenschaftlichen Regeln 203 „Dacharbeiten" bestimmen in Ziff. 3.6. Regeln zum Brandschutz. Bezüglich der Ausstattung von Feuerlöschern ist die BGR 133 „Regel für die Ausrüstung von Arbeitsstätten mit Feuerlöschern" zu beachten (Fassung 1996).
Bei Brand- und Explosionsschäden bei Durchführung von Arbeiten an Gasleitungen wird nicht selten gegen Unfallverhütungsvorschrift „Arbeiten an Gasleitungen" (nebst Durchführungsanweisungen) verstoßen. Ursache sind z.B. eine nicht ordnungsgemäße Dichtigkeitsprüfung oder die Zündung von Gasen bei Durchführung feuer- bzw. zündgefährlicher Arbeiten.

Bei Gasleitungen gelten als anerkannte Regeln der Technik neben DIN-Normen die technischen Regeln des Deutschen Vereins des Gas- und Wasserfachs e.V. (DVGW). Es dürfen nur geprüfte und entsprechend gekennzeichnete Gasleitungen benutzt werden, vgl. § 12 Abs. 4 AVBWasserV.
Neben den speziellen Vorschriften greift die Unfallverhütungsvorschrift BGB A 1 (bislang VBG 1) „Allgemeine Vorschriften", z.B. § 43 BGV A1 (Maßnahmen gegen Entstehungsbrände).
Neben dem unmittelbaren Schädiger ist nicht selten auch ein eigenes Verschulden weiterer Personen gegeben, z.B. im Wege des **Organisationsverschuldens** wegen unterlassener Hinweise, Ge- und Verbote (vgl. OLG Hamburg VersR 1997, 246, wonach es ein die Verkehrssicherungspflicht verletzendes Organisationsverschulden der Betriebsleitung darstellt, wenn in einem stark staubbelasteten Silo das Schweißen nicht ausdrücklich untersagt und die Einhaltung des Verbots nicht hinreichend kontrolliert wird; bestätigt durch Nichtannahmebeschluss des BGH vom 19.3.1996, VI ZR 250/95).
Einzelfälle (zur zumindest einfachen Fahrlässigkeit bzw. wo es auf den genauen Grad der Fahrlässigkeit nicht ankam):
- Trennarbeiten an einem Rohr, das in eine benachbarte Halle führt, **ohne Abdichtung und Kontrolle nach brennbaren Materialien** in der Halle (Beschluss OLG Jena r+s 2004, 331)
- Lötarbeiten u.a. **ohne Kontrolle nach Beendigung der Arbeiten, Abdecken brennbarer Stoffe und Absuchen der Umgebung nach möglichen Glutnestern** (OLG Brandenburg NJW-RR 2004, 97).
- Vor Beginn der Schweißarbeiten wird die **Rückschlagsicherung am Brenner nicht auf ihre Funktionstauglichkeit** geprüft (OLG Frankfurt r+s 2002, 514).
- Verkleben von Bitumenschweißbahnen auf einem Flachdach und anschließendes Feuerfangen des Dämmmaterials am Dachübergang zum Spitzdach **ohne Absicherung gegen Funkenflug** durch Vorlegen

z. B. eines Schalbretts oder einer Bitumenschweißbahn (OLG Hamm VersR 2002, 705).
- Lötarbeiten an einem Endstück eines Kupferrohres **unterhalb eines Reetdaches** (KG NVersZ 2002, 229).
- Trennschleifarbeiten an **Aluminiumplatte in einer Garage** (LG Essen r+s 2002, 207).
- Verkehrssicherungspflicht für **Kfz-Selbsthilfewerkstatt** (OLG Bremen r+s 1993, 255).
- Brennschneidearbeiten an Steigleitungen dürfen wegen der extrem hohen Brandgefahr durch in den abgeschnittenen Leitungen weiterlaufende Schweißperlen nur dann durchgeführt werden, wenn sich die mit der Durchführung dieser Arbeiten Betrauten zuvor **vom Verlauf der anzuschneidenden Rohrleitungen etc. und deren Zustand durch eigene Anschauungen überzeugt** haben (OLG Brandenburg OLG-NL 1999, 152).

Einzelfälle (zur **groben** Fahrlässigkeit):

- **Bitumenschweißarbeiten** am Flachdach durch 68-jährigen Gebäudeeigentümer ohne ausreichende Erfahrungen im Umgang mit Gasbrenner, der kurz zuvor im Baumakrt erworben wurde, zu haben bei Verkennung der Gefahren beim Umgang mit diesem Gerät im „leraning-by-doing-" Verfahren (OLG Schleswig VersR 2009, 633).
- **Flexarbeiten in Schreinerei** zur Säuberung des Fußbodens von Holzstaub und Spänen vor Arbeitsbeginn (OLG Karlsruhe r+s 2006, 72).
- **Heißklebearbeiten** auf dem Vordach eines Anbaus mit Propangasbrenner ohne ausreichende Sicherungsmaßnahmen (Anlehnen einer zweiten Hartfaserplatte an das Dach), sodass es aufgrund von Funkenflug bzw. der extremen Hitzeentwicklung über offenen Stellen des Welleternitdachs oder durch das Heranziehen der heißen Schweißbahnen an das Dach zu einem Entzünden des dahinter liegenden Strohs kam. Es gab keine ausreichende Abdichtung, ferner waren keine ausreichenden Löschvorrichtungen vorhanden, so dass grobe Verstöße gegen § 30 VBG gegeben sind (LG Lübeck VersR 2004, 233).
- Ausführen von Schweiß- und Flexarbeiten in einer Entfernung von 3 m von eingelagertem **Heu und Stroh**, das lediglich durch eine lose aufgestellte feuerfeste Platte gegen glühende Partikel aus den Arbeiten geschützt ist (LG Itzehoe r+s 2005, 204 = NJW-RR 2004, 183).
- **Schneidarbeiten an einem Trapezblech** auf einem teilweise geöffneten Dach wenige Meter über eingelagertem **Stroh** (OLG Oldenburg VersR 1999, 1489).
- **Schweißarbeiten in einem Sägewerk**, obwohl sich unterhalb der Säge eine mit Sägespänen gefüllte Grube befand; Verstoß gegen § 30 VBG, da die brennbaren Stoffe hätten vollständig beseitigt werden müssen (OLG Oldenburg VersR 2003, 1262; bestätigt durch Nichtannahmeschluss des BGH).
- Schweißarbeiten an einem **verschlossenen Stalltor** ohne hinreichende Sicherungsmaßnahmen können den Vorwurf grobfahrlässigen Verhaltens rechtfertigen (OLG Düsseldorf VersR 1996, 512).

- Bei den nur wenige Minuten dauernden Schweißarbeiten in einer Lagerhalle, deren Boden mit einer bis zu 10 cm hohen Sägemehlschicht bedeckt ist, kommt es zu einem Glimmbrand; der VN löscht diesen mit Hilfe eines Feuerlöschers, **kontrolliert aber nicht einige Zeit nach Abschluss seiner Löschaktion** den Erfolg (OGH VersR 1999, 1263).
- Durchführung offenkundig feuergefährlicher Lötarbeiten **ohne ausreichende praktische und theoretische Kenntnisse** in völliger Unkenntnis der einzuhaltenden Sicherheitsvorkehrungen (OLG Hamm VersR 1988, 508; grobe Fahrlässigkeit bei Einsatz einer Lötlampe zum Auftauen einer eingefrorenen Wasserleitung, im Einzelfall abgelehnt OLG Hamm VersR 1978, 633 zu § 61 VVG).
- Technischer Laie arbeitet in einer Hobbywerkstatt mit einem Schutzgas-Schweißgerät an einem Pkw und lässt dabei, bedingt durch **mangelnde Unterweisung und Schulung** sowie durch Unerfahrenheit im Hinblick auf das Umfeld der zu schweißenden Stellen, die erforderlichen Sicherheitsvorkehrungen und sich aufdrängende Vorsichtsmaßnahmen außer Acht (OLG Celle VersR 1988, 607).
- Schweißarbeiten an einem Pkw **ohne Ausbau des Benzintanks** (OLG München r+s 1992, 207; vgl. auch LG Göttingen VersR 1984, 130; OLG Hamm VersR 1985, 383; VersR 1984, 726; vgl. hierzu insbesondere die BGR 157 „Fahrzeuginstandhaltung").
- In Eigenreparatur werden Lötarbeiten mit einem Gasbrenner unter Außerachtlassen grundlegender Sicherheitsvorkehrungen durchgeführt, wie z.B. **kein Abdecken brennbarer Materialien und Vorhalten genügender Löschmittel** (OLG Düsseldorf r+s 1995, 425).

8.5 Haftung des Brandschutzbeauftragten bei Schweißarbeiten

8.5.1 Die Hauptaufgaben eines Brandschutzbeauftragten liegen im **brandschutzrechtlichen Bereich,** dies umfasst insbesondere die Festlegung und die Durchführung organisatorischer Brandschutzmaßnahmen, wie das Erstellen von Brandschutzordnungen, Flucht- und Rettungsplänen, Alarmplänen, Feuerwehreinsatzplänen, Räumungsplänen und von Katastrophenabwehrplänen, detaillierten Brandschutzplänen für besonders wichtige Betriebseinrichtungen, Unterweisungen der Belegschaft in bezug auf Brandschutzordnung, Flucht- und Rettungspläne sowie vorhandenes Feuerlöschgerät, Organisation und Überwachung der innerbetrieblichen Brandschutzkontrollen, Festlegen von Ersatzmaßnahmen bei Ausfall von Brandschutzeinrichtungen, Anweisung und Überwachung bei der Beseitigung brandschutztechnischer Mängel, Beratung in Fragen des Brandschutzes, ständiger Kontakt zur zuständigen Feuerwehr, Brandschutzübungen und Betriebsbegehungen.

Daneben soll er **Gefahren erkennen** und beurteilen sowie darauf achten, dass **Betriebsangehörige** die sicherheitsrelevanten Verhaltensregeln (z.B. was die Einhaltung von Rauchverboten oder bei erlaubtem Rauchen das Aufstellen feuerfester und dichtschließender Metalleimer angeht, die Kontrolle der ordnungsgemäßen Entsorgung entzündlicher

Abfälle usw.). Ferner hat er dafür zu sorgen, dass Gefahren beseitigt und Schäden möglichst gering gehalten werden.
Oft ist er auch für die **Überwachung und nachträgliche Kontrolle von feuergefährlichen Arbeiten** zuständig.
Ohne Lehrgang zum Brandschutzbeauftragten können nur Personen mit einer abgeschlossenen Ausbildung zum gehobenen und höheren feuerwehrtechnischen Dienst, Personen mit einer abgeschlossenen Ausbildung zum mittleren feuerwehrtechnischen Dienst für hauptamtliche Kräfte, wenn die Person hauptamtlich für das bestellende Unternehmen tätig ist, und Personen mit abgeschlossener Hochschul- oder Fachhochschulausbildung in der Fachrichtung Brandschutz bestellt werden. Der Brandschutzbeauftragte ist dem Unternehmer gegenüber verantwortlich und daher auch direkt unterstellt. Es muss sich nicht um einen Betriebsangehörigen handeln.

Ist der Brandschutzbeauftragte Arbeitnehmer des Geschädigten und handelt es sich nur um einen Eigenschaden des Arbeitgebers, greift im Innenverhältnis zum Arbeitgeber grundsätzlich nur eine eingeschränkte Haftung nach den von der Rechtsprechung entwickelten Grundsätzen der **Arbeitnehmerhaftung**.
Im **Außenverhältnis** zum Geschädigten kommen üblicherweise keine vertraglichen, sondern nur **deliktische Ansprüche** (§§ 823 ff. BGB) in Betracht.

8.5.2 Anspruchsgegner ist bei Brandschäden üblicherweise der unmittelbar den Brand auslösende Handwerker bzw. die entsprechende Handwerksfirma. Daneben kommt aber auch eine Haftung des Brandschutzbeauftragten des brandbetroffenen Unternehmers in Betracht. Dies ist insbesondere dann der Fall, wenn der Brandschutzbeauftragte **keinen Schweißerlaubnisschein** ausgestellt hat (vgl. OLG Dresden, Urt. v. 19. 10. 2004, 5 U 863/04 zur Beauftragung eines anderen Unternehmers ohne Erteilung eines Schweißerlaubnisscheins).
Weiterer Ansatzpunkt für eine Haftung ist eine **fehlende Beaufsichtigung des Handwerkers,** obwohl es hierfür Veranlassung gab, oder wenn der Brandschutzbeauftragte eine Brandwache übernommen hat oder die Verpflichtung Nachkontrollen nach Abschluss der feuergefährlichen Arbeiten durch einen externen Handwerker (erst bei intern durchgeführten feuergefährlichen Arbeiten) bestand.

Beispiel 1 *(OLG Frankfurt BauR 2001, 971):*
Übernimmt der Besteller die **Brandkontrolle** im Inneren seiner dem mit Schweißarbeiten beauftragten Werkunternehmer nicht zugänglichen Halle, um dadurch die Schweißarbeiten an deren Außenwand zu ermöglichen, handeln die als Brandwache eingesetzten Bediensteten des Bestellers als dessen Erfüllungsgehilfen. Trifft sie ein Mitverschulden am Ausbruch eines Brandes an der Halle des Bestellers, wird die Haftung des Werkunternehmers um den dem Besteller anzurechnenden Verschuldensanteil seiner Bediensteten gemindert (OLG Frankfurt BauR 2001, 971).

Beispiel 2 *(OLG Düsseldorf NZM 2002, 21):*
In diesem Falle stritten die Parteien darüber, ob der Flughafenbetreiber als Beklagter gegenüber der klagenden Fluggesellschaft für die durch den Brand und die dadurch verursachten Flugausfälle auf Schadensersatz (hier: 10 Mio. DM) haftet. Der dem Fall zugrundeliegende Sachverhalt beim Brand im Düsseldorfer Flughafen ist allgemein bekannt:.

8.6 Haftung bei Schweißarbeiten „aus Gefälligkeit"

8.6.1 Bei Durchführung handwerklicher Arbeiten in Nachbarschafts- oder Familienhilfe ist im Einzelfall ein Gefälligkeitsverhältnis ohne Rechtsbindungswirkung gegenüber einem Auftrag pp. abzugrenzen. Der Beauftragte ist grundsätzlich ohne Milderung der strengen Haftung des § 276 BGB unterworfen, während den „Gefälligen" **keine vertragliche Haftung** trifft. Gefälligkeiten, die ohne einen Rechtsbindungswillen erbracht werden, haben zur Folge, dass vertragliche Ansprüche zwischen den Beteiligten ausgeschlossen sind.
Deliktische Ansprüche, die im Zusammenhang mit derartigen Leistungen entstehen, bleiben hiervon grundsätzlich unberührt (BGH VersR 1959, 500; VersR 1965, 386; VersR 1980, 234). Wenn jedoch eine Haftungsbegrenzung vorliegt, gilt diese auch für deliktische Ansprüche (vgl. OLG Bamberg OLGR 1999, 202; LG Duisburg VersR 2006, 223).

8.6.2 Im Einzelfall kann eine **stillschweigende Haftungsbegrenzung** oder eine **ergänzende Vertragsauslegung** dazu führen, dass der unentgeltlich Tätige nur für **grobe Fahrlässigkeit und Vorsatz** haftet. Allein der Vorsatz aus „Gefälligkeit" eine Leistung zu erbringen, genügt für die Haftungsbegrenzung nicht (BGH VersR 1978, 625).
Nicht selten werden „Gefälligkeiten", „Nachbarschaftshilfen" u. a. behauptet, bei denen es sich tatsächlich um Werkverträge mit der Abrede **„ohne Rechnung"** handelt. Diese Fälle von sog. „Schwarzarbeit" haben mit einem Gefälligkeitsverhältnis nichts zu tun. Hier gelten die Gewährleistungsvorschriften gem. §§ 633 BGB (instruktiv BGH VersR 2008, 1124; 1126).
Das Fehlen einer Haftpflichtversicherung (rechtsdogmatisch erscheint dies zweifelhaft) kann dabei eines von mehreren Indizien (siehe BGH VersR 1993, 1092, 1093; OLG Koblenz NJW-RR 2002, 595) für die Annahme einer Haftungsbegrenzung sein.
Nach ständiger Rechtsprechung sind folgende Abgrenzungsindizien maßgeblich:
- Bestehen einer **Haftpflichtversicherung** für den Schädiger.
- Es liegt ein Zusammenhang der zum Schaden führenden Tätigkeit in Zusammenhang mit **beruflich erworbenen Fertigkeiten** des Schädigers vor.
- Es sind **hohe wirtschaftliche Werte** betroffen.

Liegen diese Kriterien vor, scheidet eine Haftungsbegrenzung in der Regel aus.

Beispiel:
Im Rahmen einer Nachbarschaftshilfe führt ein Nachbar, von Beruf Landschaftsgärtner, unentgeltlich Lötarbeiten durch. Diese führen zu einem Feuer in dem reetgedeckten Haus. Nach OLG Hamm VersR 2002, 705, 706 handelt es sich nicht um ein reines Gefälligkeitsverhältnis, sondern um einen Auftrag. Eine konkludente Haftungsbegrenzung liege nicht vor, da keiner der Beteiligten an die Frage einer Haftung gedacht habe. Auch ein Haftungsausschluss im Rahmen einer ergänzenden Vertragsauslegung scheide aus, da diese nur ganz ausnahmsweise angenommen werden kann und regelmäßig ausgeschlossen ist, wenn der Schädiger haftpflichtversichert ist. Dass für das Haus eine Feuerversicherung bestand, ist unerheblich (OLG Hamm a. a. O.).

8.6.3 Rechtsprechungsbeispiele der **unbeschränkten Haftung**
- **Reparaturarbeiten an einem Kfz**, wobei trotz Flüssigkeitsaustritt unter Zuhilfenahme eines heißen Halogenstrahlers weiter an dem Auto gearbeitet wird; es bestand eine Kfz-Haftpflichtversicherung (OLG Koblenz, Urt. v. 11. 1. 2008, 10 U 1705/06, BeckRS 2008 11656).
- Reparaturarbeiten am **Dach einer Scheune mittels Schweißens** durch den Schwiegersohn (OLG Hamm NJW-RR 2006, 104; Klage scheiterte allerdings am Familienprivileg).
- Schädiger **durchtrennt eine alte Eisenleitung** mittel eines Schweißgeräts (OLG Frankfurt r+s 2002, 514).
- Aus Gefälligkeit **trennt ein Bekannter einen Gasherd von der Gasleitung** ab (OLG Köln, Urt. v. 17. 12. 2002, 3 U 203/01).
- **Schweißarbeiten in einem Sägewerk** durch Maschinenbaumeister, ohne Sägespäne und Holzreste aus dem Arbeitsbereich zu entfernen (OLG Oldenburg VersR 2003, 1262).

Literaturverzeichnis

[1] Arbeitsschutz, Arbeitsschutzgesetz vom 7. August 1996 (BGBl. I, S. 1246), Gesetz zuletzt geändert durch Artikel 6 des Gesetzes vom 8. April 2008 (BGBl. 1, S. 706)

[2] BGR 500: VMBG, Betreiben von Arbeitsmitteln, Kapitel 2.26 – Schweißen, Schneiden und verwandte Verfahren, März 2006

[3] Weikert, F./K.-D. Röbenack: Brandsicherheit beim Schweißen, Verlag Technik, München 1992

[4] BGI 593, NMBG, Schadstoffe beim Schweißen und bei verwandten Verfahren, BG-Information 2006

[5] Weikert, F./M. Marx: Brände und Explosionen bei Schweißarbeiten und verwandten Verfahren- eine Auswertung von 40 Jahren, Jahrbuch Schweißtechnik, DVS Verlag Düsseldorf

[6] Röbenack, K.-D./F. Weikert: Praktische Beispiele für Schweißerbelehrungen, Verlag Tribüne: Berlin, 1. bis 5. Auflage

[7] Röbenack, K.-D./F. Weikert: Unfallverhütung in der Schweißtechnik – eine kommentierte Beispielsammlung, DVS-Verlag, Düsseldorf 1991

[8] TRGS 528, Schweißtechnische Arbeiten 01/09

[9] Brügge, G.: Zuarbeit IBEDA, Sicherheitsgeräte und Gastechnik, Neustadt/Wied, Februar 2010

[10] Löschner, S.: Zuarbeit TBi Industries (Binzel), Arbeitsschutz und Brandsicherheit beim Schweißen, Fernwald, Februar 2010

[11] BGI 554, BGM BG, Information Gasschweißer, Ausgabe 2009

[12] Hoesch, K.: Zuarbeit MESSER, Autogentechnik, Frankfurt/Main, Februar 2010

[13] VDMA Schweiß- und Druckgastechnik: Sicherheitseinrichtungen in der Autogentechnik, Frankfurt/Main, 2008

[14] FORMAT, Fachkatalog FORMAT, Schweißtechnik, Ausgabe 2010/2011, Katalog

[15] BGI 553, NMBG, BG-Information, Lichtbogenschweißer, Düsseldorf, 2008

[16] EWM-Schweiß-Lexikon, EWM, Hightec Welding GmbH, Mündersbach, 2008

[17] Nickenig, L.: Zuarbeit MESSER Cutting & Welding, Groß-Umstadt, 2010

[18] GUV-I 832, GUV-Informationen, Betrieb von Lasereinrichtungen, München, 2003

[19] Pieschel, J.: Betriebsanweisung – Laserbearbeitung, Otto-von-Guericke Universität Magdeburg, 2008

[20] Neumann, A./E. Richter: Tabellenbuch Schweiß- und Löttechnik, Verlag Technik Berlin, 1988

[21] Weikert, Fritz; Marcus Marx; Johannes Brähler: Großbrände durch Schweiß- und Schneidarbeiten im Ausland, Sicher ist Sicher, Arbeitsschutz aktuell 60; 04/2009, S. 182–186

[22] Weikert, Fritz; Marcus Marx; Jana Hirschfeld: Großbrände durch Schweiß- und Schneidarbeiten in Deutschland, Sicher ist Sicher, Arbeitsschutz aktuell 59; 06/2009, S. 283–287
[23] Weikert, Fritz; Johannes Brähler: Großbrände durch Schweiß- und Schneidarbeiten, Jahrbuch Schweißtechnik 2011, DVS Verlag Düsseldorf, S. 180–196
[24] Weikert, Fritz: Brände beim Schweißen verhüten, Entzündung von Holz, Späne, Spanplatten, Sicher ist Sicher, Arbeitsschutz aktuell 11/07, S. 518–519, Teil 1, 12/07, S. 570–571, Teil 2
[25] Weikert, Fritz: Brände beim Schweißen verhüten, Entzündung von Kunststoffen, Sicher ist Sicher, Arbeitsschutz aktuell 09/07, S. 410–411, Teil 1, 10/07, S. 446–447, Teil 2
[26] Röbenack, K.-D.; Weikert, Fritz: Brände beim Schweißen verhüten, Entzündung von Pflanzen, Futter- und Lebensmittel, Sicher ist Sicher, Arbeitsschutz aktuell 03/07, S. 140–141, Teil 1, 04/07, S. 188–189, Teil 2, 05/07, S. 240–241, Teil 3
[27] Weikert, Fritz; Marcus Marx; Stephan Flöricke: Brände beim Schweißen verhüten, Entzündung von Textilien und Fasern, Sicher ist Sicher, Arbeitsschutz aktuell 01/08, S. 34–35
[28] Weikert, Fritz; Marcus Marx; Michael Plagge: Brände beim Schweißen verhüten, Entzündung von brennbaren Flüssigkeiten und Dämpfen, Sicher ist Sicher, Arbeitsschutz aktuell 02/08, S. 82–83
[29] Weikert, Fritz; Marcus Marx; Steffen Riedel: Brände beim Schweißen verhüten, Entzündung von brennbaren Gasen, Sicher ist Sicher, Arbeitsschutz aktuell 03/08, S. 134–135, Teil 1, 04/08, S. 190–191, Teil 2
[30] Weikert, Fritz; Marcus Marx; Sara Petersen: Brände beim Schweißen verhüten, Entzündung von mehreren Stoffen gleichzeitig, Sicher ist Sicher, Arbeitsschutz aktuell 05/08, S. 246–247, Teil 1, 05/08, S. 302–303, Teil 2
[31] Weikert, Fritz; K.-D. Röbenack: Brände beim Schweißen verhüten, Entzündung von Bitumenschweißbahnen, Sicher ist Sicher, Arbeitsschutz aktuell 06/07, S. 292–293, Teil 1, 07/07, S. 352–353, Teil 2
[32] Weikert, Fritz; Marcus Marx; Benjamin Koch: Unfälle und Brände durch Schweißarbeiten in der Land- und Forstwirtschaft, Sicher ist Sicher, Arbeitsschutz aktuell 04/10, S. 167–170
[33] Scholz, G.: Stahlwalzgerüst in Vollbrand, Der Feuerwehrmann 8/9, 02, S. 185–186
[34] anonym: Schweißarbeiten am Rührwerk lösen Explosionen aus: Schwere Verletzungen sind die Folge, 58 Sichere Chemiearbeit, Mai 2003
[35] Lemgo: Pressemitteilung: Großeinsatz bei der Firma Istringhausen 17. 7. 2007
[36] Tatter, U.: Tödliche Verbrennungen eines Gasschweißers, Der Praktiker 08/2009, S. 200–202

[37] Schüssler, L.: Explosion in Bremerhavener Werft – Zwischenfall in einer Acetylengasversorgungsanlage, Deutsche Feuerwehrzeitung 10/06, S. 720–724
[38] Weikert, Fritz; Marcus Marx; Juliane Meier: Brände und Explosionen bei Schweiß- und verwandten Arbeiten in Handwerks- und Kfz-Betrieben, Sicher ist Sicher, Arbeitsschutz aktuell 12/09, S. 560–564
[39] Simon Berger: Explosion eines Tankzuges im Hafengebiet Mannheim-Rheinau, Brandschutz Deutsche Feuerwehr-Zeitung 10/08, S. 788–791
[40] Weikert, Fritz; Marcus Marx; Marco Henke: Brände und Explosionen bei Schweiß- und verwandten Arbeiten im Bereich Verwaltung, Kunst, Gesundheits- und Bildungswesen, Sicher ist Sicher, Arbeitsschutz aktuell 02/10, S. 71–75
[41] Vorschrift: Sicheres Verlegen von Bitumenschweißbahnen mit Propanschweißbrennern, Landesamt für Verbraucherschutz Sachsen-Anhalt, Fachbereich 5; 09/2008
[42] Weikert, Fritz; Marcus Marx; Georg Schwab: Brände und Explosionen bei Schweiß- und verwandten Arbeiten im Hobby- und Freizeitbereich, Sicher ist Sicher, Arbeitsschutz aktuell 09/09, S. 398–401
[43] http://www.elektrofachkraft.de/fachwissen/fachartikel/haftungen/der-unternehmer-und-seine-verantwortliche-elektrofachkraft, 19. 10. 2009
[44] BGV A1 Unfallverhütungsvorschrift Grundsätze der Prävention 1/2004
[45] Deutsche gesetzliche Unfallversicherung, Gewerbliche Berufsgenossenschaft 2008 (Auszug)
[46] Woywode,N.; F. Weikert: Qualitäts- und Sicherheitsprobleme in der Schweißtechnik: Schriftenreihe der Professur Baubetrieb und Bauverfahren, Bauhausuniversität Weimar
[47] BG Vereinigung der Metall- Berufsgenossenschaften DVD Prävention, 2009/10, Sicherheit und Gesundheit bei der Arbeit 7/2009
[48] Gruber, Kittelmann, Mieder: Leitfaden für Gefährdungsbeurteilung, Verlag Technik & Information 9. Auflage, März 2008.
[49] Vortrag Arbeitsschutzgesetz, PDF/Adobe Acrobat-Schnellansicht, http://www.mechatronikportal.de/portal/vorlesungen/elektro/sicherheit/Vortrag_3_Arbeitsschutzgesetz.pdf
[50] BGHW: Merkblatt M 35: Feuerlöscher, Brand Gmbh,Bonn 09/09
[51] BG Bau: BGI 5801, Arbeitssicherheit und Gesundheitsschutz am Bau, Berufsgenossenschaft der Bauwirtschaft, Berlin 07/08
[52] Sachsenweger: Augenheilkunde, Georg Thieme Verlag, Auflage 2003
[53] Gorgaß, B. et al.: Rettungsassistent und Rettungssanitäter, Springer-Verlag Berlin Heidelberg New York, Auflage 2008.
[54] Kretz F.-J. et al.: Anästäsie, Intensivmedizin, Notfallmedizin, Schmerztherapie, Springer- Verlag Berlin Heidelberg New York, 5. Auflage.

[55] Günther, Dirk- Carsten: Der Regress des Sachversicherers, Verlag Versicherungswirtschaft GmbH, Karlsruhe 2005, 2. Auflage.

Tabellenverzeichnis

Tabelle 1:	Lüftung in Räumen bei Verfahren mit Zusatzwerkstoff	21
Tabelle 2:	Lüftung in Räumen bei Verfahren ohne Zusatzwerkstoff	22
Tabelle 3:	Beispiele für Schweißrauch-Leitkomponenten	45
Tabelle 4:	Zuordnung zu Gefährdungsklassen	46
Tabelle 5:	Brände und Explosionen – ausgewertete Beispiele	47
Tabelle 6:	Ereignisse mit Personenschäden bei Bränden und Explosionen	48
Tabelle 7:	Brände und Explosionen – Verteilung auf Wirtschafts- und gesellschaftliche Bereiche	51
Tabelle 8:	Brände und Explosionen – Verteilung auf Material- bzw. Stoffarten	56
Tabelle 9:	Brände und Explosionen – Verfahrensanteile	57
Tabelle 10:	Brände und Explosionen – Schadensformen	59
Tabelle 11:	Brände und Explosionen – Dauer von Schwelbränden	60
Tabelle 12:	Brände und Explosionen – spezielle Gefährdungen im Schweißbereich	62
Tabelle 13:	Materielle Schadensangaben bei Bränden und Explosionen (Durchschnitt je Fall)	64
Tabelle 14:	Brände und Explosionen – Fehlverhalten und ungenügende persönliche Voraussetzungen von Arbeitnehmern	65
Tabelle 15:	Kennwerte von Brenngasen und Sauerstoff	74
Tabelle 16:	Temperaturenbereiche der Schweißbrennerflamme	75
Tabelle 17:	Einige charakteristische Gefährdungen und Sicherheitsmaßnahmen beim Gasschweißen und Brennschneiden	84
Tabelle 18:	Schutzstufen für Schweißerschutzfilter nach DIN EN 169 bei verschiedenen Lichtbogenschweißverfahren und Stromstärken	88
Tabelle 19:	Einige charakteristische Gefährdungen und Sicherheitsmaßnahmen beim Lichtbogenhandschweißen	90
Tabelle 20:	Gefährdungen und Schutzmaßnahmen beim Plasmaschmelzschneiden	94
Tabelle 21:	Additivität der Wirkungen auf die Augen (A) und auf die Haut (H) in verschiedenen Spektralbereichen	100
Tabelle 22:	Gefährdungen und Schutzmaßnahmen beim Laserschweißen und -schneiden	101
Tabelle 23:	Gefährdungen und Sicherheitsmaßnahmen beim Widerstandspunkt (WP) und Abbrennstumpfschweißen (WA)	103
Tabelle 24:	Auswirkungen des elektrischen Stromes auf den menschlichen Körper	104

Tabellenverzeichnis

Tabelle 25: Beispiele für Brände und Unfälle infolge Einwirkung des elektrischen Stromes 109
Tabelle 26: Anzahl Todesopfer bei Bränden pro 100.000 Einwohner im internationalen Vergleich aus „World Fire Statistics" 113
Tabelle 27: Weitere Beispiele für Großbrände durch Schweiß- und Schneidarbeiten im Ausland. 116
Tabelle 28: Weitere Fallbeispiele für Großbrände durch Schweiß- und Schneidarbeiten in Deutschland 121
Tabelle 29: Sicherheitstechnische Kennwerte von flamm- oder lichtbogengespritztem Aluminiumstaub 123
Tabelle 30: Sicherheitstechnische Kennwerte von Aluminiumstaub-Wasserstoff-Luft-Gemischen. 123
Tabelle 31: Beispiele für Brände und Explosionen von Metallstäuben 126
Tabelle 32: Beispiele für Brände und Explosionen von Kohle und Pyrolysegas 131
Tabelle 33: Anteil der Beispiele Holz, Späne, Spanplatten an der Gesamtzahl der ausgewerteten Schadensfälle. 133
Tabelle 34: Beispiele für Brände von Holzmaterialien. 135
Tabelle 35: Brandschutztechnische Kennwerte, Merkmale und Anwendungsbeispiele 139
Tabelle 36: Brände und Explosionen bei Schweiß- und verwandten Verfahren – Anteil Kunststoffe 141
Tabelle 37: Beispiele für Brände von Kunststoffen 143
Tabelle 38: Beispiele für Brände von Papier, Pappe und Kartonagen 148
Tabelle 39: Brände und Explosionen bei Schweiß- und verwandten Arbeiten – Anteil Papier, Pappe, Kartonagen 150
Tabelle 40: Beispiele für Brände an Pflanzen und Futtermitteln .. 154
Tabelle 41: Pyrolysebereiche von Faserstoffen 157
Tabelle 42: Anteil der Beispiele Textilien und Fasern an der Gesamtzahl der ausgewerteten Beispiele........... 157
Tabelle 43: Brände und Arbeitsunfälle durch Entzündung von Fasern und textilem Gewebe 160
Tabelle 44: Einteilung brennbarer Flüssigkeiten nach Gefahrstoffverordnung Ausgabe 2005 162
Tabelle 45: Anteil der Beispiele mit brennbaren Flüssigkeiten und Dämpfen.................................. 162
Tabelle 46: Beispiele für Brände und Explosionen in der Stoffgruppe, brennbare Flüssigkeiten und Dämpfe... 164
Tabelle 47: Zündbereich und Zündtemperatur ausgewählter Brenngase in Luft 168
Tabelle 48: Anteil der Schadensfälle mit brennbaren Gasen 168
Tabelle 49: Weitere Beispiele für Brände und Explosionen in der Stoffgruppe „Brennbare Gase" 170

Tabellenverzeichnis

Tabelle 50: Anteil der Beispiele Entzündung mehrerer Stoffe gleichzeitig an der Gesamtzahl der ausgewerteten Schadensfälle. 172
Tabelle 51: Weitere Beispiele zu Schweißerbränden mit mehreren Stoffen gleichzeitig 174
Tabelle 52: Wirkungen von Sauerstoffmangel und -überschuss .. 176
Tabelle 53: Beispiele für Unfälle und Brände beim Umgang mit Sauerstoff. 182
Tabelle 54: Schwere Arbeitsunfälle durch Kleiderbrände infolge Sauerstoffanreicherung an Arbeitsplätzen 184
Tabelle 55: Gefährdungen und Sicherheitsmaßnahmen beim Verlegen von Bitumenschweißbahnen 185
Tabelle 56: Stichpunktartige Darstellung – 10 weitere Beispiele.. 191
Tabelle 57: Anteil Bauwesen zu den ausgewerteten Beispielen .. 193
Tabelle 58: Beispiele für Unfälle und Brände im Bauwesen 197
Tabelle 59: Prozentualer Anteil der Brände in der Land- und Forstwirtschaft 199
Tabelle 60: Weitere Beispiele für Unfälle und Brände in der Landwirtschaft 203
Tabelle 61: Beispiele für Unfälle und Brände im Bergbau und in der Metallurgie 208
Tabelle 62: Beispiele für Unfälle und Brände in der Energiewirtschaft 212
Tabelle 63: Schadensfälle in der chemischen Industrie an Tanks und Behältern 216
Tabelle 64: Beispiele für Unfälle und Brände in der chemischen Industrie. 217
Tabelle 65: Beispiele für Unfälle und Brände im Maschinen-, Anlagen- und Apparatebau 221
Tabelle 66: Beispiele für Unfälle und Brände im Schiffbau. 226
Tabelle 67: Beispiele für Unfälle und Brände in sonstigen Industriezweigen. 233
Tabelle 68: Entwicklung des Unfall- und Brandgeschehens im Handwerk und Kfz-Bereich auf Basis der ausgewerteten Beispiele. 234
Tabelle 69: Beispiele für Unfälle und Brände aus dem Handwerk und Kfz-Bereich. 238
Tabelle 70: Beispiele für Unfälle und Brände im Transport- und Nachrichtenwesen 244
Tabelle 71: Beispiele für Brände und Explosionen in dem Bereich „Verwaltung, Kunst, Gesundheits- und Bildungswesen" 250
Tabelle 72: Beispiele für Unfälle, Brände und Explosionen in dem Bereich „Hobby und Freizeit". 256
Tabelle 73: Arbeitsunfälle im Betrieb – Beruf: Schweißer und Brennschneider .... Deutsche Gesetzliche Unfallversicherung – Gewerbliche BG (Auszug) 260

Tabelle 74: Brandklassen 296
Tabelle 75: Eignung verschiedenartiger Löscher für die
            Brandklassen............................... 297
Tabelle 76: Mindestabstände 298

Abbildungsverzeichnis

Abb. 1: Ausbreitungsverhalten heißer Partikel bei schweißtechnischen Arbeiten 26
Abb. 2: Ausdehnung des durch Funkenflug gefährdeten Bereiches beim thermischen Trennen in einer Arbeitshöhe von 3 m 27
Abb. 3: Muster für eine Schweißerlaubnis 28
Abb. 3/2: Beispiel für eine Betriebsanweisung 30
Abb. 4: Darstellung des Feuerdreiecks in Verbindung mit Schweißarbeiten. Da beim Schweißen eine Zündquelle mit ausreichender Energie und Luft(Sauerstoff) immer vorhanden ist, muss der brennbare Stoff bzw. die Wärmeübertragung zum Brennstoff beseitigt werden . . 40
Abb. 5: Ereignisse mit Personenschäden bei Bränden und Explosionen 48
Abb. 6: Meldepflichtige Arbeitsunfälle – absolut und je 1.000 Vollarbeiter von 1960 bis 2008 49
Abb. 7: Arbeitsunfälle im Betrieb Beruf: Schweißer und Brennschneider ab 07 einschl. Löter 50
Abb. 8: Brandschadensaufwand in der BRD (Industrie-Feuer-Versicherung) mit FBU-GDV-Mitgliedsunternehmen – Brandzahlen in Deutschland/ Deutscher Feuerwehrverband Jahrbuch 1996–2006 . . . 50
Abb. 9: Prozentuale Verteilung der Brände und Explosionen auf die Wirtschafts- und gesellschaftlichen Bereiche . . 52
Abb. 10: Verteilung der Brände und Explosionen auf die entzündeten Materialien im Durchschnitt von 40 Jahren 53
Abb. 11: Entwicklung der Brände und Explosionen in ausgewählten Wirtschafts- und gesellschaftlichen Bereichen 54
Abb. 12: Entwicklung der Brände bei ausgewählten Materialien 56
Abb. 13: Anteil der explizit ausgewiesenen Brände und Explosionen beim Elektrodenhand- und Gasschweißen 58
Abb. 14: Entwicklung der Brände und Explosionen beim Brenn- und Trennschneiden 58
Abb. 15: Entwicklung der Brände und Explosionen beim Aufbringen von Bitumenschweißbahnen 59
Abb. 16: Schweldauern im Vergleich 61
Abb. 17: Beispiele wie Brände, die durch Durchbrüche, Ritzen und Rohrdurchführungen geleitet werden, entstehen können 61
Abb. 18: Örtliche Bedingungen 63

Abbildungsverzeichnis

Abb. 19:	Fehlverhalten und ungenügende Voraussetzungen von Arbeitnehmern bei Bränden und Explosionen seit 2000 im Vergleich zum Durchschnitt der Jahre 1970 bis 1999	65
Abb. 20:	Verletzte Vorschriftenteile der BGR 500 Kapitel 2.26 ..	66
Abb. 21:	Verletzte Unterpunkte der BGR 500 Kapitel 2.26 Absatz 3.8.	68
Abb. 22:	Kategorien der Vorschriftverletzung	69
Abb. 23:	Wärmewirkung einer Autogenflamme	75
Abb. 24:	Sicherheitseinrichtung	76
Abb. 25:	Wirkungsweise der Sicherheitseinrichtung	77
Abb. 26:	Sicherungseinrichtungen an den Druckminderern und am Brenner	78
Abb. 27:	ATEX-Sicherung	78
Abb. 28:	Anbringung der ATEX-Sicherung und der Sicherheitseinrichtung an der Gasentnahmestelle	79
Abb. 29:	Spritzerbildung beim Fugenhobeln	79
Abb. 30:	Anwärmen eines Rohres	79
Abb. 31:	Pulverflammspritzen von Bauteilen	80
Abb. 32:	Bedienpersonal an einer autogenen Brennschneidmaschine mit persönlicher Schutzausrüstung: Gehörschutz, Schutzbrille, Schutzhandschuhe, Schürze, Schutzschuhe.	81
Abb. 33:	Druckminderer für Acetylen und Sauerstoff sind nur im sauberen Zustand anzubringen. Bei Inbetriebnahme nicht ruckartig öffnen wegen Selbstentzündungsgefahr.	82
Abb. 34:	Brennschneiden eines Stahlblockes, Spritzer und Schlacketeilchen erreichen noch Entzündungstemperaturen der Umgebung, Arbeitsplatz sicher abschirmen.	82
Abb. 35:	Feuergefährlicher Bereich beim Brennschneiden	82
Abb. 36:	Beim Maschinenbrennschneiden mit mehreren Brennern entsteht eine gefährliche Umweltbelastung durch intensive Metallspritzer- und Schlackeversprühung sowie Lärmbelastung und Bildung von Rauchen und Gasen	83
Abb. 37:	Eine teilweise Abschwächung der Umweltbelastung beim maschinellen Brennschneiden kann durch Aufstellung eines Wassertisches erreicht werden. Dabei befindet sich das zu schneidende Blech unmittelbar auf der Wasseroberfläche. Damit wird der Belastung durch Wärme, Stäube und Rauche entgegen gewirkt	83
Abb. 38:	Farbkennzeichnung von Gasflaschen...............	86
Abb. 39:	Prinzip Lichtbogenhandschweißen	87

Abbildungsverzeichnis

Abb. 40:	Prinzip eines MIG/MAG-Schweißbrenners	89
Abb. 41:	MIG/MAG-Schutzgasschweißen mit direkter Absaugung	89
Abb. 42:	MIG/MAG-Brenner mit integrierter Absaugung mittels Absaugrohr	91
Abb. 43:	MIG/MAG-Brenner mit integrierter Absaugung	91
Abb. 44:	MIG/MAG-Brenner mit Hitzeschutzschild über dem Handgriff	91
Abb. 46:	WIG-Schweißer bei der Arbeit, rechts mit Automatikhelm	92
Abb. 45:	Prinzip eines WIG-Brenners und des WIG-Schweißens	92
Abb. 47:	Prinzip eines Plasmaschweißbrenners	93
Abb. 48:	Prinzip eines Plasmahandschneidbrenners	94
Abb. 51:	Unterwasserschneidanlage	96
Abb. 49:	Anwendung des Plasmahandschneidbrenners bei der Kfz.-Reparatur	96
Abb. 50:	Absaugtisch für das Plasmaschneiden	96
Abb. 52:	Absaugeinrichtung beim Plasmaunterwasserschneiden	97
Abb. 53:	Prinzip einer Laserstrahlanlage	98
Abb. 54:	Laserschweißanlage mit Arbeitstisch zur Kleinteilschweißung	98
Abb. 55:	Laserschneidanlage zum Schneiden großer Bleche	99
Abb. 56:	Prinzip einer Widerstandspunktschweißanlage	102
Abb. 57:	Prinzip einer Abbrennstumpfschweißanlage	102
Abb. 58:	Arbeitsbedingungen bei erhöhter elektrischer Gefährdung	105
Abb. 59:	Thermische Überlastung des Nullleiters mit nachfolgendem Brand durch Berührung des genullten Gehäuses des Schweißtransformators mit der Elektrode	108
Abb. 60:	Falsch angeschlossene Schweißstromleitung	109
Abb. 61:	Hotel „Atlantis" in Dubai brennt	112
Abb. 62:	zusammengestürzter Tank	114
Abb. 63:	Anordnung der Tanks beim Schweißen der offenen Rohrleitung	115
Abb. 64:	Standorte des Vorarbeiters (V), des Schweißers (S) und der Arbeiter (A) auf Tank 3 und 4	115
Abb. 65:	Bereich der Zwischendecke	119
Abb. 66:	Ausmaß der Brandkatastrophe	119
Abb. 67:	Düsseldorfer Kirche beim Löschen	120
Abb. 68:	Düsseldorfer Kirche nach dem Löschen	120
Abb. 69:	Verpuffung – Explosion – Detonation	122
Abb. 70:	Schematische Darstellung einer Anlage zum Aluminieren von Rohren	127
Abb. 71:	Schematische Darstellung einer Anlage zum Aluminieren von Sauerstoffanzen	127

Abbildungsverzeichnis

Abb. 72:	Entstehung von Pyrolysegasen beim Erwärmen von Bitumen	131
Abb. 73:	Entzündung eines Holzbalkens durch Wärmeübertragung	133
Abb. 74:	Entzündung eines Holzwolleballens beim Brennschneiden an Rohrdurchführungen in der Decke	134
Abb. 75:	Entzündung ölgetränkter Sägespäne durch Schweißen von einem nicht verschlossenen Kellerfenster	135
Abb. 76:	Entzündung von Altpapier durch Ausbreitung von Schweißspritzer infolge von Zugluft	147
Abb. 77:	Funktionsprobe beim E-Schweißen entzündete Strohbanse in Scheune	153
Abb. 78:	Entzündung von Raumtextilien	158
Abb. 79:	Entzündung von Garnspulen	158
Abb. 80:	Explosion von Acetondämpfen	164
Abb. 81:	Propanansammlung in einen Gärbottich	169
Abb. 82:	verbranntes Dachstück des Wohn/Geschäftsgebäudes	173
Abb. 83:	Sauerstoffanreicherung in einer Grube infolge eines nicht vollständig geschlossenen Brennerventils	180
Abb. 84:	Anschmelzen einer Sauerstoffflaschenkappe infolge Undichtigkeit des Ventils und Ölverschmutzung der Kappe	181
Abb. 85:	Nicht gesicherte Sauerstoffflasche wurde zu einem Geschoss	183
Abb. 86:	Typische Gefährdungen beim Verlegen von Bitumenschweißbahnen	184
Abb. 87:	Brandausbreitungsmöglichkeit durch Kaminwirkung in Lufträumen unterhalb der Dachhaut	187
Abb. 88:	Brandausbruchstelle beim Erhitzen von Dichtungsbahnen mittels Anwärmbrenner	187
Abb. 89:	Großbrand durch Flämmarbeiten	188
Abb. 90:	Sofiensäle in Wien vor dem Brand	189
Abb. 91:	Blick von der Drehscheibe auf den ausgebrannten Lokschuppen	190
Abb. 92:	Abbrand von Al-Verbund Bauteilen	195
Abb. 93:	Ausgebrannte Dachgaube	197
Abb. 94:	Brand in einem Wohngebäude	198
Abb. 95:	Strohballen als Zündquelle	201
Abb. 96:	Schweißarbeiten entzünden brennbares Material	202
Abb. 97:	Offensichtlicher Wanddurchbruch leitet Schweißspritzer weiter	202
Abb. 98:	Spinnweben als Brandweiterleitung	203
Abb. 99:	Entzündung von Kabeln in einem Kabelkanal,	207
Abb. 100:	Brand von in Holzkisten verpackten elektrischen Geräten in einer Umformstation	211
Abb. 101:	Unvorschriftsmäßig durchgeführte Schweißarbeiten an einem Ammoniaktank	214

Abb. 102:	Entzündung von ausströmendem Wasserstoff	216
Abb. 103:	Brand eines Bioreaktors;	220
Abb. 104:	Tödliche Verbrennungen eines Brennschneiders	225
Abb. 105 a:	Zerstörte Acetylenversorgungsanlage	226
Abb. 105 b:	Explodierte Gasflaschen	226
Abb. 106:	Großbrand infolge Brennarbeiten an einem Schleppdach	229
Abb. 107:	Brand in einem Steingutwerk	229
Abb. 108:	Großbrand in einer Schuh- und Lederwarenfabrik ...	230
Abb. 109:	Umsturz einer Flasche mit brennbarer Flüssigkeit infolge thermischer Formveränderung eines Rohres ..	234
Abb. 110:	Gefahrenpotentiale der ausgewerteten Unfälle und Brände im Handwerk und Kfz-Bereich ab 2000	235
Abb. 111:	Brandentwicklung hinter einer Leichtbauwand	236
Abb. 112:	Standorte der Pkw's über der Bodenablaufrinne	238
Abb. 114:	Verpuffung und Brand an einer Oberbau-Großmaschine	241
Abb. 113:	Explosion in einem Kesselwagen	241
Abb. 116:	Prozentualer Anteil von ca. 2.771 untersuchten Bränden durch Schweißen von 1970 bis 2009 im Bereich „Verwaltung, Kunst, Gesundheits- und Bildungswesen"	245
Abb. 117:	Brandstelle auf dem Vordach des Schulgebäudes	247
Abb. 118:	Baustellenbereich der Dacharbeiten während der Löscharbeiten	249
Abb. 119:	Fehlende Sicherheitsmaßnahmen bei vorhandenen brennbaren Stoffen nach BGR 500 Kap. 2.26 Punkt 3.8.3, die zu Bränden geführt haben	251
Abb. 120:	Entwicklung der Schadensfälle im Bereich „Freizeit/Hobby" und „Kfz-Reparatur"	253
Abb. 121:	Entwicklung der entzündeten Materialarten „Mehrere Stoffe gleichzeitig" und „Brennbare Gase".	253
Abb. 122:	Ausgebrannter Innenraum des Pkw	255
Abb. 123:	Brandentstehungsort – Der Radkasten	255
Abb. 124:	Anzahl der Todesfälle infolge Berufskrankheiten 1990 bis 2008	262
Abb. 125:	Die häufigsten bei Schweißern auftretenden anerkannten Berufskrankheiten	263
Abb. 126:	Ablaufschema der Entstehung eines Brandes durch Schweißen	267
Abb. 127:	Betriebsanweisung: Plasmaschneiden im Werkstattbereich	277
Abb. 128:	Gefährdungsbeurteilung: Plasmaschneiden im Werkstattbereich mit Abbildungen zur Unterweisungsanleitung	278
Abb. 129:	Richtiges Löschen von Bränden mittels Feuerlöscher..	297

Stichwortverzeichnis

A

Abbrennstumpfschweißanlage 102
Abbrennstumpfschweißen 102
Abbrucharbeiten 54
Abdeckplatten 108
Abgrenzungsindizien 319
Absaugeinrichtungen 95
Absaugleitungen 124
Absaugung 290
–, stationäre 290
Absturzsicherungen 41
Absturzunfälle 41
Abtretung 303
Acetylen 73
Acetylenentwickler 55
Alarmierung 295
Aldehyd 44
Aluminium 122
Aluminiumhydroxid 139
Aluminiumkonzentration 124
Aluminiumoxid 44
Anscheinsbeweis 308
Ansprüche, deliktische 319
Antihavarietraining 270
Antimontrioxid 139
Anzeigepflicht 306
Arbeitnehmerhaftung 318
Arbeitnehmerüberlassung 16, 274
Arbeitsabläufe 259
Arbeitsausfälle 166
Arbeitskleidung 292
Arbeitsorganisation 64
Arbeitsplatzgrenzwerte 43, 265
Arbeitsplatzwechsel 275
Arbeitsschutzbehörde 273
Arbeitsschutzgesetz 275
Arbeitsschutzmaßnahmen, organisatorische 289
–, persönliche 289
–, Technische 289
Arbeitsschutzstrategie 293
Arbeitstische 95
Arbeitsunfall 16, 259

Asbestfasern 156
Asbestose 262
Asbeststaubfaserdosis 264
Asbeststaublungenerkrankung 264
Asbestverbot 262
Atembeschwerden 302
Atemschutz 81
Atemstillstand 104
Atemwegserkrankung, obstruktive 262
ATEX-Sicherung 77
Aufsichtsbereich 272
Auftauarbeiten 266
Aufwärmmöglichkeiten 42
Augenrötung 301
Augenverletzung 260, 261, 292
Autogenschneidbrenner 113
Automatikhelme 92

B

Bandanlage 129
Baubestandsunterlagen 132
Baurecht 308
Bauunternehmer 304
Bedienungsvorschriften 270
Begehungen 291
Begutachtung 301
Beinaheunfall 275
Benzintanks 317
Berufsgenossenschaft 273
Berufskrankheiten 16
Berufsunfähigkeit 166
Betriebsanalysen 47
Betriebsanlagen 106
Betriebsanweisung 83
Betriebserdungsleiter 107
Betriebserlaubnis 69
Betriebssicherheitsmanagement 118
Betriebssicherheitsverordnung 275
Betriebsverfassungsgesetz 275
Bewehrungen 106
Beweisantritt 311

Beweiserleichterung 313
Beweislast, Umkehr der 314
Biologische Grenzwerte 43
Bitumenschweißbahnen 54, 268
Bitumenvoranstrichen 58
Brandausbreitung 149
Brandbeschleuniger 313
Brandfall 295
Brandkontrolle 318
Brandmeldeanlagen 270
Brandposten 68, 266
Brandrisiko 314
Brandsachverständigen-
 gutachten 312
Brandsätze 313
Brandschutz 38
–, abwehrender 38
–, vorbeugender 38
Brandschutzgel 133
Brandschutzorgane 294
Brandstiftung 313
Brandursache 111
Brandverhalten 132
Brandwache 68, 266
Brandwarnanlagen 270
Brandwunden 300
Brennbarkeit 161, 167
Brennbarkeitsverhalten 140
Brenner-Ablegeeinrichtung 290

C
Chemical Safety and Hazard
 Investigation Board (CBS) 117
Chemiefasern 156
Chrom(VI)-Verbindung 44
Chromtrioxid 45

D
Dämmstoffe 138
Dehnungsfuge 118
Deliktsrecht 310
Detonation 122
Dichromat 124
Dichtigkeitsprüfung 315
Disponenten 295
Druckerzeugungsanlage 102
Druckminderer 77

Druckzylinder 102
Durchbrüche 262
Durchdringungsvermögen 300
Durchführungsanweisungen 309
Durchströmung 108

E
Edelmetallstaub 122
Effektivwert 103
Einwegmaterial 145
Einwirkungsbereich 310
Einzelflaschensicherungen 70
Eisenoxid 44
Elektrode 86
Elektrodenhalter 86
Elektrodenhandschweißen 86
Elektroisolationsmaterial 138
Eliminationsverfahren 309
Emissionsraten 46
Energiedichte 95, 97
Entladungsrohr 97
Entstehungsbrände 296
Entstehungsstelle 290
Entzündungstemperaturen 156
Erdgas 73
Erkrankungsstadium 265
Ernstfall 295
Eröffnungsantrag 304
Erörterungspflicht 275
Ersatzanspruch 303
Erschütterungen 260
Erste Hilfe 299
Erstunterweisungen 275
Explosion 39, 122, 261
explosionsfähig 151
Explosionsstoß 151
Explosionsverlauf 151

F
Fachkompetenz 310
Fachverantwortung 271
Fahrlässigkeit 154
Fahrzeuginstandhaltung 314
Faserkombinationen 157
Fehlerstromkreis 107
Fehlverhalten 67
Felle 156

Festkörperlaser 97
Feuchtegehalt 39
Feuerlöschanlagen 270
Feuerlöschgeräte 149, 266
Feuerstar 42
Feuerwehrleitstelle 295
Filtergeräte 292
Filterstufe 261
Flammenbrand 39
Flammendurchschlag 70
Flammengase 300
Flammenrückschlag 76
Flammensperre 76
Flammpunkt 39, 268
Flammrichten 77, 78
Flammspritzen 78
Flammwärmen 78
Flexarbeiten 312
Fluorid 44, 264
Fördereinrichtungen 151
Fremdentzündung 161
Fremdfirmen 271
Fremdkörpergefühl 301
Fristsetzung 305
Fristenvorschriften 303
Fugenhobel 77, 78
Fügetechnik 266
Führungsnase 108
Führungsstrukturen 15
Funkenflug 261, 266
Funkenschutzdecken 138
Funkenweg 62
Fußschutz 292
Fußverletzungen 260
Futtermittel 149

G
Gamaschen 292
Garn 156
Gas, inertes 89
Gasrücktritt 70
Gasrücktrittventil 76
Gebotsschild 290
Gefährdungen, materialspezifische 122
Gefährdungsbeurteilung 273, 291
Gefährdungsentwicklung 15

Gefährdungsklassen 46
Gefährdungspotenzial 161, 298
Gefährdungsursachen 104
Gefahrenbereich 298
Gefahrenbewusstsein 269
Gefahrenpotenziale 302
gefahrenträchtig 314
Gefahrstoffexposition 265
Gefahrstoffverordnung 43, 89
Gefälligkeit 319
Gehörschutz 292
Geneva Association 113
Gemische, Hybride 40
Gesamtschuldnerregresses 305
Gestelleinheit 102
Gesundheitsschutz 15
Gewerbeaufsichtsämter 294
Gleise 106
Glimmbrand 39
Glutnester 129, 297
Großschäden 111
Großtanklager 240
Grubenabdeckung 108
Gummisohle 106

H
Haare 156
Haftpflichtversicherung 304, 319
Haftung 174
Haftungsausschluss 320
Haftungsbegrenzung 319
Haftungsrecht 308
Halogenverbindungen 139
Handlungshilfen 273
Handschutz 292
Handverletzungen 259, 260, 292
Hauterkrankungen 263
Hautschichten 300
Heißarbeiten 60
Heizelementschweißen 138
Helfende 301
Herzrhythmusstörungen 104
Herztätigkeit 104
Heu 149
Hilfeleistung 38
Hochspannungsquelle 97
Hydroperoxyde 40

I

Infektionen 300
Informationsverluste 64
Infrarotstrahlung 87
Inhibierung 124
Instandsetzungen 266
Internet 117
Irrströme 41
Isolationsschäden 125

K

Kabeldefekt 312
Kabelisolierung 118
Kaltklebeverfahren 315
Kartonagen 144
Katalysatoren 38
Kategorien 299
Kausalität 309
Kausalverlauf 311
Kesselwagen 240
Kettenreaktion 151
Knöchelverletzungen 260, 292
Kohlendioxidlöscher 296
Kohlenmonoxid 44
Kohlenmonoxidkonzentration 150
Kohlenstaubexplosionen 127
Kohlenwasserstoffe 113, 115
Kontrollzeitraum 69
Kopfbedeckung 292
Kopfschutz 261, 292
Kopfschutzhauben 92
Kopfverletzungen 260
Kraftstromstecker 108
Kreislaufstörungen 302
Kunststoffe 138
Kupferdüse 93
Kupferlegierung 101
Kupferoxid 44, 45

L

Lähmungen 104
Laienhilfe 301
Lärmbereiche 290
Lärmpegel 95
Lärmschutzmaßnahmen 95, 290
Laser-Bearbeitungsoptik 97
Laserlicht 97
Lasermedium 97
Laser-Resonator 97
Laserspiegel 97
Laserstrahl 97
Laserstrahlschweißen 97
Lebensmittel 149
Leder 156
Leerlaufspannung 88
Lehrmaterial 293
Lehrprogrammen 293
Leichtsinn 269
Leitkomponente 44
Leitungsverbindungen 106
Lernerfolgskontrollen 294
Lichtbogenhandschweißen 86
Lichtempfindlichkeit 301
Lichtstrahlung 81
Linsentrübung 42
Lockflamme 313
Löschdecken 295
Löschen 295
Löscherfolg 301
Löschimpuls 295
Löschmittel 68, 290
Löschmittelstrahl 295, 301
Lüftung 290
–, Technische 290
Lungenfibrose 263
Lungenkrebs 264

M

Magnesium 122
Magnesiumoxid 264
Manganoxid 44
Mängelbeseitigung 305
Mangelfolgeschaden 306
Mangelschäden 305
Maschinenbrennschneiden 83
Massenunfällen 48
Meißel 261
Mesotheliom 264
Metall-Aktiv-Gasschweißen 88
Metall-Inert-Gasschweißen 89
Metallspritzwerkstätten 123
Metallstaub 122
Metallstaubansammlung 125
Metallstaubexplosionen 123
Mindestzündenergie 40, 123

Stichwortverzeichnis

Mineralfaserplatten 268
Mitursächlichkeit 305
Mitwirkungspflichten 15

N
Nachbarschaftshilfe 319
Nachhaltigkeit 310
Nachströmsperre 76
Neckereien 167
Neutralleiter 106
Nichtannahmebeschluss 315
Nickeloxid 44, 45
Notfallversorgung 300
Notstände 38
Nullleitern 87

O
Oberflächenprellungen 260
Obliegenheit 303
Ordnungswidrigkeit 16
Organisationsverschulden 271, 315
Oxidschichten 106
Oxydationsmittel 38, 39
Ozon 44

P
Papier 144
Pappe 144
Partikel 260
Partikelfilter 46
Personalverantwortung 272
Personenschäden 47, 261
persönlichen Schutz-
 ausrüstungen 81
Pflanzen 149
Pflichtversicherungsgesetz 304
Phosphorverbindungen 139
Plasmagas 93
Plasmahandschneiden 93
Plasmaschneiden 261
Plasmaschweißbrenner 93
Plasmaschweißen 93
Plasmastrahl 93
Plaste 98
Polyamid 139
Polyethylen 139
Polypropylen 140

Polyurethanschaum 140
Polyvinylchlorid 139
Prellungen 259, 298
Preßschweißverbindung 102
Probebohrungen 132
Propan 73
Pyrolyse 39

Q
Qualifikationsdefizit 64
Quetschungen 259
Quetschwunden 298

R
Raffinerie 113
Rauchabzüge 150
Rauchmelder 150
Regelwerke 307
Regress 303
Reibungsfunken 151
Reinigungsmittel 55
Reizungen 299
Rekonstruktionen 54, 266
Resonatorrohr 97
Restgefährdung 289
Rettungsleitstelle 299
Rettungsmannschaft 298
Rettungswege 295
Rhinopathie 265
Rippenfell 264
Risswunden 259, 260
Ritzen 262
Rohrleitungsstränge 262
Rollenbahn 108
Rötungen 300
Routinearbeit 118

S
Sachschäden 47
Sachversicherer 303
Sandstrahlverbot 262
Sauerstoff 74
Sauerstoffanreicherung 42
Sauerstofflanze 266
Sauerstoffmangel 75
Sauerstoffüberschuss 176
Schadensereignisse 52
Schadensfolgen 47, 62, 161

Schadensformen 59
Schädiger 303
Schadstoffexposition 265
Scheitelwert 103
Schienen 106
Schlackespritzer 42
Schläge, elektrische 104
Schleifwerkzeuge 261
Schmelzbad 89
Schmerzrezeptoren 300
Schneidgas 93
Schutzbrille 292
Schutzgas 88
Schutzgasdüse 93
Schutzgasschweißverfahren 88
Schutzleiter 104
Schutzleitersysteme 41
Schutzmaßnahmen 274
Schutzschilde 290
Schutzstufen 87
Schutzvorrichtungen 16
Schwarzarbeit 305
Schweißaufsicht 83, 272
Schweißerbrille 261
Schweißerhandschuhe 292
Schweißerlaubnis 68, 266
Schweißerlaubnisscheine 266
Schweißerschutzschild 87
Schweißerunfälle 49
Schweißgase 263
Schweißkabel 87
Schweißpunkt 101
Schweißrauchen 263
Schweißstromquelle 88
Schweißstromrücklei-
 tung 87, 156
Schweißstromübergang 106
Schweißtransformator 102, 107
Schweißzangen 104
Schwelbrand 39
Schwelphase 39
Schwelprodukte 39
Schwerhörigkeit 262
Sehvermögen 301
Selbstentzündung 122, 181
Selbstentzündungsgefahr 82
Sensibilisierung 302
Sicherheitseinrichtung 76, 290

Sicherheitsgeschirr 116
Sicherheitskompetenz 275, 292
Sicherheitsniveau 269
Sicherheitsregeln 307
Sicherheitsrisiken 269
Sicherheitsschuhe 292
Sicherheitsverantwortliche 299
Silikose 262
Sitzübungsscheinen 293
Sofortmaßnahmen 299, 302
Sorgfaltsmaßstab 308
Sorgfaltspflichten 307
Spannbacken 102
Spanneinheit 102
Spinnweben 149
Splitter 261
Sprinkleranlagen 150
Spritzer 260
Sprühstrahl 190
Stabelektrodenhalter 107
Stadtgas 73
Stahlbauweise 107
Stahlbetonkonstruktionen 268
Statiker 306
Staubablagerungen 39
Stäube 260
Staubkonzentrationen 132
Stauchprozess 102
Steckergehäuse 108
Stickstoffoxide 40, 44
Stoffgruppen 157
Störfälle 54
Störfallverordnung 55
Stoßstange 312
Strahlenführung 97
Strahlung 42, 88
Stroh 149
Strom 260
Symptomatik 302

T
Teamleiter 275
Technische Richtkonzentra-
 tion 43
Textilien 156
TOP-Prinzip 289
Trageverträglichkeit 292
Tragfähigkeit 40

Stichwortverzeichnis

Transformatorgehäuse 107
Treibstoffe 55
Trockenabscheidung 124

U
Übelkeit 302
Überforderungen 64
Überkopfschweißen 292
Überlaufrohr 115
Ultraschallschweißen 138
Umlenkspiegel 97
Umweltgefährdung 101
Umweltschäden 47
Unfallstatistik 49
Unkenntnis 269
Unterkühlung 301
Unternehmensaufbau 271
Unternehmerpflichten 272
Unternehmerverantwortung 271
Unterwäsche 261
Unterwasserplasmaschneiden 95
Unterweisung 15
Unwohlsein 302
Ursachenfaktoren 117, 259
Ursachengefüge 259

V
Verantwortunglosigkeit 269
Verätzungen 260
Verbandskasten 300
Verblitzung 261, 299
Verbrennungen 42, 259, 260
Verbrennungsreaktionen 38
Verbrennungsverletzungen 301
Vergiftungserscheinungen 302
Verhaltensempfehlungen 70, 299
Verjährung 304
Verlegungsformen, ungefährliche 315
Verletzungsfolgen 259, 260
Verpackungsmaterial 132, 145
Verpuffung 122, 241
Versicherung 294
Versicherungsnehmer 303
Verstoß gegen technische Regeln 307
Verteilungsgrad 39

Vertragsauslegung 319
Vorgang, exothermer 75
Vorgesetztenstellung 272
Vorsatz 319
Vorschriftenverletzungen 67, 69
Vorschub- und Staucheinrichtung 102

W
Wärmequellen 266
Wärmeschutzfolien 133
Wärmestau 266
Warmgasschweißen 138
Wartungsarbeiten 104
Wasserstoff 73
Wechselstromschweißanlagen 103
Weisungsbefugnis 272
Werkstoffe, silikatische 98
Werkstückklemme 106
Werkvertrag 304
Widerstandserwärmung 100
Widerstandspunktschweißen 100
Wiederentzündung 297
Wiederholungsunterweisungen 275
Wirbelnaßabscheider 125
Wirksamkeitskontrolle 275
Wissensenvermittlung 275
Wolframelektrode 91
Wolfram-Inertgas-Schweißen 91
Wolle 156
World Fire Statistics 113
Wundauflagen 300
Wunden 260

Z
Zerreißungen 260
Zersetzungsprodukte 157
Zink 123
Zugänglichkeit 100
Zündbereitschaft 161, 167
Zündort 266
Zündquelle 38
Zündquellenschutz 161
Zündtemperatur 39
Zusatzdraht 92
Zwangspositionen 42

341

Fachinformationen für die Füge-, Trenn- und Beschichtungstechnik

- Zeitschriften • Fachbücher • Praxisratgeber
- Publikationen für die praktische und theoretische Ausbildung
- Normensammlungen • Software • DVS-Regelwerk
- Wissenschaftliche Veröffentlichungen

DVS Media GmbH • Aachener Straße 172 • 40223 Düsseldorf
Tel: +49 (0) 211/15 91 161 • Fax: +49 (0) 211/15 91 250 • Mail: media@dvs-hg.de • www.dvs-media.info

DVS MEDIA